Cálculo Superior

Segunda Edición

Dra. Vera W. de Spinadel

Cálculo Superior

Segunda Edición

nueva librería ®

Spinadel, Vera W.
Cálculo Superior - 2ª ed. - Buenos Aires:
Nueva Librería, 2014.
388 p.; 21x15 cm.

ISBN 978-987-1104-72-7

1. Matemática. I. Título
CDD 510

Nueva Librería S.R.L.
Estados Unidos 301
(1101) Buenos Aires, Argentina
Tel: 4362-9266
nuevalibreria@infovia.com.ar
www.nuevalibreria.com.ar

ISBN 10 : 987 - 1104 - 72 - 3

ISBN 13 : 978 - 987 - 1104 - 72 - 7

Hecho el depósito que marca la ley 11723

Impreso en Argentina – Printed in Argentina

Quiero agradecer muy especialmente a Erich, con quien llevamos ya más de cincuenta felices años de casados, así como a los cuatro brillantes hijos que hemos criado y los maravillosos cinco nietos que ellos nos han dado, por haberme ayudado a seguir teniendo fe y confianza en que mis esfuerzos se verán coronados por el uso que hagan de mi trabajo.

Prefacio

Habiendo publicado la Editorial Nueva Librería S.R.L. la segunda edición de mis libros "Cálculo 1" con su "Suplemento al Cálculo 1", así como "Cálculo 2" con su "Suplemento al Cálculo 2", decidí afrontar la tarea de re-editar el libro que les seguía, que se titulaba "Matemática Avanzada", publicado en 1994. Si bien la temática, con ligeras modificaciones, podía mantenerse, era imprescindible hacer una transcripción al LaTeX y resolver los problemas planteados para editar el correspondiente Suplemento. En esa difícil tarea me ayudó Gastón Freire, docente del Ciclo Básico Común, que no solamente preparó la edición de este tomo en el lenguaje mencionado con especial ahinco y espíritu crítico, sino que se entusiasmó tanto con los temas desarrollados que emprendió la labor de resolver todos los problemas y publicarlos en otro libro bajo el título: "Suplemento al Cálculo Superior", que es de su autoría habiendo contado con mi revisión técnica.

Este libro comienza con los primeros tres capítulos dedicados a la teoría de variable compleja, imprescindible en lo que sigue. Supongo que el lector ya ha estudiado los números complejos como estructura algebraica. En el capítulo cuarto introduzco las ecuaciones diferenciales lineales con coeficientes variables, ya que es dable suponer que el lector sabe resolver ecuaciones diferenciales ordinarias de primer y segundo orden, homogéneas o no, pero con coeficientes constantes.

El quinto capítulo lo he dedicado al estudio del desarrollo en serie de Fourier de una función, como introducción al análisis de las ecuaciones diferenciales en derivadas parciales que considero en el sexto capítulo. Los capítulos 7 y 8 tratan las transformadas integrales de Fourier y de Laplace, herramientas esenciales para la resolución de ecuaciones diferenciales ordinarias y parciales.

En el capítulo 9 presento métodos de Análisis Numérico usuales en las aplicaciones tales como la interpolación mediante polinomios trigonométricos y la transformada rápida de Fourier. El método de los elementos finitos, de gran auge en el tratamiento de problemas reales por los avances acelerados de la Informática, lo considero en el capítulo 10.

Finalmente en el capítulo 11 introduzco el concepto de probabilidad asociado a distintos errores de medición y presento los principales métodos estadísticos que permiten obtener conclusiones a partir de los datos reales.

La filosofía con que encaré este volumen y que mi colaborador Gastón Freire tan bien aceptó, fue presentar las herramientas matemáticas e informáticas agregando ejemplos de algunas aplicaciones técnicas, a fin de facilitar al estudiante universitario el cruce del difícil puente de transición entre lo que aprende en los primeros cursos de Matemática y lo que le enseñan sus profesores en el ciclo superior de la carrera. ¡Espero haberlo logrado!

Índice general

Capítulo 1

Funciones de Variable Compleja

"El estudio de la matemática es una locura divina del espíritu humano, un refugio entre la urgencia aguijoneante de los sucesos contingentes"

ALFRED NORTH WHITEHEAD

1.1. Introducción

El estudio de la ecuación cuadrática, cuando el discriminante es negativo, dio origen a la invención de los números complejos y la teoría que se desarrolló a consecuencia de ello, es la teoría de funciones de variable compleja. Esta teoría ha tenido una amplia difusión en distintas disciplinas de las ciencias físicas, biológicas, económicas, sociales y en la ingeniería. Así, por ejemplo en la teoría de la elasticidad y en la mecánica de fluidos se usan potenciales complejos, en ingeniería eléctrica se usan impedancias complejas y cada vez que se analiza un fenómeno oscilatorio se introduce una función compleja dependiente del tiempo.

1.2. Números Complejos

Definición: Se llama NÚMERO COMPLEJO a un número de la forma $a + ib$ donde $a, b \in \mathbb{R}$ e i es tal que $i^2 = -1$.
Si $z = a + ib$, a es la *parte real* de z, b es la *parte imaginaria* de z e i es la *unidad imaginaria*. En símbolos:

$$a = \operatorname{Re}(z) \qquad\qquad b = \operatorname{Im}(z)$$

El número complejo $a + ib$ se representa mediante el punto de abscisa a y ordenada b en lo que se conoce como diagrama de ARGAND[1].

También se suele indicar el número complejo $z = a + ib$ como el par ordenado (a, b). Por ejemplo el número real $a = (a, 0) = a + i0$, y el número imaginario $b = (0, b) = 0 + ib$.

[1] **ARGAND, AMADO**: Físico, matemático y químico italiano, nacido en Génova en 1755 y muerto en Londres en 1803. Inventor de las lámparas de corriente de aire, que el farmacéutico QUINQUET se apropió, dándole su nombre. Se le atribuyó una máquina neumática de válvulas cónicas, y fue de los primeros que estudiaron la teoría de los números complejos. El despojo del cual fue víctima por parte de Quinquet contribuyó a que perdiera la razón.

Figura 1.1:

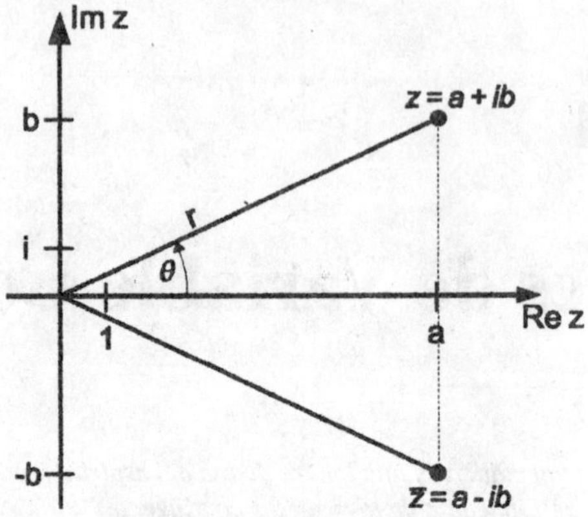

Forma polar de un número complejo.

Esto implica que el conjunto de los números reales es un subconjunto del conjunto de los números complejos, siendo este último el más amplio en las sucesivas ampliaciones del concepto de número, que presentamos en el siguiente diagrama:

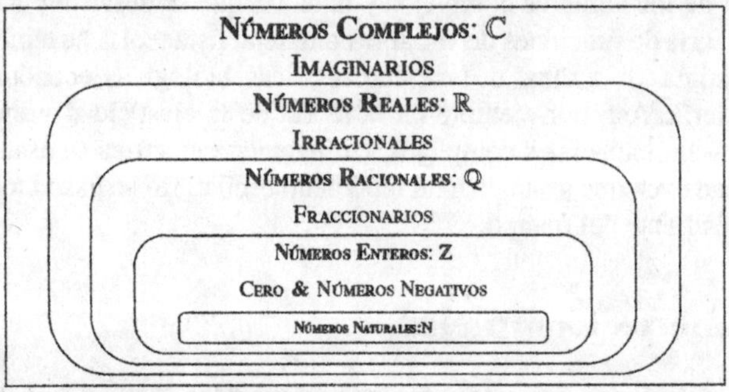

Finalmente, el número complejo $z = a + ib$ puede representarse por sus coordenadas polares (r, θ) — ver Fig. 1.1 — de modo que:

$$z = a + ib = r\cos\theta + ir\operatorname{sen}\theta = r(\cos\theta + i\operatorname{sen}\theta) \tag{1.1}$$

donde

$$r = \sqrt{a^2 + b^2} \qquad \theta = \operatorname{arc\,tg}\left(\frac{b}{a}\right)$$

r es el *módulo* de z que se indica $|z|$ y θ es el *argumento* de z, denotado $\arg z$. El valor del $\arg z$ que se halla en el intervalo $0 \leqslant \theta < 2\pi$ se conoce con el nombre de *valor principal* del $\arg z$.

Al número complejo $z = a - ib$ se lo llama *complejo conjugado* de $z = a + ib$, y se indica $\bar{z}$.

Si $z = a+ib; z_1 = a_1+ib_1; z_2 = a_2+ib_2$, entonces son válidas las leyes siguientes:

$$z_1 = z_2 \text{ sii } a_1 = a_2; \quad b_1 = b_2 \qquad \text{Igualdad} \qquad (1.2)$$

$$z_1 \pm z_2 = a_1 \pm a_2 + i\,(b_1 \pm b_2) \qquad \text{Suma algebraica} \qquad (1.3)$$

$$z_1 z_2 = a_1 a_2 - b_1 b_2 + i\,(a_1 b_2 + a_2 b_1) \qquad \text{Producto} \qquad (1.4)$$

$$z\bar{z} = a^2 + b^2 = |z|^2$$

$$z + \bar{z} = 2a = 2\,\mathrm{Re}\,z$$

$$z - \bar{z} = 2ib = 2i\,\mathrm{Im}\,z$$

$$\frac{z_1}{z_2} = \frac{z_1\overline{z_2}}{z_2\overline{z_2}} = \frac{a_1a_2 + b_1b_2}{a_2^2 + b_2^2} + i\frac{b_1a_2 - a_1b_2}{a_2^2 + b_2^2} \qquad \text{Cociente} \qquad (1.5)$$

Ejemplo 1.1: Probar que:

$$|z_1 z_2| = |z_1|\,|z_2| \qquad \arg\,(z_1 z_2) = \arg z_1 + \arg z_2$$

En efecto, tomando los números complejos en forma polar (1.1) se tiene:

$$\begin{aligned} z_1 &= r_1\,(\cos\theta_1 + i\,\mathrm{sen}\,\theta_1) \\ z_2 &= r_2\,(\cos\theta_2 + i\,\mathrm{sen}\,\theta_2) \\ \Rightarrow z_1 z_2 &= r_1 r_2\,[\cos\,(\theta_1 + \theta_2) + i\,\mathrm{sen}\,(\theta_1 + \theta_2)] \end{aligned}$$

De donde:

$$\begin{aligned} |z_1 z_2| &= r_1 r_2 = |z_1|\,|z_2| \\ \arg\,(z_1 + z_2) &= \theta_1 + \theta_2 = \arg z_1 + \arg z_2 \end{aligned}$$

□

Ejemplo 1.2: Probar la Desigualdad Triangular:

$$|z_1 + z_2| \leqslant |z_1| + |z_2| \qquad (1.6)$$

En el triángulo $\overset{\triangle}{OPS}$ de la Fig. 1.2 vale la desigualdad:

$$\overline{OS} \leqslant \overline{OP} + \overline{PS}$$

Pero $\overline{OS} = |z_1 + z_2|$; $\overline{OP} = |z_1|$; $\overline{PS} = |z_2|$. Reemplazando se concluye la demostración.

□

Ejemplo 1.3: Probar la desigualdad:

$$|z_1 - z_2| \leqslant |z_1| + |z_2|$$

Como surge de la Fig. 1.2 es $\overline{OT} = \overline{PQ}$. Pero $\overline{OT} = |z_1 - z_2|$. En el triángulo $\overset{\triangle}{OPQ}$ es:

$$\overline{PQ} \leqslant \overline{OP} + \overline{OQ}$$

Como $\overline{OP} = |z_1|$; $\overline{OQ} = |z_2|$ sustituyendo tenemos:

$$\overline{PQ} = |z_1 - z_2| \leqslant |z_1| + |z_2|$$

Figura 1.2:

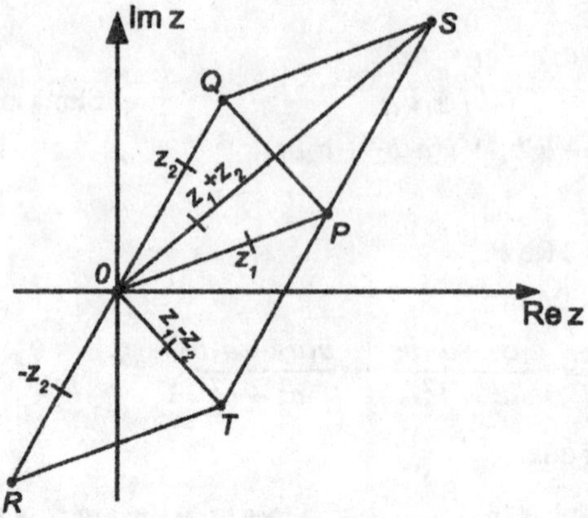

DESIGUALDAD TRIANGULAR

□

Ejemplo 1.4: Probar la desigualdad:

$$||z_1| - |z_2|| \leqslant |z_1 - z_2|$$

Para evaluar el primer miembro tenemos que distinguir dos casos:

a) Si $|z_1| > |z_2|$**:** Entonces hay que probar que:

$$|z_1| - |z_2| \leqslant |z_1 - z_2|$$

Para ello aplicamos la desigualdad triangular del Ejemplo 1.2 a:

$$|z_2| + |z_1 - z_2| \geqslant |z_2 + (z_1 - z_2)| = |z_1|$$

de donde:

$$|z_1| - |z_2| \leqslant |z_1 - z_2|$$

b) Si $|z_1| < |z_2|$: se prueba análogamente que:

$$|z_2| - |z_1| \leqslant |z_1 - z_2|$$

Y por lo tanto:

$$||z_1| - |z_2|| \leqslant |z_1 - z_2|$$

□

1.3. Fórmula de Euler[2]

Los desarrollos en serie de las funciones sen x, cos x y e^x en el campo real, pueden ser ampliados al campo complejo ya que son series enteras, con radio de convergencia infinito. **—Ver [Cálculo 1, 9.14].**

Podemos tomar formalmente, siendo $\theta \in \mathbb{R}$:

$$\begin{aligned} e^{i\theta} &= 1 + \frac{i\theta}{1!} + \frac{(i\theta)^2}{2!} + \cdot + \frac{(i\theta)^n}{n!} + \cdots \\ &= 1 + i\frac{\theta}{1!} - \frac{\theta^2}{2!} - i\frac{\theta^3}{3!} + \frac{\theta^4}{4!} + \cdots \end{aligned}$$

Y separando la parte imaginaria de la real resulta:

$$e^{i\theta} = \left(1 - \frac{\theta^2}{2!} + \frac{\theta^4}{4!} - \cdots\right) + i\left(\frac{\theta}{1!} - \frac{\theta^3}{3!} + \frac{\theta^5}{5!} - \cdots\right)$$

O sea:

$$\boxed{e^{i\theta} = \cos\theta + i \operatorname{sen}\theta} \tag{1.7}$$

que se conoce como FÓRMULA DE EULER.

Análogamente:

$$e^{-i\theta} = \cos\theta - i \operatorname{sen}\theta = \overline{e^{i\theta}}$$

Por suma y resta de ambas se tienen las expresiones:

$$\cos\theta = \frac{e^{i\theta} + e^{-i\theta}}{2} \qquad \operatorname{sen}\theta = \frac{e^{i\theta} - e^{-i\theta}}{2i} \tag{1.8}$$

Un número complejo z de módulo r y argumento θ

$$z = r(\cos\theta + i \operatorname{sen}\theta)$$

podrá escribirse en forma más concisa, usando (1.7) como:

$$\text{Forma polar: } \boxed{z = re^{i\theta}} \tag{1.9}$$

Las funciones sen θ y cos θ son periódicas de período 2π y entonces el número complejo z se expresará:

$$\text{Forma polar general: } \boxed{z = re^{i(\theta+2k\pi)}}\ k = 0;\ \pm1;\ \pm2;\ \cdots \tag{1.10}$$

---

[2] **EULER, LEONARDO (1707 - 1789):** Nació en Basilea, Suiza y estudió en su país natal con Johann Bernoulli. La mayor parte de su vida la pasó como miembro de las Academias de Berlín y San Petesburgo — actual LENINGRADO en RUSIA. No sólo fue EULER el matemático más productivo de su época sino también uno de los mejores. Su producción abarca todos los temas de la MATEMÁTICA así como algunos no matemáticos. Durante los últimos trece años de su vida trabajó completamente ciego.
Sus obras completas, de las cuales ya hay publicadas más de 70 volúmenes, no están todavía impresas en su totalidad.

Ejemplo 1.5: Expresar $z = -i$ en forma polar.

Como $z = 0 - i$ resulta $a = 0$; $b = -1$ de donde $r = \sqrt{1^2} = 1$; $\arg z = \operatorname{arc\,tg}\left(\frac{-1}{0}\right) = \frac{3}{2}\pi$. Entonces:

$$z = \cos\left(\frac{3}{2}\pi + 2k\pi\right) + i \operatorname{sen}\left(\frac{3}{2}\pi + 2k\pi\right), \ (k = 0;\ \pm 1;\ \pm 2;\ \cdots)$$

O bien:

$$z = e^{i\left(\frac{3}{2}\pi + 2k\pi\right)}$$

□

Ejemplo 1.6: Probar que vale la siguiente relación entre los números irracionales e, π y la unidad imaginaria i.

$$e^{i\pi} = -1$$

En efecto, por la fórmula de EULER es:

$$e^{i\pi} = \cos\pi + i \operatorname{sen}\pi = -1$$

□

1.4. Fórmula de DE MOIVRE[3]

Si generalizamos la ley del producto de complejos (1.4) a n factores tendremos:

$$z_1 z_2 \cdots z_n = r_1 r_2 \cdots r_n \left[\cos(\theta_1 + \theta_2 + \cdots + \theta_n) + i \operatorname{sen}(\theta_1 + \theta_2 + \cdots + \theta_n)\right]$$

Suponiendo iguales todos los factores resulta:

$$z^n = r^n (\cos n\theta + i \operatorname{sen} n\theta)$$

O sea:

$$[r(\cos\theta + i \operatorname{sen}\theta)]^n = r^n(\cos n\theta + i \operatorname{sen} n\theta) \qquad n \in \mathbb{N}$$

Ahora bien, usando la ley del cociente de complejos (1.5) se ve que esta relación es también válida para exponente n nulo o negativo y vale entonces, para n entero cualquiera. Pasando a la forma polar se tiene la fórmula de DE MOIVRE:

$$\boxed{\left(e^{i\theta}\right)^n = e^{in(\theta + 2k\pi)}} \qquad k = 0;\ \pm 1;\ \pm 2;\ \cdots \tag{1.11}$$

que vale no sólo para $n \in \mathbb{Z}$ sino también para $n \in \mathbb{Q}$, como se puede probar por las propiedades del índice para exponenciales. En consecuencia, la fórmula (1.11) se puede usar para calcular cualquier potencia de un número complejo, siempre que el exponente sea racional, vale decir, de la forma $\frac{p}{q}$, donde $p, q \in \mathbb{Z}$, $q \neq 0$. Cuando n es un entero, todos los valores de k dan el mismo resultado y cuando $n = \frac{p}{q}$ se obtienen valores distintos para $k = 0;\ 1;\ 2;\ \cdots;\ q - 1$.

[3] **DE MOIVRE, Abraham (1667 - 1754):** Geómetra francés que se instaló en LONDRES después de la revocación del Edicto de Nantes en 1685 y se ganaba la vida dando clases particulares. Fue uno de los creadores de la trigonometría imaginaria.

Figura 1.3:

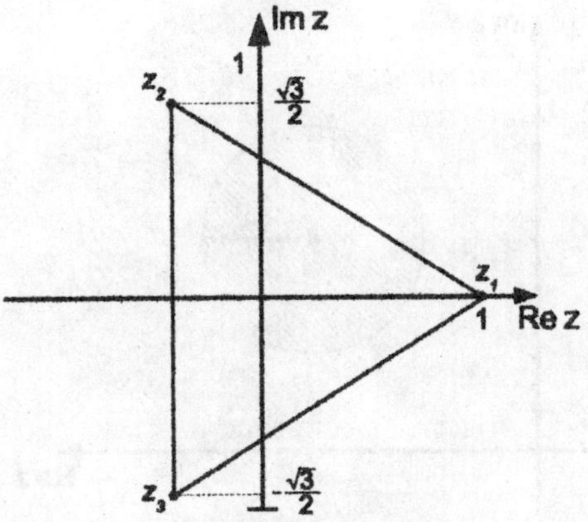

Raíces cúbicas de la unidad.

Ejemplo 1.7: Hallar las raíces cúbicas de 1.

Aplicando (1.11) tenemos:

$$\sqrt[3]{1} = r^{\frac{1}{3}}\left(\cos\frac{\theta+2k\pi}{3} + i\,\mathrm{sen}\,\frac{\theta+2k\pi}{3}\right); \quad k = 0; 1; 2; \cdots$$

Como $i = 0 + 1i$ resulta; $r = 1$; $\theta = \arg 1 = 0$. Entonces:

$$\sqrt[3]{1} = \cos\frac{2k\pi}{3} + i\ \mathrm{sen}\ \frac{2k\pi}{3} \qquad (k = 0, 1, 2, \ldots)$$

Así las raíces cúbicas de 1 son los números complejos:

$$z_1 = 1 \qquad z_2 = -\frac{1}{2} + i\frac{\sqrt{3}}{2} \qquad z_3 = -\frac{1}{2} - i\frac{\sqrt{3}}{2}$$

Geométricamente, las tres raíces de 1 son los vértices de un triángulo — ver Fig. 1.3.

□

Ejemplo 1.8: Hallar las raíces cuadradas de $z = \sqrt{3} + i$.

Como $z = 2\left(\sqrt{3}/2 + i/2\right) = 2\left(\cos\pi/6 + i\sin\pi/6\right) = 2e^{i\pi/6}$ resulta:

$$\sqrt{z} = \sqrt{2}e^{i/2}\left(\frac{\pi}{6} + 2k\pi\right); \quad k = 0, 1$$

Las raíces cuadradas son:

$$\begin{aligned}
z_1 = \sqrt{2}e^{i\pi/12} &= \sqrt{2}\left(\cos\frac{\pi}{12} + i\sin\frac{\pi}{12}\right)\\
z_2 = \sqrt{2}e^{13i\pi/12} &= \sqrt{2}\left(\cos\frac{13}{12}\pi + i\sin\frac{13}{12}\pi\right)\\
&= \sqrt{2}\left(e^{i\pi}e^{i\pi/12}\right)\\
&= -\sqrt{2}e^{i\frac{\pi}{12}}
\end{aligned}$$

Figura 1.4:

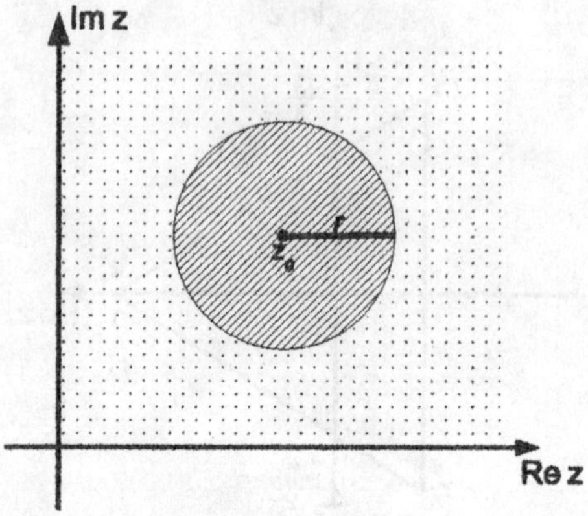

□

1.5. Regiones en el Campo Complejo

Habiendo aceptado el diagrama de ARGAND — ver Fig. (1.1) — para representar geométricamente el *cuerpo* de los números complejos de la forma $z = x + iy$, es obvio que toda ecuación o inecuación en z indicará una región de dicho plano. Así, por ejemplo:

1. $|z - z_0| \lesseqgtr r$ donde $z_0 = x_0 + iy_0$ es un número complejo fijo y $r \in \mathbb{R}$.

   Esta inecuación se puede escribir como:

   $$|x + iy - (x_0 + iy_0)| \lesseqgtr r$$

   O bien:

   $$(x - x_0)^2 + (y - y_0)^2 \lesseqgtr r$$

   Si vale el signo igual, la ecuación corresponde a una circunferencia de centro en (x_0, y_0) y radio r. Si vale el signo menor, esto es:

   $$|z - z_0| < r$$

   la región especificada es el interior de la circunferencia y si vale el signo mayor:

   $$|z - z_0| > r$$

   la región consiste en todos los puntos exteriores a la misma — ver Fig. 1.4.

2. $|z - 2| + |z + 2| > 3$

   Esta inecuación se escribe:

   $$|x + iy - 2| + |x + iy + 2| > 3$$

Figura 1.5:

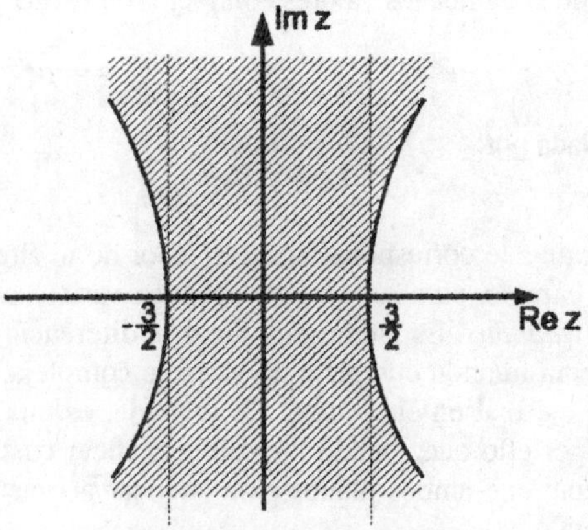

Puntos interiores a la hipérbola.

O sea:

$$\sqrt{(x-2)^2+y^2}+\sqrt{(x+2)^2+y^2}>3$$

de donde:

$$\sqrt{(x-2)^2+y^2}>3-\sqrt{(x+2)^2+y^2}$$

Operando resulta:

$$\begin{aligned}(x-2)^2+y^2 &> 9+(x+2)^2+y^2-6\sqrt{(x+2)^2+y^2}\\ \rightarrow (9+8x)^2 &< 36\left[(x+2)^2+y^2\right]\\ \rightarrow 28x^2-36y^2 &< 63\\ \rightarrow \frac{x^2}{\frac{9}{4}}-\frac{y^2}{\frac{7}{4}} &< 1\end{aligned}$$

que son los puntos interiores a una hipérbola — Fig. 1.5.

1.6. Funciones de Variable Compleja

Definición: Una función compleja de variable compleja es una aplicación de un subconjunto $A \subset \mathbb{C}$ en $\mathbb{C}$, esto es:

$$z \in A \xrightarrow{f} w = f(z) \in \mathbb{C}$$

Si escribimos z y w en forma cartesiana:

$$z = x + iy \qquad\qquad w = u + iv$$

la aplicación será una correspondencia:

$$f : (x, y) \longrightarrow (u, v)$$

de A como subconjunto de $\mathbb{R}^2$ en $\mathbb{R}^2$.

Del mismo modo si damos los valores complejos en forma polar:

$$z = re^{i\theta} \qquad\qquad w = \rho e^{i\varphi}$$

la aplicación está dada por:

$$f : (r, \theta) \longrightarrow (\rho, \varphi)$$

Si a cada valor de z le corresponde un solo valor de w diremos que la función es *univaluada*. Si, en cambio, para cada z corresponden varios valores de w, hablaremos de funciones *multivaluadas*. Es interesante notar la diferencia entre una función real de variable real y una función compleja de variable compleja. La primera representa una aplicación del eje real en el eje real. La segunda, es una aplicación del plano z en el plano w. Es por ello que, siendo imposible graficar cuatro variables, trabajaremos simultáneamente con ambos planos para analizar geométricamente una función de variable compleja.

Ejemplo 1.9: Sea $w = z^2$ donde $z = x + iy$, $w(x,y) = u(x,y) + iv(x,y)$.

Como $z = x + iy$ resulta $w = (x + iy)^2 = x^2 - y^2 + 2ixy$ de donde:

$$u(x,y) = x^2 - y^2 \qquad\qquad v(x,y) = 2xy \tag{1.12}$$

Entonces la función $w = z^2$ determina una aplicación del plano z en el plano w de modo que si z recorre una curva C del plano z, entonces w recorrerá una curva C' del plano w. Asimismo, cada vez que z varía en una región R del plano z, w variará en alguna región R' del plano w. Así, si tomamos la forma polar $z = re^{i\theta}$ resulta:

$$w = r^2 e^{2i\theta}$$

de donde $|w| = r^2 = |z|^2$; $\arg w = 2\theta = 2 \arg z$.

Si tomamos en el plano z la región R constituida por el semiplano superior, entonces:

$$0 \leqslant r < \infty \qquad\qquad 0 \leqslant \theta \leqslant \pi$$

Y su imagen R' en el plano w estará dada por:

$$0 \leqslant |w| < \infty \qquad\qquad 0 \leqslant \arg w \leqslant 2\pi$$

que es todo el plano w — ver Fig. 1.6.

Veamos ahora en qué se transforma una región rectangular R de vértices: $(0,0)$; $(a,0)$; (a,b) del plano z por la aplicación $w = z^2$ — ver Fig. 1.7.

El segmento $y = 0$; $0 \leqslant x \leqslant a$ se transforma en virtud de (1.12) en:

$$u = x^2 \qquad\qquad v = 0 \qquad\qquad 0 \leqslant x \leqslant a$$

o sea, en el segmento de las u positivas que va de $u = 0$ hasta $u = a^2$.

Figura 1.6:

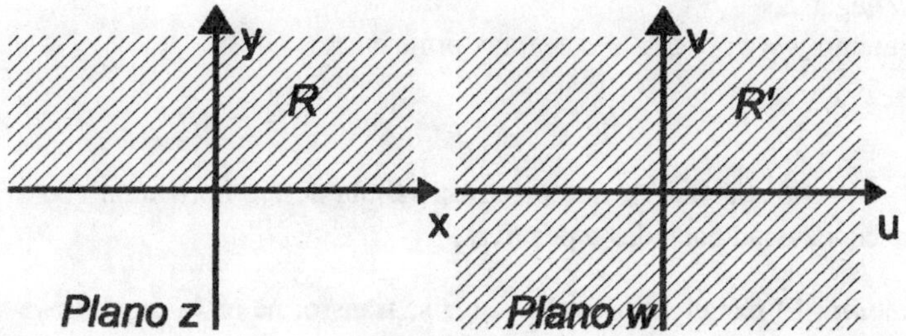

La función $w = z^2$ transforma el semiplano superior — *incluido el eje x* — en *todo* el plano complejo.

Figura 1.7:

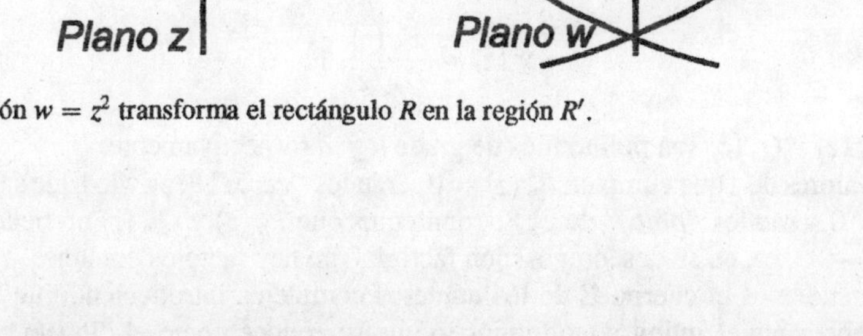

La función $w = z^2$ transforma el rectángulo R en la región R'.

El segmento $x = a$; $0 \leqslant y \leqslant b$ del plano z resulta análogamente:

$$u = a^2 - y^2 \qquad v = -2ay \qquad 0 \leqslant y \leqslant b$$

o bien:

$$v^2 = 4a^2\left(a^2 - u\right)$$

que es una parábola de eje horizontal u y vértice $\left(a^2, 0\right)$, cuya concavidad está dirigida hacia las u negativas.

El segmento $y = b$; $0 \leqslant x \leqslant a$ se transforma en:

$$u = x^2 - b^2 \qquad v = -2xb$$

de donde $v^2 = 4b^2\left(u^2 + b^2\right)$, que es otra parábola de eje horizontal con vértice en $\left(-b^2, 0\right)$ y concavidad hacia las u positivas.

En conclusión: El rectángulo R del plano z se transforma en la región rayada R' del plano w — ver Fig. 1.7.

□

1.7. Funciones Polinomiales

Se llama "Función Polinomial" de variable compleja a una función de la forma:

$$w = P_n(z) = a_0 + a_1 z + a_2 z^2 + \cdots + a_n z^n$$

donde $a_i \in \mathbb{C}$ $(i = 0, 1, 2, \cdots, n)$; $a_n \neq 0$ y $n \in \mathbb{N}$.

En los cursos de Álgebra se prueba que todo polinomio complejo no constante de grado n posee exactamente n raíces.

Es fácil ver que si los coeficientes de $P_n(z)$ son reales y $z = a + ib$ es una raíz de $P_n = 0$ entonces $\overline{z} = a - ib$ también lo es.

En efecto, como $P_n(\overline{z}) = \overline{P_n(z)}$ por tener coeficientes reales, resulta que si $P_n(z) = 0 \longrightarrow P_n(\overline{z}) = 0$.

El ejemplo del §1.6 es un caso de función polinomial con un *cero doble* en $z = 0$.

1.8. Funciones Racionales

Se llama "Función Racional" de variable compleja a todo cociente de polinomios de variable compleja de la forma:

$$w(z) = \frac{P_n(z)}{Q_m(z)}$$

donde $P_n(z)$ y $Q_n(z)$ son polinomios de grado n y m respectivamente.

Los valores de z que cumplen $P_n(z) = 0$ serán los *"ceros"* de w y los que satisfagan $Q_m(z) = 0$ serán los *"polos"* de w. Supondremos que $P_n(z)$ y $Q_m(z)$ no tienen ceros comunes — o sea, en su descomposición factorial, no hay factores comunes.

Si extendemos el cuerpo $\mathbb{C}$ de los números complejos introduciendo un símbolo ∞ que representa el infinito, tendremos lo que se conoce como el "Plano complejo

EXTENDIDO". Acordamos que toda recta pasará por el infinito pero ningún semiplano contiene este punto ideal.

¿Cuánto valdrá en nuestro caso $w(\infty)$ en el plano complejo extendido? Haciendo el cambio de variables $z \to 1/z$ tendremos una función $w_1(z)$ y pondremos $w(\infty) = w_1(0)$.

Si $w_1(0) = 0$ ó ∞, el orden del cero o del polo en el ∞ se define como el orden del cero o del polo en el origen. Así si indicamos:

$$\begin{aligned} P_n(z) &= a_0 + a_1 z + a_2 z^2 + \cdots + a_n z^n \\ Q_m(z) &= b_0 + b_1 z + b_2 z^2 + \cdots + b_m z^m \end{aligned}$$

Resulta:

$$w_1(z) = z^{m-n} \frac{a_0 z^n + a_1 z^{n-1} + a_2 z^{n-2} + \cdots + a_n}{b_0 z^m + b_1 z^{m-1} + b_2 z^{m-2} + \cdots + b_m}$$

Entonces, si $m > n$, $w(z)$ tiene un cero de orden $m - n$ en el ∞, si $m < n$, el punto en el ∞ es un polo de orden $n - m$ y si $m = n$: $w(\infty) = a_n/b_m \neq 0, \infty$.

Si contamos ahora el número total de ceros y polos en el plano complejo extendido resulta que el número de ceros es igual al mayor de los números m y n. El número de polos es el mismo y este número se llama *"orden"* de la función racional.

Ejemplo 1.10: Sea $w = \frac{1}{z}$. Tomando $z = re^{i\theta}$ esta función racional se indica:

$$w = \frac{1}{re^{i\theta}} = \frac{1}{r} e^{-i\theta}$$

Entonces, el semiplano superior del plano z, especificado por:

$$0 \leqslant r < \infty \qquad\qquad 0 \leqslant \theta \leqslant \pi$$

se transforma en el semiplano inferior del plano w, dado por:

$$0 \leqslant |w| < \infty \qquad\qquad -\pi \leqslant \arg w \leqslant 0$$

En forma análoga se prueba que el semiplano inferior del plano z se transforma por $w = \frac{1}{z}$ en el semiplano superior del plano w.

Si z recorre la circunferencia $|z| = 1$, w recorre la circunferencia $|w| = 1$. Los puntos exteriores a la circunferencia o sea $|z| > 1$ cumplen que:

$$1 < r < \infty \qquad\qquad 0 \leqslant \theta < 2\pi$$

Entonces w varía de modo que $0 \leqslant |w| < 1$; $-2\pi < \arg w \leqslant 0$, esto es, la región exterior a la circunferencia $|z| = 1$ se transforma en la región interior a la circunferencia y viceversa — ver Fig. 1.8.

Esta transformación se llama "INVERSIÓN" y es un caso particular de la FUNCIÓN RACIONAL:

$$w = \frac{az + b}{cz + d}$$

que se conoce como "FUNCIÓN BILINEAL" y será considerada en el §2.9 **f**).

□

Figura 1.8:

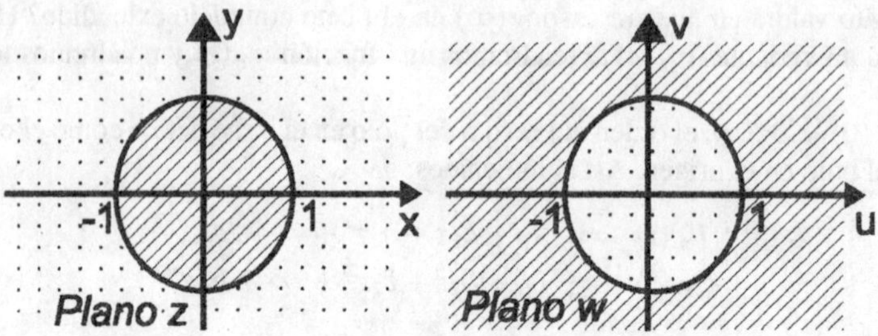

La inversión $w = \frac{1}{z}$.

1.9. Función Exponencial

La función $w = e^z$ se llama "FUNCIÓN EXPONENCIAL". Como:

$$e^z = e^{x+iy} = e^x e^{iy}$$

si usamos la fórmula de Euler (1.7) para evaluar la exponencial compleja tendremos:

$$e^z = e^x (\cos y + i \operatorname{sen} y) \tag{1.13}$$

Expresando w en forma polar como $w = \rho e^{i\varphi}$ resulta:

$$e^x e^{iy} = \rho e^{i\varphi}$$

de donde:

$$\rho = |w| = e^x \qquad \varphi = \arg w = y + 2k\pi \quad (k = 0, \pm 1, \pm 2, \cdots)$$

Esto implica que la función exponencial *no se anula nunca,* al igual que la exponencial real.

Veamos que significa la aplicación $w = e^z$ del plano z en el plano w. Tomemos un rectángulo R de lados a y b en el plano z — ver Fig. 1.9.

El segmento de recta $y = 0; 0 \leqslant x \leqslant a$ se transforma en el plano w en el segmento del eje positivo de la u:

$$w = e^x \qquad\qquad 0 \leqslant x \leqslant a$$

El segmento $x = a; 0 \leqslant y \leqslant b$ del plano z se transforma en el plano w en la porción de circunferencia con centro en el origen y radio e^a.

$$\rho = e^a \qquad\qquad 2k\pi \leqslant \varphi \leqslant b + 2k\pi$$

Por último el segmento del eje positivo de las y dado por $x = 0$, $0 \leqslant y \leqslant b$ se transforma en la porción de circunferencia de radio unitario:

$$\rho = 1 \qquad\qquad \varphi = y + 2k\pi \qquad\qquad (0 \leqslant y \leqslant b)$$

Así el rectángulo R se transforma en la región rayada R' del plano w — ver Fig. 1.9.

Figura 1.9:

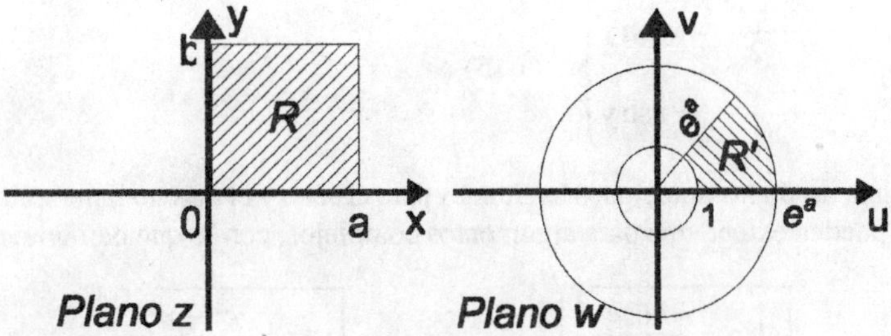

La función exponencial $w = e^z$ transforma el rectángulo R en la región R'.

1.10. Funciones Trigonométricas e Hiperbólicas

Vamos a escribir las fórmulas (1.8) para argumento complejo y tendremos definidas las funciones trigonométricas.

$$\boxed{\cos\theta = \frac{e^{i\theta} + e^{-i\theta}}{2}} \qquad \boxed{\operatorname{sen}\theta = \frac{e^{i\theta} - e^{-i\theta}}{2i}} \tag{1.14}$$

Recíprocamente estas fórmulas dan validez universal a la expresión:

$$e^{iz} = \cos z + i \operatorname{sen} z$$

Ambas funciones son periódicas de período 2π y están interrelacionadas por las fórmulas:

$$\cos z = \operatorname{sen}\left(\frac{\pi}{2} - z\right) \qquad \cos^2 z + \operatorname{sen}^2 z = 1$$

Todas las fórmulas trigonométricas siguen siendo válidas como simples consecuencias de la definición y las propiedades de la función exponencial. El $\cos z$ es asimismo, una función par y el $\operatorname{sen} z$ es impar.

Nota: Los valores del $|\cos z|$ y $|\operatorname{sen} z|$ pueden ser mayores que 1. Por ejemplo podemos pedir hallar los valores de z que satisfacen la ecuación:

$$\cos z = 2$$

Ello implica: $e^{iz} + e^{-iz} = 4$ de donde $e^{2iz} - 4e^{iz} + 1 = 0$, ecuación cuadrática en e^{iz} que se puede escribir:

$$\left(e^{iz}\right)^2 - 4\left(e^{iz}\right) + 1 = 0$$

cuyas soluciones son:

$$e^{iz} = \frac{4 \pm \sqrt{16 - 4}}{2} = 2 \pm \sqrt{3}$$

o bien:

$$z = -i \ln\left(2 \pm \sqrt{3}\right)$$

Si en (1.14) tomamos z imaginario puro, $z = iy$

$$\left.\begin{aligned} \cos iy &= \frac{e^{y}+e^{-y}}{2} = \operatorname{ch} y \\ \cos iy &= \frac{e^{-y}-e^{-y}}{2i} = i \operatorname{sh} y \end{aligned}\right\} \qquad (1.15)$$

donde se han usado las notaciones habituales para el seno y el coseno hiperbólico. Estas fórmulas pueden extenderse para argumentos complejos, con lo que definimos:

$$\boxed{\operatorname{ch} z = \frac{e^{z}+e^{-z}}{2}} \qquad \boxed{\operatorname{sh} z = \frac{e^{z}-e^{-z}}{2}} \qquad (1.16)$$

Las restantes funciones trigonométricas e hiperbólicas se definen por las relaciones habituales. Así, por ejemplo:

$$\operatorname{th} z = \frac{e^{z}-e^{-z}}{e^{z}+e^{-z}}$$

Es muy fácil verificar que además de las relaciones (1.15) se cumplen las siguientes:

$$\operatorname{tg} iz = i\operatorname{th} z \qquad \operatorname{sh} iz = i \operatorname{sen} z \qquad \operatorname{ch} iz = \cos z \qquad \operatorname{th} iz = i \operatorname{tg} z$$

Es interesante notar que en la teoría de variable compleja todas las funciones trascendentes pueden expresarse mediante la función exponencial e^{z}. En otras palabras existe esencialmente una sola función trascendente.

1.11. Funciones Multivaluadas

Las funciones que hemos considerado hasta ahora son univaluadas pero existen importantes ejemplos de funciones multivaluadas. Así la función:

$$w = \sqrt{z}$$

si ponemos z en su forma polar general:

$$z = re^{i(\theta+2k\pi)} \qquad (k = 0; \pm 1; \pm 2; \cdots) \qquad 0 \leqslant \theta \leqslant 2\pi$$

Resulta:

$$\boxed{w = \sqrt{z} = \sqrt{r}e^{i(\theta/2+k\pi)}} \qquad (k = 0; \pm 1; \pm 2; \cdots) \qquad (1.17)$$

Ahora bien, en virtud de la fórmula de Euler (1.7) es:

$$e^{ik\pi} \begin{cases} +1 & ,\text{si } k = 0 \pm 2 \pm 4 \cdots \\ -1 & ,\text{si } k = \pm 1 \pm 3 \pm 5 \cdots \end{cases} \qquad (1.18)$$

Entonces existen dos valores posibles para esta función:

$$w = \sqrt{z} = \begin{cases} \sqrt{r}e^{i\theta/2} \\ -\sqrt{r}e^{i\theta/2} \end{cases} \qquad (0 \leqslant \theta < 2\pi)$$

Figura 1.10:

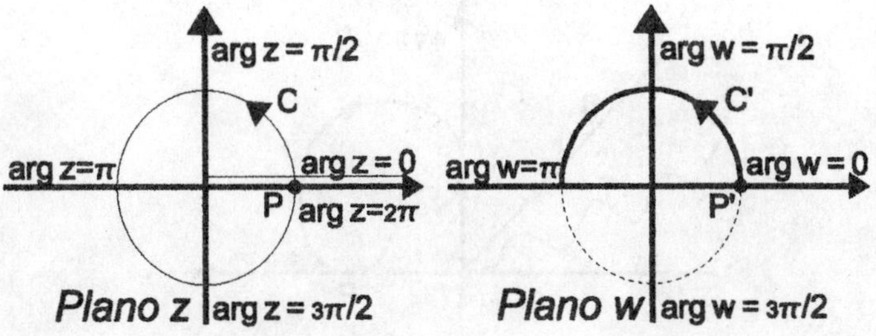

La función $w = \sqrt{z}$ aplica la región C del plano z en la región C' del plano w.

y se dice que esta función es *"bivaluada"*. Veamos qué significa geométricamente esta bivaluación. Para ello consideremos la curva C en el plano z — ver Fig. 1.10 que es la circunferencia $|z| = r$ y sea P un punto de la misma con $\theta = 0$. Entonces, en el plano w, la imagen de P será el punto P' con $|w| = \sqrt{r}$; $\arg w = 0$. Si P se mueve desde $\theta = 0$ hasta $\theta = 2\pi$ en el plano z, P' se moverá desde $\arg w = 0$ hasta $\arg w = \pi$ sobre la curva C' que es la circunferencia $|w| = \sqrt{r}$. Esto es, si P recorre un circuito completo en el plano z, su imagen P' recorre medio circuito. Si P continúa recorriendo C de $\theta = 2\pi$ hasta $\theta = 4\pi$, P' recorre el circuito completo. El haber elegido una circunferencia no constituye ninguna restricción pues el resultado sigue siendo válido si se elige cualquier curva cerrada que contenga al origen. La transformación $w = \sqrt{z}$ es la inversa de la transformación $w = z^2$ que analizamos en el Ejemplo 1.9.

Entonces la función bivaluada $w = \sqrt{z}$ puede separarse en dos funciones univaluadas, a saber:

1. $|z| = r$; $\arg z = \theta$ siendo $0 \leqslant \theta < 2\pi \to w = \sqrt{r}e^{i\theta/2}$.
2. $|z| = r$; $\arg z = \theta + 2\pi$ siendo $0 \leqslant \theta < 2\pi \to w = -\sqrt{r}e^{i\theta/2}$.

Estas dos funciones se llaman *ramas* de la función.

El primer circuito de la curva C en el plano z está en la Rama 1 de $w = \sqrt{z}$ y el segundo circuito, en la Rama 2. El salto de rama se produce en la semirrecta $\arg z = 2\pi$ y esta línea se llama Línea de Ramificación. Obviamente, es imposible que una trayectoria que comienza en la Rama 1 pase a la 2 y viceversa.

En cambio, si P recorre una curva cerrada que *no* encierre al origen — ver Fig. 1.11 en el plano z, el $\arg z$ se incrementa desde 0 hasta $\pi/2$ y vuelve a cero.

Es preciso notar que la línea de ramificación no es única ya que cualquier línea que no se autointersecte y vaya de $z = 0$ hasta $z = \infty$ puede ser una línea de ramificación. Por esa razón se identifica al punto $z = 0$ como un Punto de Ramificación de $w = \sqrt{z}$.

Ejemplo 1.11: Sea $w = \sqrt{i}$. Entonces por (1.17) y (1.18) tenemos:

$$\sqrt{i} = e^{i(\pi/4+k\pi)} = e^{i\pi/4}e^{ik\pi} = \pm e^{i\pi/4} = \pm\frac{\sqrt{2}}{2}(1+i)$$

Figura 1.11:

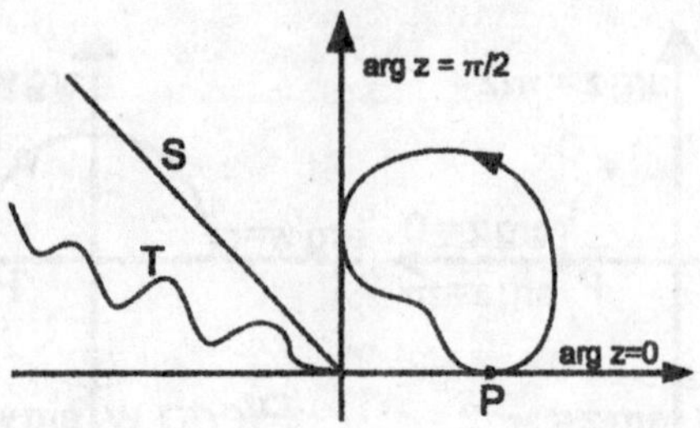

S y T: Posibles líneas de ramificación de $w = \sqrt{z}$.

Esta función bivaluada se descompone en dos funciones univaluadas:

1. $z = i;\ |z| = 1;\ \theta = \pi/2 \rightarrow \sqrt{i} = e^{i\pi/4} = \sqrt{2}/2\,(1+i)$
2. $z = i;\ |z| = 1;\ \theta = \pi/2 + 2\pi \rightarrow \sqrt{i} = -e^{i\pi/4} = -\left(\sqrt{2}/2\right)(1+i)$

El origen es un punto de ramificación y cualquier línea que parta de él hasta $z = \infty$ es una línea de ramificación.

□

Ejemplo 1.12: Sea $w = \sqrt{z - z_0}$, z_0 fijo.

Haciendo $z - z_0 = t$ resulta $w = \sqrt{t}$, que tiene un punto de ramificación en $t = 0$, y, por ende, $w = \sqrt{z - z_0}$ tendrá un punto de ramificación en $z = z_0$. Toda línea que parta de z_0 y se extienda al infinito es una línea de ramificación.

□

Ejemplo 1.13: Sea $w = \sqrt{z^2 - z_0^2}$, z_0 fijo.

Sea $\theta = \arg z$; $\varphi = \arg w$ y sean $\Delta\theta$ y $\Delta\varphi$ los incrementos en los argumentos cuando el punto P se mueve en el plano z.

Como

$$\varphi = \frac{1}{2} \arg\left(z^2 - z_0^2\right) = \frac{1}{2}\left[\arg(z + z_0) + \arg(z - z_0)\right]$$

resulta:

$$\Delta\varphi = \frac{1}{2}\left[\Delta \arg(z + z_0) + \Delta (z - z_0)\right]$$

Supongamos que el punto P recorre en el plano z un circuito completo C_1 en torno al punto $z = z_0$ — ver Fig. 1.12. Entonces $\Delta \arg(z + z_0) = 0$; $\Delta \arg(z - z_0) = 2\pi$ por lo que $\Delta\varphi = \pi$.

Esto es, la imagen P' de P en el plano w *no* regresa a su punto de partida después de un circuito completo C_1 sino después de dos circuitos. Por ello $z = z_0$ es un punto de ramificación. Algo similar ocurre con C_2 y $z = -z_0$ es otro punto de ramificación. En cambio, si el punto P recorre C_3 que encierra a ambos puntos de ramificación $z = \pm z_0$:

$$\Delta \arg(z + z_0) = 2\pi;\ \Delta \arg(z - z_0) = 2\pi \rightarrow \Delta\varphi = 2\pi$$

Figura 1.12:

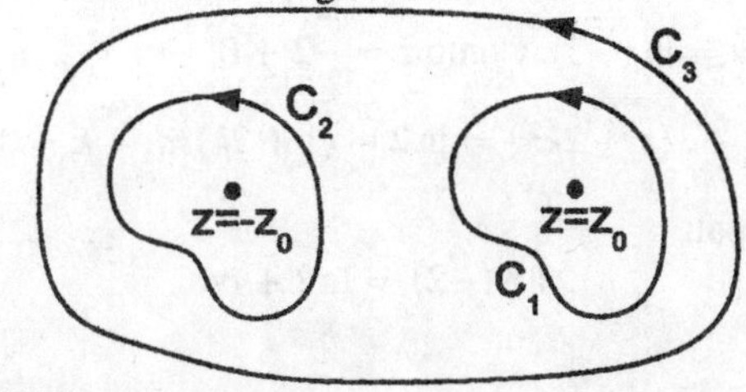

Aplicación $w = \sqrt{z^2 - z_0^2}$.

Y el punto imagen P' vuelve al punto de partida en el plano w. Esto implica que las líneas de ramificación deben evitar circuitos que encierren a $z = z_0$ y a $z = -z_0$ pero no a ambos en conjunto.

□

1.12. Función Logaritmo

El logaritmo de un número complejo se define como la función inversa de la exponencial. Así si:

$$z = e^w \to w = \ln z$$

Tomando:

$$w = u + iv \qquad z = re^{i(\theta+2k\pi)} \qquad \text{para } k = 0;\ \pm 1;\ \pm 2;\ \cdots$$

resulta:

$$re^{i(\theta+2k\pi)} = e^u e^{iv}$$

Separando parte real e imaginaria tenemos:

$$\begin{cases} r = e^u \to u = \ln r \\ v = \theta + 2k\pi \end{cases}$$

por lo que:

$$\boxed{w = \ln z = \ln r + i\,(\theta + 2k\pi)} \qquad k = 0;\ \pm 1;\ \pm 2; \cdots \qquad 0 \leqslant \theta < 2\pi \tag{1.19}$$

fórmula que permite calcular los infinitos logaritmos de un número complejo no nulo. Es una función multivaluada pues tiene valores diferentes para cada valor de k. El "Valor Principal" del $\ln z$ es el que se obtiene para $k = 0$ y se suele indicar "$\operatorname{Ln} z$".

$$\operatorname{Ln} z = \ln r + i\theta$$

Si el plano z se corta a lo largo de cualquier línea que vaya del origen al infinito, el $\ln z$ se hace univaluado. Por ello el origen es un punto de ramificación y cualquier línea que parta de él hasta el infinito es una línea de ramificación. Ambas ramas quedan determinadas por:

1. $|z| = r$; $\arg z = \theta$ con $0 \leqslant \theta < 2\pi \to \ln z = \operatorname{Ln} z = \ln r + i\theta$.

2. $|z| = r$; $\arg z = \phi$ con $2\pi \leqslant \phi < 4\pi \rightarrow \ln z = \ln r + i\phi = \text{Ln}z + 2\pi i$.

Ejemplo 1.14: Sea $w = \ln(-2)$. Como $z = -2 + 0i \rightarrow r = 2; \theta = \pi$ resulta:

$$\ln(-2) = \ln 2 + i(\pi + 2k\pi) = \ln 2 + (1 + 2k)\pi i; \quad k = 0; \pm 1; \pm 2; \cdots$$

siendo el valor principal:

$$\text{Ln}(-2) = \ln 2 + i\pi$$

□

Ejemplo 1.15: Sea $w = \ln(1+i)$. Como $z = (1+i) \rightarrow r = \sqrt{2}; \theta = \pi/4$ resulta:

$$\ln(1+i) = \ln\sqrt{2} + i\left(\frac{\pi}{4} + 2k\pi\right); \quad k = 0; \pm 1; \pm 2; \cdots$$

siendo el valor principal:

$$\text{Ln}(1+i) = \ln\sqrt{2} + i\frac{\pi}{4}$$

□

1.13. Función Exponencial Compleja General

Sean z_1 y z_2 dos variables complejas tales que $z_1 \neq 0$. Queremos hallar el valor de la exponencial compleja.

$$w = z_1^{z_2}$$

Aplicando logaritmos naturales:

$$\ln w = z_2 \ln z_1$$

Por definición de logaritmo natural:

$$w = e^{z_2 \ln z_1}$$

que resulta una función multivaluada.

Ejemplo 1.16: Sea $w = i^{-2i}$. Entonces:

$$i^{-2i} = e^{-2i\ln i} = e^{-2i(i\pi/2 + i2k\pi)} = e^{\pi(4k+1)}; \quad k = 0; \pm 1; \pm 2; \cdots$$

□

Ejemplo 1.17: Sea $w = [(1+i)/(1-i)]^i$. Como:

$$\frac{1+i}{1-i} = \frac{(1+i)(1-i)}{(1-i)(1-i)} = \frac{2}{-2i} = i$$

resulta:

$$\begin{aligned} w &= i^i = e^{i\ln i} = e^{i(i\pi/2 + i2k\pi)} = e^{-\frac{\pi}{2} - 2k\pi} \\ &= e^{-\pi(1/2 + 2k)}; \quad k = 0; \pm 1; \pm 2; \cdots \end{aligned}$$

□

Ejemplo 1.18: Verificar que $i^2 = -1$

$$i^2 = e^{2\ln i} = e^{2(i\pi/2+i2k\pi)} = e^{i\pi(4k+1)}; \quad k = 0; \pm1; \pm2; \cdots$$

Pero $e^{i\pi} = -1$; $e^{i4\pi k} = 1$, en virtud de (1.18). Entonces:

$$i^2 = -1$$

□

1.14. Funciones Trigonométricas e Hiperbólicas Inversas

La función arco coseno de una variable compleja z se puede definir resolviendo la ecuación:

$$z = \cos w = \frac{1}{2}\left(e^{iw} + e^{-iw}\right)$$

Esta es una ecuación cuadrática en e^{iw} con raíces dadas por:

$$e^{iw} = z \pm \sqrt{z^2 - 1}$$

de donde:

$$\boxed{w = \operatorname{arc}\cos z = -i\ln\left(z \pm \sqrt{z^2 - 1}\right)} \tag{1.20}$$

También se puede escribir:

$$w = \operatorname{arc}\cos z = \pm i\ln\left(z + \sqrt{z^2 - 1}\right)$$

ya que $z + \sqrt{z^2 - 1}$ y $z - \sqrt{z^2 - 1}$ son números recíprocos. Los infinitos valores de la función $\operatorname{arc}\cos z$ reflejan la paridad y periodicidad de la función $\cos z$ — ver §1.10.

La función arco coseno de una variable compleja se determina mediante la relación:

$$\operatorname{arc}\operatorname{sen} z = \frac{\pi}{2} - \operatorname{arc}\cos z$$

que se prueba de manera análoga a la válida en el campo real. En efecto, si:

$$\begin{cases} w_1 = \operatorname{arc}\operatorname{sen} z \to z = \operatorname{sen} w_1 \\ w_2 = \operatorname{arc}\cos z \to z = \cos w_2 \end{cases}$$

de donde:

$$\operatorname{sen} w_1 = \cos w_2 \to w_1 + w_2 = \frac{\pi}{2}$$

Las restantes funciones trigonométricas inversas se definen de manera similar.

Con respecto a las funciones hiperbólicas inversas, nos basaremos en las expresiones (1.16). Así de:

$$z = \operatorname{ch} w = \frac{1}{2}\left(e^{w} + e^{-w}\right)$$

resulta una ecuación cuadrática en e^w cuyas raíces son:

$$e^{w} = z \pm \sqrt{z^2 - 1}$$

De donde:

$$\boxed{w = \arg\operatorname{ch} z = \ln\left(z \pm \sqrt{z^2 - 1}\right)} \tag{1.21}$$

Análogamente podemos obtener las expresiones de las restantes funciones hiperbólicas inversas.

Ejemplo 1.19: Expresar todas las soluciones de la ecuación:

$$\operatorname{sh} w = z$$

en términos de la función Ln.

Como:

$$e^w - e^{-w} = -2z \to e^{2w} - 2ze^w - 1 = 0$$

ecuación cuadrática en e^w cuyas raíces son:

$$e^w = z \pm \sqrt{z^2 + 1}$$

de donde:

$$w = \operatorname{Ln}\left(z \pm \sqrt{z^2 + 1}\right) \pm 2k\pi i; \quad k = 0; \pm 1; \pm 2; \cdots$$

□

1.15. Problemas

1. Escribir en forma binómica $a + ib$:

   a) $(1 - i)(3 + i)$

   b) $\frac{1-2i}{2+5i}$

   c) $\frac{(2-3i)^2}{(i+1)^3}$

2. Dados los complejos z_1 y z_2, calcular gráfica y analíticamente:

   $$z_1 + z_2 \qquad z_1 - z_2 \qquad z_1 z_2 \qquad \frac{z_1}{z_2}$$

   en los siguientes casos:

   a) $z_1 = 2 + 3i; z_2 = 1 - i$

   b) $z_1 = -2 - i; z_2 = 3 - i$

   c) $z_1 = 3 - i; z_2 = -4 + 3i$

3. Hallar la forma polar de los siguientes números complejos:

   a) $1 + i\sqrt{3}$

   b) $-2 + 2i$

   c) -2

   d) i^5

   e) $\frac{1}{1-i}$

f) $\frac{1+i}{1-i}$

g) $(1+i)^3$

4. Suponiendo $z = x + iy$, escribir las siguientes expresiones en la forma $a + ib$:

   a) $\frac{1}{z}$

   b) $\frac{1}{z-1}$

   c) $z^2 + 2z - 3$

   d) $\frac{1}{z+i}$

5. Describir y graficar las regiones especificadas por las siguientes inecuaciones:

   a) $|z| < 2$

   b) $|z| > 1$

   c) $\text{Re}z > 1$

   d) $\text{Im}z^2 < -1$

   e) $|z-1| > 1$

   f) $|z-2| < 3$

   g) $\left|\frac{z-2}{z+1}\right| = 2$

6. Hallar todas las soluciones de las siguientes ecuaciones y graficarlas:

   a) $z^2 = -2 + 2i\sqrt{3}$

   b) $z^3 = 2 - 2i$

   c) $z^4 = -1$

   d) $z^5 = -4 - 4i$

   e) $z^6 = -8$

7. Probar que para todo z_1, z_2 complejos es:

$$\text{sen}\,(z_1 \pm z_2) = \text{sen}\, z_1 \cos z_2 \pm \cos z_1\, \text{sen}\, z_2$$

8. Probar que para todo z_1, z_2 complejos es:

$$\text{ch}\,(z_1 \pm z_2) = \text{ch}\, z_1 \text{ch}\, z_2 \pm \text{sh}\, z_1 \text{sh}\, z_2$$

9. Deducir fórmulas para: $\text{sen}\, 2z$, $\cos 2z$, $\text{tg}\, 2z$, $\text{sh}2z$, $\text{ch}2z$, $\text{th}2z$, con $z \in \mathbb{C}$.

10. Escribir en la forma $a + ib$:

    a) e^{2-i}

    b) $\cos\left(\frac{5\pi}{3} - i\right)$

    c) $\text{ch}\left(2 + i\frac{\pi}{3}\right)$

    d) $\text{sh}\,(i - 1)$

    e) $\text{th}\,(2 + 3i)$

f) $e^{\pi+2i}$

11. Escribir en la forma $a + ib$:

    a) $\text{Ln}(-3)$
    b) $\text{Ln}(1 - 2i)$
    c) $\text{Ln}(-i)^3$

12. Escribir en la forma $a + ib$:

    a) $e^{\cos(\pi+i)}$
    b) $\ln\left(e^{\frac{1+\pi i}{4}}\right)$
    c) $\cos\left(\sqrt{i-1}\right)$

13. Escribir en la forma $u(x,y) + iv(x,y)$ las siguientes funciones:

    a) e^{z^3}
    b) $e^{\frac{1}{z}}$
    c) $\text{Ln}(3 - 3i)$
    d) $e^{\cos z^2}$

14. Dada la transformación $w = \text{sen}\, z$, hallar las transformadas de las líneas $\text{Re}z = a \neq 0$, $\text{Im}z = b \neq 0$.

15. Hallar los puntos de ramificación de las funciones:

    a) $\sqrt[3]{z^2 - 9}$
    b) $\ln\left(z^2 - 16\right)$

    Indicar líneas de ramificación apropiadas.

16. Verificar que $\cos w = z$ sii:

$$w = \frac{1}{i}\text{Ln}\left(z \pm \sqrt{z^2 - 1}\right) \pm 2k\pi \quad k = 0; \pm 1; \pm 2; \cdots$$

    ¿Existe algún complejo z para el que no existe solución w?

17. Verificar que $\text{sen}\, w = z$ sii:

$$w = \frac{1}{i}\text{Ln}\left(z \pm \sqrt{1 - z^2}\right) \pm 2k\pi \quad k = 0; \pm 1; \pm 2; \cdots$$

    ¿Existe algún complejo z para el que no existe solución w?

18. Verificar que $\text{th}w = z$ sii:

$$w = \frac{1}{2}\text{Ln}\left(\frac{1+z}{1-z}\right) \pm ik\pi \quad k = 0; \pm 1; \pm 2; \cdots$$

19. Probar que $\text{sen}\, z$ y $\cos z$ son iguales a cero para z real y por tanto, para $z = n\pi$ y $z = \pi/2 + n\pi$, respectivamente.

20. Hallar los ceros de las funciones $\text{sh}\, z$ y $\text{ch}\, z$.

Capítulo 2

Diferenciabilidad en el Campo Complejo

> "Tanto el pensamiento numérico como el geométrico son necesarios. Uno es análisis y el otro síntesis"
>
> ZEEMAN, E. CARL

2.1. Introducción

Una vez introducidas las funciones de variable compleja y antes de entrar a definir los límites, continuidad y diferenciabilidad en el campo complejo, es preciso hacer mención de algunos conceptos *"topológicos"* en $\mathbb{C}$. La topología es una rama de la MATEMÁTICA que estudia todas las cuestiones directa o indirectamente relacionadas con la continuidad. H. POINCARÉ[1] ha explicado en forma intuitiva qué es la topología — *o Analysis situs* —:

> "En esta disciplina dos figuras son equivalentes siempre que podamos pasar de una a otra por medio de una deformación continua, cualquiera sea la ley de esta transformación, a condición de que se respete la continuidad. Así una circunferencia es equivalente a una elipse o también a una curva cerrada cualquiera, pero no es equivalente a un segmento de recta, porque tal segmento no es cerrado, una esfera es equivalente a una superficie convexa cualquiera pero no es equivalente a un toro, porque en un toro hay una abertura que la esfera no posee".

2.2. Topología en $\mathbb{C}$

Para determinar un conjunto de puntos S en $\mathbb{C}$ es preciso dar una ley que establezca si un punto pertenece o no al conjunto S. Los puntos que pertenecen a S son sus *ele-*

---

[1] POINCARÉ, HENRI (1854 - 1912): Fue el más importante de los matemáticos de la segunda parte del siglo XX. Desde 1881 hasta su muerte fue profesor de la Sorbonne en París. Cada año dictaba un curso diferente y estas clases, editadas por sus estudiantes cubren un amplísimo espectro: teoría del potencial, óptica, electricidad, conducción del calor, capilaridad, electromagnetismo, hidrodinámica, mecánica de los cuerpos celestes, termodinámica, probabilidades, etc...

Figura 2.1:

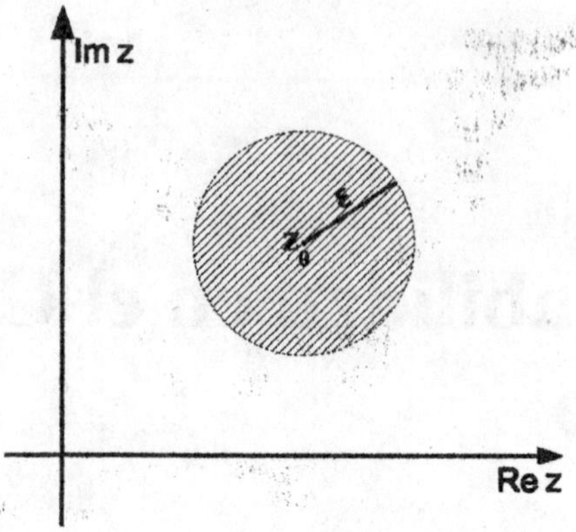

Disco en el plano z.

mentos, y esto se indica $z \in S$. Dos conjuntos son idénticos si constan de los mismos elementos. S es un subconjunto de T si todo elemento de S es también elemento de T y se indica $S \subset T$ ó $T \supset S$.

S es *finito* si tiene un número finito de elementos. El conjunto *vacío* se indica $\emptyset$. La *intersección* de S y T, indicada por $S \cap T$ está formada por todos los puntos que son elementos tanto de S como de T. Si $S \cap T = \emptyset$, S y T son *disjuntos*. La *unión* de S y T se indica $S \cup T$ y es el conjunto de los puntos que son elementos de A o de B o de ambos. El *complemento* de S es el conjunto de todos los puntos que no están en S y se denota $\complement(S)$.

$$\boxed{\begin{array}{l} \complement(S \cup T) = \complement(S) \cap \complement(T) \\ \complement(S \cap T) = \complement(S) \cup \complement(T) \end{array}} \tag{2.1}$$

Llamaremos *entorno* de un punto $z_0 \in \mathbb{C}$ al conjunto de puntos z que distan de z_0 en menos de ε, donde $\varepsilon > 0$. Esto es:

$$E(z, e) = \{z \in \mathbb{C} : |z - z_0| < \varepsilon\} \tag{2.2}$$

Geométricamente, un entorno es el interior de una circunferencia con centro en z_0y radio ε,que llamaremos para abreviar *"disco"* — ver Fig. 2.1.

Desde el punto de vista topológico interesan propiedades que sean compartidas por *todos* los entornos de un punto z_0. Sea una propiedad P. Diremos que P vale para puntos *arbitrariamente próximos* a z_0 si cada entorno de $z_0$contiene al menos un punto con la propiedad P. Todos los puntos con la propiedad P forman un conjunto que se indicará con la misma letra P.

Definición: La ***clausura*** S^* de un conjunto S es el conjunto formado por todos los puntos z tales que S contiene puntos arbitrariamente próximos a z.

Es evidente que $S \subset S^*$. La clausura es el concepto básico para las definiciones topológicas siguientes:

- Un conjunto es ***cerrado*** si coincide con su clausura.
- Un conjunto es ***abierto*** si su complemento es cerrado.
- El ***exterior*** de un conjunto es el complemento de su clausura.
- El ***interior*** de un conjunto es el exterior de su complemento.
- La ***frontera*** de un conjunto es la intersección de su clausura con la clausura de su complemento.

También podemos definir un conjunto ***abierto*** diciendo que para cada uno de sus elementos existe algún entorno enteramente contenido en el conjunto.

Una propiedad importante es la que establece el siguiente:

Teorema 2.1: La clausura de cualquier conjunto es cerrada.

Demostración: Basta con probar que $(S^*)^* \subset S^*$ ya que sabemos que $S^* \subset (S^*)^*$. Supongamos que $z_0 \in (S^*)^*$. Dado $\varepsilon > 0$ existe un punto $z_1 \in S^*$ tal que $|z_1 - z_0| < \varepsilon$. Por otra parte, como $z_1 \in S^*$ existe $z_2 \in S$ tal que $|z_2 - z_1| < \varepsilon - |z_1 - z_0|$.

En virtud de la desigualdad triangular (1.6) en la página 13:

$$|z_2 - z_0| \leqslant |z_2 - z_1| + |z_1 - z_0| < \varepsilon$$

Por lo que hemos probado que $z_0 \in S^*$ y como z_0 era arbitrario, resulta en general $(S^*)^* \subset S^*$.

□

Enunciaremos cuatro proposiciones simétricas cuyas demostraciones dejaremos al lector interesado:

1. La intersección de toda colección de conjuntos cerrados es cerrada.
2. La unión de un número finito de conjuntos cerrados es cerrada.
3. La unión de toda colección de conjuntos abiertos es abierta.
4. La intersección de un número finito de conjuntos abiertos es abierta.

Todas las consideraciones anteriores valen para el plano extendido siempre que se defina el entorno de $z = \infty$ como el conjunto de puntos $|z| > \varepsilon$.

Definición: Un conjunto abierto no vacío $S \subset \mathbb{C}$ es ***conexo*** si dos cualesquiera de sus puntos pueden unirse mediante una linea poligonal enteramente contenida en el conjunto.

Definición: Llamaremos ***región*** a todo subconjunto abierto no vacío y conexo del plano $\mathbb{C}$.

Ejemplos de regiones son todo el plano complejo, un disco abierto $|z - z_0| < \varepsilon$; un semiplano, etc... Obviamente, la clausura de una región es una ***región cerrada***.

Finalmente diremos que un conjunto en $\mathbb{C}$ está ***acotado*** si está contenido en algún disco. En $\mathbb{C}$ todo conjunto cerrado y acotado se dirá ***compacto***. En el plano complejo extendido, todo conjunto cerrado será ***compacto***.

2.3. Límites y Continuidad

La definición de límite de una función de variable compleja coincide con la de una función de variable real — ver [Cálculo 1, Cap. 4].

Definición: Diremos que $\lim_{z \to z_0} f(z) = w_0$ si para cada $\varepsilon > 0$ existe un número $\delta > 0$ tal que:

$$|f(z) - w_0| < \epsilon \text{ para } 0 < |z - z_0| < \delta \tag{2.3}$$

Sin embargo, como $z = x + iy$; $w(x, y = u(x, y) + iv(x, y))$, en realidad lo que hay que calcular es el límite *doble* de dos funciones de dos variables — ver [Cálculo 2, Cap. 2] — $u(x, y)$ y $v(x, y)$. En efecto:

Teorema 2.2: Sea $z = x + iy$; $z_0 = x_0 + iy_0$ donde x_0, $y_0 \in \mathbb{R}$. Sea:

$$f(x) = u(x, y) + iv(x, y)$$

entonces

$$\lim_{z \to z_0} f(z) = u_0 + iv_0 \text{ sii } \begin{cases} \lim_{(x,y) \to (x_0,y_0)} u(x, y) = u_0 \\ \lim_{(x,y) \to (x_0,y_0)} v(x, y) = v_0 \end{cases}$$

Demostración: Vamos a probar la condición necesaria. Si vale (2.3) entonces:

$$\lim_{z \to z_0} \overline{f(z)} = \overline{w_0} \tag{2.4}$$

Teniendo en cuenta (2.3) y (2.4) resulta:

$$\begin{cases} \lim_{z \to z_0} \operatorname{Re} f(z) = \operatorname{Re}(w_0) \\ \lim_{z \to z_0} \operatorname{Im} f(z) = \operatorname{Im}(w_0) \end{cases}$$

que es la tesis. Siguiendo con el razonamiento inverso se prueba la parte suficiente.

□

Existen algunas variantes familiares de la definición que corresponden al caso en que z_0 y/o w_0 son infinitos. En el caso real distinguiremos entre los límites $+\infty$ y $-\infty$. En el caso complejo, sólo hay un límite infinito.

Las conocidas propiedades algebraicas de los límites se extienden al campo complejo. Así tomando como modelo el teorema anterior, no es difícil probar el siguiente:

Teorema 2.3: Si $\lim_{z \to z_0} f(z) = w_0$; $\lim_{z \to z_0} g(z) = w_1$ entonces:

1.

$$\lim_{z \to z_0} [f(z) \pm g(z)] = w_0 \pm w_1$$

2.

$$\lim_{z \to z_0} f(z)\, g(z) = w_0 w_1$$

3.

$$\lim_{z \to z_0} \frac{f(z)}{g(z)} = \frac{w_0}{w_1} \quad (w_1 \neq 0)$$

Adoptaremos para la continuidad la definición básica:

Definición: $f(z)$ es ***continua*** en z_0 sii:

$$\exists f(z_0) \text{ y } \lim_{z\to z_0} f(z) = f(z_0) \tag{2.5}$$

Diremos que $f(z)$ es ***continua en una región*** $S \subset \mathbb{C}$ si es continua en cada punto de S.

Del Teorema 2.2 se deduce que si $f(z) = u + iv$, resulta $f(z)$continua si u y v son continuas en x e y. Por lo tanto, del Teorema 2.3 surge que la suma algebraica $f(z) \pm g(z)$, el producto $f(z)\, g(z)$ y el cociente $f(z)/g(z)$ con $g(z_0) \neq 0$, de dos funciones continuas en $z = z_0$ es continua en z_0.

Además se puede probar:

Teorema 2.4: Si $f(z)$ es continua sobre una curva cerrada C y en su interior, entonces $f(z)$ es acotada sobre C y en su interior, vale decir $|f(z)| < M$.

Aplicando todo lo visto, concluimos que las funciones de variable compleja vistas en el Capítulo 1 son continuas en alguna región del plano z.

Ejemplo 2.1: Sea la función racional:

$$f(z) = \frac{3z^4 - 2z^3 + 8z^2 - 2z + 5}{z - i}$$

Analizar su continuidad.

Como cociente de dos funciones continuas, esta función es continua para todo $z \neq i$. Para $z = i$ resultará discontinua y para analizar qué tipo de discontinuidad es, calculamos el límite del cociente:

$$\lim_{z\to i} f(z) = \lim_{z\to i} \left[3z^3 + z^2(3i - 2) + z(5 + 2i) + 5i\right] = 4i$$

$f(z)$ tiene en $z = i$ una discontinuidad *evitable* y la función se puede completar por continuidad redefiniéndola así:

$$f_1(z) = \begin{cases} \frac{3z^4-2z^3+8z^2-2z+5}{z-i} & , \text{si } z \neq i \\ 4i & , \text{si } z = i \end{cases}$$

□

2.4. Derivada

Habiendo visto en la sección 2.3 que los límites y la continuidad de una función de dos variables se reducen a calcular los límites y la continuidad de dos funciones reales de dos variables reales, podríamos pensar que la derivabilidad de $f(z)$ se convierte en la derivabilidad de su parte real e imaginaria. Pero veremos que no es así de simple: la derivabilidad de una función de variable compleja tendrá consecuencias profundas sobre las propiedades estructurales de dicha función. El análisis de esas consecuencias es el tema central de la teoría de funciones de variable compleja.

Definición: Si $f(z)$ es univaluada se llama ***derivada*** al límite:

$$f'(z) = \frac{\mathrm{d}f}{\mathrm{d}z} = \lim_{\Delta z \to 0} \frac{f(z+\Delta z) - f(z)}{\Delta z} \tag{2.6}$$

siempre que este límite exista.

Es preciso notar que éste es un límite doble en realidad y su valor debe ser el mismo, cualquiera sea la manera en que $\Delta z \to 0$.

En el caso que el límite (2.6) exista diremos que la función $f(z)$ es ***derivable*** o bien ***diferenciable***, ya que para funciones de una variable, ambos conceptos son equivalentes.

Teorema 2.5: Sean $f(z)$ y $g(z)$ derivables con derivadas $f'(z)$ y $g'(z)$. Entonces:

1.
$$\frac{\mathrm{d}}{\mathrm{d}z}[f(z) \pm g(z)] = f'(z) \pm g'(z)$$

2.
$$\frac{\mathrm{d}}{\mathrm{d}z}[kf(z) \pm g(z)] = kf'(z)$$

   donde k es una constante compleja.

3.
$$\frac{\mathrm{d}}{\mathrm{d}z}[f(z)\, g(z)] = f'(z)\, g(z) + f(z)\, g'(z)$$

4.
$$\frac{\mathrm{d}}{\mathrm{d}z}\left[\frac{f(z)}{g(z)}\right] = \frac{f'(z)\, g(z) - f(z)\, g'(z)}{g^2(z)}$$

   siendo $g(z) \neq 0$.

Demostración: Sigue formalmente el mismo camino que las propiedades similares del CÁLCULO REAL. □

También vale la REGLA DE LA CADENA para funciones de variable compleja:

Sea $w = f(\zeta)$ donde $\zeta = g(z)$ siendo f y g diferenciables. Entonces:

$$\boxed{\frac{\mathrm{d}}{\mathrm{d}z}[f(g(z))] = \frac{\mathrm{d}f}{\mathrm{d}\xi}\frac{\mathrm{d}\xi}{\mathrm{d}z}} \tag{2.7}$$

De la definición (2.6) de $f'(z)$ vemos que el límite existe sólo si $f(z+\Delta z) \xrightarrow[\Delta z \to 0]{} f(z)$. Entonces, si existe $f'(z)$ es $f(z)$ continua en ese punto. La recíproca no siempre es cierta; una función continua puede no ser diferenciable.

Ejemplo 2.2: Sea $f(z) = |z|^2$. Analizar su derivabilidad y continuidad.

Suponiendo $z = x + iy$, resulta $|z|^2 = x^2 + y^2$ que es una función continua en todo el plano z. Para ver si es derivable calculemos su derivada aplicando la definición (2.6):

$$\begin{aligned} f'(z) &= \lim_{\Delta z \to 0} \frac{|z + \Delta z|^2 - |z|^2}{\Delta z} \\ &= \lim_{\Delta z \to 0} \frac{(z + \Delta z)\left(\overline{z} + \overline{\Delta z}\right) - z\overline{z}}{\Delta z} \\ &= \lim_{\Delta z \to 0} \left(\overline{z} + \overline{\Delta z} + z\frac{\overline{\Delta z}}{\Delta z}\right) \end{aligned}$$

Si escribimos el incremento $\Delta z = e^{i\theta}\Delta r$ entonces $\overline{\Delta z} = e^{-i\theta}\Delta r$. Por ello $\overline{\Delta z} \underset{\Delta z \to 0}{\longrightarrow} 0$. Reemplazando tenemos:

$$f'(z) = \lim_{\Delta z \to 0} \left(\overline{z} + \overline{\Delta z} + ze^{-2i\theta}\right) = \overline{z} + z \lim_{\Delta z \to 0} e^{-2i\theta}$$

Para $z \neq 0$ este límite depende del ángulo θ como la trayectoria se acerca al punto z y, en consecuencia, $f'(z)$ no existe. Para $z = 0$ es $f'(z) = 0$. La conclusión es que, a pesar que la función es continua en todo el plano z, sólo es diferenciable en el origen.

□

2.5. Funciones Analíticas

Definición: $f(z)$ es *analítica en una región* $\Re$ si es diferenciable en cada punto de $\Re$. También se llama función *"holomorfa"* o *"regular"*.

$f(z)$ es *analítica en* $z = z_0$ si es diferenciable en $z = z_0$ y en cada punto de una región que rodee a $z = z_0$.

Así, entonces, la función $f(z) = \left|z^2\right|$ el ejemplo 2.2, no es analítica en el origen.

La suma y producto de dos funciones analíticas es analítica. Lo mismo vale para el cociente de dos funciones analíticas, siempre que no se anule el denominador.

Obviamente, la definición de analiticidad exige que la función sea univaluada pero también es posible considerar funciones multivaluadas como $\sqrt{z}$, $\ln(z)$ o bien arc sen (z), siempre que estén restringidas a una región donde sea posible elegir una rama univaluada de la función.

Teorema 2.6: La condición necesaria para que $f(z) = u + iv$ sea analítica en una región $\Re \subset \mathbb{C}$ es que se cumplan las ecuaciones de CAUCHY-RIEMANN:[2]

$$\boxed{\frac{\partial u}{\partial x} = \frac{\partial v}{\partial y} \quad \Big| \quad \frac{\partial u}{\partial y} = -\frac{\partial v}{\partial x}} \tag{2.8}$$

Demostración: Por hipótesis existe $f'(z)$ para $z \in \Re$ y es independiente de la manera en que $\Delta z \to 0$. Así, si z está representado por el punto P — ver Fig. 2.2 — y $z + \Delta z = z_0$ está representado por el punto Q, entonces:

$$f'(z) = \lim_{P \to Q} \frac{f(z_Q) - f(z)}{z_Q - z} \tag{2.9}$$

cuando $Q \to P$ a lo largo de cualquier trayectoria.

Si calculamos el límite cuando $Q \to P$ a lo largo de la trayectoria QAP, el resultado debe coincidir con el obtenido si se sigue el camino QCP. Por ello, si seguimos el camino QAP, como:

$$\frac{f(z_Q) - f(z)}{z_Q - z} = \frac{u(x + \Delta x, y + \Delta y) + iv(x + \Delta x, y + \Delta y) - [u(x, y) + iv(x, y)]}{\Delta x + i\Delta y}$$

tendremos primero que tomar $\Delta x \to 0$ y luego $\Delta y \to 0$ de modo que:

$$\begin{aligned} f'(z) &= \lim_{\Delta y \to 0} \left[\frac{u(x, y + \Delta y) + iv(x, y + \Delta y) - u(x, y) - iv(x, y)}{i\Delta y} \right] \\ &= \lim_{\Delta y \to 0} \left\{ -i \left[\frac{u(x, y + \Delta y) - u(x, y)}{\Delta y} \right] + \left[\frac{v(x, y + \Delta y) - v(x, y)}{\Delta y} \right] \right\} \end{aligned}$$

de donde:

$$f'(z) = -i\frac{\partial u}{\partial y} + \frac{\partial v}{\partial y} \tag{2.10}$$

Si, en cambio, $Q \to P$ a lo largo del camino QCP primero $\Delta y \to 0$ y luego $\Delta x \to 0$ de modo que:

$$\begin{aligned} f'(z) &= \lim_{\Delta x \to 0} \left[\frac{u(x + \Delta x, y) + iv(x + \Delta x, y) - u(x, y) - iv(x, y)}{\Delta x} \right] \\ &= \lim_{\Delta x \to 0} \left\{ \left[\frac{u(x + \Delta x, y) - u(x, y)}{\Delta x} \right] + i \left[\frac{v(x + \Delta x, y) - v(x, y)}{\Delta x} \right] \right\} \\ &= \frac{\partial u}{\partial x} + i\frac{\partial v}{\partial x} \end{aligned} \tag{2.11}$$

Igualando parte real e imaginaria en las expresiones (2.10) y (2.11) en esta página resulta la tesis.

□

---

[2]CAUCHY, AUGUSTIN LOUIS (1789-1857): Su infatigable productividad y la amplitud de sus intereses matemáticos son similares a la de los grandes matemáticos del siglo XVIII. Pero Cauchy era un matemático del siglo XIX ya que prestó gran atención a la fundamentación lógica del análisis matemático. Tenía fuertes convicciones político-religiosas y tanto fue así que después de la revolución de 1830, siguió a los Borbones al exilio. A su regreso no aceptó posición universitaria alguna hasta que se levantó la exigencia de lealtad al gobierno.

RIEMANN, BERNHARD (1826-1866): Matemático alemán que estudió en la universidad de GÖTTINGEN y llegó a ser profesor de esa prestigiosa casa. A los 33 años, ya era Profesor Titular y su futuro estaba asegurado, pero murió de tuberculosis a la temprana edad de 40 años.

Las obras de RIEMANN caben en un pequeño volumen de unas 500 páginas, siendo casi la mitad de sus trabajos, obras póstumas. A pesar de ello, gran parte de la investigación matemática actual usa métodos e ideas de RIEMANN.

Figura 2.2:

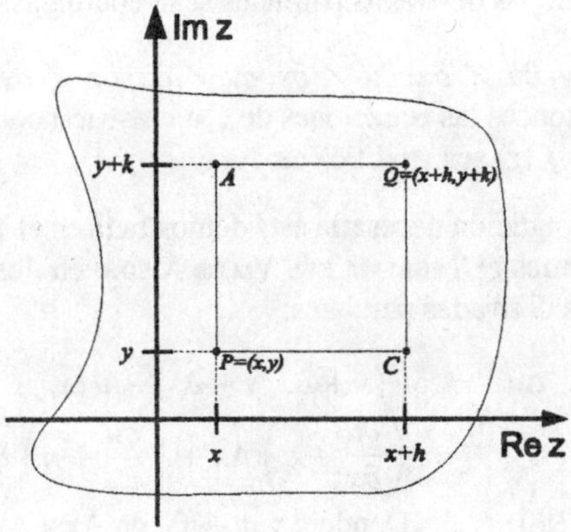

Disco en el plano z.

Nota: Las ecuaciones de CAUCHY-RIEMANN son una condición necesaria para que la función sea analítica, pero no es suficiente. En efecto, consideremos el siguiente contraejemplo:

Ejemplo 2.3: Sea $f(z) = \sqrt{|xy|}$

Esta función se anula sobre ambos ejes por lo que:

$$\frac{\partial u}{\partial x} = \frac{\partial v}{\partial x} = \frac{\partial u}{\partial y} = \frac{\partial v}{\partial y} = 0 \text{ en z=0}$$

Sin embargo, $f(z)$ no es diferenciable en $z = 0$ ya que si lo fuera sería:

$$f(z) - f(0) = zf'(0) + z\varepsilon \text{ donde } \lim_{z\to 0} \varepsilon = 0$$

Como $f(0) = 0$; $f'(0) = 0$ tendríamos que el cociente:

$$\frac{f(z)}{z} \underset{z\to 0}{\longrightarrow} 0$$

pero

$$\frac{f(z)}{z} = \frac{\sqrt{|xy|}}{x + iy}$$

Supongamos que nos movemos radialmente: $x = \alpha t$; $y = \beta t$ — α, β *constantes* — entonces:

$$\frac{f(z)}{z} \underset{t\to 0}{\longrightarrow} \frac{\sqrt{|\alpha\beta|}}{\alpha + i\beta}$$

Y este límite no es único pues depende de los valores de α y b que determinan las pendientes de las rectas $y = (\beta/\alpha)\,x$ a lo largo de las cuales nos movemos para llegar al origen. En consecuencia, la función $f(z) = \sqrt{|xy|}$ no es analítica en el origen, a pesar de satisfacer las ecuaciones de CAUCHY-RIEMANN.

□

Vamos a ver que para que sean estas ecuaciones condición suficiente de analiticidad, hay que pedir que las derivadas parciales sean continuas.

Teorema 2.7: Si u, v, $\partial u \,/\, \partial x$, $\partial u \,/\, \partial y$, $\partial v \,/\, \partial x$, $\partial v \,/\, \partial y$ son continuas en $\mathbb{R}$ *— o sea* $f(z) \in C^1$ — entonces las ecuaciones de CAUCHY-RIEMANN son condición necesaria y suficiente para que $f(z)$ sea analítica en $\mathfrak{R}$.

Demostración: La condición necesaria está demostrada en el Teorema 2.6. Para la condición suficiente usamos el TEOREMA DEL VALOR MEDIO en dos variables y la hipótesis de continuidad de las derivadas parciales:

$$\begin{aligned} \Delta u &= u(x+\Delta x, y+\Delta y) - u(x,y) \\ &= \left(\frac{\partial u}{\partial x} + \varepsilon\right)\Delta x + \left(\frac{\partial u}{\partial y} + \eta\right)\Delta y \end{aligned}$$

$$\text{Donde } \varepsilon \text{ y } \eta \to 0 \text{ con } \Delta x \text{ y } \Delta y$$

Análogamente:

$$\begin{aligned} \Delta v &= v(x+\Delta x, y+\Delta y) - v(x,y) \\ &= \left(\frac{\partial v}{\partial x} + \varepsilon'\right)\Delta x + \left(\frac{\partial v}{\partial y} + \eta'\right)\Delta y \end{aligned}$$

$$\text{Donde } \varepsilon' \text{ y } \eta' \to 0 \text{ con } \Delta x \text{ y } \Delta y$$

Usando las ecuaciones de CAUCHY-RIEMANN (2.8) en la página 42 tenemos:

$$\Delta u + i\Delta v = \left(\frac{\partial u}{\partial x} + i\frac{\partial v}{\partial x}\right)(\Delta x + i\Delta y) + \rho$$

donde $|\rho| \leqslant (|\varepsilon| + |\varepsilon'|)\,|\Delta x| + (|\eta| + |\eta'|)\,|\Delta y|$.
Entonces el cociente incremental:

$$\frac{\Delta f}{\Delta z} = \frac{\Delta u + i\Delta v}{\Delta x + i\Delta y} = \frac{\partial u}{\partial x} + i\frac{\partial v}{\partial x} + \frac{\rho}{\Delta x + i\Delta y}$$

Pero

$$\lim_{\Delta z\to 0}\frac{\Delta f}{\Delta z} = f'(z) = \frac{\partial u}{\partial x} + i\frac{\partial v}{\partial x}$$

pues:

$$\left|\frac{\rho}{\Delta x + i\Delta y}\right| \leqslant |\varepsilon| + |\varepsilon'| + |\eta| + |\eta'| \underset{\Delta z\to 0}{\longrightarrow} 0$$

por lo que $f(z)$ es analítica para $z \in \mathfrak{R}$. □

Corolario: Si $f(z) \in C^1$ en una región $\mathfrak{R}$, la derivada en el punto $z \in \mathfrak{R}$ vale:

$$f'(z) = \frac{\partial u}{\partial x} + i\frac{\partial v}{\partial x} = \frac{\partial u}{\partial x} - i\frac{\partial u}{\partial y} = \frac{\partial v}{\partial y} + i\frac{\partial v}{\partial x} = \frac{\partial v}{\partial y} - i\frac{\partial u}{\partial y} \tag{2.12}$$

Dicho con otras palabras, la derivabilidad de f no sólo implica la derivabilidad de u y de v sino una relación entre ellas dada por las ecuaciones de CAUCHY-RIEMANN (2.8) en la página 42.

Del Teorema 2.5 se sigue el siguiente resultado que enunciaremos sin demostración:

Teorema 2.8: La suma, el producto y el cociente de funciones analíticas es analítico — *siempre que, en el último caso, el denominador no se anule en algún punto de la región considerada*. Cada polinomio es analítico para todo z. Cada función racional es analítica en toda región que no contenga raíz alguna del denominador. Una función analítica de una función analítica es analítica.

Nota: Las ecuaciones de Cauchy-Riemann aparecen en numerosos problemas físicos. Por ejemplo sea el campo vectorial:

$$\vec{v}(x,y) = u(x,y)\,\hat{\imath} - v(x,y)\,\hat{\jmath}$$

que representa la velocidad de un flujo estacionario plano. Si $u(x,y)$ y $v(x,y)$ satisfacen las condiciones de Cauchy-Riemann entonces este flujo es *irrotacional* y *solenoidal* — ver [Cálculo 2, Cap. 5] — ya que:

$$\begin{aligned} \operatorname{rot}\vec{v}(x,y) &= \begin{vmatrix} \hat{\imath} & \hat{\jmath} & \hat{k} \\ \dfrac{\partial}{\partial x} & \dfrac{\partial}{\partial y} & \dfrac{\partial}{\partial z} \\ u & -v & 0 \end{vmatrix} = \left(-\frac{\partial v}{\partial x} - \frac{\partial u}{\partial y}\right)\hat{k} = 0 \\ \operatorname{div}\vec{v}(x,y) &= \frac{\partial u}{\partial x} - \frac{\partial v}{\partial y} = 0 \end{aligned}$$

Esto es, $f(z) = u + iv$ será analítica en una región $\mathfrak{R}$ sii el flujo de velocidades $\vec{v}(x,y)$ es irrotacional y solenoidal — *incompresible*. Este resultado se aplica en Hidrodinámica.

2.6. Funciones Armónicas

Definición: Sea $f(z) = u(x,y) + iv(x,y)$. Si $u(x,y)$ y $v(x,y)$ satisfacen las ecuaciones de Cauchy Riemann en $\mathfrak{R}$ se llaman *funciones conjugadas* en $\mathfrak{R}$.

Dadas dos funciones conjugadas en $\mathfrak{R}$, $u(x,y)$ y $v(x,y)$, que a su vez son derivables con derivadas continuas en $\mathfrak{R}$ — *o sea* $f(z) \in C^2$ *en* $\mathbb{R}$ — entonces podemos derivar las ecuaciones de Cauchy-Riemann (2.8) en la página *42* obteniendo:

$$\left\{ \begin{array}{ll} \dfrac{\partial^2 u}{\partial x^2} = \dfrac{\partial^2 v}{\partial x \partial y} & \dfrac{\partial^2 u}{\partial x \partial y} = \dfrac{\partial^2 v}{\partial y^2} \\ \dfrac{\partial^2 u}{\partial y^2} = -\dfrac{\partial^2 v}{\partial y \partial x} & \dfrac{\partial^2 u}{\partial y \partial x} = -\dfrac{\partial^2 v}{\partial x^2} \end{array} \right\}$$

En virtud del teorema de Schwarz — ver [Cálculo 2, Cap. 6]— las derivadas cruzadas son iguales y entonces:

$$\left. \begin{array}{l} \dfrac{\partial^2 u}{\partial x^2} + \dfrac{\partial^2 u}{\partial y^2} = 0 \\ \dfrac{\partial^2 v}{\partial x^2} + \dfrac{\partial^2 v}{\partial y^2} = 0 \end{array} \right\} \tag{2.13}$$

lo que indica que $u(x,y)$ y $v(x,y)$ son funciones armónicas ya que satisfacen la ecuación de LAPLACE[3].

$$\boxed{\nabla^2 u = 0 \,|\, \nabla^2 v = 0} \tag{2.14}$$

Esta circunstancia tendrá particular importancia cuando estudiemos la ecuación de LAPLACE en el Capítulo 6.

Ejemplo 2.4: Verificar que la función $u(x,y) = (1-x)\,y$ es armónica para todo x e y. Hallar la función conjugada $v(x,y)$ y escribir $f(z) = u + iv$ en términos de z.

$$\frac{\partial u}{\partial x} = -y \qquad \frac{\partial^2 u}{\partial x^2} = 0 \qquad \frac{\partial u}{\partial u} = 1 - x \qquad \frac{\partial^2 u}{\partial y^2} = 0 \qquad \Rightarrow \qquad \nabla^2 u = 0$$

Como

$$\frac{\partial v}{\partial y} = \frac{\partial u}{\partial x} = -y \Rightarrow v(x,y) = \frac{-y^2}{2} + g(x)$$

entonces:

$$\begin{aligned} \frac{\partial v}{\partial y} &= \frac{\partial g}{\partial x} = \frac{-\partial u}{\partial y} = x - 1 \\ &\Rightarrow g(x) = \frac{x^2}{2} - x + C \\ v(x,y) &= \frac{x^2}{2} - x - \frac{y^2}{2} + C \end{aligned}$$

por lo que

$$f(z) = u + iv = (1-x)\,y + i\left(\frac{x^2}{2} - x - \frac{y^2}{2}\right) + iC$$

Llamando $iC = K$ y recordando que $z = x + iy$, resulta:

$$f(z) = i\left(\frac{z^2}{2} - z\right) + K$$

□

Ejemplo 2.5: Probar que las curvas de nivel de dos funciones conjugadas son mutuamente ortogonales en los puntos en que $f'(z) \neq 0$.

Sean las ecuaciones de las curvas de nivel:

$$u(x,y) = u_0 \qquad\qquad v(x,y) = v_0$$

donde u_0 y v_0 son constantes reales.

[3] LAPLACE, Pierre Simon (1749-1827): Hijo de un pequeño propietario de Normandía, se convirtió en profesor de matemática de la escuela militar de París gracias a la ayuda de D'ALEMBERT. Durante la Revolución Francesa participó en la organización tanto de la Escuela Normal como de la Escuela politécnica. Las dos grandes obras de LAPLACE que unifican no sólo sus propias investigaciones sino todo el trabajo previo son: *"Théorie analytique des probabilités" (1812)* y *"Mécanique céleste" (5 vol, 1799-1825)*. Con respecto a esta última obra es famosa la anécdota según la cual Napoleón trató de jugarle una broma diciendo que Dios no estaba mencionado en su obra. A lo que LAPLACE contestó: *"Sire, je n'avais pa besoin de cette hypothèse"*, "*Señor*, no necesito tal hipótesis".

Usando el teorema de las funciones implícitas — ver [Cálculo 2, Cap. 4] — las pendientes de estas curvas de nivel son respectivamente:

$$\left(\frac{dy}{dx}\right)_u = -\frac{u_x}{u_y} \qquad \left(\frac{dy}{dx}\right)_v = -\frac{v_x}{v_y}$$

siempre que $f'(z) \neq 0$.

Como u y v son conjugadas, cumplen las ecuaciones de CAUCHY-RIEMANN:

$$u_x = v_y \qquad u_y = -v_x$$

por lo que:

$$\left(\frac{dy}{dx}\right)_u \left(\frac{dy}{dx}\right)_v = \frac{u_x v_x}{u_y v_y} = -1$$

Entonces las curvas de nivel son ortogonales una a la otra en todo punto en el que $f'(z) \neq 0$.

□

2.7. Puntos Singulares

Definición: Se llaman *puntos singaulares* a aquellos en los que la función deja de ser analítica.

Las singularidades de una función $f(z)$ pueden ser *"evitables"* o *"esenciales"*, siendo estos conceptos análogos a las discontinuidades evitables y esenciales.

Definición: Se $f(z)$ está definida en cada punto del entorno reducido $E^*(z_0, \varepsilon) = \{z \in \mathbb{C} : 0 < |z - z_0| < \varepsilon\}$ pero existe $\lim_{z \to z_0} f(z)$, se dice que $f(z)$ tiene una *singularidad evitable* en el punto $z = z_0$.

Ejemplo 2.6: Sea $f(z) = \operatorname{sen} z \,/\, z$.

Es sabido que $\lim_{z \to z_0} = 1$ pues $\operatorname{sen} z$ y z son funciones infinitésimas equivalentes en $z = 0$. Entonces $f(z)$ tiene en el origen una singularidad evitable que se puede obviar redefiniendo la función y asignándole su *"verdadero valor"* en $z = 0$:

$$g(z) = \begin{cases} \frac{\operatorname{sen} z}{z} & , \text{si } z \neq 0 \\ 1 & , \text{si } z = 0 \end{cases}$$

Esta función resulta analítica en todo el plano complejo, como cociente de funciones analíticas tales que el denominador no se anula en ningún punto.

□

Asimismo podemos clasificar las singularidades en *aisladas* o *no aisladas:*

Definición: Si $z = z_0$ es una singularidad de $f(z)$ y existe un entorno $E(z_0, \varepsilon) = \{z \in \mathbb{C} : |z - z_0| < \varepsilon\}$ que no encierra otra singularidad, se dice que $z = a_0$ es una *singularidad aislada*.

En el ejemplo 2.6, la función $f(z)$ posee en el origen una singularidad evitable aislada. Otro ejemplo importante de singularidades aisladas lo constituyen los polos.

Definición: Una función $f(z)$ que no es analítica en $z = z_0$ tiene en $z = z_0$ un *polo de orden n* si: 0

$$\boxed{\lim_{z\to z_0} (z - z_0)^n f(z) = A} \tag{2.15}$$

donde n es un entero positivo; A es finito y no nulo.

Si $n = 1$, el polo se llama *simple*; si $n = 2$ se llama *doble* y así siguiendo.

Ejemplo 2.7: Sea

$$f(z) = \frac{z-3}{(z+1)^2 (z-i)}$$

Esta función tiene en $z = -1$ un polo doble y en $z = i$ un polo simple, como es fácil comprobar. Ambos son singularidades aisladas, esto es, podemos tomar sendos discos con centro en $z = -1$ y en $z = -i$ tales que contengan un solo punto singular.

□

Ejemplo 2.8: Sea $f(z) = \operatorname{cosec}(1/z)$.

Esta función tiene infinitos puntos singulares en $z = 1/n\pi$ donde $n = \pm 1, \pm 2, \pm 3, \ldots$ Entonces el punto $z = 0$ es el límite de una sucesión de puntos singulares y es *"no aislado"*.

□

Con respecto a las funciones multivaluadas, todo punto de ramificación es un punto singular. Así $z = 0$ es un punto singular de $\sqrt{z}$ y $z = a$ es un punto singular de $\ln(z - a)$.

Por último, definiremos la singularidad esencial.

Definición: Toda singularidad que no sea polo ni punto de ramificación ni singularidad evitable se llama *"singularidad esencial"*.

Ejemplo 2.9: Sea $f(z) = e^{1/z}$.

En $z = 0$ esta función tiene una singularidad esencial.

Esta clasificación de puntos singulares será sumamente importante cuando veamos en el Capítulo 3 el desarrollo en serie de una función de variable compleja.

2.8. Transformación Conforme

Como se señaló en el §1.6 toda función $w = f(z)$ se puede interpretar como una transformación del plano z en el plano w. Si $f(z)$ es analítica, esta transformación tiene una propiedad adicional: la de ser *"conforme"*.

Definición: Una transformación se llama *conforme* si preserva los ángulos en magnitud y sentido.

Teorema 2.9: Si $f(z)$ es una función univaluada y analítica con $f'(z) \neq 0$ en una región $\mathfrak{R}$, entonces $w = f(z)$ es una transformación conforme y los elementos infinitamente pequeños en un punto z_0 de $\mathfrak{R}$ son agrandados o reducidos en el plano w por el factor $|f'(z_0)|$ y todos giran en el ángulo $\arg f'(z_0)$.

Demostración: Sea C una curva del plano z que pasa por el punto $z_0 = x_0 + iy_0$, y sea su imagen la curva C' que pasa por el punto w_0 — ver Fig. 2.3.

Supongamos que la recta tangente a C en z_0 forme un ángulo α con el eje $\operatorname{Re} z$ y que la recta tangente a C' en w_0 forma un ángulo γ con el eje $\operatorname{Re} w$. Como $f(z)$ es analítica en una región $\mathfrak{R}$, es continua en z_0 y si tomamos sobre la curva C un punto z_1 próximo a z_0, su imagen w_1 sobre la curva C' estará próxima a w_0.

La derivada de $f(z)$ en $z = z_0$ existe y vale:

$$f'(z_0) = \lim_{z_1 \to z_0} \frac{f(z_1) - f(z_0)}{z_1 - z_0} = \lim_{z_1 \to z_0} \frac{w_1 - w_0}{z_1 - z_0} = \lim_{z_1 \to z_0} \frac{\rho e^{i\varphi}}{re^{i\theta}}$$

donde $z_1 - z_0 = re^{i\theta}$; $w_1 - w_0 = \rho e^{i\varphi}$.

Por hipótesis es $f'(z_0) \neq 0$, entonces podemos poner:

$$f'(z_0) = Me^{i\psi} = \lim_{z_1 \to z_0} \frac{\rho}{r} e^{i(\varphi - \theta)}$$

de donde

$$M = |f'(z_0)| = \lim_{r \to 0} \frac{\rho}{r} \qquad \psi = \arg f'(z_0) = \lim_{r \to 0} (\varphi - \theta) = \gamma - \alpha$$

Estas ecuaciones muestran que las distancias son amplificadas — *o reducidas* — por un factor $|f'(z_0)|$ y que la recta tangente a la curva C' en el punto w_0 forma un ángulo:

$$\gamma = \alpha + \arg f'(z_0)$$

con el eje $\operatorname{Re} w$. Esto es, la inclinación de la curva C' en el punto w_0 es mayor que la inclinación de la curva C en el punto z_0 por el $\arg(f'(z_0))$. Algo análogo sucede con el par de curvas Γ y Γ' siendo:

$$\delta = \beta + \arg(f'(z_0))$$

Entonces resulta:

$$\gamma - \delta = \alpha - \beta$$

por lo que podemos asegurar que en una transformación conforme los ángulos se conservan tanto en magnitud como en sentido.

□

Nota: Es importante hacer notar que aunque el ángulo entre dos curvas se preserva en magnitud y sentido ante una transformación conforme las curvas en general rotan. Una pequeña figura del plano z se convierte por una transformación conforme en una figura — *amplificada o reducida* — de la misma forma que la original pero girada por lo común, con conservación *local* de ángulos.

Figura 2.3:

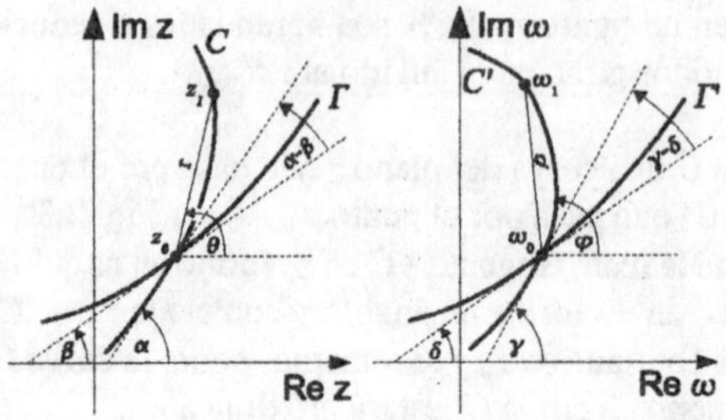

Ejemplo 2.10: Sea $w = z^2$.

Veamos que sucede en el origen $z = 0$. Si ponemos en forma polar a z y w el análisis se simplifica pues de:

$$z = re^{i\theta} \qquad w = \rho e^{i\varphi} \qquad \Rightarrow \qquad r^2 e^{2i\theta} = \rho e^{i\varphi}$$

Entonces la recta por el origen $\theta = \theta_0$ — *constante* — se transforma en la recta $\varphi_0 = 2\theta_0$. La recta $\theta = \theta_1$ — *constante* — se transformará en la recta $\varphi_1 = 2\theta_1$ y el ángulo que formarían no se mantendría en $z = 0$ pues se duplicaría en valor ya que:

$$\varphi_1 - \varphi_0 = 2\left(\theta_1 - \theta_0\right)$$

Por lo tanto esta transformación *no* es conforme en $z = 0$.

□

Es también importante determinar la existencia de la transformación conforme y el resultado está dado por el teorema que sigue:

Teorema 2.10: Una transformación conforme $w = f(z)$ de la región $\mathfrak{R}$ en $\mathfrak{R}'$ tiene una inversa univaluada $z = f^{-1}(w)$ que transforma $\mathfrak{R}'$ en $\mathfrak{R}$.

Demostración: Si $f(z)$ es conforme en $\mathfrak{R}$ entonces $f(z)$ es analítica en $\mathfrak{R}$ con derivada $f'(z) \neq 0$. Toda función analítica satisface las ecuaciones de Cauchy-Riemann por lo que si calculamos:

$$\begin{aligned}
|f'(z)|^2 &= \left(\frac{\partial u}{\partial x} + i\frac{\partial v}{\partial x}\right)\left(\frac{\partial u}{\partial x} - i\frac{\partial v}{\partial x}\right) \\
&= \left(\frac{\partial u}{\partial x}\right)^2 + \left(\frac{\partial v}{\partial x}\right)^2 \\
&= \frac{\partial u}{\partial x}\frac{\partial v}{\partial y} - \frac{\partial u}{\partial y}\frac{\partial v}{\partial x} \\
&= \mathrm{J}\left(\frac{u \quad v}{x \quad y}\right)
\end{aligned}$$

donde con J se indica el determinante jacobiano de las funciones u y v con respecto a x e y, resulta que la condición $f'(z) \neq 0$ equivale a $\mathrm{J}\left(\frac{u \quad v}{x \quad y}\right) \neq 0$, que era la condición para la existencia de la transformación inversa $z = f^{-1}(w)$ — ver [Cálculo 2, Cap. 4]. □

Figura 2.4:

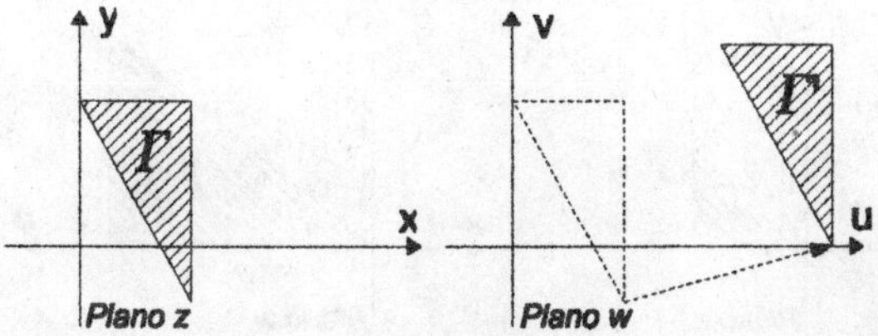

Traslación

Figura 2.5:

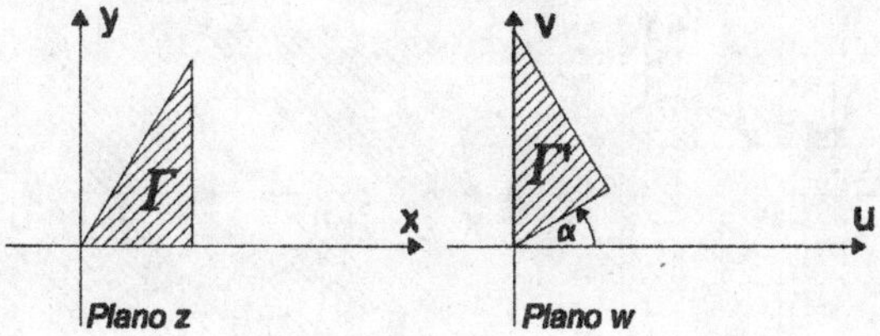

Rotación

Definición: Se llaman *puntos críticos* de la transformación a aquellos en los que $f'(z) = 0$.

Ejemplo 2.11: Como vimos en el ejemplo 2.10, la función $w = z^2$ tiene un punto crítico en $z = 0$. La función inversa $z = \sqrt{w}$ es univaluada sólo si se corta el plano w desde $w = 0$ hasta el infinito a lo largo de cualquier línea de ramificación.

2.9. Transformaciones Conformes Sencillas

a) Traslaciones: La forma general es $w = z + p$ ($p \in \mathbb{C}$) y cada punto z se desplaza en el vector p — ver Fig. 2.4.

b) Rotaciones: La forma general es $w = e^{i\alpha} z$ ($\alpha \in \mathbb{R}$). Si escribimos $z = re^{i\theta}$; $w = \rho e^{i\varphi}$ entonces tenemos $\rho = r$; $\varphi = \theta + \alpha$ por lo que una figura Γ en el plano z resulta girada en un ángulo α en el plano w — ver Fig. 2.5.

c) Dilataciones: La forma general es $f(z) = az$ ($a \in \mathbb{R}$). Entonces si $z = re^{i\theta}$; $w = \rho e^{i\varphi}$ resulta $\rho = ar$; $\varphi = \theta$ y una figura Γ del plano z se transforma en una figura Γ' agrandada o reducida según sea $a > 1$ o $a < 1$ — ver Fig. 2.6 en la página siguiente.

Figura 2.6:

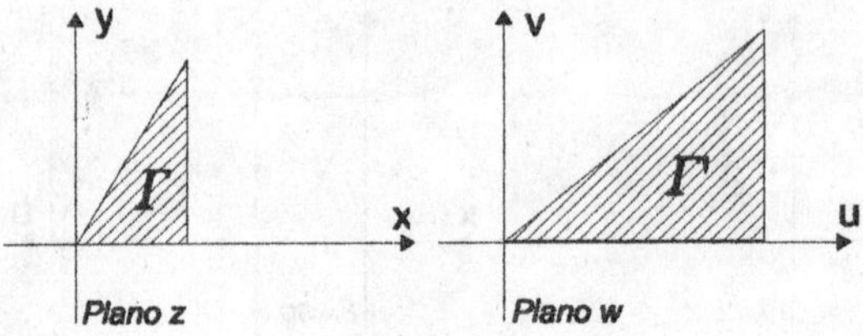

Dilatación

Figura 2.7:

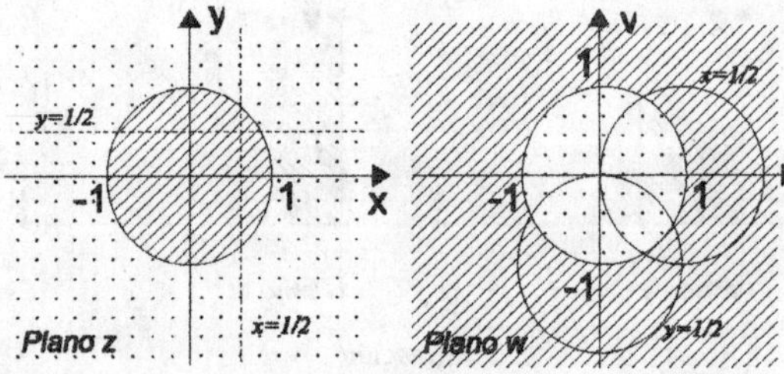

Inversión

d) Transformación lineal: La transformación lineal $w = az + b$ es una combinación de las anteriores. Si $a \in \mathbb{R}$ es una traslación más una dilatación. Si $a \in \mathbb{C}$ es una traslación más una rotación.

e) Inversión: La forma general es $f(z) = 1/z$. Si $z = re^{i\theta}$; $w = \rho e^{i\varphi}$ resulta $\rho = 1/r$; $\varphi = -\theta$. Los puntos exteriores a la circunferencia $|z| = 1$ se transforman en $|w| < 1$ y los de $|z| < 1$ en $|w| > 1$. La circunferencia $|z| = 1$ se convierte en la circunferencia $|w| = 1$ y la familia de circunferencias $|z| = k$ se transforman en la familia de circunferencias $|w| = \frac{1}{k}$. Esta transformación de circunferencias en circunferencias vale incluso para las rectas, consideradas como circunferencias que pasan por el ∞. Así por ejemplo la recta $x = \frac{1}{2}$ se convierte en la circunferencia que pasa por el origen: (ver Fig. 2.7)

$$(u-1)^2 + v^2 = 1$$

f) Transformación bilineal: Es de la forma $w = (az+b) \;/\; (cz+d)$ donde a, b, c, d: constantes complejas.

Supondremos $\begin{vmatrix} a & b \\ c & d \end{vmatrix} \neq 0$ pues si este determinante fuera nulo, la transformación se reduciría a una constante, como se ve escribiendo:

$$w = \frac{a}{c} + \frac{bc - ad}{c\,(cz+d)}$$

Esta transformación es equivalente a una sucesión de transformaciones:

$$\underbrace{z_1 = cz + d}_{\text{rotación-dilatación}} \qquad \underbrace{z_2 = \frac{1}{z_1}}_{\text{inversión}} \qquad \Rightarrow \qquad \underbrace{w = \frac{a}{c} + \frac{bc - ad}{c} z_2}_{\text{rotación-dilatación}}$$

Es analítica excepto para $z = -d/c$. Es *uno-a-uno* porque podemos despejar z obteniendo la función inversa:

$$z = \frac{-dw + b}{cw - a}$$

que es univaluada. w tiene un polo en $z = -d/c$ y z tiene un polo en $w = a/c$; dicho de otro modo, a $z = -d/c$ le corresponde $w = \infty$ y $z = \infty$ corresponde a $w = a/c$. Si se incluyen estos valores, entonces la transformación bilineal — *también llamada "homográfica"* — es una transformación del plano extendido sobre sí mismo.

Como todas las transformaciones anteriores son casos particulares de ésta y tienen la propiedad de transformar circunferencias — *incluyendo rectas* — en circunferencias, la transformación bilineal también tiene esta propiedad.

g) Transformación exponencial: Sean $w = e^z$. La inversa $z = \ln w$ es multivaluada. En coordenadas polares, si $z = re^{i\theta}$; $w = \rho e^{i\varphi}$ entonces:

$$\rho = e^x \qquad \varphi = y + 2k\pi \qquad (k = 0, 1, 2, \ldots)$$

Esto es, las rectas $x =$ const. en el plano z se convierten en circunferencias de ecuación $\rho =$ const. en el plano w, mientras que las rectas $y =$ const. se convierten en rayos $\varphi =$ const. Si se restringe z a una banda $-\pi < y < \pi$, esto se transforma en el plano w menos el eje real negativo y la transformación es *uno-a-uno*.

h) Transformación senoidal: Es de la forma $w = \operatorname{sen} z$. La transformación inversa es:

$$z = \operatorname{arc\,sen} w = \frac{1}{i} \ln \left(iw + \sqrt{1 - w^2} \right)$$

y es multivaluada. Se obtiene una transformación *uno-a-uno* restringiendo z a la banda $-\frac{\pi}{2} < x < \frac{\pi}{2}$. Esta banda se transforma en el plano w menos las semirrectas $-\infty < u < -1$; $1 < u < +\infty$.

Nota: Con las transformaciones anteriores se puede obtener una gran variedad de transformaciones conformes, aplicando una y después otra, ya que una función analítica de una función analítica, es analítica. Lo mismo vale para las funciones inversas que resultan analíticas y *uno-a-uno* en la región apropiada en cada caso.

2.10. Problemas

1. Calcular los siguientes límites:

   a)

$$\lim_{z \to \pi i} \frac{z + \operatorname{sen} z}{e^z + 2}$$

b)

$$\lim_{z\to 0}\frac{3z^2-2z}{\sqrt{z}}$$

c)

$$\lim_{z\to 0}\frac{\cos z}{z}$$

d)

$$\lim_{t\to 0}\frac{1-e^{it}}{t}$$

e)

$$\lim_{z\to \infty}\frac{3z}{z^2+4}$$

f)

$$\lim_{z\to i}\frac{1+z}{1-z}$$

2. Dadas las siguientes funciones se pide escribirlas como dos funciones reales de x e y y analizar su continuidad.

a)

$$w=\frac{e^z}{z^2-4}$$

b)

$$w=\frac{3z^2}{z^2-i}$$

c)

$$w=\operatorname{tg} z$$

d)

$$w=\frac{1+i}{z^2}$$

e)

$$w=\frac{z}{1+z^2}$$

f)

$$w=\frac{z}{\operatorname{sen} z}$$

3. Derivar aplicando la definición:

a)

$$f(z)=z^n$$

b)

$$f(z)=\bar{z}$$

c)

$$f(z)=ze^{\bar{z}}$$

d)

$$f(z) = \frac{1}{z-1}$$

4. Derivar las siguientes funciones:

   a)

$$f(z) = e^{\sqrt{\text{ch} z}}$$

5. Determinar si las siguientes funciones son analíticas:

   a)

$$f(z) = |z|$$

   b)

$$f(z) = \overline{z}$$

   c)

$$f(z) = z^2$$

   d)

$$f(z) = ze^z$$

   e)

$$f(z) = 2x^3 - 3x^2y - 6xy^2 + y^3 + i\left(x^3 + 6x^2y - 3xy^2 - 2y^3\right)$$

   f)

$$f(z) = \frac{\operatorname{sen} z}{z}$$

   g)

$$f(z) = \frac{e^z}{z\cos z}$$

   h)

$$f(z) = \frac{e^z}{\cos z + \operatorname{sen} z}$$

6. Probar que una función analítica en una región cuya parte real e imaginaria satisfacen la ecuación $v = u^2$ debe reducirse a una constante.

7. Dadas las siguientes funciones, hallar todas las ramas analíticas de la función multivaluada en la región dada:

   a) $f(z) = \sqrt[3]{z}$ (Re$z > 0$)
   b) $f(z) = \ln z$ (Re$z < 0$)

8. Sea $f(z) = u(x,y) + iv(x,y)$. Probar que si se pasa a coordenadas polares:

$$\begin{cases} x = \rho\cos\theta \\ y = \rho\operatorname{sen}\theta \end{cases}$$

   las ecuaciones de CAUCHY-RIEMANN toman la forma:

$$\frac{\partial u}{\partial \rho} = \frac{1}{\rho}\frac{\partial v}{\theta} \qquad \frac{\partial u}{\partial \theta} = -\rho\frac{\partial v}{\partial \rho} \quad (\rho \neq 0)$$

9. Mostrar que una solución $z = g(w)$ de la ecuación:

$$z^3 + z^2 + z = w$$

es analítica en cualquier dominio simplemente conexo que no contenga los puntos:

$$w = \frac{-7 \pm 4i\sqrt{2}}{27}$$

10. Hallar todas las soluciones de las ecuaciones:

a) $\operatorname{sen} z = 2$

b) $\operatorname{sen} z + \cos z = 1$

11. Verificar que las siguientes funciones son armónicas y hallar en cada caso la conjugada armónica:

a)
$$u(x,y) = e^x \cos y$$

b)
$$u(x,y) = \operatorname{ch} x \operatorname{sen} y$$

c)
$$u(x,y) = \frac{2x}{x^2 + y^2}$$

d)
$$u(x,y) = e^{x^2-y^2} \cos 2xy$$

12. Determinar las imágenes de la circunferencia $|z-1| = 1$ bajo las siguientes transformaciones:

a)
$$w = 3z$$

b)
$$w = z - 2i + 1$$

c)
$$w = \frac{z-i}{z+i}$$

d)
$$w = \frac{1}{z}$$

13. Dadas las siguientes transformaciones, comprobar que la transformación es *uno-a-uno* en la región dada, determinar la región correspondiente en el plano w y hallar las curvas de nivel de u y v:

a)
$$w = \sqrt{z} \qquad (-\pi < \theta < \pi)$$

b)

$$w = \frac{z-i}{z+i} \qquad (|z| < 1)$$

c)

$$w = \frac{1}{z} \qquad (1 < x < 2)$$

d)

$$w = \ln z \qquad (\mathrm{Im} z > 0)$$

14. Hallar una transformación conforme *uno-a-uno* de:

    a) El cuadrante $x > 0, y > 0$ en la región $|w| < 1$

    b) El sector $0 < \theta < \frac{\pi}{3}$ en el cuadrante $u > 0, v > 0$

    c) El semiplano $x + y + 1 > 0$ en el cuadrante $u > 0, v > 0$

15. Probar que la ecuación de una circunferencia arbitraria o de una recta puede escribirse en la forma:

$$az\bar{z} + bz + \overline{bz} + c = 0 \qquad (z, c \in \mathbb{R})$$

16. Usando el problema 15, mostrar que las circunferencias o rectas se convierten en circunferencias o rectas por la transformación:

$$w = \frac{1}{z}$$

17. Sea la transformación bilineal:

$$f(z) = \frac{az+b}{cz+d}; \quad ad - bc \neq 0; \quad a, b, c, d: \text{ constantes complejas}$$

Probar que $f'(z) \neq 0$

18. Hallar los puntos críticos de las siguientes funciones:

    a)
$$w = e^z$$

    b)
$$w = \operatorname{sen} z$$

    c)
$$w = z + \frac{2}{z}$$

19. Hallar una transformación bilineal que convierta la circunferencia $|z| = 1$ en la recta $v = 0$.

20. Hallar la imagen de la recta $x + y = 1$ por la transformación:

$$w = \frac{z+1}{z-1}$$

Capítulo 3

Integración en el Campo Complejo

"Pero si la lógica es la higiene del matemático no es ella quien le provee su sustento; el pan cotidiano del que vive son los grandes problemas"

WEIL, ANDRÉ

3.1. Introducción

Muchas propiedades importantes de las funciones analíticas sólo pueden ser probadas mediante el auxilio de la integración en el campo complejo. Así, por ejemplo la continuidad de la derivada de una función analítica se comprueba usando integrales complejas, al igual que la existencia de derivadas de orden superior de una función analítica. Este hecho marca una profunda diferencia con la teoría de variables reales.

Como en el caso real distinguiremos entre integrales definidas e indefinidas. Una integral indefinida será una función cuya derivada coincide con una función analítica en una región. Las integrales definidas serán tomadas sobre arcos diferenciables a trozos y no estarán limitadas a las funciones analíticas.

Para evitar repetir demostraciones de existencia, que son esencialmente similares a las de integrales reales, definiremos las integrales definidas en el campo complejo reduciéndolas a integrales reales. Ello presupone en el lector un buen conocimiento de los métodos de cálculo de integrales reales, en especial, de integrales curvilíneas.

3.2. Integrales Curvilíneas

Definición 3.1: Sea $f(z)$ continua en la región $\mathcal{R}$ y sea C una trayectoria $x = x(t)$; $y = y(t)$ con $a \leqslant t \leqslant b$ suave a trozos contenida en $\mathcal{R}$, entonces:

$$\boxed{\begin{aligned} \int_C f(z)\,dz &= \int_C (u+iv)(dx+idy) \\ &= \int_C (udx - vdy) + i\int_C (vdx+udy) \\ &= \int_a^b \left(u\frac{dx}{dt} - v\frac{dy}{dt}\right) dt + i + i\int_a^b \left(v\frac{dx}{dt} + u\frac{dy}{dt}\right) dt \end{aligned}} \tag{3.1}$$

Figura 3.1:

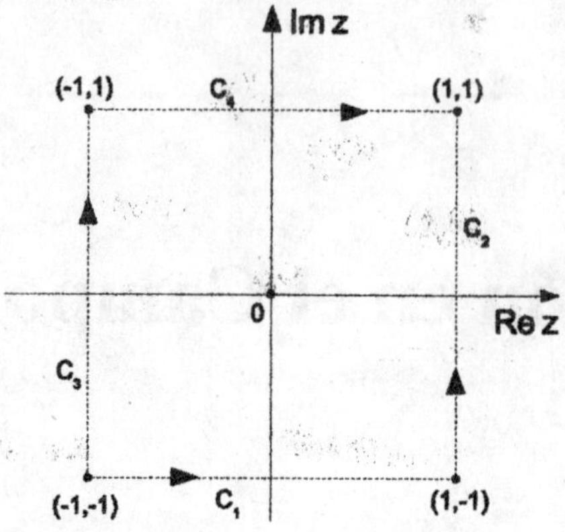

Contornos de integración.

Definición: Pedir que la trayectoria sea suave a trozos equivale a pedir que $x(t)$ e $y(t)$ sean continuas con derivadas continuas a trozos. Llamaremos CONTORNO a una cadena continua sin autointersecciones de un número finito de curvas suaves. Una trayectoria que comienza en un punto z_0 y termina en el mismo punto será cerrada, cuyo sentido de recorrido fijaremos convencionalmente como positivo en sentido anti-horario. Indicaremos la integral alrededor de un contorno cerrado como:

$$\oint_C f(z)\, dz \tag{3.2}$$

Ejemplo 3.1: Calcular $\int \bar{z} dz$ a lo largo de los siguientes contornos.

(a) $C = C_1 \cup C_2$ donde C_1 es el segmento de recta de $(-1,1)$ a $(1,-1)$ y C_2 es el segmento de recta de $(1,-1)$ a $(1,1)$. Ver Fig. 3.1.

(b) $C = C_3 \cup C_4$ donde C_3 es el segmento de recta de $(-1,-1)$ a $(-1,1)$ y C_4 es el segmento de recta de $(-1,1)$ a $(1,1)$. Ver Fig. 3.1.

Llamemos I_a e I_b a las integrales a lo largo de los contornos (a) y (b).

$$\begin{aligned}
I_a &= \int_{C_1} \bar{z} dz + \int_{C_2} \bar{z} dz \\
&= \int_{C_1} (x - iy)(dx + idy) + \int_{C_2} (x - iy)(dx + idy) \\
&= \int_{C_1} [(xdx + ydy) + i(xdy - ydx)] + \int_{C_2} [(xdx + ydy) + i(xdy - ydx)] \\
&= \int_{-1}^{1} xdx + i\int_{-1}^{1} dx + \int_{-1}^{1} ydy + i\int_{-1}^{1} dy \\
&= \left.\frac{x^2}{2}\right|_{-1}^{1} + 2i + \left.\frac{y^2}{2}\right|_{-1}^{1} + 2i = \boxed{4i}
\end{aligned}$$

$$
\begin{aligned}
I_b &= \int_{C_3} \bar{z}dz + \int_{C_4} \bar{z}dz \\
&= \int_{C_3} [(xdx + ydy) + i\,(xdy - ydx)] + \int_{C_4} [xdx + ydy] + i\,(xdy - ydx) \\
&= \int_{-1}^{1} ydy - i\int_{-1}^{1} dy + \int_{-1}^{1} xdx - i\int_{-1}^{1} dx \\
&= \left.\frac{y^2}{2}\right|_{-1}^{1} - 2i + \left.\frac{x^2}{2}\right|_{-1}^{1} - 2i = \boxed{-4i}
\end{aligned}
$$

□

Ejemplo 3.2: Calcular

$$\oint_C \frac{1}{z}dz$$

donde C es la circunferencia de centro en el origen y radio unitario.

$$C = \begin{cases} x = \cos t \\ \\ y = \operatorname{sen} t \end{cases} \quad 0 \leqslant t \leqslant 2\pi$$

Entonces $z = e^{it}$; $dz = ie^{it}dt = izdt$ de donde:

$$\oint_C \frac{1}{z}dz = \int_0^{2\pi} \frac{iz}{z}dt = 2\pi i$$

□

3.3. Propiedades

Sean $f(z)$ y $g(z)$ continuas en una región $\mathcal{R}$. Sea C un contorno en $\mathcal{R}$. Entonces:

(a) $$\int_C [f(z) \pm g(z)]\, dz = \int_C f(z)\, dz \pm \int_C g(z)\, dz$$ *Aditividad*

(b) $$\int_C kf(z)\, dz = k \int_C f(z)\, dz,$$ donde k es una constante. *Homogeneidad*

Si $C = C_1 \cup C_2$ con $C_1 \cap C_2 = \varnothing$ entonces:

(c) $$\int_C f(z)\, dz = \int_{C_1} f(z)\, dz + \int_{C_2} f(z)\, dz$$ *Aditividad de la trayectoria*

(d) $$\int_C f(z)\, dz = -\int_{-C} f(z)\, dz$$ *Cambio de sentido*

Si $|f(z)| \leqslant M$ sobre C entonces:

(e) $$\left|\int_C f(z)\, dz\right| \leqslant ML$$ *Acotación*

donde L es la longitud del arco de la curva C.

Estas propiedades se deducen de las que satisfacen las integrales reales. Por ejemplo, demostraremos la propiedad de acotación (e).

Recordemos que la longitud L del arco de curva está dado por la expresión:

$$L = \int_C ds = \int_a^b \sqrt{\left(\frac{dx}{dt}\right)^2 + \left(\frac{dy}{dt}\right)^2}\, dt$$

Por otra parte como:

$$\left|\int_C f(z)\, dz\right| \leqslant \int_C |f(z)\, dz| = \int_C |f(z)|\, |dz|$$

resulta:

$$\left|\int_C f(z)\, dz\right| \leqslant \int_C |f(z)|\, ds \leqslant ML$$

3.4. Teorema de Cauchy

No es cierto que la integral compleja a lo largo de un contorno cerrado sea nula, como hemos visto en el Ejemplo 3.1 del §3.2 en la página 60. La respuesta a la pregunta de cuándo se puede asegurar que una integral compleja sea nula, es el siguiente resultado fundamental:

Teorema 3.1: Si $f(z)$ es analítica y $f'(z)$ continua en una región simplemente conexa[1] $\mathcal{R}$ entonces:

$$\oint_C f(z)\, dz = 0 \tag{3.3}$$

[1] Esto equivale a pedir que cada curva cerrada simple C en $\mathcal{R}$ tenga su interior en $\mathcal{R}$.

Figura 3.2:

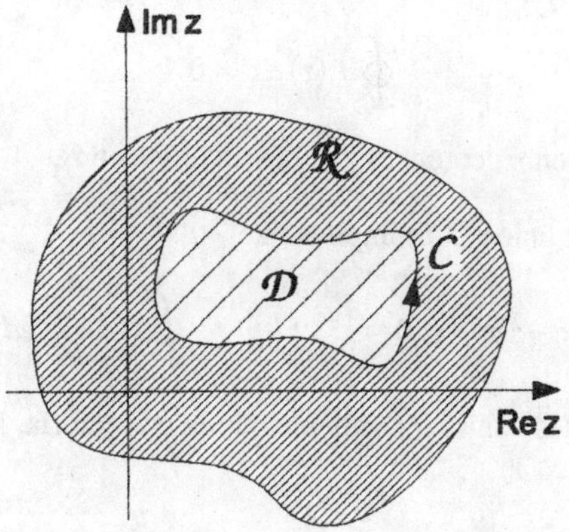

donde C es cualquier contorno en $\mathcal{R}$ recorrido en sentido positivo.

Demostración: Sea $f(z) = u + iv$. Por la definición 3.1 de la página 59 resulta:

$$\oint_C f(z)\,dz = \oint_C (udx - vdy) + i \oint_C (vdx + udy)$$

Si aplicamos el teorema de Green en el plano — ver [Cálculo 2, Cap. 9] — a ambas integrales resulta:

$$\oint_C (udx - vdy) = \iint_{\mathcal{D}} \left(-\frac{\partial v}{\partial x} - \frac{\partial u}{\partial y} \right) dxdy \tag{3.4}$$

y

$$\oint_C (vdx + udy) = \iint_{\mathcal{D}} \left(\frac{\partial u}{\partial x} - \frac{\partial v}{\partial y} \right) dxdy \tag{3.5}$$

donde C es el borde de la región $\mathcal{D}$ — ver Fig. 3.2. Si $f(z)$ es analítica en $\mathcal{R}$ entonces u y v satisfacen las ecuaciones de Cauchy-Riemann:

$$\frac{\partial u}{\partial x} = \frac{\partial v}{\partial y} \frac{\partial u}{\partial y} = -\frac{\partial v}{\partial x}$$

y los miembros derechos de las ecuaciones (3.4) y (3.5) se anulan, con lo que queda demostrado el teorema.

□

Nota: Se puede omitir la exigencia de continuidad de la derivada $f'(z)$ en $\mathcal{R}$ y el teorema sigue siendo cierto y tiene aplicaciones más amplias. Puede verse la demostración en "*The Theorie of Functions*", E.C. Titchmarsh.

El teorema recíproco del de Cauchy se debe a Morera.

Teorema 3.2: Sea $f(z) = u + iv$ definida en la región $\mathcal{R}$ donde u y v tienen derivadas parciales continuas en $\mathcal{R}$. Si:

$$\oint_C f(z)\,dz = 0 \tag{3.6}$$

sobre cada contorno C en $\mathcal{R}$, entonces $f(z)$ es analítica en $\mathcal{R}$.

Demostración: La condición (3.6) implica que:

$$\oint_C (udx - vdy) = 0 \qquad \oint_C (vdx + udy) = 0$$

esto es, ambas integrales son independientes de la trayectoria. De (3.4) y (3.5) surge que debe cumplirse:

$$\frac{\partial u}{\partial x} = \frac{\partial v}{\partial y} \qquad \frac{\partial u}{\partial y} = -\frac{\partial v}{\partial x}$$

O sea que se satisfacen las ecuaciones de CAUCHY-RIEMANN, siendo $f \in C^1$. Entonces $f(z)$ es analítica en $\mathcal{R}$. □

Teorema 3.3: Si $f(z)$ es analítica en $\mathcal{R}$ entonces:

$$\boxed{\int_{z_1}^{z_2} f'(z)\,dz = f(z_2) - f(z_1)} \tag{3.7}$$

en cada contorno C en $\mathcal{R}$ que une z_1 con z_2. En particular:

$$\oint_C f'(z)\,dz = 0$$

en cada contorno cerrado C en $\mathcal{R}$.

Demostración:

$$\begin{aligned}\int_{z_1}^{z_2} f'(z)\,dz &= \int_{z_1}^{z_2} \left(\frac{\partial u}{\partial x} + i\frac{\partial v}{\partial x}\right)(dx + idy)\\ &= \int_{z_1}^{z_2} \left(\frac{\partial u}{\partial x}dx + \frac{\partial u}{\partial y}dy\right) + i\int_{z_1}^{z_2} \left(\frac{\partial v}{\partial x}dx + \frac{\partial v}{\partial y}dy\right)\\ &= \int_{z_1}^{z_2} (du + idv) = u + iv\Big|_{z_1}^{z_2} = f(z_2) - f(z_1)\end{aligned}$$

□

Teorema 3.4: Si $f(z)$ es analítica en una región simplemente conexa $\mathcal{R}$ entonces:

$$\boxed{F(z) = \int_{z_0}^{z} f(v)\,dv} \qquad z_0 \text{ fijo en } \mathcal{R}$$

es una primitiva de $f(z)$, esto es $F'(z) = f(z)$ y $F(z)$ es analítica.

Demostración: Como $f(z)$ es analítica en la región simplemente conexa $\mathcal{R}$, la $\int_{z_0}^{z} f(v)\,dv$ es independiente de la trayectoria y define una función F del límite superior. Si $F(z) = u_1 + iv_1$ donde:

$$u_1 = \int_{z_0}^{z} (udx - vdy) \qquad\qquad v_1 = \int_{z_0}^{z} (vdx + udy)$$

ambas integrales resultan independientes de la trayectoria y:

$$du_1 = udx - vdy \qquad\qquad dv_1 = vdx + udy$$

Esto implica que u_1 y v_1 satisfacen las ecuaciones de CAUCHY-RIEMANN de modo que $F = u_1 + iv_1$ es analítica y su derivada:

$$F'(z) = \frac{\partial u_1}{\partial x} + i\frac{\partial v_1}{\partial x} = u + iv = f(z)$$

□

Ejemplo 3.3: Por aplicación del teorema de CAUCHY resulta que cualquiera sea el contorno cerrado C:

$$\oint_C z^n dz = 0 \;\; (n = 0, 1, 2, \ldots) \qquad\qquad \oint_C e^z dz = 0$$

$$\oint_C \operatorname{sen} z dz = 0 \qquad\qquad \oint_C \operatorname{sh} z dz = 0$$

$$\oint_C \cos z dz = 0 \qquad\qquad \oint_C \operatorname{ch} dz = 0$$

3.5. Teorema de Cauchy para Regiones Múltiplemente Conexas

Teorema 3.5: Sea $f(z)$ analítica en una región $\mathcal{R}$ y sean $C_\infty, C_2, \cdots, C_n$ n contornos cerrados en $\mathcal{R}$, las cuales forman juntas la frontera Γ de una región cerrada $\mathcal{D} \subset \mathcal{R}$. Entonces:

$$\oint_\Gamma f(z)\,dz = 0$$

donde la dirección de integración en Γ es tal que la normal exterior está a 90° detrás del vector tangente en la dirección de la integración.

Demostración: Tomaremos una región doblemente conexa siendo fácilmente extendible el razonamiento a n curvas frontera. Sea la región de la Fig. 3.3; introduciendo cortes se ve que:

$$\oint_{C_1} f(z)\,dz = \oint_{C_2} f(z)\,dz$$

esto es, la integral toma el mismo valor alrededor de todo contorno cerrado que rodee la singularidad. Como $f(z)$ es analítica en la región limitada por el contorno $C_1 + L + C_2 - L$ resulta:

$$\oint_{C_1} f(z)\,dz + \int_L f(z)\,dz + \oint_{C_2} f(z)\,dz + \int_{-L} f(z)\,dz = 0$$

Figura 3.3:

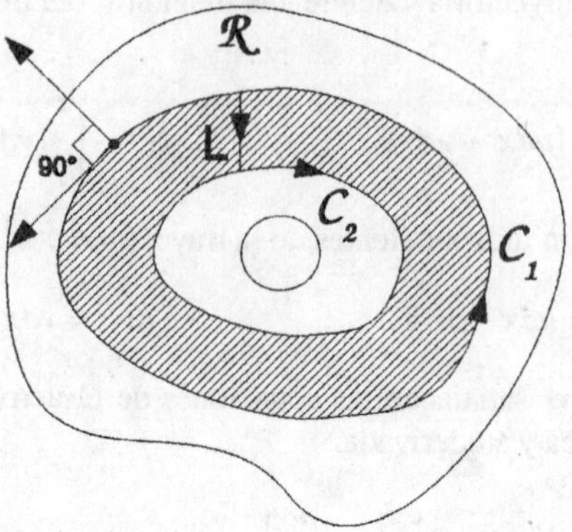

Figura 3.4:

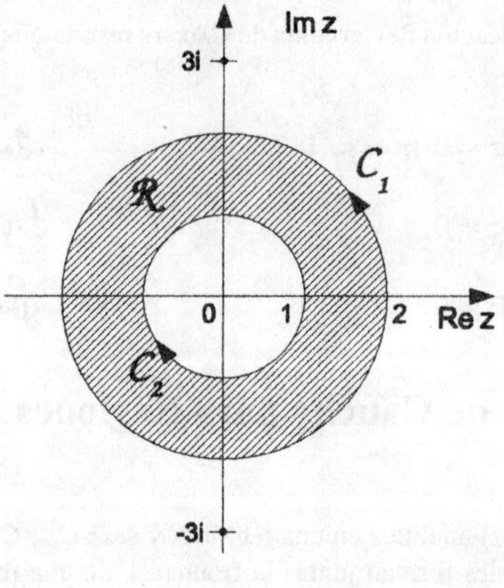

Pero:

$$\int_L f(z)\,dz + \int_{-L} f(z)\,dz = 0 \;\Rightarrow\; \oint_{C_1} f(z)\,dz + \oint_{C_2} f(z)\,dz = 0$$

Si $\Gamma = C_1 + C_2$ entonces $\oint_\Gamma f(z)\,dz = 0$ lo que implica que la integral alrededor de la frontera Γ es nula cuando integramos en dirección *positiva* sobre la curva frontera exterior C_1 y en dirección *negativa* en la curva frontera interior C_2.

□

Ejemplo 3.4: Integrar

$$f(z) = \frac{1}{z^2\,(z^2+9)}$$

en el anillo $1 \leqslant |z| \leqslant 2$ — ver Fig. 3.4. Si llamamos $\mathcal{R}$ al anillo, como la función es analítica en $\mathcal{R}$ resulta:

Figura 3.5:

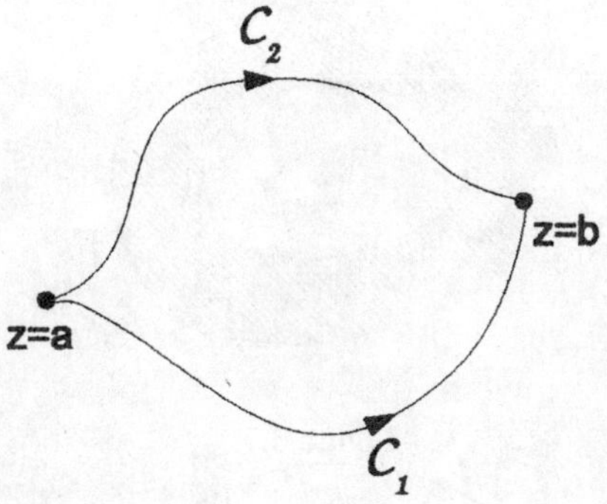

$$\oint_{\mathcal{R}} \frac{1}{z^2\,(z^2+9)}\,dz = 0$$

Corolario 3.1: Sean los puntos $z = a$ y $z = b$ unidos por sendos arcos de curvas C_1 y C_2 como en la Fig. 3.5. Si $C = C_2 - C_1$ entonces $\oint_C f(z)\,dz = 0$ por el teorema de CAUCHY. Pero:

$$\begin{aligned}\oint_C f(z)\,dz &= \oint_{C_2 - C_1} f(z)\,dz \\ &= \int_{C_2} f(z)\,dz - \int_{C_1} f(z)\,dz = 0\end{aligned}$$

De donde:

$$\int_{C_1} f(z)\,dz = \int_{C_2} f(z)\,dz$$

siempre que $f(z)$ *no* tenga singularidades entre las curvas C_1 y C_2 o sobre las mismas.

Sea $f(z)$ analítica entre las curvas Γ y γ — ver Fig. 3.6. Si llamamos $C = \Gamma - \gamma$ entonces:

$$\begin{aligned}\oint_C f(z)\,dz &= \oint_{\Gamma-\gamma} f(z)\,dz = \oint_{\Gamma} f(z)\,dz - \oint_{\gamma} f(z)\,dz = 0 \\ &\Rightarrow \oint_{\Gamma} f(z)\,dz = \oint_{\gamma} f(z)\,dz\end{aligned}$$

Esto implica que los contornos cerrados pueden *"deformarse"* sin alterar el valor de la integral a condición de que no se crucen singularidades.

Ejemplo 3.5: Calcular

$$\oint_C \frac{dz}{z - z_0}$$

si:

(a) C no rodea a z_0.

Figura 3.6:

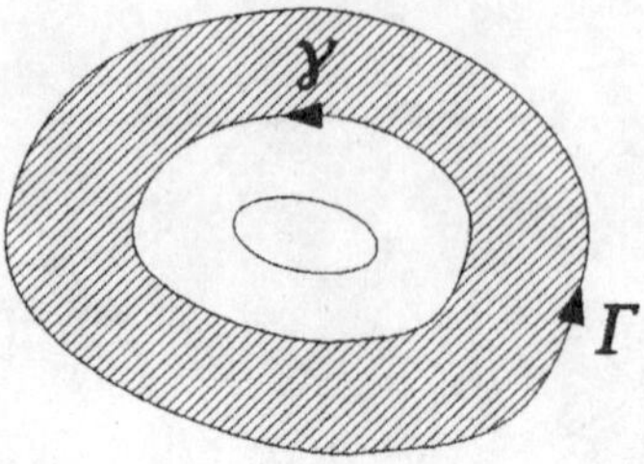

Figura 3.7:

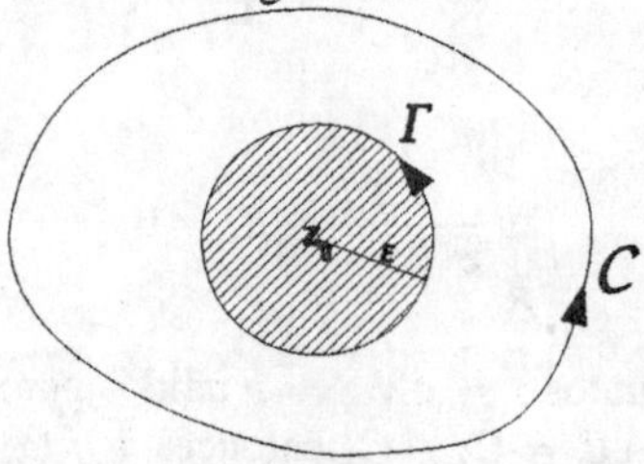

Disco en el plano z.

(b) C rodea a z_0.

En el caso (a): Como la función es analítica, resulta por el teorema de CAUCHY:

$$\oint_C \frac{dz}{z - z_0} = 0$$

En el caso (b): Usando el corolario 3.1 del teorema de CAUCHY, podemos tomar como contorno una circunferencia de centro en z_0 y radio ε — ver Fig. 3.7. En este caso la función $1/(z - z_0)$ será analítica entre C y Γ y además:

$$\oint_C \frac{dz}{z - z_0} = \oint_\Gamma \frac{dz}{z - z_0}$$

La ecuación que describe la circunferencia Γ es : $|z - z_0| = \varepsilon$, de donde:

$$z = z_0 + \varepsilon e^{i\theta} \Rightarrow dz = i\varepsilon e^{i\theta} d\theta \ (0 \leqslant \theta \leqslant 2\pi)$$

Entonces:

$$\begin{aligned} \oint_\Gamma \frac{dz}{z - z_0} &= i \int_0^{2\pi} \frac{\varepsilon e^{i\theta}}{\varepsilon e^{i\theta}} d\theta = 2\pi i \\ &\Rightarrow \oint_C \frac{dz}{z - z_0} = 2\pi i \end{aligned}$$

□

Ejemplo 3.6: Calcular:

$$\oint_C \frac{dz}{(z - z_0)^n}$$

Figura 3.8:

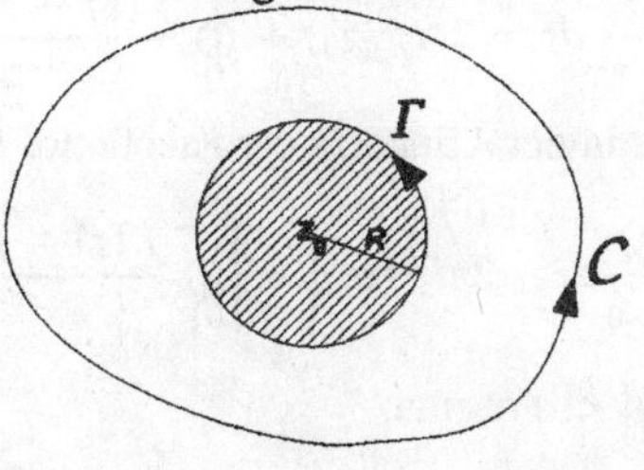

donde n es un entero positivo y el contorno C rodea a $z = z_0$.

El integrando es analítico salvo en $z = z_0$ y entonces puede deformarse el contorno C tomando una circunferencia Γ con centro en z_0 y radio ε. Entonces:

$$\begin{aligned}\int_0^{2\pi} \frac{i\varepsilon e^{i\theta}}{\varepsilon^n e^{in\theta}}\theta &= \frac{i}{\varepsilon^{n-1}}\int_0^{2\pi} e^{(1-n)i\theta}d\theta \\ &= \frac{1}{\varepsilon^{n-1}}\left[\frac{e^{(1-n)i\theta}}{1-n}\right] = 0 \text{ para } n \neq 1\end{aligned}$$

Así:

$$\oint_C \frac{dz}{(z-z_0)^n} = 0 \text{ si } n \neq 1$$

Nota: De los ejemplos 3.5 y 3.6 podemos concluir el siguiente resultado general:

$$\oint_C \frac{dz}{(z-z_0)^n} = \begin{cases} \text{Si } C \text{ no rodea a } z_0: & 0 \\ \text{Si } C \text{ rodea a } z_0: & \begin{cases} 2\pi i & \text{, si } n = 1 \\ 0 & \text{, si } n = 2, 3, \cdots \end{cases} \end{cases}$$

3.6. Fórmula Integral de Cauchy

Sea $f(z)$ analítica en una región $\mathcal{R}$ y sobre su contorno C. Entonces:

$$\boxed{f(z_0) = \frac{1}{2\pi i}\oint_C \frac{f(z)}{z-z_0}dz} \qquad (3.8)$$

En efecto, el integrando $f(z) \,/\, (z-z_0)$ es analítico excepto en $z = z_0$. La $\oint_C f(z)/(z-z_0)\,dz$ tendrá el mismo valor sobre todas las trayectorias cerradas que encierren a z_0. Para determinar su valor tomemos la circunferencia $\Gamma: \; z = z_0 + Re^{i\theta}$ con $0 \leqslant \theta \leqslant 2\pi$ — ver Fig. 3.8 — como contorno.

$$\oint_C \frac{f(z)}{z-z_0}dz = \oint_\Gamma \frac{f(z)}{z-z_0}dz = f(z_0)\oint_\Gamma \frac{dz}{z-z_0} + \oint_\Gamma \frac{f(z)-f(z_0)}{z-z_0}dz$$

En el ejemplo 3.6 del §3.5 en la página 65 vimos que:

$$\oint_\Gamma \frac{dz}{z-z_0} = 2\pi i$$

de modo que:

$$\oint_{\Gamma} \frac{f(z)}{z-z_0}dz = 2\pi i f(z_0) + \oint_{\Gamma} \frac{f(z)-f(z_0)}{z-z_0}dz$$

Para probar que la segunda integral tiende a cero acotamos del siguiente modo:

$$\left| \oint_{\Gamma} \frac{f(z)}{z-z_0}dz - 2\pi i f(z_0) \right| = \left| \oint_{\Gamma} \frac{f(z)-f(z_0)}{z-z_0}dz \right|$$

Si tomamos $|f(z) - f(z_0)| < \varepsilon$ resulta:

$$\left| \oint_{\Gamma} \frac{f(z)-f(z_0)}{z-z_0}dz \right| \leqslant \frac{\varepsilon}{R}(2\pi R) = 2\pi\varepsilon \underset{\varepsilon\to 0}{\longrightarrow} 0$$

La fórmula (3.8) expresa los valores de $f(z)$ en los puntos z_0 interiores a la curva C en función de los valores a lo largo de C. Si tomamos como C una circunferencia: $z - z_0 = Re^{i\theta}$ entonces resulta:

$$f(z_0) = \frac{1}{2\pi i} \int_0^{2\pi} f\left(z_0 + Re^{i\theta}\right) d\theta \tag{3.9}$$

esto es, el valor de una función analítica en el centro de un círculo es igual al promedio — *media aritmética* — de los valores sobre la circunferencia.

Al igual que en el teorema de Cauchy, la fórmula integral de Cauchy se extiende a regiones múltiplemente conexas. Bajo las hipótesis del Teorema 3.5 vale que:

$$\begin{aligned} f(z_0) &= \frac{1}{2\pi i} \oint_{\Gamma} \frac{f(z)}{z-z_0}dz \\ &= \frac{1}{2\pi i}\left[\oint_{C_1} \frac{f(z)}{z-z_0}dz + \oint_{C_2} \frac{f(z)}{z-z_0}dz + \cdots + \oint_{C_n} \frac{f(z)}{z-z_0}dz \right] \end{aligned} \tag{3.10}$$

donde z_0 es cualquier punto dentro de la región cerrada $\mathcal{D}$ limitada por C_1 —*frontera exterior* —, C_2, C_3, $\cdots$, C_n. La demostración se deja como ejercicio.

Ejemplo 3.7: Probar que $\oint_C \frac{\operatorname{sen} z}{z^2+1}dz = i\pi \operatorname{sh}1$ donde C es cualquier contorno cerrado que rodea al punto i y no al punto $-i$ — ver Fig. 3.9.

Como $\operatorname{sen} z/\left(z^2+1\right) = \operatorname{sen} z/\left[(z+i)(z-i)\right] = f(z)/(z-i)$ donde $f(z) = \operatorname{sen} z/(z+i)$ es una función analítica en la adherencia de la región limitada por C, podemos aplicar la fórmula integral de Cauchy:

$$\begin{aligned} \oint_C \frac{\operatorname{sen} z}{z^2+1}dz &= \oint_C \frac{f(z)}{z-i}dz \\ &= 2\pi i f(i) = 2\pi i \frac{\operatorname{sen} i}{2i} \\ &= \pi \operatorname{sen} i = i\pi \operatorname{sh}1 \end{aligned}$$

3.7. Derivadas de una Función Analítica

Si queremos calcular $f'(z_0)$ siendo $f(z)$ analítica en $\mathcal{R}$ y z_0 un punto cualquiera interior, entonces:

$$f'(z_0) = \lim_{h\to 0} \frac{f(z_0+h) - f(z_0)}{h}$$

Figura 3.9:

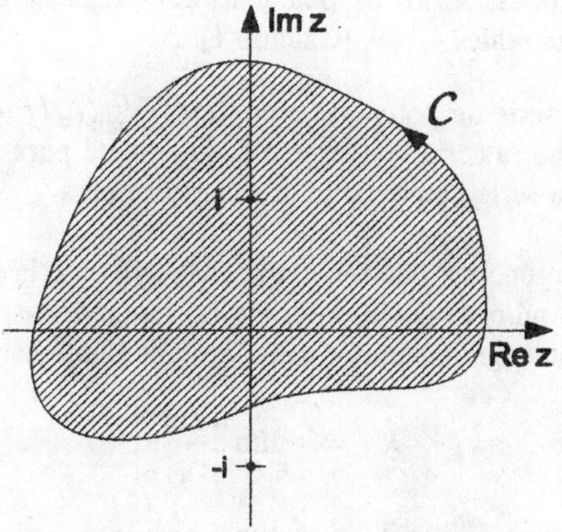

Aplicando la fórmula integral de CAUCHY (3.8) tenemos:

$$f(z_0+h)=\frac{1}{2\pi i}\oint_C \frac{f(z)}{z-z_0-h}dz$$

tomando h convenientemente como para quedar dentro de $\mathcal{R}$. Así:

$$f(z_0+h)-f(z_0)=\frac{1}{2\pi i}\left\{\oint_C\left[\frac{f(z)}{z-z_0-h}-\frac{f(z)}{z-z_0}\right]dz\right\}$$

que se puede escribir:

$$\frac{f(z_0+h)-f(z_0)}{h}=\frac{1}{2\pi i}\oint_C \frac{f(z)}{(z-z_0-h)(z-z_0)}dz$$

Si $h \longrightarrow 0$ queda:

$$\boxed{f'(z_0)=\frac{1}{2\pi i}\oint_C \frac{f(z)}{(z-z_0)^2}dz} \tag{3.11}$$

Esta fórmula puede generalizarse a derivadas de orden n con lo que podemos enunciar:

Teorema 3.6: Si $f(z)$ es analítica en una región $\mathcal{R}$ entonces para cada z_0 interior a su contorno C y cualquier n, existe la derivada n-ésima:

$$\boxed{f^{(n)}(z_0)=\frac{n!}{2\pi i}\oint_C \frac{f(z)}{(z-z_0)^{n+1}}dz} \tag{3.12}$$

3.8. Desarrollo en Serie de Potencias

Vamos a ampliar el conjunto de funciones analíticas probando que cada serie de potencias compleja:

$$\sum_{n=0}^{\infty} c_n\left(z-z_0^n\right)=c_0+c_1(z-z_0)+\cdots+c_n(z-z_0)^n+\cdots \tag{3.13}$$

que converge para algunos valores de $z \neq z_0$, representa una función analítica. El siguiente teorema para las series de potencias complejas se demuestra de la misma manera que para series reales — §9, [Cálculo 1].

Teorema 3.7: Cada serie de potencias compleja $\sum_{n=0}^{\infty} c_n (z-z_0)^n$ tiene un radio de convergencia R tal que la serie converge absolutamente para $|z-z_0| < R$ y diverge para $|z-z_0| > R$. La serie converge uniformemente para $|z-z_0| \leqslant R_1$ siempre que $R_1 < R$.

El radio de convergencia R puede ser nulo, en cuyo caso la serie converge sólo para $z = z_0$, puede ser un número positivo o bien ∞, en cuyo caso la serie converge para todo z. El radio de convergencia puede calcularse mediante las expresiones:

$$R = \lim_{n\to\infty} \left|\frac{c_n}{c_{n+1}}\right| \tag{3.14}$$

$$R = \lim_{n\to\infty} \frac{1}{\sqrt[n]{|c_n|}} \tag{3.15}$$

siempre que los límites existan.

Con respecto a la convergencia en la frontera de la región de convergencia, no se puede dar ningún resultado general. En cada caso hay que analizar la convergencia sobre la circunferencia $|z-z_0| = R$ que es el borde del llamado *"círculo de convergencia"*.

Ejemplo 3.8: Sea la serie de potencias $\sum\limits_{n=1}^{\infty} \frac{z^n}{n^2}$. Aplicando (3.14) tenemos:

$$R = \lim_{n\to\infty} \frac{(n+1)^2}{n^2} = 1$$

o sea la serie dada converge para $|z| < 1$. Sobre el borde del círculo de convergencia $|z| = 1$ la serie se transforma en $\sum\limits_{n=1}^{\infty} 1/n^2$ que es convergente. Entonces la serie converge absolutamente para $|z| \leqslant 1$.

□

Ejemplo 3.9: La serie geométrica compleja:

$$\sum_{n=0}^{\infty} z^n = 1 + z + z^2 + \cdots + z^n + \cdots$$

converge para $|z| < 1$, siendo la suma:

$$\sum_{n=0}^{\infty} z^n = \frac{1}{1-z} \qquad |z| < 1$$

Sobre el borde del círculo de convergencia la serie diverge ya que el término n-ésimo no tiende a cero.

□

Los siguientes resultados se prueban de manera análoga al caso real.

Teorema 3.8: Una serie de potencias compleja con radio de convergencia no nulo representa una función continua dentro del círculo de convergencia.

Teorema 3.9: Una serie de potencias puede integrarse término a término dentro del círculo de convergencia. Esto es, si:

$$f(z) = \sum_{n=0}^{\infty} c_n (z - z_0)^n \qquad |z - z_0| < R \neq 0$$

entonces para cada contorno cerrado C dentro del círculo de convergencia:

$$\oint_C f(z)\, dz = \sum_{n=0}^{\infty} \frac{c_n (z - z_0)^{n+1}}{n+1} \qquad |z - z_0| < R$$

Teorema 3.10: Una serie de potencias puede derivarse término a término dentro de su círculo de convergencia. Esto es, si:

$$f(z) = \sum_{n=0}^{\infty} c_n (z - z_0)^n \qquad |z - z_0| < R \neq 0$$

entonces:

$$f'(z) = \sum_{n=1}^{\infty} n c_n (z - z_0)^{n-1} \qquad |z - z_0| < R$$

$$f''(z) = \sum_{n=2}^{\infty} n(n-1) c_n (z - z_0)^{n-2} \qquad |z - z_0| < R$$

$$\vdots \qquad\qquad \vdots$$

etc.

Por lo tanto, cada serie de potencias con $R \neq 0$ define una función analítica $f(z)$ dentro del círculo de convergencia y la serie de potencias es la serie de TAYLOR $f(z)$.

$$f(z) = \sum_{n=0}^{\infty} \frac{f^{(n)}(z_0)}{n!} (z - z_0)^n \qquad |z - z_0| < R \neq 0$$

3.9. Serie de Taylor[2]

Hemos visto en el § anterior que cada serie de potencias con radio de convergencia no nulo representa una función analítica. Ahora vamos a probar que todas las funciones analíticas se pueden obtener de este modo.

[2] TAYLOR, BROOK (1685-1731): Matemático, músico, pintor, publicó en 1715 un folleto que con su centenar de páginas ha ejercido un influjo perdurable en el desarrollo del Cálculo, a pesar de la oscuridad de su estilo y de su impresión. En él está contenida la famosa fórmula que lleva su nombre, así como también la que se designa como de Mc. LAURIN, a pesar de que este insigne geómetra la menciona en su "TRATADO DE FLUXIONES" (2 tomos, 1742) como debida a TAYLOR.

Figura 3.10:

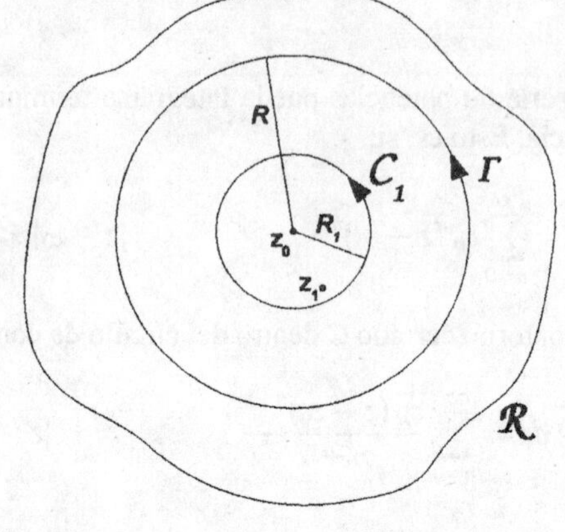

Teorema 3.11: Sea $f(z)$ analítica en una región $\mathcal{R}$. Sea z_0 un punto interior a $\mathcal{R}$ y sea R el radio del círculo mayor Γ con centro en z_0 y su interior en $\mathcal{R}$. Entonces existe una serie de potencias:

$$\sum_{n=0}^{\infty} c_n (z-z_0)^n$$

$$\text{con } c_n = \frac{f^{(n)}(z_0)}{n!} = \frac{1}{2\pi i}\oint_{\Gamma} \frac{f(z)}{(z-z_0)^{n+1}} dz$$

que converge a $f(z)$ para $|z-z_0| < R$.

Demostración: Sea z_1 un punto interior al círculo Γ de modo que $|z_1 - z_0| < R$. Elijamos R_1 tal que $|z_1 - z_0| < R_1 < R$ como se ve en la Fig. 3.10. Entonces $f(z)$ es analítica en una región que incluye a la circunferencia $C_1 : |z - z_0| = R_1$ más su interior y podemos calcular mediante la fórmula integral de Cauchy:

$$f(z_1) = \frac{1}{2\pi i}\oint_{C_1} \frac{f(z)}{z-z_1} dz$$

El factor $\frac{1}{z-z_1}$ se puede desarrollar como serie geométrica convergente.

$$\begin{aligned} \frac{1}{z-z_1} &= \frac{1}{(z-z_0)\left(1-\frac{z_1-z_0}{z-z_0}\right)} \\ &= \frac{1}{z-z_0} + \frac{z_1-z_0}{(z-z_0)^2} + \cdots + \frac{(z_1-z_0)^n}{(z-z_0)^{n+1}} + \cdots \end{aligned}$$

Esta serie es uniformemente convergente en Γ. Podemos entonces multiplicar por $f(z)/2\pi i$ e integrar término a término sobre Γ. Así resulta:

$$\begin{aligned} f(z_1) &= \frac{1}{2\pi i}\oint_{\Gamma} \frac{f(z)}{z-z_0} dz + \frac{z_1-z_0}{2\pi i}\oint_{\Gamma} \frac{f(z)}{(z-z_0)^2} + \cdots + \\ &\quad + \frac{(z_1-z_0)^n}{2\pi i}\oint_{\Gamma} \frac{f(z)}{(z-z_0)^{n+1}} dz + \cdots \end{aligned}$$

Usando la fórmula (3.10) tenemos:

$$f(z_1) = f(z_0) + f'(z_0)(z_1 - z_0) + \frac{f''(z_0)}{2!}(z_1 - z_0)^2 + \cdots +$$

Por el TEOREMA (3.10), esta serie es la serie de TAYLOR de $f(z)$, vale decir:

$$\boxed{f(z) = f(z_0) + f'(z_0)(z - z_0) + \frac{f''(z_0)}{2!}(z - z_0)^2 + \cdots + \frac{f^{(n)}(z_0)}{n!}(z - z_0)^n + \cdots} \tag{3.16}$$

que converge para $|z - z_0| < R$. □

Nota 3.1: Existe una diferencia notable entre (3.16) y la correspondiente fórmula en variable real. En el caso de variable real se obtienen n términos del desarrollo y un término complementario cuya convergencia a cero se estudia para ver si la serie representa a la función. En el campo complejo, el hecho que tiende a cero surge de las hipótesis de analiticidad.

Nota 3.2: El hecho que la serie de TAYLOR converja a $f(z)$ en $|z - z_0| < R$ no significa que R sea el radio de convergencia de la serie. Este radio puede ser mayor que R y cuando esto sucede, se puede prolongar la función $f(z)$dentro de una región más grande manteniendo su carácter de analítica. Este proceso se llama *"prolongación analítica"*.

Ejemplo 3.10: Las series de TAYLOR:

$$e^z = 1 + z + \frac{z^2}{2!} + \cdots + \frac{z^n}{n!} + \cdots \tag{3.17}$$

$$\operatorname{sen} z = z - \frac{z^3}{3!} + \frac{z^5}{5!} - \cdots + (-1)^n \frac{z^{2n+1}}{(2n+1)!} \cdots \tag{3.18}$$

$$\cos z = 1 - \frac{z^2}{2!} + \frac{z^4}{4!} - \cdots + (-1)^n \frac{z^{2n}}{(2n)!} + \cdots \tag{3.19}$$

convergen para $|z| < \infty$.

□

Ejemplo 3.11: La serie binómica con $\alpha \in \mathbb{R}$:

$$(1 + z)^\alpha = 1 + \alpha z + \frac{\alpha(\alpha - 1)}{2!} z^2 + \cdots + \frac{\alpha(\alpha - 1)\cdots(\alpha - n + 1)}{n!} z^n + \cdots \tag{3.20}$$

converge para $|z| < 1$. Así para $\alpha = -2$ la serie:

$$\frac{1}{(1 + z)^2} = 1 - 2z + 3z^2 - 4z^3 + \cdots + (-1)^{n+1}(n + 1) z^n + \cdots$$

converge para $|z| < 1$. Obsérvese que la función es analítica excepto para $z = -1$.

□

Ejemplo 3.12: $f(z) = \ln(1+z)$ tiene en $z = -1$ un punto de ramificación. Si cortamos el plano desde $z = -1$ hasta el ∞ a lo largo de cualquier línea, $\ln(1+z)$ resulta univaluada y en el plano cortado, la función es analítica. Su desarrollo en serie de TAYLOR:

$$\ln(1+z) = z - \frac{z^2}{2} + \frac{z^3}{3} - \cdots + (-1)^{n-1}\frac{z^n}{n} + \cdots \tag{3.21}$$

converge para $|z| < 1$.

□

3.10. Serie de Laurent[3]

Hemos demostrado que cada serie de potencias con radio de convergencia no nulo representa una función analítica y que cada función analítica se puede obtener a partir de una serie de potencias. Ello no obstante, las series de potencias representan funciones analíticas en regiones circulares y no son convenientes para representar funciones analíticas en regiones más complicadas.

Teorema 3.12: Sean C_1 y C_2 circunferencias con centro en z_0 y radios R_1 y R_2 tales que $R_2 > R_1$. Sea $\mathcal{R}$ la región anular entre C_1 y C_2. Si $f(z)$ es analítica en $\mathcal{R}$, entonces:

$$\boxed{\begin{aligned} f(z) &= a_0 + a_1(z-z_0) + a_2(z-z_0)^2 + \cdots + a_n(z-z_0)^n + \\ &+ \cdots + \tfrac{b_1}{z-z_0} + \tfrac{b_2}{(z-z_0)^2} + \cdots + \tfrac{b_n}{(z-z_0)^n} + \cdots \end{aligned}} \tag{3.22}$$

o bien:

$$f(z) = \sum_{n=-\infty}^{\infty} A_n (z-z_0)^n \tag{3.23}$$

donde:

$$A_n = \begin{cases} a_n & , \text{si } n \geqslant 0 \\ b_{-n} & , \text{si } n < 0 \end{cases}$$

con:

$$A_n = \frac{1}{2\pi i}\oint_C \frac{f(z)}{(z-z_0)^{n+1}}dz \qquad (n \in \mathbb{Z}) \tag{3.24}$$

y siendo C la circunferencia con centro z_0 y radio R tal que $R_1 < R < R_2$ — ver Fig. 3.11.

Demostración: Sea z_1 un punto del anillo y consideremos la integral:

$$\frac{1}{2\pi i}\int \frac{f(z)}{z-z_1}dz$$

tomada a lo largo de la siguiente trayectoria: alrededor de C_1 en dirección positiva, luego a lo largo de un radio vector — *que no pase justo por* z_1 — que una C_1 con C_2,

[3] LAURENT, P.M. H.: En 1843, este matemático publicó la extensión del teorema de CAUCHY sobre el desarrollo de una función analítica en una serie convergente en un círculo que llegue hasta el punto singular más próximo.

Figura 3.11:

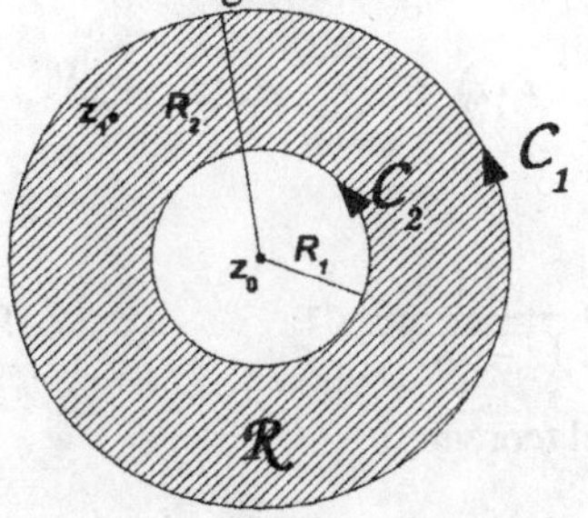

entonces siguiendo C_2 en dirección negativa y finalmente de vuelta al punto original. Este es un contorno cerrado en el cual $f(z)$ es analítica y entonces, como las integrales a lo largo del radio vector se cancelan, resulta:

$$f(z_1) = \frac{1}{2\pi i}\oint_{C_1}\frac{f(z)}{z-z_1}dz + \frac{1}{2\pi i}\oint_{C_2}\frac{f(z)}{z-z_1}dz$$

El primer sumando se puede sustituir por una serie de potencias como en la demostración del teorema 3.11 en la página 74:

$$\frac{1}{2\pi i}\oint_{C_1}\frac{f(z)}{z-z_1} = \sum_{n=0}^{\infty} a_n (z-z_0)^n$$

donde:

$$a_n = \frac{1}{2\pi i}\oint_{C_1}\frac{f(z)}{(z-z_0)^{n+1}}dz$$

Sin embargo, en este caso no es a_n necesariamente igual a $f^{(n)}(z_0)/n!$ ya que $f(z_1)$ puede no ser analítica en el interior de C_1.

Para el segundo sumando tomamos el desarrollo en serie geométrica uniformemente convergente en C_2:

$$\frac{1}{z_1-z} = \frac{1}{z_1-z_0} + \frac{z-z_0}{(z_1-z_0)^2} + \cdots + \frac{(z-z_0)^{n-1}}{(z_1-z_0)^n} + \cdots$$

Entonces:

$$\begin{aligned} -\frac{1}{2\pi i}\oint_{C_2}\frac{f(z)}{z-z_1}dz &= \frac{1}{z_1-z_0}\frac{1}{2\pi i}\oint_{C_2} f(z)\,dz + \cdots + \\ &+ \frac{1}{(z_1-z_0)^n}\frac{1}{2\pi i}\oint_{C_2}(z-z_0)^{n-1} f(z)\,dz + \cdots \\ &= \sum_{n=1}^{\infty}\frac{b_n}{(z_1-z_0)^n} \end{aligned}$$

donde:

$$b_n = \frac{1}{2\pi i}\oint_{C_2}(z-z_0)^{n-1} f(z)\,dz$$

Ambas series forman en conjunto la serie de LAURENT, que puede escribirse en la forma:

$$f(z) = \sum_{n=-\infty}^{\infty} A_n (z_1 - z_0)^n$$

donde:

$$A_n = \frac{1}{2\pi i} \oint_C \frac{f(z)}{(z-z_0)^{n+1}} dz \qquad \text{(para } \forall\, n \in \mathbb{Z}\text{)}$$

con lo que queda probado el teorema. □

Nótese que la serie de potencias positivas de $z_1 - z_0$ converge, no sólo en el anillo sino también dentro del círculo C_1. Análogamente, la serie de potencias negativa converge fuera de C_2.

El teorema de LAURENT sigue valiendo aún cuando $R_1 = 0$ o bien $R_2 = \infty$ o ambos. En el caso $R_1 = 0$ el desarrollo de LAURENT representa una función analítica en un *entorno reducido de* z_0. Si $R_2 = \infty$ podemos decir que la serie representa $f(z)$ en un *entorno reducido de* $z = \infty$.

Rara vez se usa la fórmula (3.24) para calcular los coeficientes del desarrollo. La región de convergencia es, en general, un anillo con singularidades en los bordes. En particular, la circunferencia C_2 puede albergar varias singularidades y se hace el desarrollo en torno a una de ellas.

Ejemplo 3.13: Hallar la serie de LAURENT de la función:

$$f(z) = \frac{1}{z(z-1)^2}$$

en torno a:

(a) $z = 0$ **(b)** $z = 1$.

Para el caso (a): Escribimos:

$$\begin{aligned} f(z) &= \frac{1}{z}(z-1)^{-2} \\ &= \frac{1}{z}\left(1 + 2z + \frac{2\cdot 3}{2!}z^2 + \cdots\right) \\ &= \frac{1}{z} + 2 + 3z + \cdots \end{aligned}$$

que converge en el anillo $0 < |z| < 1$.

Para el caso (b): Conviene hacer el cambio de variables $u = z - 1$. Entonces:

$$\begin{aligned} \frac{1}{z(z-1)^2} &= \frac{1}{u^2(u+1)} = \frac{1}{u^2}(u+1)^{-1} \\ &= \frac{1}{u^2}\left(1 - u + u^2 - u^3 + \cdots\right) \\ &= \frac{1}{u^2} - \frac{1}{u} + 1 - u + \cdots \end{aligned}$$

O sea:

$$f(z) = \frac{1}{(z-1)^2} - \frac{1}{z-1} + 1 - (z-1) + \cdots$$

que converge en el anillo $0 < |z-1| < 1$.

3.11. Singularidades Aisladas de una Función Analítica

Si $z = z_0$ es una singularidad aislada y la serie de LAURENT, válida en el anillo $0 < |z - z_0| < R$ se escribe:

$$f(z) = \sum_{n=0}^{\infty} a_n (z-z_0)^n + \sum_{n=1}^{\infty} b_n (z-z_0)^{-n}$$

llamaremos:

$$\begin{cases} \textbf{\textit{Parte analítica:}} & \sum_{n=0}^{\infty} a_n (z-z_0)^n \\ \textbf{\textit{Parte principal:}} & \sum_{n=1}^{\infty} b_n (z-z_0)^{-n} \end{cases}$$

La forma de estas series nos lleva a la clasificación siguiente de las singularidades aisladas en tres tipos:

1. $\boxed{b_n = 0 \text{ para } \forall n \in \mathbb{N}}$

   Entonces $f(z) = \sum_{n=0}^{\infty} a_n (z-z_0)^n$

   a) $f(z)$ es analítica en $z = z_0$ y, por ende, analítica en todo punto dentro de la circunferencia $|z - z_0| = R$. El desarrollo en serie de potencias es el de la serie de TAYLOR §3.9 en la página 73.

   b) $f(z)$ tiene en $z = z_0$ una *singularidad evitable*, por ejemplo:

   $$\frac{\operatorname{sen} z}{z} = \frac{1}{z}\left(z - \frac{z^3}{3!} + \cdots\right) = 1 - \frac{z^2}{3!} + \frac{z^4}{5!} - \cdots$$

   que converge para todo z.

2. $\boxed{b_n = 0 \text{ para } n > m;\ b_m \neq 0}$

   La parte principal termina después de m términos y resulta:

   $$f(z) = \sum_{n=0}^{\infty} a_n (z-z_0)^n + \frac{b_1}{z-z_0} + \cdots + \frac{b_m}{(z-z_0)^m}$$

   que converge para $0 < |z - z_0| < R$.

   Se puede escribir:

   $$f(z) = (z-z_0)^{-m} \phi(z)$$

   donde:

   $$\phi(z) = \sum_{n=0}^{\infty} a_n (z-z_0)^{n+m} + b_m + b_{m-1}(z-z_0) + \cdots + b_1 (z-z_0)^{m-1}$$

$\phi(z)$ está representada por una serie de potencias en $(z - z_0)$ que es analítica y converge para $|z - z_0| < R$. Obviamente:

$$\lim_{z \to z_0} (z - z_0)^m f(z) = \lim_{z \to z_0} \phi(z) = b_m$$

y como $b_m \neq 0$, $z = z_0$ es un *polo de orden m* para la función $f(z)$.

Ejemplo 3.14: Desarrollar en serie de Laurent en torno a $z = 0$ la función:

$$f(z) = \frac{e^z \cos z}{z^3}$$

El numerador puede desarrollarse en serie de Taylor en torno a $z = 0$.

$$\begin{aligned} e^z \cos z &= \left(1 + z + \frac{z^2}{2!} + \cdots\right)\left(1 - \frac{z^2}{2!} + \cdots\right) \\ &= 1 + z - \frac{z^3}{3!} + \cdots \end{aligned}$$

Por consiguiente:

$$f(z) = \frac{e^z \cos z}{z^3} = \frac{1}{z^3} + \frac{1}{z^2} - \frac{1}{3!} + \cdots$$

tiene un polo de orden 3 en el origen.

3. La parte principal no termina

En este caso aparecen infinitas potencias negativas de $z - z_0$ y se dice que $f(z)$ tiene una *singularidad esencial* en $z = z_0$. Por ejemplo:

$$f(z) = e^{\frac{1}{z}} = 1 + \frac{1}{z} + \frac{1}{2!}\frac{1}{z^2} + \frac{1}{3!}\frac{1}{z^3} + \cdots$$

tiene una singularidad esencial en $z = 0$.

3.12. El "Punto en el Infinito"

Muchas veces nos ha aparecido el número complejo ∞. Podemos incorporar este número al sistema de números complejos con reglas algebraicas especiales.

$$\frac{z}{\infty} = 0 \ (z \neq \infty) \qquad z \pm \infty = \infty \ (z \neq \infty) \qquad \frac{z}{0} = \infty \ (z \neq 0)$$

$$z \times \infty = \infty \ (z \neq 0) \qquad \frac{\infty}{z} = \infty \ (z \neq \infty)$$

Las expresiones $\infty + \infty$; $\infty - \infty$; ∞/∞ no están definidas.

Para analizar el comportamiento de una función $f(z)$ en el infinito hacemos el cambio de variables $z = 1/t$ y analizamos el comportamiento de $f(1/t)$ en $t = 0$. Así diremos que $f(z)$ es analítica, tiene un polo de orden m, etc. en infinito si $f(1/t)$ tiene la misma propiedad en $t = 0$. Por ejemplo, $f(z) = z^2$ tiene un polo doble en infinito.

Figura 3.12:

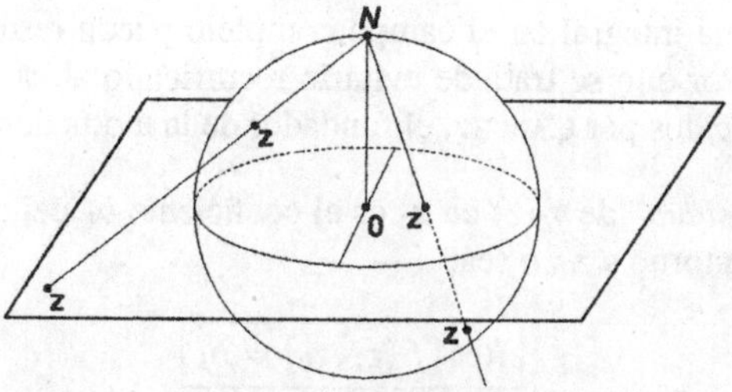

Esfera de Riemann.

Teorema 3.13: Una función $f(z)$ que es analítica en el plano complejo completo — *incluyendo el* ∞ — se reduce a una constante.

Demostración: En efecto, por el teorema de Laurent:

$$f(z) = \sum_{n=0}^{\infty} a_n z^n \qquad f\left(\frac{1}{t}\right) = \sum_{n=0}^{\infty} \frac{a_n}{t^n}$$

Pero como $f\left(\frac{1}{t}\right)$ es analítica en $t = 0$ debe ser $a_n = 0$ para $n = 1, 2, \ldots$ de modo que $f(z) = a_0$. □

Es conveniente introducir un modelo geométrico en el cual todos los puntos del plano complejo completo estén incluidos. Para ello tomemos la esfera unitaria $\mathcal{S}$: $x_1^2 + y_1^2 + z_1^2 = 1$. A cada punto de $\mathcal{S}$, exceptuando el $(0, 0, 1)$ podemos asociarle un número complejo:

$$z = \frac{x_1 + ix_2}{1 - x_3} \tag{3.25}$$

y esta correspondencia es *uno-a-uno*. En efecto, de obtenemos $|z|^2 = \frac{x_1^2+x_2^2}{(1-x_3)^2} = \frac{1+x_3}{1-x_3}$ de donde:

$$x_3 = \frac{|z|^2 - 1}{1 + |z|^2} \qquad x_1 = \frac{z + \overline{z}}{1 + |z|^2} \qquad x_2 = \frac{-i(z - \overline{z})}{1 + |z|^2}$$

La correspondencia se completa asociando al número $(0, 0, 1)$ indicado como Polo Norte N en la Fig. 3.12, el punto en el infinito. Vemos que al hemisferio $x_3 < 0$ le corresponde el disco $|z| < 1$ y al hemisferio $x_3 > 0$, su exterior $|z| > 1$. A esta esfera se la llama "Esfera de Riemann". Si el plano complejo se identifica con el plano (x_1, x_2), con los ejes $x_1 \to \mathrm{Re}(z)$; $x_2 \to \mathrm{Im}(z)$, la transformación (3.25) en esta página tiene un significado geométrico sencillo. Suponiendo $z = x + iy$ se puede verificar que[4]:

$$x : y : -1 = x_1 : x_2 : x_3 : -1$$

y esto implica que los puntos $(x, y, 0)$, (x_1, x_2, x_3) y $(0, 0, 1)$ están alineados. La correspondencia es entonces una proyección central desde el centro $(0, 0, 1)$, que se llama "Proyección Estereográfica".

[4]Recuérdese que la *"razón* simple" es: $a : b : c = \frac{a-c}{b-c}$ y la razón doble es $a : b : c : d = \frac{a:b:c}{a:b:d}$.

3.13. Residuos

El cálculo de una integral en el campo complejo puede resultar un problema sumamente tedioso. Por ello se trata de evitarlo recurriendo al cálculo de los llamados "*residuos*", introducidos por Cauchy, el fundador de la teoría de variable compleja.

Definición: El "*residuo*" de $f(z)$ en z_0 es el coeficiente b_1 del desarrollo en serie de Laurent de $f(z)$ en torno a z_0, o sea:

$$\boxed{\operatorname{Res}[f(z), z_0] = b_1} \tag{3.26}$$

donde:

$$f(z) = \sum_{n=0}^{\infty} a_n (z-z_0)^n + \frac{b_1}{z-z_0} + \frac{b_2}{(z-z_0)^2} + \cdots$$

Teorema 3.14: Supongamos que $f(z)$ tiene un polo de orden m en z_0. Entonces el residuo de $f(z)$ en z_0 está dado por la expresión:

$$\boxed{b_1 = \frac{1}{(m-1)!} \lim_{z \to z_0} \frac{d^{m-1}}{dz^{m-1}} \left[(z-z_0)^m f(z)\right]} \tag{3.27}$$

Demostración: En virtud del teorema 3.12 de la serie de Laurent en la página 76 resulta:

$$b_1 = A_{-1} = \frac{1}{2\pi i} \oint_C f(z)\, dz$$

donde C es una circunferencia con centro en $z = z_0$.

Si Γ es cualquier contorno cerrado dentro del anillo de convergencia, por el teorema de Cauchy tenemos:

$$\oint_{\Gamma} f(z)\, dz = \oint_C f(z)\, dz$$

Así:

$$b_1 = \frac{1}{2\pi i} \oint_{\Gamma} f(z)\, dz$$

donde:

$$f(z) = \sum_{n=0}^{\infty} a_n (z-z_0)^n + \sum_{n=1}^{m} b_n (z-z_0)^{-n} \tag{3.28}$$

Si multiplicamos (3.28) por $(z-z_0)^m$ y luego derivamos $m-1$ veces obtenemos:

$$\frac{d^{m-1}}{dz^{m-1}} \left[(z-z_0)^m f(z)\right] = b_1 (m-1)! + \sum_{n=0}^{\infty} a_n (m+n)! (z-z_0)^{n+1}$$

Pasando al límite cuando $z \to z_0$:

$$b_1 = \frac{1}{(m-1)!} \lim_{z \to z_0} \frac{d^{m-1}}{dz^{m-1}} \left[(z-z_0)^m f(z)\right]$$

En particular si z_0 es un *polo simple*, el residuo vale:

$$b_1 = \lim_{z \to z_0} \left[(z-z_0) f(z)\right]$$

Figura 3.13:

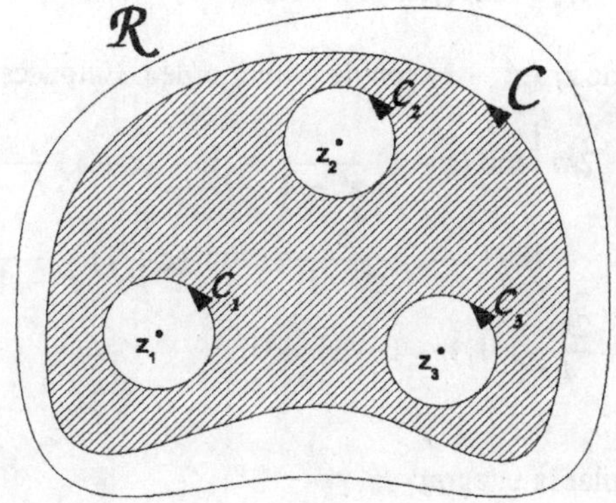

Si es un *polo doble*, el residuo vale:

$$b_1 = \lim_{z \to z_0} \left[(z - z_0)^2 f(z) \right]$$

□

Teorema 3.15: (del Residuo) Sea $f(z)$ analítica sobre un contorno cerrado C y en su interior excepto un número finito de singularidades aisladas $z_1, z_2, \ldots, z_n$. Si $\sigma_1, \sigma_2, \ldots, \sigma_n$ son los residuos de $f(z)$ en $z_1, z_2, \ldots, z_n$ respectivamente entonces:

$$\boxed{\oint_C f(z)\, dz = 2\pi i (\sigma_1 + \sigma_2 + \cdots + \sigma_n)} \tag{3.29}$$

Demostración: Encerremos cada singularidad z_j dentro de una circunferencia C_j : $j = 1, 2, \ldots, n$. Sea $\mathscr{C} = C - C_1 - C_2 - \cdots - C_n$ la región múltiplemente conexa que se ve en la Fig. 3.13.

Por el teorema 3.5 de Cauchy en la página 65: $\oint_{\mathscr{C}} f(z)\, dz = 0$, lo que implica que:

$$\oint_C f(z)\, dz = \oint_{C_1} f(z)\, dz + \oint_{C_2} f(z)\, dz + \cdots + \oint_{C_n} f(z)\, dz$$

Pero por definición de residuo:

$$\sigma_j = \frac{1}{2\pi i} \oint_{C_j} f(z)\, dz$$

Entonces:

$$\oint_C f(z)\, dz = 2\pi i \sum_{j=1}^{n} \sigma_j$$

□

Ejemplo 3.15: Calcular la integral:

$$I = \oint_{|z|=2} \frac{z}{z^4 - 1} dz$$

$$\oint_{|z|=2} \frac{z}{z^4-1}dz = 2\pi i \{\text{Res}(1) + \text{Res}(-1) + \text{Res}(i) + \text{Res}(-i)\}$$

pues todos los polos de $z/\left(z^4-1\right)$ son de primer orden. Entonces:

$$\begin{aligned} I &= 2\pi i \left[\lim_{z\to 1} (z-1)\frac{z}{z^4-1} + \lim_{z\to -1}(z+1)\frac{z}{z^4-1} + \right. \\ & \left. + \lim_{z\to i}(z-i)\frac{z}{z^4-1} + \lim_{z\to -i}(z+1)\frac{z}{z^4-1}\right] \\ &= \frac{2\pi i}{4}(1+1-1-1) = 0 \end{aligned}$$

□

Ejemplo 3.16: Calcular la integral:

$$I = \oint_{|z|=3} \frac{3z+1}{z(z+2)(z+\pi i)^2}dz$$

La circunferencia $C : |z| = 3$ encierra los polos simples $z = 0$ y $z = -2$ pero excluye el polo doble $z = -\pi i$. Entonces, como los residuos valen:

$$\begin{aligned} \text{Res}(0) &= \lim_{z\to 0} \frac{z(3z+1)}{z(z+2)(z+\pi i)^2} = -\frac{1}{2\pi^2} \\ \text{Res}(-2) &= \lim_{z\to -2} \frac{(z+2)(3z+1)}{z(z+2)(z+\pi i)^2} = \frac{5}{2(\pi i-2)^2} \end{aligned}$$

resulta:

$$I = 2\pi i \left[-\frac{1}{2\pi^2} + \frac{5}{2(\pi i - 2)^2} \right]$$

□

3.14. Residuo en el Infinito

Definición: Sea $f(z)$ analítica para $|z| > R$. Se llama *"residuo en el ∞"* de $f(z)$ a:

$$\boxed{\text{Res}[f(z), \infty] = \frac{1}{2\pi i}\oint_C f(z)\,dz} \tag{3.30}$$

donde la integral se toma en dirección *"negativa (horaria)"* sobre un contorno cerrado C en la región de analiticidad de $f(z)$, fuera de la cual $f(z)$ no tiene ninguna otra singularidad que el ∞.

En consecuencia, el residuo de $f(z)$ está dado por:

$$\boxed{\text{Res}[f(z), \infty] = -b_1} \tag{3.31}$$

donde b_1 es el coeficiente de z^{-1} en el desarrollo de Laurent de $f(z)$ en el ∞. Así, por ejemplo, la función $f(z) = e^{\frac{1}{z}} = 1 + \frac{1}{z} + \frac{1}{2!z^2} + \cdots$ es analítica en el ∞ pero tiene un residuo igual a -1 en ∞.

El teorema 3.15 del residuo tiene también una extensión para incluir el ∞:

Teorema 3.16: Sea $f(z)$ analítica en un dominio $\mathcal{R}$ que incluya un entorno reducido del ∞. Sea C un contorno cerrado en $\mathcal{R}$ fuera del cual $f(z)$ es analítica excepto para singularidades aisladas $z_1, z_2, \ldots, z_n$. Entonces:

$$\oint_C f(z)\,dz = 2\pi i\left\{\operatorname{Res}(f(z), z_1) + \cdots + \operatorname{Res}(f(z), z_n) + \operatorname{Res}(f(z), \infty)\right\} \quad (3.32)$$

Demostración: Es análoga a la del teorema 3.15 y se deja como ejercicio. □

Tenemos ahora dos caminos para calcular la $\oint_C f(z)\,dz = I$:

(a) $I = 2\pi i$ (suma de los residuos dentro de C).

(b) $I = -2\pi i$ (suma de los residuos fuera de C más el del ∞).

Ejemplo 3.17: Calcular el residuo en el ∞ de la función:

$$f(z) = \frac{z}{z^2+1}$$

$$\begin{aligned} f\left(\frac{1}{t}\right) &= \frac{1}{t\left(1+\frac{1}{t^2}\right)} \\ &= \frac{1}{t}\sum_{n=0}^{\infty}(-1)^n t^{-2n} \\ &= \sum_{n=0}^{\infty}(-1)^n t^{-1-2n} \end{aligned}$$

Esta función es analítica para $|z| > 1$ por lo que el ∞ es un punto singular aislado — *obviamente evitable*.

$$f\left(\frac{1}{t}\right) = \frac{1}{t} - \frac{1}{t^3} + \cdots \Rightarrow b_1 = 1 \Rightarrow \operatorname{Res}[f(z), \infty] = -1$$

□

Ejemplo 3.18: Sea:

$$I = \oint_{|z|=2} \frac{dz}{z^4-1}$$

del ejemplo 3.15. Fuera de $|z| = 2$ no hay otra singularidad que el ∞ y en ∞ la función $f\left(\frac{1}{t}\right) = t^3/\left(1-t^4\right)$ tiene un cero de orden 3, por lo que $I = 0$, como habíamos calculado.

3.15. Cálculo de Integrales Reales

Aplicando residuos se pueden calcular $\int_0^{2\pi} f(\operatorname{sen}\theta, \cos\theta)\,d\theta$, donde f es una función racional. En efecto, esta integral real se transforma en una integral curvilínea compleja mediante las sustituciones:

$$\left\{\begin{array}{rcl} z &=& e^{i\theta} \\ dz &=& ie^{i\theta}d\theta = iz\,d\theta \end{array}\right. \qquad \left\{\begin{array}{rcl} \cos\theta &=& \frac{e^{i\theta}+e^{-i\theta}}{2} = \frac{z+z^{-1}}{2} \\ \operatorname{sen}\theta &=& \frac{e^{i\theta}-e^{-i\theta}}{2i} = \frac{z-z^{-1}}{2i} \end{array}\right. \quad (3.33)$$

realizando la integral a lo largo de la circunferencia $|z| = 1$.

Ejemplo 3.19:

$$I = \int_0^{2\pi} \frac{d\theta}{1 + \operatorname{sen}^2 \theta}$$

Aplicando (3.33) resulta:

$$\begin{aligned} I &= \oint_{|z|=1} \frac{1}{1 + \left(\frac{z - z^{-1}}{2i}\right)^2} \frac{dz}{iz} \\ &= -\frac{4}{i} \oint_{|z|=1} \frac{zdz}{z^4 - 6z^2 + 1} = -\frac{4}{i} I' \end{aligned}$$

El polinomio del denominador tiene ceros simples en:

$$\pm\sqrt{3 - \sqrt{8}} \quad \text{y} \quad \pm\sqrt{3 + \sqrt{8}}$$

Los dos primeros están dentro del contorno $|z| = 1$, los otros dos, afuera. Entonces, usando el teorema de residuos tenemos:

$$\begin{aligned} I' &= 2\pi i \left\{ \left[\frac{z}{4z^3 + 12z} \right]_{z=+\sqrt{3-\sqrt{8}}} + \left[\frac{z}{4z^3 - 12z} \right]_{z=-\sqrt{3+\sqrt{8}}} \right\} \\ &= -\frac{\pi i}{\sqrt{8}} \end{aligned}$$

por lo que:

$$I = -\frac{4}{i}\left(-\frac{\pi i}{\sqrt{8}}\right) = \pi\sqrt{2}$$

O sea:

$$\int_0^{2\pi} \frac{d\theta}{1 + \operatorname{sen}^2 \theta} = \pi\sqrt{2}$$

□

El cálculo de residuos es una herramienta muy útil para calcular integrales impropias del tipo:

$$\int_{-\infty}^{+\infty} f(x)\, dx$$

donde $f(z)$ es una función analítica para $\operatorname{Im}(z) \geqslant 0$ o $\operatorname{Im}(z) \leqslant 0$ con la excepción de algunos polos.

Ejemplo 3.20:

$$I = \int_{-\infty}^{+\infty} \frac{dx}{x^4 + 1}$$

Esta integral puede tomarse como una integral curvilínea de $f(z) = 1/\left(z^4 + 1\right)$ a lo largo del eje real. La trayectoria no es cerrada pero actúa como una trayectoria cerrada que "*encierra*" el semiplano superior, de modo que la integral a lo largo de la trayectoria es la suma de los residuos en el semiplano superior. Para probar esto tomemos la integral de $f(z)$ sobre el contorno semicircular C_R de la Fig. 3.14. Si R es suficientemente grande, la trayectoria encierra los dos polos de $f(z)$:

$$z_1 = e^{i\frac{\pi}{4}} \quad \text{y} \quad z_2 = e^{3i\frac{\pi}{4}}$$

Figura 3.14:

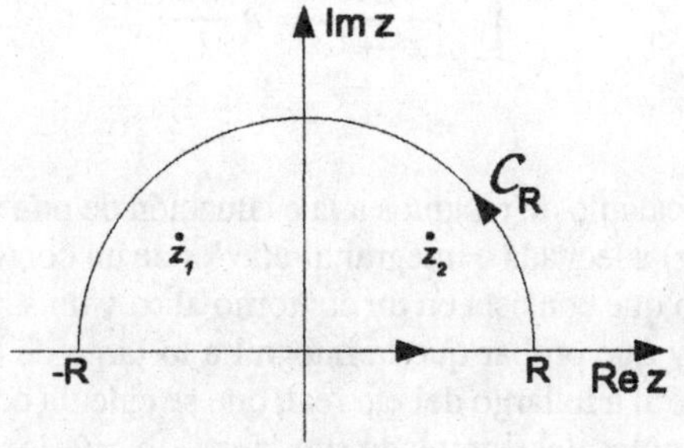

Entonces:

$$\oint_{C_R} f(z)\,dz = 2\pi i\,\{[\text{Res}\,(f(z), z_1) + \text{Res}\,(f(z), z_2)]\}$$

A medida que R crece, la integral sobre C_R no puede variar ya que es igual a $2\pi i$ por la suma de los residuos. Así:

$$\begin{aligned}\oint_{C_R} f(z)\,dz &= \lim_{R\to\infty} \oint_{C_R} f(z)\,dz \\ &= \lim_{R\to\infty} \int_{-R}^{R} \frac{dx}{x^4+1} + \lim_{R\to\infty} \int_{\mathcal{D}_R} \frac{dz}{z^4+1}\end{aligned}$$

donde $\mathcal{D}_R$ es la semicircunferencia $z = Re^{i\theta} : 0 \leqslant \theta \leqslant \pi$. El límite de la primer integral es el valor de I buscado y vamos a probar que el límite del segundo sumando es cero. En efecto, como:

$$|z|^4 = |z^4| = |z^4+1-1| \leqslant |z^4+1| + 1$$

resulta sobre $\mathcal{D}_R$ válida la acotación:

$$\left|\frac{1}{z^4+1}\right| \leqslant \frac{1}{|z^4|-1} = \frac{1}{R^4-1}$$

Aplicando la propiedad de acotación §3.3 en la página 61 tenemos:

$$\left|\int_{\mathcal{D}_R} \frac{dz}{z^4+1}\right| \leqslant \frac{\pi R}{R^4-1} \xrightarrow[R\to\infty]{} 0$$

Por lo tanto:

$$\begin{aligned}\oint_{C_R} f(z)\,dz &= \int_{-\infty}^{\infty} \frac{dx}{x^4+1} \\ &= 2\pi i\,\{[\text{Res}\,(f(z), z_1)] + \text{Res}\,(f(z), z_2)\} \\ &= 2\pi i\left(\frac{1}{4z_1^3} + \frac{1}{4z_2^3}\right) \\ &= 2\pi i\left[-\frac{1}{4}(z_1+z_2)\right] \\ &= 2\pi i\left(-\frac{\sqrt{2}}{4}i\right)\end{aligned}$$

Entonces:

$$\int_{-\infty}^{\infty} \frac{dx}{x^4+1} = \pi\frac{\sqrt{2}}{2}$$

□

Nota: Para aplicar el cálculo de residuos a la evaluación de una integral real impropia, hay que elegir una $f(z)$ adecuada e integrar alrededor de un contorno cerrado C. Luego C se deforma de modo que consista en un contorno al ∞ y un segmento del eje real — *o todo el eje real*. Hay que probar que la integral a lo largo de la curva al ∞ es nula, quedando sólo la integral a lo largo del eje real, que se calcula como $2\pi i$ veces la suma de los residuos en los polos del semiplano superior — *o inferior según convenga.*

3.16. Problemas

1. Hallar las integrales indefinidas de:

   a)
   $$f(z) = \frac{1}{z^2}$$

   b)
   $$f(z) = e^{\sqrt{2}z}$$

   c)
   $$f(z) = \operatorname{sen}(5z+1)$$

2. Calcular $\int_C \left(x - y + iy^2\right) dz$ en los siguientes casos:

   a) C es el segmento de recta que une el origen con el punto $1 - i$.

   b) C es el segmento sobre el eje x de $x = 0$ a $x = 1$, luego a lo largo de la recta $x = 1$ de $y = 0$ a $y = 1$.

3. Calcular: $\oint_C \frac{dz}{z}$ si:

   a) C es la circunferencia $|z| = 2$.

   b) C es la circunferencia $|z+2| = 1$.

   c) C es el cuadrado de vértices $(0,0)$, $(1,0)$, $(1,1)$, $(0,1)$.

4. Calcular las siguientes integrales:

   a) $\oint_C z^2 \operatorname{sen} z\, dz$ sobre la elipse $x^2 + 2y^2 = 1$.

   b) $\oint_C \frac{z^2}{z+1}\, dz$ sobre la circunferencia $|z-2| = 1$.

   c) $\int_1^{2i} ze^z\, dz$ sobre el segmento de recta que une los extremos.

   d)
   $$\int_{1-i}^{1+i} \frac{dz}{z^2}\, dz$$

   sobre la parábola $2y^2 = x + 1$.

5. Calcular:

$$\oint_{|z|=r} \frac{|dz|}{|z-a|^2}, \text{ si } |a| \neq r$$

Sugerencia: Usar la ecuación $z\bar{z} = r^2$, así como el hecho que:

$$|dz| = -ir\frac{dz}{z}$$

6. Usando la fórmula integral de Cauchy, calcular las siguientes integrales:

a)

$$\oint_{|z|=5} \frac{z}{z-3}dz$$

b)

$$\oint_{|z|=1} \frac{e^z}{z^2-5z}dz$$

c)

$$\oint_{|z|=2} \frac{z+2}{z^2-1}dz$$

d)

$$\oint_{|z|=2} \frac{\operatorname{sen} z}{z^2+1}dz$$

7. Calcular la integral:

$$\oint_C \frac{e^{z^2}}{z-1}dz$$

donde C es el rectángulo limitado por $x = 0$, $x = 3$, $y = -1$, $y = 1$. Usar este resultado para evaluar dos integrales reales.

8. Emplear la fórmula de las derivadas de Cauchy para calcular las siguientes integrales:

a)

$$\oint_{|z|=2} \frac{zdz}{(z-1)^2(z^2+1)}$$

b)

$$\oint_{|z|=3} \frac{e^{2z}}{(z+1)^4}dz$$

9. Determinar el radio de convergencia de las siguientes series de potencias:

a)

$$\sum_{n=0}^{\infty} \frac{z^n}{1+n^2}$$

b)

$$\sum_{n=0}^{\infty} \frac{(z-1)^n}{3^n}$$

c)

$$\sum_{n=0}^{\infty} n!z^n$$

d)

$$\sum_{n=0}^{\infty} \frac{z^n}{n!}$$

10. Dada la serie de potencias:

$$\sum_{n=1}^{\infty} \frac{z^n}{n}$$

comprobar que:

a) $R = 1$.

b) La serie diverge para $z = 1$.

c) La serie converge para $z = i$ y para $z = -1$.

11. Desarrollar en serie de Taylor alrededor del punto indicado y determinar el radio de convergencia y el radio del círculo más grande dentro del cual la serie converge a la función:

a) $\operatorname{sen} z \;\; (z = 0)$.

b) $1/(z-1) \;\; (z = 2)$.

c) $\operatorname{Ln} z \;\; (0 < \theta < \pi)$ alrededor de $z = -1 + i$.

12. Hallar la serie de Taylor de las siguientes funciones:

a)

$$f(z) = \frac{1}{(1-z)(2-z)}$$

en torno a $z = 0$ hasta términos en z^3.

b)

$$f(z) = \operatorname{sen}^2 z$$

en torno a $z = 0$ hasta términos en z^4.

c)

$$f(z) = e^{z^2}$$

en torno a $z = 1$ hasta términos en $(z-1)^2$.

13. Hallar la serie de Taylor hasta términos en w^3 para la rama de la solución $z = g(w)$ de la ecuación $z^3 + z^2 - z = w$ para la cual $g(0) = 0$. Hallar el radio de convergencia de la serie para $g(w)$.

14. Desarrollar cada una de las siguientes funciones en serie de Laurent en torno a la singularidad indicada:

a)

$$f(z) = \frac{e^z - 1}{z} \qquad z = 0$$

b)

$$f(z) = \operatorname{cosec} z \qquad z = 0$$

c)

$$f(z) = \frac{z - \cos z}{z} \qquad z = 0$$

d)

$$f(z) = \frac{1}{z^2(z-2)} \qquad z = 0$$

15. Hallar el orden del cero de las siguientes funciones:

   a) $f(z) = \operatorname{sen} z$ con $(z = \pi)$.
   b) $f(z) = 1 - \cos z$ con $(z = \pi)$.
   c) $f(z) = \operatorname{sen} z - z$ con $(z = 0)$.

16. Hallar el orden del polo de las siguientes funciones:

   a)

$$f(z) = \sec z \qquad z = \frac{\pi}{2}$$

   b)

$$f(z) = \frac{\operatorname{sen} z}{1 - \cos^2 z} \qquad z = 0$$

   c)

$$f(z) = \frac{1 - e^{z^2}}{\operatorname{sen}(z^4)} \qquad z = 0$$

17. Desarrollar cada una de las siguientes funciones en una serie de LAURENT en torno a $z = \infty$ y determinar el tipo de singularidad:

   a)

$$f(z) = \frac{1}{1-z}$$

   b)

$$f(z) = \frac{z^2}{z+2}$$

   c)

$$f(z) = e^z + e^{\frac{1}{z}}$$

18. Mediante residuos, calcular las siguientes integrales:

   a)

$$\oint_{|z|=2} \frac{z\,dz}{(z-1)(z-3)}$$

b)

$$\oint_{|z|=3} \frac{e^{3z} dz}{z^2+4}$$

c)

$$\oint_{|z|=1} \frac{\operatorname{sen} z}{z^4} dz$$

d)

$$\oint_{|z|=10} \frac{z dz}{z^3+z+1}$$

e)

$$\oint_{|z|=2} \frac{dz}{(z+1)^4 (z+3)}$$

19. Calcular:

$$\oint_{|z-2|=1} \frac{\ln z}{(z-2)^2} dz$$

usando la rama $-\pi < \operatorname{Im}(\ln(z)) < \pi$.

20. Probar que si $f(z)$ es analítica en una región $\mathcal{R}$ y C es un contorno cerrado en $\mathcal{R}$ sobre el cual $f(z) \neq 0$ y en cuyo interior $f(z)$ es analítica excepto en un número finito de polos, entonces:

$$\frac{1}{2\pi i} \oint_C \frac{f'(z)}{f(z)} dz = N_0 - N_p$$

donde N_0 y N_p son los números de ceros y polos dentro de C, contándose según las multiplicidades.

21. Aplicando el resultado del ejercicio 20, probar que:

$$\frac{1}{2\pi} (\text{Incremento del } \arg f(z)) = N_0 - N_p$$

Sugerencia: Considerar que la derivada logarítmica resulta $\frac{f'(z)}{f(z)} dz = d \ln (f(z)) = d \ln w = d(\ln |w| + i \arg w)$.

22. Probar el Teorema Fundamental del Álgebra:

"Todo polinomio de grado $n > 0$ tiene n ceros"

Sugerencia: Compruebe que $\operatorname{Res}\left[\frac{f'(z)}{f(z)}, \infty\right] = -n$ si el polinomio $f(z)$ es de grado n y use el ejercicio 20.

23. Aplicando residuos, evaluar las siguientes integrales reales:

a)

$$\int_0^{2\pi} \frac{\cos 2\theta}{5+4\cos\theta} d\theta$$

b)

$$\int_0^{2\pi} \frac{d\theta}{(2+\cos\theta)^2}$$

c)

$$\int_0^{2\pi} \frac{d\theta}{(a^2\cos^2\theta + b^2\operatorname{sen}^2\theta)^2} \qquad \text{, donde } b \geqslant a > 0$$

24. Aplicando residuos, evaluar las siguientes integrales impropias:

a)

$$\int_{-\infty}^{\infty} \frac{x^2}{1+x^4}\,dx$$

b)

$$\int_0^{\infty} \frac{dx}{1+x^4}$$

c)

$$\int_0^{\infty} \frac{dx}{(x^2+1)(x^2+4)}$$

d)

$$\int_0^{\infty} \frac{\cos x}{x^2+4}dx$$

e)

$$\int_{-\infty}^{\infty} \frac{1-\cos x}{4\pi^2 - x^2}dx$$

Capítulo 4

Ecuaciones Diferenciales Totales de Segundo Orden con Coeficientes Variables

"Máxima admirable: no hablar de las cosas hasta que ya estén hechas."

MAUROIS, ANDRÉ

4.1. Introducción

Ciertos tipos de ecuaciones diferenciales lineales pueden ser resueltas en términos de funciones elementales, por ejemplo, aquéllas que tienen coeficientes constantes. En cambio, cuando los coeficientes son variables, no existen en general soluciones explícitas que puedan expresarse de manera sencilla. Entonces es preciso buscar otro modo de expresar las soluciones de tales ecuaciones. Una posibilidad es representar las soluciones por medio de series de funciones convergentes. Este tipo de soluciones como series obliga al manejo numérico de las mismas y ha sido el origen de un conjunto muy importante de funciones, las así llamadas FUNCIONES ESPECIALES.

4.2. Soluciones en Serie de Potencias

Sea la ecuación diferencial lineal homogénea de segundo orden

$$a_0(x)\,y'' + a_1(x)\,y' + a_2(x)\,y = 0 \tag{4.1}$$

Supongamos que esta ecuación no tiene solución expresable como combinación de funciones elementales y que, en cambio, tiene una solución en forma de serie de potencias, esto es:

$$y(x) = \sum_{n=0}^{\infty} c_n\,(x - x_0)^n \tag{4.2}$$

Por supuesto, falta especificar bajo que hipótesis es (4.2) solución de (4.1). Para ello escribimos la ecuación diferencial en forma normalizada dividiendo por $a_0(x)$:

$$\boxed{y'' + P_1(x)\,y' + P_2(x)\,y = 0} \tag{4.3}$$

donde

$$P_1(x) = \frac{a_1(x)}{a_0(x)} \qquad\qquad P_2(x) = \frac{a_2(x)}{a_0(x)}$$

Definición: Diremos que f es *analítica en* x_0 si su SERIE DE TAYLOR alrededor de x_0:

$$\sum_{n=0}^{\infty} \frac{f^{(n)}(x)}{n!}(x - x_0)^n$$

existe y converge a $f(x)$ para todo x en algún intervalo abierto que incluya al punto x_0.

Ejemplos de funciones analíticas son los polinomios, e^x, $\operatorname{sen} x$, $\cos x$, para $x \in \mathbb{R}$. Una función racional es analítica salvo en sus polos — *puntos que anulan el denominador*.

Definición: Se dice que x_0 es un *punto ordinario* de la ecuación diferencial (4.1) si tanto $P_1(x)$ como $P_2(x)$ son analíticas en x_0. Caso contrario, x_0 es un *punto singular*.

Ejemplo 4.1: Sea la ecuación diferencial:

$$(1 - x)y'' + xy' + \frac{y}{x} = 0$$

En forma normalizada resulta:

$$y'' + \frac{x}{1-x}y' + \frac{y}{x(1-x)} = 0$$

Así:

$$P_1(x) = \frac{x}{1-x} \qquad\qquad P_2(x) = \frac{1}{x(1-x)}$$

$P_1(x)$ es analítica excepto en $x = 1$ y P_2 es analítica excepto en $x = 0$ y $x = 1$. Por ende $x = 0$ y $x = 1$ son puntos singulares, todos los restantes son ordinarios.

□

El siguiente resultado especifica las condiciones de existencia de soluciones en forma de serie de potencias (4.2).

Teorema 4.1: Si x_0 es un punto ordinario de la ecuación diferencial (4.1) entonces esta ecuación posee dos soluciones no triviales linealmente independientes de la forma:

$$\sum_{n=0}^{\infty} C_n (x - x_0)^n$$

siendo ambas series de potencias convergentes en algún intervalo:

$$|x - x_0| < R > 0$$

La demostración de este importante teorema la omitiremos — *puede consultarse la obra de* CODDINGTON Y LEVINSON [Bib. 8]. La solución general de (4.1) se obtendrá como una combinación lineal de estas series de potencias linealmente independientes.

Ejemplo 4.2: Hallar la solución general de:

$$y'' + xy' + y = 0 \tag{4.4}$$

Como esta ecuación no tiene puntos singulares, escogeremos desarrollar la solución en serie de potencias en torno al origen, por conveniencia. Para determinar la solución general, usaremos el llamado MÉTODO DE LOS COEFICIENTES INDETERMINADOS. Supongamos que:

$$y(x) = \sum_{n=0}^{\infty} a_n x^n$$

Entonces derivando término a término resulta:

$$\begin{aligned} y'(x) &= \sum_{n=1}^{\infty} a_n n x^{n-1} \\ y''(x) &= \sum_{n=2}^{\infty} n(n-1) a_n x^{n-2} \end{aligned}$$

Reemplazando en (4.4) tenemos:

$$\sum_{n=2}^{\infty} n(n-1) a_n x^{n-2} + x \sum_{n=1}^{\infty} a_n n x^{n-1} + \sum_{n=0}^{\infty} a_n x^n = 0$$

lo que implica que hay que elegir los coeficientes a_n de modo que las sumas de los coeficientes de iguales potencias de x sean iguales. Para facilitar la agrupación de términos reemplazamos el índice n de la primer suma por $n+2$:

$$n \longrightarrow n+2$$

$$\sum_{n=2}^{\infty} n(n-1) a_n x^{n-2} = \sum_{n=0}^{\infty} (n+2)(n+1) a_{n+2} x^n$$

con lo que:

$$\sum_{n=0}^{\infty} (n+2)(n+1) a_{n+2} x^n + \sum_{n=1}^{\infty} a_n n x^n + \sum_{n=0}^{\infty} a_n x^n = 0$$

Como el orden de la suma en una serie de potencias es indiferente, podemos reescribir esta expresión separando los términos en $n = 0$:

$$a_0 + 2a_2 + \sum_{n=1}^{\infty} (n+1)\left[(n+2) a_{n+2} + a_n\right] x^n = 0$$

de donde:

$$a_0 + 2a_2 = 0 \qquad (n+2) a_{n+2} + a_n = 0 \quad (n \geqslant 1)$$

La segunda de estas ecuaciones da una *relación de recurrencia* entre los coeficientes. Así obtenemos:

$$a_2 = -\frac{1}{2} a_0 \qquad a_{n+2} = -\frac{1}{n+2} a_n \quad (n \geqslant 1)$$

Podemos escribir los coeficientes agrupándolos en dos conjuntos:

n par	n impar
a_0	a_1
$a_2 = -\dfrac{a_0}{2}$	$a_3 = -\dfrac{a_1}{3}$
$a_4 = \dfrac{a_0}{4 \cdot 2}$	$a_5 = \dfrac{a_1}{5 \cdot 3}$
$a_6 = -\dfrac{a_0}{6 \cdot 4 \cdot 2}$	$a_7 = -\dfrac{a_1}{7 \cdot 5 \cdot 3}$
$\vdots$	$\vdots$
$a_{2n} = \dfrac{(-1)^n a_0}{(2n)(2n-2)\cdots 4 \cdot 2}$	$a_{11} = \dfrac{(-1)^n a_1}{(2n+1)(2n-1)\cdots 5 \cdot 3}$

Sustituyendo en (4.4):

$$\begin{aligned} y(x) &= a_0\left[1 - \frac{x^2}{2} + \frac{x^4}{4 \cdot 2} - \frac{x^6}{6 \cdot 4 \cdot 2} + \cdots\right] \\ &\quad + a_1\left[x - \frac{x^3}{3} + \frac{x^5}{5 \cdot 3} - \frac{x^7}{7 \cdot 5 \cdot 3} + \cdots\right] \end{aligned} \tag{4.5}$$

donde a_0 y a_1 son constantes arbitrarias.

Para verificar que (4.5) es la solución general de la ecuación dada en $(-\infty, +\infty)$ pongamos:

$$y(x) = a_0 y_0(x) + a_1 y_1(x) \tag{4.6}$$

donde:

$$\begin{aligned} y_0(x) &= 1 + \sum_{n=1}^{\infty} (-1)^n \frac{x^{2n}}{(2n)(2n-2)\cdots 4 \cdot 2} \\ y_1(x) &= x + \sum_{n=1}^{\infty} (-1)^n \frac{x^{2n+1}}{(2n+1)(2n-1)\cdots 5 \cdot 3} \end{aligned}$$

Ambas series convergen para $\forall\, x \in \mathbb{R}$, como es fácil probar. Luego (4.6) es una solución de la ecuación dada en todo el eje x y como:

$$y_0(0) = 1 \qquad y'(0) = 0 \qquad y_1(0) = 0 \qquad y_1'(0) = 1$$

y_0 e y_1 son linealmente independientes pues su wronskiano

$$W(x) = \begin{vmatrix} y_0(x) & y_0'(x) \\ y_1(x) & y_1'(x) \end{vmatrix} \neq 0$$

en $(-\infty, +\infty)$ y, por ende, generan el espacio solución de la ecuación dada.

□

Ejemplo 4.3: Resolver el problema de valores iniciales:

$$\left.\begin{aligned} xy'' + y' + xy &= 0 \\ y(1) = 0; \quad y'(1) &= -1 \end{aligned}\right\} \tag{4.7}$$

Esta ecuación tiene a $x = 0$ como único punto singular. Una alternativa de resolución sería buscar una solución desarrollada en serie de potencias en torno a $x = 1$ pero es más sencillo efectuar el cambio de variables $u = x - 1$ de modo de llevar los cálculos al origen de la u. El problema (4.7) se convierte en:

$$(u+1)\frac{d^2y}{du^2} + \frac{dy}{du} + (u+1)\,y = 0$$
$$y(0) = 0; \quad y'(0) = -1$$

Sustituyendo:

$$y(u) = \sum_{n=0}^{\infty} a_n u^n$$

en esta ecuación obtenemos:

$$(u+1)\sum_{n=2}^{\infty} n(n-1)\,a_n u^{n-2} + \sum_{n=1}^{\infty} n a_n u^{n-1} + (n+1)\sum_{n=0}^{\infty} a_n u^n = 0$$

o sea:

$$\sum_{n=2}^{\infty} n(n-1)\,a_n u^{n-1} + \sum_{n=2}^{\infty} n(n-1)\,a_n u^{n-2}$$
$$+ \sum_{n=1}^{\infty} n a_n u^{n-1} + (n+1)\sum_{n=0}^{\infty} a_n u^n = 0$$

Haciendo el cambio de índices $n-1 \longrightarrow n$ en la primera y tercera suma y $n-2 \longrightarrow n$ en la segunda resulta, después de simplificar:

$$a_0 + a_1 + 2a_2 + \sum_{n=1}^{\infty}\left[(n+2)(n+1)\,a_{n+2} + (n+1)^2 a_{n+1} + a_n + a_{n-1}\right]u^n = 0$$

Así entonces:

$$\begin{aligned} a_0 + a_1 + 2a_2 &= 0 \\ (n+2)(n+1)\,a_{n+2} + (n+1)^2 a_{n+1} + a_n + a_{n-1} &= 0 \end{aligned}$$

y como las condiciones iniciales especifican que $a_0 = 0$; $a_1 = -1$ tenemos:

$$a_2 = \frac{1}{2}; \quad a_3 = -\frac{1}{6}; \quad a_4 = \frac{1}{6}; \quad \cdots$$
$$y(u) = -u + \frac{u^2}{2} - \frac{u^3}{6} + \frac{u^4}{6} + \cdots$$

y haciendo $u = x - 1$:

$$y(x) = 1 - x + \frac{1}{2}(x-1)^2 - \frac{1}{6}(x-1)^3 + \frac{1}{6}(x-1)^4 + \cdots$$

Esta serie converge al menos en el intervalo $0 < x < 2$ ya que éste es el mayor intervalo con centro en $x = 1$ en el cual la ecuación satisface las hipótesis del Teorema 4.1.

□

Ejemplo 4.4: Resolver el problema de valores iniciales:

$$y'' - e^x y = 0$$
$$y(0) = y'(0) = 0$$

en que aparece un coeficiente que *no* es un polinomio.

Si suponemos:

$$y(x) = \sum_{n=0}^{\infty} c_n x^n$$

la ecuación se convierte en:

$$\sum_{n=2}^{\infty} n(n-1) a_n x^{n-2} - e^x \sum_{n=0}^{\infty} a_n x^n = 0$$

Recordando que:

$$e^x = \sum_{n=0}^{\infty} \frac{x^n}{n!}$$

tenemos:

$$\sum_{n=0}^{\infty} (n+2)(n+1) a_{n+2} x^n - \left(\sum_{n=0}^{\infty} \frac{x^n}{n!}\right)\left(\sum_{n=0}^{\infty} a_n x^n\right) = 0$$

El producto de las dos series de potencias puede realizarse de acuerdo con las reglas comunes del Álgebra dentro de sus intervalos comunes de convergencia. Así:

$$\begin{aligned}\left(1 + x + \frac{x^2}{2!} + \cdots\right)&\left(a_0 + a_1 x + a_2 x^2 + \cdots\right) \\ &= a_0 + (a_0 + a_1) x + \left(\frac{1}{2!}a_0 + a_1 + a_2\right) x^2 \\ &\quad + \left(\frac{1}{3!}a_0 + \frac{1}{2!}a_1 + a_2 + a_3\right) x^3 + \cdots \\ &= \sum_{n=0}^{\infty} \left(\sum_{j=0}^{n} \frac{1}{(n-j)!} a_j\right) x^n\end{aligned}$$

Sustituyendo esta expresión obtenemos:

$$\sum_{n=0}^{\infty} \left[(n+2)(n+1) a_{n+2} - \sum_{j=0}^{n} \frac{a_j}{(n-j)!}\right] x^n = 0$$

y de esto resulta:

$$a_{n+2} = \frac{1}{(n+2)(n+1)} \sum_{j=0}^{n} \frac{a_j}{(n-j)!} \qquad n \geqslant 0$$

$$a_2 = \frac{a_0}{2} \qquad\qquad a_3 = \frac{a_0 + a_1}{6}$$

$$a_4 = \frac{1}{12}\left(\frac{1}{2}a_0 + a_1 + a_2\right) = \frac{a_0 + a_1}{12}$$

Por lo que:

$$y(x) = a_0\left(1 + \frac{x^2}{2} + \frac{x^3}{6} + \frac{x^4}{12} + \cdots\right) + a_1\left(x + \frac{x^3}{6} + \frac{x^4}{12} + \cdots\right)$$

Aplicando las condiciones iniciales $y(0) = y'(0) = 1$ tenemos $a_0 = a_1 = 1$ y entonces:

$$y(x) = 1 + x + \frac{x^2}{2} + \frac{x^3}{3} + \frac{x^4}{6} + \cdots$$

□

4.3. Solución en torno a Puntos Singulares. Método de Frobenius[1]

Sea la ecuación diferencial lineal homogénea de segundo orden:

$$a_0(x)y'' + a_1(x)y' + a_2(x)y = 0 \tag{4.8}$$

donde los coeficientes son funciones analíticas en algún intervalo abierto $\mathcal{I}$ del eje x, siendo $a_0(x_0) = 0$. Esto es, x_0 es un punto *singular*. Si dividimos por $a_0(x)$, tenemos la forma reducida:

$$y'' + P_1(x)y' + P_2(x)y = 0 \tag{4.9}$$

Definición: Sea x_0 un punto singular de (4.9), esto es, al menos una de las funciones P_1 y P_2 *no* es analítica en x_0. Si las funciones:

$$(x - x_0)P_1(x) \qquad\qquad (x - x_0)^2 P_2(x)$$

son ambas analíticas en x_0, se dice que x_0 es un *punto singular regular*. En caso contrario, se dice que x_0 es un *punto singular irregular*.

Ejemplo 4.5:

$$\begin{aligned} 2x^2y'' - xy' + (x-5)y &= 0 \\ y'' - \frac{y'}{2x} + \frac{x-5}{2x^2} &= 0 \end{aligned}$$

$x = 0$ punto singular.

Las funciones

$$x\left(-\frac{1}{2x}\right) = -\frac{1}{2} \qquad\qquad x^2\left(\frac{x-5}{2x^2}\right) = \frac{x-5}{2}$$

son analíticas en $x = 0$ por lo que este punto es *singular regular*.

□

[1] FROBENIUS, GEORG (1849-1917): Matemático alemán que perteneció a la llamada ESCUELA DE BERLÍN, a la que también pertenecieron otros matemáticos prominentes como KRONECKER, DEDEKIND y CANTOR. Esta escuela se caracterizó por la aritmetización de la Matemática.

Ejemplo 4.6:

$$\begin{aligned} x^2 (x+1)^3 (x-1)\, y'' + xy' - 2y &= 0 \\ y'' + \frac{y'}{x(x+1)^3 (x-1)} - \frac{2}{x^2 (x+1)^3 (x-1)} y &= 0 \end{aligned}$$

Los puntos $x = 0$; $x = 1$; $x = -1$ son singulares. Es fácil verificar que $x = 0$ y $x = 1$ son singulares regulares mientras que $x = -1$ es irregular.

□

Como lo sugiere la denominación, los puntos singulares regulares son más fáciles de manejar que los irregulares. En realidad, con una modificación adecuada, podremos usar el método de los coeficientes indeterminados para obtener una base para el espacio solución de cualquier ecuación diferencial lineal de segundo orden en torno a un punto singular regular. Pero no sucederá lo mismo en el caso de un punto singular irregular y no es posible dar un método general de solución.

Para puntos singulares regulares establecemos el siguiente resultado, cuya demostración puede verse en la obra de CODDINGTON — *ver* [Bib. 8].

Teorema 4.2: Sea x_0 un punto singular regular de la ecuación (4.1). Entonces esta ecuación tiene al menos una solución no trivial de la forma:

$$y(x) = (x - x_0)^r \sum_{n=0}^{\infty} a_n (x - x_0)^n \tag{4.10}$$

donde r es una constante — *real o compleja* — a determinar, siendo esta solución válida en un entorno reducido $0 < |x - x_0| < R > 0$.

Para determinar los coeficientes a_n y el número r en la solución (4.10) seguiremos un procedimiento que se conoce como:

Método de Frobenius:

1. Sea x_0 un punto singular de la ecuación (4.1) y supongamos una solución de la forma:

   $$y(x) = (x - x_0)^r \sum_{n=0}^{\infty} a_n (x - x_0)^n$$

   donde $a_0 \neq 0$. Escribimos esta solución:

   $$\boxed{y(x) = \sum_{n=0}^{\infty} a_n (x - x_0)^{n+r}} \tag{4.11}$$

2. Suponiendo que se puede derivar término a término (4.11)

   $$\begin{aligned} y'(x) &= \sum_{n=0}^{\infty} a_n (n+r)(x - x_0)^{n+r-1} \\ y''(x) &= \sum_{n=0}^{\infty} a_n (n+r)(n+r-1)(x - x_0)^{n+r-2} \end{aligned}$$

   se reemplazan estas series en la ecuación diferencial (4.1).

3. Análogamente al caso del desarrollo de la solución en SERIE DE TAYLOR alrededor de un punto ordinario, se simplifica hasta llegar a la forma:

$$k_0 (x - x_0)^{r+k} + k_1 (x - x_0)^{r+k+1} + k_2 (x - x_0)^{r+k+2} + \cdots = 0 \quad (4.12)$$

donde k es un cierto entero y los coeficientes k_i : $(i = 0, 1, 2, \ldots)$ son funciones de r y de algunos de los coeficientes a_n de la solución (4.11).

4. A fin de que (4.12) sea válida para $\forall x : 0 < |x - x_0| < R$ debe ser:

$$k_0 = k_1 = k_2 = \cdots = 0$$

Al igualar a cero el coeficiente k_0 de la menor potencia $(r + k)$ de $(x - x_0)$, se obtiene una ecuación cuadrática en r, llamada *ecuación indicial*. Las dos soluciones r_1 y r_2 — *donde* $r_1 \geqslant r_2$ — de esta ecuación cuadrática son los *exponentes* de (4.1).

5. Se igualan a cero los restantes coeficientes k_1, k_2, ..., con lo que se obtienen condiciones que deben cumplir los coeficientes a_n de la serie (4.11).

6. Se sustituye la mayor raíz r_1 en las condiciones obtenidas en el paso 5. y se eligen los a_n que satisfagan dichas condiciones. La serie resultante (4.11) con $r = r_1$ es una solución.

7. Si $r_1 \neq r_2$ se repite el paso 6., usando r_2 en lugar de r_1. Así se obtiene una segunda solución que puede *no* ser linealmente independiente con la primera. Esta posibilidad la veremos en el §4.4.

Ejemplo 4.7: Hallar la solución general de la ecuación:

$$x^2 y'' + x\left(x - \frac{1}{2}\right) y' + \frac{1}{2} y = 0 \quad (4.13)$$

en cada uno de los intervalos $(0, \infty)$ y $(-\infty, 0)$.

Comencemos por considerar el intervalo $x > 0$ donde suponemos una solución de la forma:

$$y(x) = \sum_{n=0}^{\infty} a_n x^{n+r} \qquad a_0 \neq 0$$

Entonces:

$$y'(x) = \sum_{n=0}^{\infty} (n + r) a_n x^{n+r-1}$$

$$y''(x) = \sum_{n=0}^{\infty} (n + r)(n + r - 1) a_n x^{n+r-2}$$

y sustituyendo en la ecuación 4.13 tenemos:

$$\sum_{n=0}^{\infty} (n + r)(n + r - 1) a_n x^{n+r} + \sum_{n=0}^{\infty} (n + r) a_n x^{n+r+1} +$$

$$-\frac{1}{2} \sum_{n=0}^{\infty} (n + r) a_n x^{n+r} + \frac{1}{2} \sum_{n=0}^{\infty} a_n x^{n+r} = 0$$

En la segunda suma hacemos el cambio de índices:

$$n+r+1 \longrightarrow n+r$$

con lo que resulta:

$$\left[r(r-1)-\frac{1}{2}r+\frac{1}{2}\right]a_0x^r+\sum_{n=1}^{\infty}\left[(n+r)(n+r-1)\right.$$

$$\left.-\frac{1}{2}(n+r)+\frac{1}{2}\right]a_nx^{n+r}+\sum_{n=1}^{\infty}(n+r-1)a_{n-1}x^{n+r}=0$$

Anulando los coeficientes de esta serie:

$$r(r-1)-\frac{r}{2}+\frac{1}{2}=0 \Rightarrow r^2-\frac{3}{2}r+\frac{1}{2}=0$$

de donde:

$$\begin{cases} r_1=1 \\ r_2=\dfrac{1}{2} \end{cases}$$

$$\left[(n+r)(n+r-1)-\frac{1}{2}(n+r)+\frac{1}{2}\right]a_n+$$
$$+(n+r-1)a_{n-1}=0 \quad (n \geqslant 1)$$

Tomemos primero la raíz característica mayor $r_1=1$. En ese caso, la relación de recurrencia entre los coeficientes queda en la forma:

$$\left[n(n+1)-\frac{1}{2}(n+1)+\frac{1}{2}\right]a_n+na_{n-1}=0 \quad (n \geqslant 1)$$

de donde:

$$a_n=-\frac{2a_{n-1}}{2n+1} \qquad (n \geqslant 1)$$

Por lo tanto:

$$a_1=-\frac{2}{3}a_0 \qquad a_2=\frac{2^2}{5 \cdot 3}a_0 \qquad a_3=-\frac{2^3}{7 \cdot 5 \cdot 3}a_0 \qquad \cdots$$

$$a_n=(-1)^n\frac{2^n}{(2n+1)\cdot(2n-1)\cdots 5 \cdot 3}a_0$$

Si $r_2=1/2$ entonces la relación de recurrencia resulta:

$$a_n=-\frac{a_{n-1}}{n} \qquad (n \geqslant 1)$$

de donde:

$$a_1=-a_0 \qquad a_2=\frac{a_0}{2!} \qquad a_3=-\frac{a_0}{3!} \qquad \cdots$$

$$a_n=(-1)^n\frac{a_0}{n!}$$

Podemos hacer $a_0 = 1$ y sustituyendo los valores obtenidos, las dos soluciones particulares son las series:

$$\begin{aligned} y_1(x) &= x\sum_{n=0}^{\infty}(-1)^n \frac{(2x)^n}{(2n+1)(2n-1)\cdots 5 \cdot 3} \\ y_2(x) &= \sqrt{x}\sum_{n=0}^{\infty}(-1)^n \frac{x^n}{n!} \end{aligned}$$

Falta probar que estas series son convergentes para todo $x > 0$ y que las funciones $y_1(x)$ e $y_2(x)$ son linealmente independientes en $(0, \infty)$. Para la convergencia usamos el criterio de D'Alembert. En la primera:

$$\begin{aligned} R_1 &= \lim_{n\to\infty}\left|\frac{2^{n+1}}{(2n+3)\cdots 5 \cdot 3}\,\frac{(2n+1)\cdots 5 \cdot 3}{2^n}\right| \\ &= \lim_{n\to\infty}\frac{2}{2n+3} = 0 < 1 \end{aligned}$$

En la segunda:

$$R_2 = \lim_{n\to\infty}\left|\frac{n!}{(n+1)!}\right| = \lim_{n\to\infty}\frac{1}{n} = 0 < 1$$

Es fácil probar la independencia lineal y así la solución en $(0, \infty)$ es:

$$y(x) = C_1 y_1(x) + C_2 y_2(x)$$

donde C_1 y C_2 son constantes arbitrarias.

Para el intervalo $(-\infty, 0)$ cabe observar que lo dicho vale si x^r se reemplaza por $|x|^r$, es decir por $(-x)^r$ para $x < 0$. En consecuencia, la solución general de (4.13) en cualquier intervalo que no contenga al origen es:

$$\begin{aligned} y(x) = C_1|x|\sum_{n=0}^{\infty}(-1)^n \frac{(2x)^n}{(2n+1)\cdot(2n-1)\cdots 5 \cdot 3} + \\ + C_2|x|^{\frac{1}{2}}\sum_{n=0}^{\infty}(-1)^n \frac{x^n}{n!} \end{aligned}$$

□

4.4. Soluciones en torno a un Punto Singular Regular. Caso general

En el ejemplo 4.7 de la página 103 obtuvimos dos soluciones linealmente independientes, pero no siempre sucede así. La respuesta a la pregunta de bajo qué condiciones existen dos soluciones linealmente independientes y cómo se obtienen está dada por el siguiente teorema:

Teorema 4.3: Sea x_0 un punto singular regular de la ecuación diferencial (4.1) y sean r_1 y r_2 — $r_1 \geqslant r_2$ — las dos raíces de la ecuación indicial asociada con x_0. Entonces la ecuación (4.1) tiene dos soluciones linealmente independientes y_1 e y_2 válidas para $0 < |x - x_0| < R$ cuya forma depende de r_1 y r_2 del siguiente modo:

a) $r_1 - r_2$ no es un entero. Entonces:

$$\begin{aligned} y_1(x) &= (x-x_0)^{r_1}\sum_{n=0}^{\infty} a_n (x-x_0)^n \quad (a_0 \neq 0) \\ y_2(x) &= (x-x_0)^{r_2}\sum_{n=0}^{\infty} a_n^* (x-x_0)^n \quad (a_0^* \neq 0) \end{aligned}$$

b) $r_1 = r_2 = r$. Entonces:

$$\begin{aligned} y_1(x) &= (x-x_0)^{r_1}\sum_{n=0}^{\infty} a_n (x-x_0)^n \quad (a_0 \neq 0) \\ y_2(x) &= (x-x_0)^{r_2}\sum_{n=0}^{\infty} a_n^* (x-x_0)^n + y_1(x)\ln|x-x_0| \quad (a_0^* \neq 0) \end{aligned}$$

c) $r_1 - r_2$ es un entero positivo. Entonces:

$$\begin{aligned} y_1(x) &= (x-x_0)^{r_1}\sum_{n=0}^{\infty} a_n (x-x_0)^n \quad (a_0 \neq 0) \\ y_2(x) &= (x-x_0)^{r_2}\sum_{n=0}^{\infty} a_n^* (x-x_0)^n + Cy_1(x)\ln|x-x_0| \quad (a_0^* \neq 0) \end{aligned}$$

donde C es una constante fija que puede ser nula.

La demostración de este teorema puede consultarse en la obra mencionada de Coddington — *ver* [Bib. 8].

Ejemplo 4.8: Usar el método de Frobenius para hallar la solución de la ecuación diferencial:

$$x^2y'' + (x^2 - 3x)\,y' + 3y = 0 \tag{4.14}$$

Como $x = 0$ es un punto singular regular, suponemos una solución de la forma:

$$y(x) = \sum_{n=0}^{\infty} a_n x^{n+r} \qquad a_0 \neq 0$$

Derivando dos veces y sustituyendo en la ecuación (4.14) tenemos:

$$\sum_{n=0}^{\infty} a_n (n+r)(n+r-1)\,x^{n+r} + \sum_{n=0}^{\infty} a_n (n+r)\,x^{n+r+1}$$
$$-3\sum_{n=0}^{\infty} a_n (n+r)\,x^{n+r} + 3\sum_{n=0}^{\infty} a_n x^{n+r} = 0$$

Simplificando llegamos a:

$$\sum_{n=0}^{\infty} a_n \left[(n+r)(n+r-1) - 3(n+r) + 3\right] x^{n+r}$$
$$+\sum_{n=1}^{\infty} a_{n-1}(n+r-1)\,x^{n+r} = 0$$

o bien:

$$[r(r-1)-3r+3]\,a_0x^r+\sum_{n=1}^{\infty}\{[(n+r)(n+r-1)$$
$$-3(n+r)+3]\,a_n+(n+r-1)\,a_{n-1}\}\,x^{n+r}=0$$

Igualando a cero el coeficiente de la menor potencia de x obtenemos la ecuación indicial:

$$r^2-4r+3=0$$

cuyas raíces son:

$$r_1=3 \qquad\qquad r_2=1$$

Como $r_1-r_2=2$, sabemos por el Teorema 4.3 que existe una solución correspondiente a la raíz mayor $r_1=3$. Vamos a obtenerla. Para ello escribimos la relación de recurrencia:

$$a_n=-\frac{(n+r-1)}{(n+r)(n+r-4)+3}a_{n-1} \qquad\qquad n\geqslant 1$$

donde tomando $r=3$ tenemos:

$$a_n=-\frac{a_{n-1}}{n} \qquad\qquad n\geqslant 1$$

O sea:

$$a_1=-a_0 \qquad a_2=\frac{a_0}{2!} \qquad a_3=-\frac{a_0}{3!} \qquad \cdots \qquad a_n=(-1)^n\frac{a_0}{n!} \qquad \cdots$$

La solución se escribe:

$$y_1(x)=a_0x^3\left[1-x+\frac{x^2}{2!}-\frac{x^3}{3!}+\cdots+(-1)^n\frac{x^n}{n!}+\cdots\right]$$

La serie entre corchetes corresponde a la función e^{-x} por lo que:

$$y_1(x)=a_0x^3e^{-x} \tag{4.15}$$

Podríamos ahora intentar hallar la solución correspondiente a la raíz menor $r_2=1$ con la esperanza de obtener otra solución linealmente independiente de $y_1(x)$ — *caso c) del Teorema 4.3 en que* $C=0$. Pero si así lo hacemos, obtenemos la misma solución ya que $y_2(x)=a_2x^3e^{-x}$. Entonces es preciso buscar una solución de la forma:

$$y_2(x)=\sum_{n=0}^{\infty}a_n^*x^{n+1}+Cy_1(x)\ln|x| \qquad a_0^*\neq 0 \qquad C\neq 0$$

Un método para determinar esta solución es el *método de reducción del orden*. Para ello hacemos $y=f\cdot u$ donde f es una solución conocida de (4.14). Eligiendo como f la solución $y_1(x)$ definida por (4.15) con $a_0=1$, resulta:

$$y=x^3e^{-x}u$$

Entonces:

$$\begin{aligned} y' &= x^3e^{-x}u' + \left(3x^2e^{-x} - x^3e^{-x}\right)u \\ y'' &= x^3e^{-x}u'' + 2\left(3x^2e^{-x} - x^3e^{-x}\right)u' + \left(x^3e^{-x} - 6x^2e^{-x} + 6x^2e^{-x}\right)u \end{aligned}$$

Sustituyendo en (4.14) tenemos:

$$xu'' + (3-x)\,u' = 0$$

Haciendo $v = u'$ esta ecuación se reduce a la ecuación diferencial de primer orden:

$$xv' + (3-x)\,v = 0$$

cuya solución $v = x^{-3}e^x$ nos conduce a:

$$u = \int x^{-3}e^x\,dx$$

por lo que:

$$y_2(x) = x^3e^{-x}\int x^{-3}e^x\,dx$$

Esta solución se puede escribir:

$$\begin{aligned} y_2(x) &= x^3e^{-x}\int x^{-3}\left(1 + x + \frac{x^2}{2!} + \frac{x^3}{6} + \cdots\right)dx \\ &= x^3e^{-x}\left[-\frac{1}{2x^2} - \frac{1}{x} + \frac{1}{2}\ln|x| + \frac{1}{6}x + \frac{1}{48}x^2 + \cdots\right] \end{aligned}$$

o bien, reemplazando e^{-x} por su desarrollo en serie:

$$\begin{aligned} y_2(x) = \left(x^3 - x^4 + \frac{x^5}{2} - \frac{x^6}{6} + \cdots\right)\left(-\frac{1}{2x^2} - \frac{1}{x} +\right. \\ \left. + \frac{1}{6}x + \frac{1}{48}x^2 + \cdots\right) + \frac{1}{2}x^3e^{-x}\ln|x| \end{aligned}$$

de donde:

$$y_2(x) = \left(-\frac{1}{2}x - \frac{1}{2}x^2 + \frac{3}{4}x^3 - \frac{1}{4}x^4 + \cdots\right) + \frac{1}{2}x^3e^{-x}\ln|x|$$

La solución general es entonces:

$$y(x) = C_1y_1(x) + C_2y_2(x)$$

donde C_1 y C_2 son constantes arbitrarias.

□

Nota: En este ejemplo los cálculos se simplifican al haber podido expresar $y_1(x)$ en forma cerrada pero ello no obstante, el método de reducción del orden puede aplicarse para hallar la segunda solución aún cuando la primera no esté dada en forma cerrada, operando con la serie que define y_1.

4.5. Ecuación de Bessel[2]

Vamos a usar el método de Frobenius para hallar una base para el espacio solución de la llamada *Ecuación de Bessel de orden p*:

$$\boxed{x^2y'' + xy' + \left(x^2 - p^2\right)y = 0} \tag{4.16}$$

Toda solución de la ecuación de Bessel de orden p es llamada *Función de Bessel de orden p*. Es una de las funciones especiales y aparece en muchos problemas de ingeniería existiendo una extensa bibliografía referida a esta ecuación y sus soluciones.

Esta ecuación tiene un punto singular regular en $x = 0$ y por ello podemos suponer una solución particular de la forma:

$$y(x) = \sum_{n=0}^{\infty} a_n x^{n+r} \qquad a_0 \neq 0$$

Derivando dos veces y reemplazando en (4.16) tenemos:

$$\left(r^2 - p^2\right)a_0x^r + \left[(r+1)^2 - p^2\right]a_1x^{r+1} + \\ + \sum_{n=0}^{\infty}\left\{\left[(n+r)^2 - p^2\right]a_n + a_{n-2}\right\}x^{n+r} = 0$$

La ecuación indicial es: $r^2 - p^2 = 0 \Rightarrow r_1 = p;\ r_2 = -p.$

Además:

$$\left[(r+1)^2 - p^2\right]a_1 = 0 \qquad \left[(n+r)^2 - p^2\right]a_n + a_{n-2} = 0 \qquad n \geqslant 2$$

De esto se sigue que:

$$a_1 = a_3 = a_5 = \cdots = 0$$

$$a_2 = -\frac{a_0}{2\,(2p+2)} \qquad a_4 = \frac{a_0}{2 \cdot 4\,(2p+2)\,(2p+4)}$$

$$\begin{aligned} a_{2n} &= (-1)^n \frac{a_0}{2 \cdot 4 \cdot 6 \cdots (2n)\,(2p+2)\,(2p+4)\cdots(2p+2n)} \\ &= (-1)^n \frac{a_0}{2^{2n}n!\,(p+1)\,(p+2)\cdots(p+n)} \end{aligned}$$

Entonces la solución particular es:

$$y_1(x) = a_0 \sum_{n=0}^{\infty} (-1)^n \frac{1}{2^{2n}n!\,(p+1)\,(p+2)\cdots(p+n)} x^{2n+p}$$

Por razones técnicas, conviene tomar:

$$a_0 = \frac{1}{2^p\Gamma(p+1)}$$

[2]BESSEL, FRIEDRICH WILHELM (1784-1846): Notable astrónomo alemán, fundador y director del observatorio de KÖNIGSBERG, desde el que realizó interesantes observaciones y descubrimientos. Así por ejemplo, introdujo las funciones que llevan su nombre en el estudio de las órbitas de los planetas y sus perturbaciones por el movimiento del sol.

Figura 4.1: Función $\Gamma(p)$

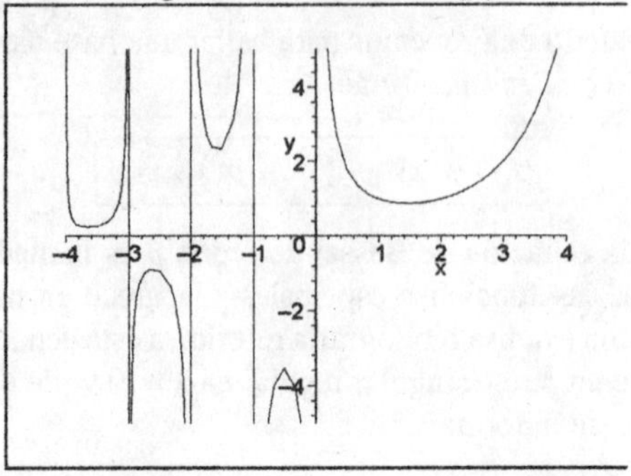

Para $p > 0$ es $\Gamma(p) = \int_0^\infty e^{-t}t^{p-1}\,dt$ y la misma verifica $\Gamma(p) = \Gamma(p+1)/p$.

donde Γ indica la conocida *función gamma* definida por la integral impropia:

$$\boxed{\Gamma(p) = \int_0^\infty e^{-t}t^{p-1}\,dt} \quad p > 0 \tag{4.17}$$

Se puede demostrar que esta integral converge para todo $p > 0$, diverge a $+\infty$ cuando $p = 0$ y tiene los valores:

$$\begin{aligned} \Gamma(1) &= 1 \\ \Gamma(p+1) &= p\,\Gamma(p) \end{aligned}$$

En particular, cuando $p = n$ entero positivo es:

$$\Gamma(n+1) = n!$$

y por ello a la *función gamma* también se la denomina función *factorial generalizada*. Además si escribimos:

$$\Gamma(p) = \frac{\Gamma(p+1)}{p} \tag{4.18}$$

se pueden usar los valores de $\Gamma(p+1)$ dados por (4.17) para calcular $\Gamma(p)$ para valores negativos de p no enteros. En efecto, la (4.18) puede tomarse como definición de $\Gamma(p)$ para $-1 < p < 0$ ya que $\Gamma(p+1)$ está definida en ese intervalo. Una vez que se tienen esos valores se vuelve a usar (4.18) para extender la definición al intervalo $-2 < p < -1$ y así siguiendo. De ese modo obtenemos una función real definida para todo valor de p salvo $p = 0, -1, -2, \ldots$, cuya gráfica se ve en la Fig. 4.1.

Volvemos ahora a la solución $y_1(x)$ que se conoce como la *función de Bessel de orden p de primera clase* y se representa por J_p:

$$J_p(x) = \sum_{n=0}^{\infty} (-1)^n \frac{x^{2n+p}}{2^{2n+p} n!\,(p+1)(p+2)\cdots(p+n)\,\Gamma(p+1)}$$

expresión que puede simplificarse resultando:

$$\boxed{J_p(x) = \sum_{n=0}^{\infty} \frac{(-1)^n}{\Gamma(n+1)\,\Gamma(n+p+1)} \left(\frac{x}{2}\right)^{2n+p}} \tag{4.19}$$

Figura 4.2: Funciones J_0, J_1 y J_2

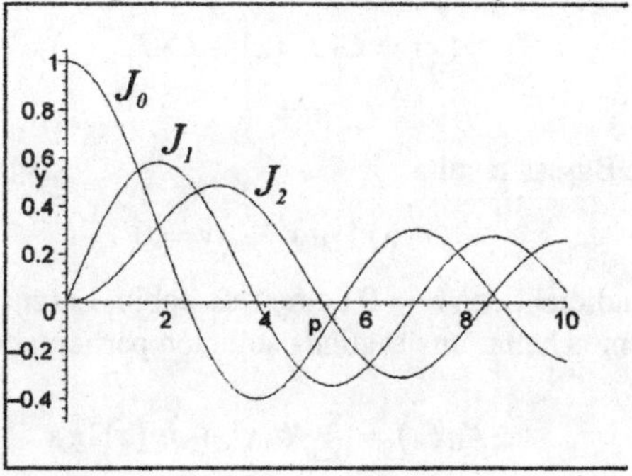

En particular, cuando $p = 0$ es:

$$J_0(x) = \sum_{n=0}^{\infty} \frac{(-1)^n}{(n!)^2} \left(\frac{x}{2}\right)^{2n} \tag{4.20}$$

y, en general, cuando p es un entero no negativo:

$$J_k(x) = \sum_{n=0}^{\infty} \frac{(-1)^n}{n!\,(n+k)!} \left(\frac{x}{2}\right)^{2n+k}$$

Los valores de estas funciones, así como de las restantes que veremos en este §están tabuladas por ejemplo en el manual de la SERIE SCHAUM o bien en la obra de JAHNKE-EMDE — *ver* [Bib. 32] y [Bib. 14]. En la Fig. 4.2 se grafican las funciones J_0, J_1 y J_2.

De esta figura surgen varias propiedades interesantes de las funciones de BESSEL de primera clase. En primer lugar se ve que J_0, J_1 y J_2 tienen un comportamiento oscilatorio amortiguado y que sus ceros positivos se alternan sobre el eje positivo de las x. En efecto se puede probar que para $p \geqslant 0$ la función J_p tiene un comportamiento oscilatorio amortiguado cuando $x \to \infty$ y que los ceros positivos de J_p y J_{p+1} se alternan.

Para completar la solución de la ecuación de BESSEL tenemos que hallar otra solución particular linealmente independiente de J_p. Usaremos el Teorema 4.3 y dividiremos el análisis en varios subcasos, según sea el valor de p.

Caso 1: $p > 0$, $2p$ no es un entero.

En este caso las raíces de la ecuación indicial *no* difieren en un entero y podemos obtener una segunda solución reemplazando p por $-p$. La forma de la solución es la misma ya que la función Γ está definida para valores negativos no enteros de su argumento.

Así:

$$\boxed{J_{-p}(x) = \sum_{n=0}^{\infty} \frac{(-1)^n}{\Gamma(n+1)\,\Gamma(n-p+1)} \left(\frac{x}{2}\right)^{2n-p}} \tag{4.21}$$

para $x > 0$. Para valores negativos de x es preciso reemplazar x^{-p} por $|x|^{-p}$. La función $J_{-p}(x)$ está definida cuando $p = k + 1/2$ ($k \in \mathbb{Z}$). De esto resulta que siempre que p no sea entero la solución general de la ecuación de Bessel de orden p es:

$$y(x) = C_1 J_p(x) + C_2 J_{-p}(x) \tag{4.22}$$

Caso 2: $p = 0$.

La ecuación de Bessel resulta:

$$xy'' + y' + xy = 0 \tag{4.23}$$

y la ecuación indicial tiene $r = 0$ como raíz doble. Entonces, en virtud del Teorema 4.3, podemos hallar una segunda solución particular de la forma:

$$K_0(x) = \sum_{n=0}^{\infty} b_n x^n + J_0(x) \ln x \tag{4.24}$$

donde $J_0(x)$ está dada por (4.20).

Para calcular los coeficientes b_n reemplazamos (4.24) en (4.23) con lo que tenemos:

$$\sum_{n=1}^{\infty} b_n n(n-1) x^{n-1} + xJ_0''(x) \ln x + 2J_0'(x) - \frac{J_0(x)}{x} + \sum_{n=1}^{\infty} nb_n x^{n-1} +$$

$$+J_0'(x) \ln x + \frac{J_0(x)}{x} + \sum_{n=3}^{\infty} b_{n-2} x^{n-1} + xJ_0(x) \ln x = 0$$

Separando los términos con $n = 1$ y $n = 2$ resulta la ecuación:

$$b_1 + 4b_2 x + \sum_{n=3}^{\infty} \left(n^2 b_n + b_{n-2}\right) x^{n-1} + [xJ_0''(x) +$$

$$+ J_0'(x) + xJ_0(x)] \ln x + 2J_0'(x) = 0$$

El corchete es nulo pues $J_0(x)$ es solución de (4.23), así entonces:

$$b_1 + 4b_2 x + \sum_{n=3}^{\infty} \left(n^2 b_n + b_{n-2}\right) x^{n-1} = -2J_0'(x)$$

Pero, derivando (4.20) obtenemos la expresión de:

$$J_0'(x) = \sum_{n=1}^{\infty} (-1)^n \frac{2n}{2^{2n} (n!)^2} x^{2n-1}$$

con lo que:

$$b_1 + 4b_2 x + \sum_{n=3}^{\infty} \left(n^2 b_n + b_{n-2}\right) x^{n-1} = \sum_{n=1}^{\infty} (-1)^{n+1} \frac{4n}{2^{2n} (n!)^2} x^{2n-1}$$

Para facilitar la evaluación de los b_n multiplicamos esta expresión por x y separamos la serie del primer miembro en sus partes par e impar:

$$b_1 x + 4b_2 x^2 + \sum_{n=1}^{\infty} \left[(2n+1)^2 b_{2n+1} + b_{2n-1}\right] x^{2n+1} +$$

$$+ \sum_{n=2}^{\infty} \left[(2n)^2 b_{2n} + b_{2n-2}\right] x^{2n} = x^2 + \sum_{n=2}^{\infty} (-1)^{n+1} \frac{4n}{2^{2n} (n!)^2} x^{2n}$$

en consecuencia, los términos impares $b_1 = b_3 = b_5 = \cdots = 0$ mientras que:

$$4b_2 = 1 \qquad (2n)^2 b_{2n} + b_{2n-2} = (-1)^{n+1} \frac{4n}{2^{2n}(n!)^2} \qquad n > 1$$

de donde:

$$\begin{aligned} b_2 &= \frac{1}{2^2} \\ b_4 &= -\frac{1}{2^2 4^2}\left(1 + \frac{1}{2}\right) = -\frac{1}{2^4(2!)^2}\left(1 + \frac{1}{2}\right) \\ &\vdots \\ b_{2n} &= (-1)^{n+1} \frac{1}{2^{2n}(n!)^2}\left(1 + \frac{1}{2} + \cdots + \frac{1}{n}\right) \end{aligned}$$

Reemplazando en (4.24) tenemos:

$$K_0(x) = \sum_{n=1}^{\infty} \frac{(-1)^{n+1}}{(n!)^2}\left(1 + \frac{1}{2} + \cdots + \frac{1}{n}\right)\left(\frac{x}{2}\right)^{2n} + J_0(x)\ln x$$

Por razones técnicas, en lugar de tomar esta expresión de $K_0(x)$ como segunda solución particular de (4.23), se elige una combinación lineal de J_0 y K_0, que se denomina *función de* Bessel *de orden cero de segunda clase* y se indica:

$$\begin{aligned} Y_0(x) = &-\frac{2}{\pi}\sum_{n=1}^{\infty} \frac{(-1)^{n+1}}{(n!)^2}\left(1 + \frac{1}{2} + \cdots + \frac{1}{n}\right)\left(\frac{x}{2}\right)^{2n} + \\ &+ \frac{2}{\pi}J_0(x)\left(\ln\frac{x}{2} + \gamma\right) \end{aligned} \tag{4.25}$$

donde $\gamma = 0{,}57721566\ldots$ se conoce como *constante de* Euler y está definida por la suma de la serie:

$$1 + \sum_{n=2}^{\infty}\left[\frac{1}{n} + \ln\left(\frac{n-1}{n}\right)\right]$$

Así:

$$\boxed{y(x) = C_1 J_0(x) + C_2 Y_0(x)} \tag{4.26}$$

En la Fig. 4.3 se grafican $Y_0(x)$ e $Y_1(x)$, notándose que son funciones que divergen a $-\infty$ en el origen, por el término logarítmico.

Caso 3: $p = k$ entero.

Las raíces de la ecuación indicial difieren en $2k > 0$ y el Teorema 4.3 asegura que la segunda solución particular es de la forma:

$$K_k(x) = \sum_{n=0}^{\infty} b_n x^{n+k} + CJ_k(x)\ln x$$

Figura 4.3: Funciones de Bessel

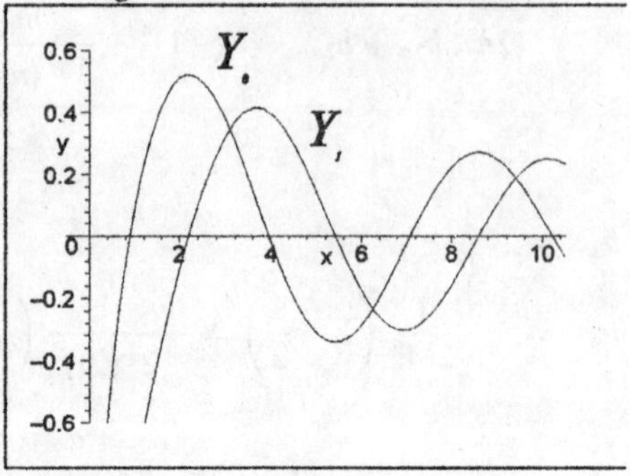

Para evaluar los coeficientes b_n y la constante C podríamos usar el mismo método de los coeficientes indeterminados o el de reducción del orden y el resultado que se obtiene es el siguiente:

$$K_k(x) = -\frac{1}{2}\sum_{n=0}^{k-1}\frac{(k-n-1)!}{n!}\left(\frac{x}{2}\right)^{2n-k} - \frac{H_k}{2k!}\left(\frac{x}{2}\right)^{k} -$$
$$-\frac{1}{2}\sum_{n=1}^{\infty}(-1)^n\frac{(H_n+H_k+n)}{n!\,(n+k)!}\left(\frac{x}{2}\right)^{2n+k} + J_k(x)\ln x$$

donde:

$$H_k = 1 + \frac{1}{2} + \frac{1}{3} + \cdots + \frac{1}{k}$$

Finalmente se reemplaza K_k por una combinación lineal de J_k y K_k representada por $Y_k(x)$ que se llama *función de* Bessel *de orden k de segunda clase* y se define:

$$Y_k(x) = -\frac{1}{\pi}\sum_{n=0}^{k-1}\frac{(k-n-1)!}{n!}\left(\frac{x}{2}\right)^{2n-k} - \frac{H_k}{\pi(k)!}\left(\frac{x}{2}\right)^{k}$$
$$-\frac{1}{\pi}\sum_{n=1}^{\infty}(-1)^n\frac{H_k+H_{k+n}}{n!\,(n+k)!}\left(\frac{x}{2}\right)^{2n+k} + \frac{2}{\pi}J_k(x)\left(\ln\frac{x}{2}+\gamma\right)$$

La solución general en este caso vale:

$$\boxed{Y(x) = C_1 J_k(x) + C_2 Y_k(x)}$$

para k entero positivo.

4.6. Ecuación de Euler

La ecuación diferencial lineal:

$$x^n y^{(n)} + a_{n-1} y^{(n-1)} + \cdots + a_1 x y' + a_0 y = 0$$

donde $a_0, a_1, \ldots, a_{n-1}$ son constantes, se llama *ecuación de* Euler *de orden n.* A pesar de tener el punto $x = 0$ como punto singular, esta ecuación se convierte en una ecuación con coeficientes constantes, cuya solución se expresa en forma cerrada en términos de funciones elementales. Así, la ecuación de EULER de orden 2:

$$x^2y'' + axy' + by = 0 \tag{4.27}$$

donde a y b son constantes, se reduce mediante el cambio de variables:

$$x = e^t$$

a la ecuación diferencial de segundo orden con coeficientes constantes:

$$\frac{d^2y}{dt^2} + (a-1)\,\frac{dy}{dt} + by = 0$$

La ecuación característica asociada a esta ecuación es:

$$r^2 + (a-1)\,r + b = 0$$

y la solución depende de los valores de las raíces características r_1 y r_2. Los tres casos posibles son:

a) Dos raíces reales y $r_1 \neq r_2$

Entonces:

$$y\,(x) = C_1\,|x|^{r_1} + C_2\,|x|^{r_2} \tag{4.28}$$

b) $r_1 = r_2 = r$

Entonces:

$$y\,(x) = |x|^r\,(C_1 + C_2 \ln|x|) \tag{4.29}$$

c) $r_1 = \alpha + i\beta;\ r_2 = \alpha - i\beta$ con $\beta > 0$

Entonces:

$$y\,(x) = |x|^\alpha\,[C_1 \operatorname{sen}(\beta \ln|x|) + C_2 \cos(\beta \ln|x|)] \tag{4.30}$$

Ejemplo 4.9: Hallar la solución de la ecuación diferencial de EULER:

$$x^2y'' + 2xy' - 6y = 0$$

que pasa por el punto $(1, 1)$ y en ese punto tiene una pendiente nula.

Haciendo la sustitución $x = e^t$ la ecuación característica resulta:

$$r^2 + r - 6 = 0$$

cuyas raíces son $r_1 = 2$; $r_2 = -3$. Entonces la solución general en $(0, \infty)$ es:

$$y\,(x) = C_1x^2 + C_2x^{-3}$$

Aplicando las condiciones $y\,(1) = 1$; $y'\,(1) = 0$ tenemos:

$$y\,(x) = \frac{3}{5}x^2 + \frac{2}{5x^3}$$

□

4.7. Ecuación de Legendre[3]

Otra ecuación diferencial de segundo orden con coeficientes variables que desempeña un papel muy importante en las aplicaciones es la ecuación de LEGENDRE de orden λ.

$$\boxed{\left(1-x^2\right)y''-2xy'+\lambda\left(\lambda+1\right)y=0} \tag{4.31}$$

donde λ es una constante no negativa. Esta ecuación tiene puntos singulares regulares en $x=\pm 1$ por lo que buscamos una solución en serie de potencias en torno al origen:

$$y\left(x\right)=\sum_{n=0}^{\infty}a_n x^n \tag{4.32}$$

que convergerá en el intervalo $\left(-1,1\right)$.

Si sustituimos (4.32) y sus dos primeras derivadas en (4.31) tenemos:

$$\left(1-x^2\right)\sum_{n=2}^{\infty}n\left(n-1\right)a_n x^{n-2}-2x\sum_{n=1}^{\infty}na_n x^{n-1}+$$
$$+\lambda\left(\lambda+1\right)\sum_{n=0}^{\infty}a_n x^n=0$$

O bien:

$$\sum_{n=2}^{\infty}n\left(n-1\right)a_n x^{n-2}-\sum_{n=2}^{\infty}n\left(n-1\right)a_n x^n$$
$$-\sum_{n=1}^{\infty}2na_n x^n+\sum_{n=0}^{\infty}\lambda\left(\lambda+1\right)a_n x^n=0$$

Corrigiendo el índice de la primer suma de $n-2\to n$ y separando los términos en $n=0$; la ecuación anterior resulta:

$$-2a_1x+\lambda\left(\lambda+1\right)\left(a_0+a_1x\right)+\sum_{n=0}^{\infty}\left(n+2\right)\left(n+1\right)a_{n+2}x^n+$$
$$+\sum_{n=2}^{\infty}\left[-n\left(n-1\right)-2n+\lambda\left(\lambda+1\right)\right]a_n x^n=0$$

El corchete se puede factorear dando:

$$-n\left(n-1\right)-2n+\lambda\left(\lambda+1\right)=\left(\lambda+n+1\right)\left(\lambda-n\right)$$

con lo que:

$$2a_2+\lambda\left(\lambda+1\right)a_0+\left[\left(\lambda+2\right)\left(\lambda-1\right)a_1+3\cdot 2a_3\right]x+$$
$$+\sum_{n=0}^{\infty}\left[\left(n+2\right)\left(n+1\right)a_{n+2}+\left(\lambda+n+1\right)\left(\lambda-n\right)a_n\right]x^n=0$$

[3] LEGENDRE, ADRIEN MARIE (1752-1833): Este matemático francés enseñó en la escuela militar en París de 1775 a 1780 y luego desempeñó varias posiciones tales como profesor en la ESCUELA NORMAL, examinador en la ESCUELA POLITÉCNICA y perito geodesta. Su trabajo fundamental, al igual que GAUSS, fue sobre teoría de números pero produjo también contribuciones importantes en geodesia y en astronomía. En 1806 ideó el método de cuadrados mínimos y al estudiar la atracción de elipsoides — *aún los que no son de revolución* — introdujo las funciones que se llaman de LEGENDRE.

Igualando a cero los coeficientes de esta serie tenemos:

$$2a_2 + \lambda(\lambda+1)\,a_0 = 0 \qquad (\lambda+2)(\lambda-1)\,a_1 + 3 \cdot 2a_3 = 0$$

$$a_{n+2} = -\frac{(\lambda+n+1)(\lambda-n)}{(n+2)(n+1)}a_n \qquad n \geqslant 2$$

de donde calculamos los coeficientes pares:

$$\begin{aligned} a_2 &= -\frac{(\lambda+1)\lambda}{2}a_0 \\ a_4 &= \frac{(\lambda+3)(\lambda+1)\lambda(\lambda-2)}{4!} \\ &\vdots \end{aligned}$$

Mientras que los impares resultan:

$$\begin{aligned} a_3 &= -\frac{(\lambda+2)(\lambda-1)}{3!}a_1 \\ a_5 &= \frac{(\lambda+4)(\lambda+2)(\lambda-1)(\lambda-3)}{5!}a_1 \\ &\vdots \end{aligned}$$

En general:

$$\begin{aligned} a_{2n} &= (-1)^n \frac{(\lambda+2n-1)(\lambda+2n-3)\cdots \cdots(\lambda+1)\lambda(\lambda-2)\cdots(\lambda-2n+2)}{(2n)!}a_0 \\ a_{2n+1} &= (-1)^n \frac{(\lambda+2n)(\lambda+2n-2)\cdots \cdots(\lambda+2)(\lambda-1)\cdots(\lambda-2n+1)}{(2n+1)!}a_1 \end{aligned}$$

La solución general de la ecuación de LEGENDRE de orden λ se escribe entonces:

$$Y(x) = C_1 y_1(x) + C_2 y_2(x)$$

donde:

$$y_1(x) = 1 - \frac{(\lambda+1)\lambda}{2!}x^2 + \frac{(\lambda+3)(\lambda+1)\lambda(\lambda-2)}{4!}x^4 - \cdots \tag{4.33}$$

$$y_2(x) = x - \frac{(\lambda+2)(\lambda-1)}{3!}x^3 + \frac{(\lambda+4)(\lambda+2)(\lambda-1)(\lambda-3)}{5!}x^5 - \cdots \tag{4.34}$$

Si λ es un entero no negativo, por ejemplo $\lambda = 2k$ ($k = 0, 1, 2, \ldots$) la serie (4.33) se convierte en un polinomio de grado $2k$, por cuanto consta de un número finito de

Figura 4.4: Polinomios de LEGENDRE

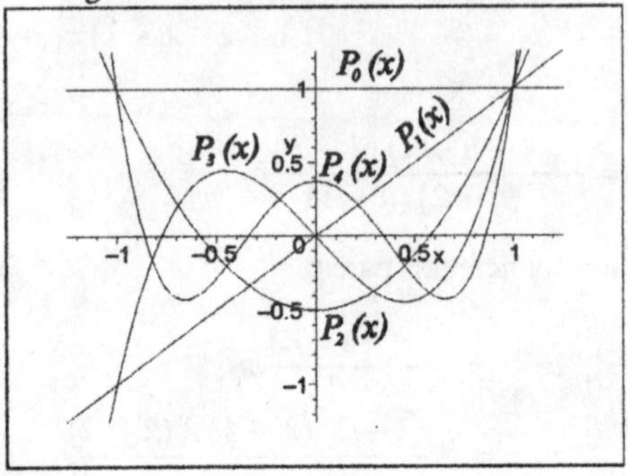

sumandos. Análogamente si $\lambda = 2k+1$ ($k = 0,\ 1,\ 2, \ldots$) la serie (4.34) se convierte en un polinomio de grado $2k+1$. Entonces concluimos que la *ecuación de* LEGENDRE *tiene soluciones polinomiales para todo valor entero no negativo de* λ. En realidad se puede probar — *ver* BIRKHOFF *y* ROTA, "*Ordinary Differential Equations*" *en* [Bib. 5]— que la ecuación de LEGENDRE admite soluciones polinomiales *sólo* cuando λ es un entero no negativo, siendo éstas las únicas soluciones continuas en el intervalo cerrado $[-1, 1]$. Estas soluciones polinomiales se llaman *polinomios de* LEGENDRE y se indican $P_k(x)$. En la Fig. 4.4 se muestran gráficas de $P_0(x)$, $P_1(x)$, $P_2(x)$, $P_3(x)$ y $P_4(x)$.

Otra forma de la ecuación de LEGENDRE (4.31), que aparecerá cuando estudiemos el operador laplaciano en coordenadas esféricas se obtiene mediante la sustitución: $x = \cos\theta$. Así resulta:

$$\boxed{\operatorname{sen}\theta \frac{d^2y}{d\theta^2} + \cos\theta \frac{dy}{d\theta} + \lambda(\lambda+1)\operatorname{sen}\theta y = 0} \tag{4.35}$$

y esta ecuación se analiza para $0 \leqslant \theta \leqslant \pi$, que corresponde a $-1 \leqslant x \leqslant 1$. Las únicas soluciones continuas en el intervalo cerrado $[0, \pi]$ son aquellas para las cuales $\lambda = k$ ($k = 0,\ 1,\ 2, \ldots$) y se indican $P_k(\cos\theta)$.

4.8. Ecuación de Hermite[4]

La ecuación diferencial de segundo orden con coeficientes variables:

$$y'' - 2xy' + \lambda y = 0 \tag{4.36}$$

donde λ es una constante no negativa, se conoce con el nombre de *ecuación de* HERMITE. Esta ecuación no tiene ningún punto singular y, por ende, podemos buscar una solución en serie de TAYLOR en torno a $x = 0$. Aplicando el método de los coeficientes

[4]HERMITE, CHARLES (1822-1901): Profesor en la SORBONA y en la ESCUELA POLITÉCNICA, se convirtió en el líder de la investigación en Cálculo después de la muerte de CAUCHY, acaecida en 1857. El trabajo de HERMITE se tradujo en las aplicaciones de las funciones elípticas, funciones modulares, funciones theta, etc., así como lo testimonian las denominaciones de *"números hermíticos"*, *"funciones de* HERMITE*"* y *"formas hermitianas"*. Gran amigo del matemático holandés SHELRJES, la correspondencia entre ambos está publicada en 4 tomos y contiene una riqueza enorme de material sobre todo en funciones de variable compleja. HERMITE una vez escribió a su amigo: *"Vous avez toujours raison et j'ai toujours tort"* (Siempre tienes razón y yo estoy siempre equivocado).

indeterminados, se obtiene:

$$y(x) = \sum_{n=0}^{\infty} a_n x^n$$

donde:

$$a_{n+2} = \frac{(2n-\lambda)}{(n+1)(n+2)} a_n \qquad n = 0, 1, 2, \ldots$$

También en este caso, al igual que en el caso de la ecuación de LEGENDRE, ambas series, una en potencias pares de x y otra en potencias impares de x se convierten en polinomios según que $\lambda = 2k$ ($k = 0, 1, 2, \ldots$) o bien $\lambda = 2k+1$ ($k = 0, 1, 2, \ldots$), respectivamente. Estos polinomios se llaman *polinomios de* HERMITE y se indican $H_k(x)$. Estos polinomios se normalizan comúnmente tomando $a_n = 2^n$; $a_{n-1} = 0$. Por ejemplo resultan $H_0(x) = 1$; $H_1(x) = 2x$; $H_2(x) = 4x^2 - 2$; etc. siendo funciones pares para k par e impares para k impar.

4.9. Ecuación de Laguerre[5]

La ecuación diferencial de segundo orden con coeficientes variables:

$$\boxed{xy'' + (1-x)y' + \lambda y = 0} \tag{4.37}$$

donde λ es una constante no negativa, se llama ecuación de LAGUERRE. El punto $x = 0$ es un punto singular, regular y se puede usar el método de FROBENIUS para hallar una solución de la forma:

$$y(x) = \sum_{n=0}^{\infty} a_n x^{n+r}$$

La ecuación indicial resulta:

$$r(r-1) + r = 0$$

que tiene a $r = 0$ como raíz doble. Entonces la ecuación (4.37) admite en un entorno del origen una base de soluciones formada por una función analítica en $x = 0$ y otra, que al incluir un logaritmo, tiene un punto de ramificación en el origen. Un caso particularmente interesante se tiene cuando $\lambda = k$ (k entero $\geqslant 0$) y las soluciones son polinomios de grado k que se llaman *polinomios de* LAGUERRE y se indican:

$$L_k(x) = e^x \frac{d^n}{dx^n}\left(x^n e^{-x}\right) \tag{4.38}$$

Así, por ejemplo $L_0(x) = 1$; $L_1(x) = -x + 1$; $L_2(x) = x^2 - 4x + 2$; etc.

Nota: Las ecuaciones diferenciales lineales de segundo orden con coeficientes variables presentadas en este capítulo, no pretenden abarcar todas las ecuaciones de aplicación en Física e Ingeniería. A las funciones que son soluciones de tales ecuaciones se las llama *funciones especiales* y para el lector interesado en ampliar el manejo en las

[5] LAGUERRE, EDMOND (1834-1886): Además de interesantes contribuciones al Álgebra y a la teoría de funciones, este matemático francés logró en 1853 dar carácter proyectivo a la medida del ángulo entre dos rectas.

aplicaciones, se pueden recomendar excelentes obras dedicadas exclusivamente a ese tema, tal como la de Hochstadt [Bib. 13]y la de Sneddon [Bib. 31].

De todos modos, conviene familiarizarse con el manejo de tablas de valores de funciones especiales pues las notaciones son diversas ya que no se ha conseguido aún unificar notación y nomenclatura.

4.10. Problemas

1. Hallar la solución general de cada una de las siguientes ecuaciones diferenciales como una serie de potencias en torno a $x = 0$:

   a) $y'' - 3xy = 0$
   b) $y'' - 2xy' - y = 0$
   c) $\left(x^2+1\right) y'' - 6y = 0$
   d) $\left(x^2+1\right) y'' - 8xy' + 15y = 0$
   e) $y''' + 3x^2y'' - 2y = 0$
   f) $y''' - 3xy' - y = 0$
   g) $y''' + x^2y' - xy = 0$

2. Usar el método de los coeficientes indeterminados para expresar la solución de cada una de las siguientes ecuaciones diferenciales como serie de potencias en torno a $x = 0$ y calcular la amplitud del intervalo de convergencia:

   a) $\left(x^2-1\right) y'' + xy' - 4y = 0$
   b) $\left(x^2-2\right) y'' + xy' - y = x^2$
   c) $\left(x^3-8\right) y'' + x^2y' + xy = 16$
   d) $\left(x^4-4\right) y''' - 36x^2y' - 48xy = 0$

3. Usar el método de los coeficientes indeterminados para resolver el siguiente problema de valores iniciales:

$$y'' + xy' - 2y = e^x$$
$$y(0) = y'(0) = 0$$

4. Hallar la solución general de la ecuación diferencial de Airy:

$$y'' + xy = 0$$

5. Hallar los cuatro primeros términos no nulos del desarrollo en serie de la solución de cada uno de los siguientes problemas de valores iniciales y determinar un intervalo — *mínimo* — de convergencia para las series:

   a) $y'' + (\operatorname{sen} x)\, y = 0 \qquad y(0) = 1 \qquad y'(0) = 0$
   b) $2y'' - y' + (x+1)\, y = 0 \qquad y(0) = 0 \qquad y'(0) = 1$

c)	$2y'' - xy = \cos x$	$y(0) = 0$	$y'(0) = 0$
d)	$(1-4x^2)\,y'' + x^2y' - 3y = 0$	$y(0) = 1$	$y'(0) = 1$
e)	$(\cos x)\,y'' + 2xe^x y = 0$	$y(0) = 0$	$y'(0) = 1$
f)	$3y''' - xy' + x^2y = e^x$	$y(0) = 0$	$y'(0) = 1$
		$y''(0) = 1/4$	

6. Hallar los cuatro primeros términos no nulos del desarrollo en serie de potencias de:

$$\operatorname{erf}(x) = \frac{2}{\pi}\int_0^x e^{-u^2}\,du \leftarrow \text{Función error}$$

¿Cuál es el intervalo de convergencia del desarrollo en serie de potencias de la función error?

7. Clasificar todos los puntos singulares de las siguientes ecuaciones diferenciales:

a) $(x^2 - 3x)\,y'' + (x+2)\,y' + y = 0$
b) $(3x-2)^2\,xy'' + xy' - y = 0$
c) $(x^4 - 1)\,y'' + xy' = 0$
d) $(x^3 + x^2)\,y'' + (x^2 - 2x)\,y' + 4y = 0$
e) $(x+1)^4\,(x-1)^2\,y'' - (x+1)^3\,(x-1)\,y' + y = 0$
f) $x^3\,(x+1)^2\,y'' - y = 0$
g) $(x^5 + x^4 - 6x^3)\,y'' + x^2y' + (x-2)\,y = 0$

8. Hallar la ecuación indicial asociada con el punto singular regular $x = 0$ para cada una de las siguientes ecuaciones:

a) $x^2y'' + xy' - y = 0$
b) $x^2y'' - 2xy' + y = 0$
c) $x^2y'' - 2x\,(x+1)\,y' + (x-1)\,y = 0$
d) $xy'' + (1-x)\,y' + \lambda y = 0$ con λ constante.

9. Usar el método de Frobenius para hallar dos soluciones linealmente independientes en torno a $x = 0$ en los siguientes casos:

a) $2x^2y'' + xy' - y = 0$
b) $xy'' + [(x+1)/2]\,y' - y = 0$
c) $x^2y'' - xy' + (2x^2 + 5/9)\,y = 0$
d) $x^2y'' + (x^3 - x)\,y' - 3y = 0$
e) $4x^2y'' + x\,(2x-7)\,y' + 6y = 0$
f) $8x^2y'' - 2x\,(x-1)\,y' + (x+1)\,y = 0$

10. Probar que $\Gamma(1/2) = \sqrt{\pi}$

    Sugerencia: Notar que:

$$\left[\Gamma\left(\frac{1}{2}\right)\right]^2 = 4\int_0^{\infty}\int_0^{\infty} e^{-(x^2+y^2)}\,dx\,dy$$

11. Usando la definición (4.19) en la página 110 de $J_p(x)$ mostrar que:

$$\frac{d}{dx}\left[x^p J_p(\alpha x)\right] = \alpha x^p J_{p-1}(\alpha x)$$

    y

$$\frac{d}{dx}\left[x^{-p} J_p(\alpha x)\right] = -\alpha x^{-p} J_{p+1}(\alpha x)$$

    donde α es una constante.

12. Usar los resultados del Ej. 11 para probar que:

$$\begin{aligned} \frac{d}{dx}\left[J_p(\alpha x)\right] &= \alpha J_{p-1}(\alpha x) - \frac{p}{x} J_p(\alpha x) \\ \frac{d}{dx}\left[J_p(\alpha x)\right] &= -\alpha J_{p+1}(\alpha x) + \frac{p}{x} J_p(\alpha x) \end{aligned}$$

    Con esto demostrar que:

$$\begin{aligned} \frac{d}{dx}\left[J_p(\alpha x)\right] &= \frac{\alpha}{2}\left[J_{p-1}(\alpha x) - J_{p+1}(\alpha x)\right] \\ J_p(\alpha x) &= \frac{\alpha x}{2p}\left[J_{p-1}(\alpha x) + J_{p+1}(\alpha x)\right] \end{aligned}$$

13. Usar los resultados del Ej. 12 para:

    a) Expresar $J_1(x)$ y $d/dx\left[J_1(x)\right]$ en términos de $J_0(x)$ y $J_2(x)$.

    b) Expresar $J_{n+1/2}(x)$ en términos de $J_{n-1/2}(x)$ y $J_{n+3/2}(x)$.

14. Probar que las funciones $J_p(x)$ y $J_{-p}(x)$ son linealmente independientes en $(0,\infty)$ para todo $p \notin \mathbb{Z}$.

15. Probar que:

$$J_{-n}(x) = (-1)^n J_n(x)$$

    para $n \in \mathbb{Z}$.

16.

    a) Probar que la solución general de la ecuación diferencial:

$$y'' - \frac{2\alpha - 1}{x} y' + \beta^2 y = 0 \qquad x > 0$$

    es

$$y(x) = x^{\alpha} z_{\alpha}(\beta x)$$

    donde z_{α} es la solución general de la ecuación de Bessel de orden α y $\beta \neq 0$ es una constante real.

b) Usar el resultado de (a) para hallar la solución general de la ecuación diferencial:

$$y'' + \frac{a}{x}y' + by = 0$$

con *a*, *b* constantes; $b > 0$ y demostrar que:

$$J_{1/2}(x) = \sqrt{\frac{2}{\pi x}}\,\mathrm{sen}\,x$$

17.

a) Probar que la solución general de la ecuación diferencial:

$$u'' + x^2 u = 0$$

es

$$u(x) = \sqrt{x}z_{1/4}\left(\frac{x^2}{2}\right)$$

donde $z_{1/4}$ es la solución general de la ecuación de Bessel de orden $1/4$.

b) Haciendo el cambio de variable $y = -u'/u$ y usando el resultado de (a), resolver la ecuación de Ricatti:

$$y' = x^2 + y^2$$

18. Hallar la solución general de cada una de las ecuaciones de Euler:

a) $x^2y'' + 2xy' - 2y = 0$

b) $x^2y'' - 3xy' + 7y = 0$

c) $4x^2y'' - 8xy' + 9y = 0$

d) $x^2y'' + xy' + 9y = 0$

e) $x^2y'' + xy' - p^2y = 0$, con *p* constante.

f) $x^3y''' - 3x^2y'' + 6xy' - 6y = 0$

19. Sean $y_1(x)$ e $y_2(x)$ las soluciones de la ecuación de Legendre dadas por (4.33) y (4.34) en la página 117:

a) Hallar el radio de convergencia de estas series.

b) Probar que la función:

$$\frac{x}{2}\ln\left(\frac{1+x}{1-x}\right) - 1$$

es una solución de Legendre de orden $\lambda = 1$ en el intervalo $(-1, 1)$ y usar este hecho para escribir la solución en forma cerrada.

20. Sea la ecuación diferencial de Hermite de orden λ:

$$y'' - 2xy' + 2\lambda y = 0$$

donde λ es constante no negativa.

a) Probar que y es solución de esta ecuación si y sólo si $u = e^{-x^2/2}y$ es una solución de $u'' + \left(2\lambda + 1 - x^2\right) u = 0$.

b) Usar el método de los coeficientes indeterminados para hallar una base para el espacio solución de la ecuación de Hermite.

21. Usar el método de Frobenius para probar que la ecuación de Laguerre de orden λ:

$$xy'' + (1 - x)\,y' + \lambda y = 0$$

tiene una solución analítica para todo x, "y" que se reduce a un polinomio cuando λ es un entero no negativo.

Capítulo 5

Problema de Sturm-Liouville y Series de Fourier

> "Prefiero el bastón de la experiencia al carro rápido de la fortuna. El filósofo va a pie."
>
> PITÁGORAS

5.1. Introducción

En las aplicaciones de ecuaciones diferenciales, los problemas más frecuentes son aquellos en los que se da una ecuación diferencial y ciertas condiciones relativas a un solo valor de x. En ese caso el problema se llama de *valores iniciales*. Si las condiciones se refieren a dos valores de x diferentes, el problema se llama *problema de valores de contorno a dos puntas*. Vamos ahora a considerar un tipo especial de estos problemas de valores de contorno, que se conoce como problema de STURM[1]-LIOUVILLE[2]. Este análisis nos conducirá a varios conceptos importantes tales como *autofunciones* y *autovalores*, *ortogonalidad* y SERIES DE FOURIER[3].

---

[1] STURM, JACQUES CHARLES F. (1803-1855): Fue el creador, junto con LIOUVILLE, de un importante capítulo de las ecuaciones diferenciales de segundo orden con dos valores iniciales dados, en lugar de las condiciones de CAUCHY en un solo punto. Además, trabajó en métodos de resolución de ecuaciones algebraicas, probando en 1829 un Teorema que lleva su nombre, sobre el número de raíces de una ecuación algebraica con coeficientes reales.

[2] LIOUVILLE, JOSEPH (1809-1882): Profesor en el COLEGIO DE FRANCIA en París, fue editor durante muchos años del Journal de Mathématiques Pures et Appliquées. En forma sistemática investigó la teoría aritmética de las formas cuadráticas en dos y más variables. Pero fue el llamado TEOREMA DE LIOUVILLE en Mecánica Estadística el que lo consagró como un científico productivo en un ámbito enteramente distinto. Estableció la existencia de los números trascendentes, y en 1844 probó que ni e ni e^2 pueden ser raíces de una ecuación cuadrática con coeficientes racionales.

[3] FOURIER, JOSEPH (1768-1830): Con este sabio francés nace una nueva rama de la ciencia natural, íntimamente vinculada con la matemática: la llamada física-matemática en la que, siguiendo las huellas de LAGRANGE y de LAPLACE, se estudian los problemas físicos mediante los recursos del análisis infinitesimal con el mínimo indispensable de hipótesis físicas. La obra más importante de FOURIER es *"La théorie Analytique de la Chaleur"* de 1812, en la cual presenta las series que llevan su nombre para representar funciones arbitrarias. El punto débil del estudio de FOURIER, que en esa época afectaba a todo el estudio de series, es el que se refiere a la convergencia de las mismas.

5.2. Problemas de Sturm-Liouville

Definición: Se llaman *problemas de* STURM-LIOUVILLE — que abreviaremos S-L — al problema de valores de contorno que consiste en:

a) Una ecuación diferencial lineal homogénea de segundo orden de la forma:

$$\boxed{\frac{d}{dx}\left[p(x)\frac{dy}{dx}\right]+[q(x)+\lambda r(x)]\,y=0} \tag{5.1}$$

donde p, q y r son funciones reales tales que $p \in C^1$, q y r son continuas, $p(x) > 0$; $r(x) > 0$ para todo $x \in [a, b]$ y λ es un parámetro.

b) Dos condiciones adicionales:

$$\left.\begin{aligned} A_1 y(a) + A_2 y'(a) &= 0 \\ B_1 y(b) + B_2 y'(b) &= 0 \end{aligned}\right\} \tag{5.2}$$

donde A_1, A_2, B_1 y B_2 son constantes reales tales que los pares A_1, A_2 y B_1, B_2 no son simultáneamente nulas.

Obviamente, $y(x) = 0$ para todo x es una solución trivial del problema de S-L. Nuestro interés se centrará en la búsqueda de soluciones no triviales y vamos a ver que la existencia de tales soluciones depende de los valores del parámetro λ. Así definimos:

Definición: Toda solución no trivial de un problema de S-L se denomina una *autofunción* — o función característica — y el correspondiente valor de λ es su *autovector* — o vector característico. El conjunto de todos los autovectores de una problema de S-L se llama *espectro* del sistema.

Notación: Las denominaciones *"autofunciones"* y *"autovector"* provienen de los términos alemanes *eigenfunktion* y *eigenvektor*, que se abrevian *e.i.f.* y *e.i.v.*, respectivamente. Por razones de economía, adoptaremos entonces las abreviaturas:

e.i.f ⟶ autofunción e.i.v ⟶ autovector

Ejemplo 5.1: Hallar las soluciones no triviales del problema de valores de contorno:

$$\left.\begin{aligned} y'' + \lambda y &= 0 \\ y(0) = y(\pi) &= 0 \end{aligned}\right\} \tag{5.3}$$

Fácilmente se prueba que es un problema de S-L con $p(x) = 1$; $q(x) = 0$; $r(x) = 1$ y condiciones de contorno *periódicas*. Para solucionarlo vamos a considerar los tres casos $\lambda = 0$; $\lambda < 0$; $\lambda > 0$.

Caso 1: $\lambda = 0$ En este caso la ecuación diferencial (5.3) se reduce a:

$$y'' = 0$$

cuya solución general es:

$$y(x) = C_1 + C_2 x$$

Aplicando la primer condición de contorno $y(0) = 0$ resulta $C_1 = 0$. Al aplicar la segunda condición de contorno $y(\pi) = 0$ resulta $C_1 + C_2\pi = 0$. Pero como $C_1 = 0$ debe ser $C_2 = 0$. Entonces la *única* solución es la trivial en este caso.

Caso 2: $\lambda < 0$ En este caso la ecuación característica $r^2 + \lambda = 0$ tiene las raíces características $r_1 = \sqrt{-\lambda}; -\sqrt{-\lambda}$. Como $\lambda < 0$ ambas raíces son reales y distintas. llamando $\alpha = \sqrt{-\lambda}$ podemos escribir la solución general de (5.3) como:

$$y(x) = C_1 e^{\alpha x} + C_2 e^{-\alpha x}$$

Aplicando la primer condición de contorno $y(0) = 0$ obtenemos:

$$C_1 + C_2 = 0$$

y por la segunda $y(\pi) = 0$ hallamos:

$$C_1 e^{\alpha\pi} + C_2 e^{-\alpha\pi} = 0$$

Este sistema de dos ecuaciones con dos incógnitas C_1 y C_2 tendrá soluciones no nulas si y sólo si el determinante de los coeficientes se anula. Por ende debe ser:

$$\begin{vmatrix} 1 & 1 \\ e^{\alpha\pi} & e^{-\alpha\pi} \end{vmatrix} = 0$$

Pero esto implica que $e^{-\alpha\pi} - e^{\alpha\pi} = 0 \Rightarrow e^{\alpha\pi} = e^{-\alpha\pi}$ y esto sólo se cumple si $\alpha = 0$. Naturalmente que entonces debiera ser $\lambda = 0$ y esto es una contradicción ya que $\lambda < 0$ en este caso. Tampoco en este caso, existe otra solución que la trivial.

Caso 3: $\lambda > 0$ En este caso las raíces características de la ecuación $r^2 + \lambda = 0$ son complejas conjugadas $r_1 = \sqrt{\lambda} i$; $r_2 = -\sqrt{\lambda} i$; y la solución general es de la forma:

$$y(x) = C_1 \operatorname{sen}\left(\sqrt{\lambda} x\right) + C_2 \cos\left(\sqrt{\lambda} x\right)$$

Aplicando la primera condición de contorno $y(0) = 0$ tenemos $C_2 = 0$. Con la segunda condición $y(\pi) = 0$ resulta:

$$C_1 \operatorname{sen}\left(\sqrt{\lambda}\pi\right) = 0 \tag{5.4}$$

Como $C_1 \neq 0$ pues sino tendríamos la solución trivial debe ser:

$$\operatorname{sen}\left(\sqrt{\lambda}\pi\right) = 0$$

Por ello $\sqrt{\lambda} = n$ donde $n = 1, 2, 3, \ldots$ o sea:

$$\lambda = n^2 \quad (n \in \mathbb{N})$$

En otra palabras, λ debe ser alguno de los términos de la sucesión:

$$1, 4, 9, 16, \ldots, n^2, \ldots$$

Estos son los *e.i.v.* del problema y las *e.i.f.* correspondientes son:

$$y_n(x) = C_n \operatorname{sen}(nx) \quad (n \in \mathbb{N})$$

□

Ejemplo 5.2: Hallar los *e.i.v.* y *e.i.f.* del siguiente problema de S-L:

$$\frac{d}{dx}\left[x\frac{dy}{dx}\right] + \frac{\lambda}{x} y = 0 \quad (\lambda > 0) \tag{5.5}$$

$$y(1) = 0 \quad y(e^{\pi}) = 0$$

Caso 1: $\lambda = 0$ La ecuación (5.5) se reduce a:

$$\frac{d}{dx}\left(x\frac{dy}{dx}\right) = 0$$

cuya solución general es:

$$y(x) = C_1 \ln|x| + C_2$$

Si aplicamos la primer condición de contorno tenemos $y(1) = 0 \Rightarrow C_2 = 0$.

La segunda condición exige que: $y(e^{\pi}) = 0$ por lo que también $C_1 = 0$. Vale decir, la única solución para $\lambda = 0$ es la trivial.

Caso 2: $\lambda > 0$ En este caso, si $x \neq 0$ la ecuación (5.5) se convierte en la Ecuación de Euler:

$$x^2y'' + xy' + \lambda y = 0$$

Haciendo $x = e^t$ la ecuación queda:

$$\frac{d^2y}{dt^2} + \lambda y = 0$$

cuya solución general es de la forma:

$$y(t) = C_1 \operatorname{sen}\left(\sqrt{\lambda}t\right) + C_2 \cos\left(\sqrt{\lambda}t\right)$$

En consecuencia, si $\lambda > 0$ y $x > 0$ la solución general resulta ser:

$$y(x) = C_1 \operatorname{sen}\left(\sqrt{\lambda}\ln x\right) + C_2 \cos\left(\sqrt{\lambda}\ln x\right)$$

Aplicando las condiciones de contorno tenemos:

$$0 = C_1 \operatorname{sen}\left(\sqrt{\lambda}\ln 1\right) + C_2\left(\sqrt{\lambda}\ln 1\right)$$

de donde $C_2 = 0$. Además:

$$0 = C_1 \operatorname{sen}\left(\sqrt{\lambda}\ln e^{\pi}\right) + C_2 \cos\left(\sqrt{\lambda}\ln e^{\pi}\right)$$

lo que implica que:

$$C_1 \operatorname{sen}\left(\pi\sqrt{\lambda}\right) = 0$$

$C_1 \neq 0$ pues sino tendríamos la solución trivial. Entonces:

$$\operatorname{sen}\left(\pi\sqrt{\lambda}\right) = 0 \qquad \Rightarrow \qquad \pi\sqrt{\lambda} = n\pi \quad (n = 1, 2, 3, \ldots)$$

o sea, los *e.i.v.* son

$$\lambda = n^2 \quad (n = 1, 2, 3, \ldots)$$

y las *e.i.f.* correspondientes son:

$$y_n(x) = C_n \operatorname{sen}(n\ln x) \quad (n \in \mathbb{N})$$

□

Nota: En ambos ejemplos hemos hallado un conjunto infinito de *e.i.v.* que forman una sucesión monótona creciente:

$$\lambda_1 < \lambda_2 < \lambda_3 < \cdots$$

tales que $\lambda_n \longrightarrow +\infty$ cuando $n \to \infty$. Asimismo, en cada ejemplo se tiene una familia monoparamétrica de *e.i.f.* correspondientes a cada *e.i.v.* Además dos *e.i.f.* correspondientes al mismo *e.i.v.* son simplemente múltiplos una de otra. Este comportamiento no es casual, sino que es típico de los problemas de S-L.

Teorema 5.1: Sea el problema S-L que consiste en:

a) La ecuación diferencial:

$$\boxed{\frac{d}{dx}\left[p(x)\frac{dy}{dx}\right] + [q(x) + \lambda r(x)]\, y = 0}$$

donde p, q y r son funciones reales tales que $p \in C^1$, q y r son continuas, $p(x) > 0$; $r(x) > 0$ para $\forall\, x \in [a, b]$ y λ es un parámetro.

b) Las condiciones de contorno:

$$\left.\begin{aligned} A_1 y(a) + A_2 y'(a) = 0 \\ B_1 y(b) + B_2 y'(b) = 0 \end{aligned}\right\}$$

donde A_1, A_2, B_1 y B_2 son constantes reales tales que los pares A_1, A_2 y B_1, B_2 no son simultáneamente nulas.

Entonces:

i) Existe un número infinito de *e.i.v.* λ_n del problema dado que forman una sucesión monótona creciente:

$$\lambda_1 < \lambda_2 < \lambda_3 < \cdots$$

tales que $\lim_{n\to\infty} \lambda_n = +\infty$.

ii) Para cada *e.i.v.* λ_n existe una familia monoparamétrica ϕ_n de *e.i.f.* Cada una de estas *e.i.f.* está definida en $a \leqslant x \leqslant b$ y dos *e.i.f.* son múltiplos una de otra.

iii) Cada *e.i.f.* ϕ_n correspondiente al *e.i.v.* λ_n $(n \in \mathbb{N})$ tiene exactamente $(n-1)$ ceros en el intervalo abierto (a, b).

La demostración de este importante teorema está más allá del alcance de este libro y el lector interesado puede consultarla en la obra clásica de KAMKE, por ejemplo —*ver.* [Bib. 15].

Ejemplo 5.3: Retomemos el ejemplo 5.1 de la ecuación:

$$y'' + \lambda y = 0 \quad 0 \leqslant x \leqslant \pi$$
$$y(0) = y(\pi) = 0$$

Hemos visto que para $\lambda > 0$ los *e.i.v.* son los valores $\lambda = n^2$ ($n \in \mathbb{N}$) o sea:

$$1 < 4 < 9 < 16 < \cdots < n^2 < \cdots$$

Las *e.i.f.* correspondientes son $\phi_n = C_n \operatorname{sen} nx$, de modo que el espectro es:

$$C_1 \operatorname{sen} x \qquad C_2 \operatorname{sen} 2x \qquad C_3 \operatorname{sen} 3x \qquad \cdots$$

Los ceros de cada *e.i.f.* $C_n \operatorname{sen} nx$ deben cumplir que $nx = k\pi$ para $k \in \mathbb{Z}$. Esto implica que los ceros están en los valores:

$$x = \frac{k\pi}{n} \qquad (n = 0; \pm 1; \pm 2; \ldots)$$

y los que están en el intervalo $(0, \pi)$ son precisamente aquellos para los cuales $k = 1, 2, 3, \ldots, n-1$.

□

5.3. Ortogonalidad de las *e.i.f.*

Definición: Las funciones $f(x)$ y $g(x)$ se dicen *ortogonales con respecto a la función peso* $r(x)$ en el intervalo $a \leqslant x \leqslant b$ sii:

$$\boxed{\int_a^b f(x)\, g(x)\, r(x)\, dx = 0} \tag{5.6}$$

Ejemplo 5.4: Las funciones $\operatorname{sen} x$ y $\operatorname{sen} 2x$ son ortogonales en $[0, \pi]$ con función peso $r(x) = 1$ ya que:

$$\int_0^\pi \operatorname{sen} x \operatorname{sen} 2x\, dx = \left.\frac{2 \operatorname{sen}^3 x}{3}\right|_0^\pi = 0$$

□

Definición: Sea $\{\phi_n\}_{n \in \mathbb{N}}$ un conjunto infinito de funciones definidas en el intervalo $a \leqslant x \leqslant b$. Se dice que $\{\phi_n\}$ es un *sistema ortogonal* con respecto a la función peso $r(x)$ en $[a, b]$ si cada par de funciones distintas del conjunto son ortogonales con respecto a r en $[a, b]$, es decir, si:

$$\boxed{\int_a^b \phi_m(x)\, \phi_n(x)\, r(x)\, dx = 0 \text{ para } m \neq n} \tag{5.7}$$

Ejemplo 5.5: Sea $\phi_n = \operatorname{sen} nx$ ($n \in \mathbb{N}$) definidas en $[0, \pi]$. El conjunto $\{\phi_n\}$ es ortogonal en $0, \pi$ con función peso $r(x) = 1$ puesto que:

$$\int_0^\pi \operatorname{sen} mx \operatorname{sen} nx\, dx = \left.\frac{\operatorname{sen}(m-n)\,x}{2\,(m-n)} - \frac{\operatorname{sen}(m+n)\,x}{2\,(m+n)}\right|_0^\pi = 0 \text{ para } m \neq n$$

□

Nota: El intervalo de ortogonalidad puede ser finito, abierto o cerrado, o infinito. Vamos a probar ahora que las *e.i.f.* de un problema de S-L forman un sistema ortogonal.

Teorema 5.2: Sean λ_m y λ_n dos *e.i.v.* distintos del problema de S-L definido en (5.1) y (5.2) y sean ϕ_m y ϕ_n las *e.i.f.* correspondientes. Entonces ϕ_m y ϕ_n son ortogonales respecto a la función peso $r(x)$ en el intervalo $a \leqslant x \leqslant b$.

Demostración: Usaremos la notación operacional:

$$L[y] = [p(x)y']' + q(x)y \tag{5.8}$$

Entonces ϕ_m y ϕ_n son *e.i.f.* de (5.1) con *e.i.v.* λ_m y λ_n sii:

$$L[\phi_m] + \lambda_m r(x)\phi_m = L[\phi_n] + \lambda_n r(x)\phi_n = 0$$

Multiplicando la primera de estas ecuaciones por ϕ_n, la segunda por ϕ_m y restando los resultados obtenemos:

$$\phi_m L[\phi_n] - \phi_n L[\phi_m] = (\lambda_m - \lambda_n)\phi_m(x)\phi_n(x)r(x)$$

Integrando entre a y b ambos miembros:

$$\begin{aligned} &\int_a^b \{\phi_m L[\phi_n] - \phi_n L[\phi_m]\}\, dx = \\ &(\lambda_m - \lambda_n)\int_a^b \phi_m(x)\phi_n(x)r(x)\, dx \end{aligned} \tag{5.9}$$

La primera integral se puede resolver integrando por partes, con lo que resulta:

$$p(x)\,[\phi_m(x)\phi_n'(x) - \phi_n(x)\phi_m'(x)]|_a^b$$

Entonces de (5.9) obtenemos:

$$\begin{aligned} &(\lambda_m - \lambda_n)\int_a^b \phi_m(x)\phi_n(x)r(x)\, dx = \\ &= p(b)[\phi_m(b)\phi_n'(b) - \phi_n(b)\phi_m'(b)] + \\ &-p(a)[\phi_m(a)\phi_n'(a) - \phi_n(a)\phi_m'(a)] \end{aligned} \tag{5.10}$$

Pero ϕ_m y ϕ_n son *e.i.f.* del problema de S-L, por ende satisfacen las condiciones de contorno. Si $A_2 = B_2 = 0$ entonces se reducen estas condiciones a $y(a) = y(b) = 0$; en este caso $\phi_m(a) = \phi_m(b) = 0$; $\phi_n(a) = \phi_n(b) = 0$ y el miembro derecho de (5.10) se anula como queríamos demostrar. Lo mismo sucede si $A_2 = 0$ pero $B_2 \neq 0$ pues en este caso $y(a) = 0$; $\beta y(b) + y'(b) = 0$ donde $\beta = B_1/B_2$ y el segundo corchete de (5.10) es nulo. Como el primer corchete se puede escribir:

$$\phi_m(b)[\beta\phi_n(b) + \phi_n'(b)] - \phi_n(b)[\beta\phi_m(b) + \phi_m'(b)]$$

también es nulo. Fácil es comprobar que si $A_2 \neq 0$; $B_2 = 0$ o bien $A_2 \neq 0$; $B_2 \neq 0$, el segundo miembro de (5.10) se anula y entonces:

$$\int_a^b \phi_m(x)\phi_n(x)r(x)\, dx = 0$$

ya que $\lambda_m - \lambda_n \neq 0$ por hipótesis.

□

Las relaciones de ortogonalidad probadas conducen a la posibilidad de desarrollar funciones dadas como combinaciones lineales infinitas de *e.i.f.* de un sistema de S-L. La propiedad más importante de estas series, llamadas *series de S-L*, es que toda función razonablemente suave puede desarrollarse como combinación lineal infinita de las *e.i.f.* de algún sistema de S-L. Las Series de Fourier son, como vamos a ver en lo que sigue, el ejemplo más común de tal desarrollo.

El uso de los sistemas de S-L se justifica por el hecho que aparecen en todos los problemas vibratorios de la mecánica del continuo. En términos físicos describen problemas de valores de contorno correspondientes a ondas estacionarias simplemente armónicas. Se suele suponer en Física que todo movimiento ondulatorio se puede descomponer en ondas estacionarias simplemente armónicas, cada una de las cuales oscila con su frecuencia propia.

Aún cuando los físicos asumen este resultado en base a la experiencia y la intuición se puede deducir con todo rigor a partir de la teoría matemática del movimiento ondulatorio como un problema de valores de contorno en ecuaciones diferenciales, como veremos en el capítulo 6.

5.4. Desarrollo de una Función en Serie de Funciones Ortonormales

Definición: Diremos que la función $f(x)$ está *normalizada* con respecto a la función peso $r(x)$ en el intervalo $[a, b]$ sii:

$$\boxed{\int_a^b f^2(x)\, r(x)\, dx = 1} \tag{5.11}$$

Ejemplo 5.6: La función $f(x) = \sqrt{2/\pi}\,\text{sen}\, x$ está normalizada con respecto a la función peso $r(x) = 1$ en $[0, \pi]$ ya que:

$$\int_0^\pi \left(\sqrt{\frac{2}{\pi}}\,\text{sen}\, x\right)^2 dx = \frac{2}{\pi}\int_0^\pi \text{sen}^2 x\, dx = \frac{2}{\pi}\frac{\pi}{2} = 1$$

□

Definición: Sea $\{\phi_n\}_{n\in\mathbf{N}}$ un conjunto infinito de funciones definidas para $x \in [a, b]$. Se dice que $\{\phi_n(x)\}$ es un sistema *ortonormal* con respecto a la función peso r en $[a, b]$ sin:

i) Es un sistema ortogonal con respecto a r en $[a, b]$.

ii) Toda función del sistema está normalizada con respecto a r en $[a, b]$, o sea:

$$\boxed{\int_a^b \phi_m(x)\, \phi_n(x)\, r(x)\, dx = \begin{cases} 0 & , \text{si } m \neq n \\ 1 & , \text{si } m = n \end{cases}} \tag{5.12}$$

Ejemplo 5.7: El conjunto de funciones $\{\phi_n\}$ donde $\phi_n = \sqrt{2/\pi}\,\text{sen}\,nx \quad (n \in \mathbb{N})$ es ortonormal en $[0, \pi]$ con respecto a la función peso $r(x) = 1$ ya que:

$$\int_0^\pi \left(\sqrt{\frac{2}{\pi}}\,\text{sen}\,mx\right)\left(\sqrt{\frac{2}{\pi}}\,\text{sen}\,mx\right) dx = 0 \qquad \text{si } m \neq n$$

$$\int_0^\pi \left(\sqrt{\frac{2}{\pi}}\,\text{sen}\,nx\right)^2 dx = 1$$

□

Dado un problema de S-L consistente en la ecuación diferencial (5.1) y las condiciones de contorno (5.2), si lo resolvemos y hallamos sus *e.i.v.* λ_n, tendremos determinadas las correspondientes *e.i.f.* ϕ_n. Este conjunto es un sistema ortogonal, como lo muestra el Teorema 5.2. Pero como $k_n\phi_n$ — k_n *constante arbitraria no nula* — también será una *e.i.f.* correspondiente a λ_n, podemos elegir las constantes $k_n \ (n \in \mathbb{N})$ de modo que $\{k_n\phi_n\}$ sea un sistema ortonormal.

5.5. Problema del Desarrollo

Sea $\{\phi_n\}$ un sistema ortonormal con respecto a la función $r(x)$ en el intervalo $[a, b]$ y sea $f(x)$ una función, por ahora *"arbitraria"*. Formalmente planteamos el problema de desarrollar la función f en serie de funciones ortonormales $\phi_1, \phi_2, \ldots$

Supongamos que ese desarrollo existe, esto es, supongamos que:

$$\boxed{f(x) = \sum_{n=1}^{\infty} C_n \phi_n(x)} \tag{5.13}$$

para cada $x \in [a, b]$. Para determinar los coeficientes C_n multiplicamos ambos miembros de (5.13) por $\phi_k(x)\, r(x)$ e integramos entre a y b:

$$\int_a^b f(x)\,\phi_k(x)\,r(x)\; dx = \int_a^b \sum_{n=1}^{\infty} C_n\phi_n(x)\,\phi_k(x)\,r(x)\; dx$$

Suponiendo que la integral de la suma infinita es la suma de las integrales podemos escribir:

$$\int_a^b f(x)\,\phi_k(x)\,r(x)\; dx = \sum_{n=1}^{\infty} C_n \int_a^b \phi_n(x)\,\phi_k(x)\,r(x)\; dx$$

Pero como $\{\phi_n\}$ es un sistema ortonormal con respecto a $r(x)$ en $[a, b]$ es:

$$\int_a^b f(x)\,\phi_k(x)\,r(x)\; dx = \begin{cases} 0 & , \text{si } n \neq k \\ 1 & , \text{si } n = k \end{cases}$$

Por consiguiente, se anulan todos los términos de la suma salvo $n = k$. Entonces:

$$\boxed{C_k = \int_a^b f(x)\,\phi_k(x)\,r(x)\; dx} \quad k = 1, 2, \ldots \tag{5.14}$$

Nótese que si la serie $\sum_{n=1}^{\infty} C_n\phi_n(x)$ converge uniformemente a $f(x)$ en $[a,b]$, el procedimiento seguida queda justificado y los coeficientes del desarrollo se calculan mediante la fórmula (5.14). De todos modos, esto ha sido formal y es preciso preguntarse qué condiciones debe cumplir f y $\{\phi_n\}$ para que la serie (5.13) converja a $f(x)$ en todo punto $x \in [a,b]$. La respuesta está dada por distintos teoremas de convergencia de los cuales enunciaremos sin demostrarlo, el fundamental. El lector interesado puede consultar la obra de Birkhoff y Rota.

Teorema 5.3: Sea el problema de S-L:

$$\boxed{\frac{d}{dx}\left[p(x)\frac{dy}{dx}\right] + [q(x) + \lambda r(x)]\, y = 0}$$

$$\left.\begin{array}{l} A_1 y(a) + A_2 y'(a) = 0 \\ B_1 y(b) + B_2 y'(b) = 0 \end{array}\right\}$$

donde p, q y r son funciones reales tales que $p \in C^1$, q y r son continuas, $p(x) > 0$; $r(x) > 0$ para $\forall\, x \in [a,b]$.
Sean $\{\lambda_n\}_{n\in\mathbb{N}}$ los *e.i.v.* y $\{\phi_n\}$ las *e.i.f.* de este problema. Sea f continua en $[a,b]$ y con derivada f' continua a trozos en $[a,b]$, tal que $f(a) = 0$ si $\phi_1(a) = 0$; $f(b) = 0$ si $\phi_1(b) = 0$. Entonces la serie:

$$\sum_{n=1}^{\infty} C_n\phi_n(x)$$

donde

$$C_n = \int_a^b f(x)\,\phi_n(x)\, r(x)\, dx \quad n = 1, 2, \ldots$$

converge uniformemente y absolutamente a f en $[a,b]$.

Ejemplo 5.8: Sea $f(x) = \pi x - x^2$; $0 \leqslant x \leqslant \pi$. Expresarla como una serie de las *e.i.f.* $\{\phi_n\}$ del problema de S-L:

$$y'' + \lambda y = 0$$
$$y(0) = y(\pi) = 0$$

y discutir la convergencia de este desarrollo.

En el ejemplo 5.7 hemos visto que las *e.i.f.* de este problema están dadas por:

$$\phi_n = \sqrt{\frac{2}{\pi}}\,\mathrm{sen}\, nx \quad n = 1, 2, 3, \ldots \quad 0 \leqslant x \leqslant \pi$$

Formamos la serie:

$$\sum_{n=1}^{\infty} C_n\phi_n(x)$$

donde:

$$
\begin{aligned}
C_n &= \int_0^{\pi} (\pi x - x^2)\left(\sqrt{\frac{2}{\pi}}\operatorname{sen} nx\right) dx \\
&= \sqrt{\frac{2}{\pi}}\left[\pi \int_0^{\pi} x \operatorname{sen} nx\, dx - \int_0^{\pi} x^2 \operatorname{sen} nx\, dx\right] \\
&= \sqrt{\frac{2}{\pi}}\left[\left(\frac{\pi}{n^2}\operatorname{sen} nx - \frac{\pi x}{n}\cos nx\right)\Big|_0^{\pi} + \right. \\
&\quad \left. - \left(\frac{2x}{n^2}\operatorname{sen} nx + \frac{2}{n^3}\cos nx - \frac{x^2}{n}\cos nx\right)\Big|_0^{\pi}\right] \\
&= \sqrt{\frac{2}{\pi}}\left[\left(-\frac{\pi^2}{n}\cos n\pi\right) - \left(\frac{2}{n^3}\cos n\pi - \frac{\pi^2}{n}\cos n\pi - \frac{2}{n^3}\right)\right] \\
&= \sqrt{\frac{2}{\pi}}\frac{2}{n^3}(1 - \cos n\pi) = \begin{cases} \sqrt{\frac{2}{\pi}}\frac{4}{n^3} & \text{, si } n \text{ es impar} \\ 0 & \text{, si } n \text{ es par} \end{cases}
\end{aligned}
$$

Entonces la serie resulta:

$$\frac{8}{\pi}\sum_{n=1}^{\infty}\frac{\operatorname{sen}(2n-1)x}{(2n-1)^3}$$

Se ve fácilmente que las funciones p, q y r satisfacen las hipótesis del Teorema 5.3. Además también las cumple f por ser un polinomio. Por otra parte como:

$$
\begin{aligned}
\phi_1(0) &= \sqrt{\frac{2}{\pi}}\operatorname{sen} 0 = 0 \Rightarrow f(0) = 0 \\
\phi_1(\pi) &= \sqrt{\frac{2}{\pi}}\operatorname{sen} \pi = 0 \Rightarrow f(\pi) = \pi^2 - \pi^2 = 0
\end{aligned}
$$

En consecuencia la serie obtenida converge uniformemente y absolutamente al valor de $\pi x - x^2$ en $[0, \pi]$ y entonces:

$$\pi x - x^2 = \frac{8}{\pi}\sum_{n=1}^{\infty}\frac{\operatorname{sen}(2n-1)x}{(2n-1)^3}$$

□

5.6. Serie Trigonométrica de Fourier

Definición: Sea $\{\phi_n\}_{n\in\mathbb{N}}$ un sistema ortonormal con respecto a la función peso $r(x)$ en $[a, b]$. Sea $f(x)$ una función tal que para $n \in \mathbb{N}$ el producto $f\phi_n r$ es integrable en $[a, b]$. Entonces la serie:

$$\sum_{n=1}^{\infty} C_n \phi_n(x)$$

donde

$$C_n = \int_a^b f(x)\,\phi_n(x)\,r(x)\,dx \quad (n \in \mathbb{N})$$

se llama *serie de* Fourier de f relativa al sistema $\{\phi_n\}$, los coeficientes C_n se llaman *coeficientes de* Fourier de f relativos a $\{\phi_n\}$ y se indica:

$$f(x) \sim \sum_{n=1}^{\infty} C_n \phi_n(x) \quad a \leqslant x \leqslant b$$

Para definir ahora la importante serie trigonométrica de Fourier consideremos el conjunto de funciones $\{\varphi_n\}$ dadas por:

$$\begin{cases} \varphi_1(x) \\ \varphi_{2n}(x) = \cos \dfrac{n\pi x}{L} \quad (n = 1, 2, 3, \ldots) \\ \varphi_{2n+1}(x) = \operatorname{sen} \dfrac{n\pi x}{L} \quad (n = 1, 2, 3, \ldots) \end{cases}$$

para todo $x \in [-L, L]$, donde L es una constante positiva.

El sistema $\{\varphi_n\}$ es ortogonal con respecto a la función $f(x) = 1$ en $[-L, L]$ puesto que:

$$\begin{aligned} \int_{-L}^{L} \cos \frac{m\pi x}{L} \cos \frac{n\pi x}{L}\, dx &= 0 \quad (m, n = 0, 1, 2, \ldots; m \neq n) \\ \int_{-L}^{L} \operatorname{sen} \frac{m\pi x}{L} \operatorname{sen} \frac{n\pi x}{L}\, dx &= 0 \quad (m, n = 0, 1, 2, \ldots; m \neq n) \\ \int_{-L}^{L} \cos \frac{m\pi x}{L} \operatorname{sen} \frac{n\pi x}{L}\, dx &= 0 \quad (m, = 0, 1, 2, \ldots; n = 1, 2, 3, \ldots) \end{aligned}$$

Además podemos normalizarlo observando que:

$$\begin{aligned} \int_{-L}^{L} dx &= 2L \\ \int_{-L}^{L} \cos^2 \left(\frac{n\pi x}{L}\right) &= L \quad (n = 1, 2, 3, \ldots) \\ \int_{-L}^{L} \operatorname{sen}^2 \left(\frac{n\pi x}{L}\right) &= L \quad (n = 1, 2, 3, \ldots) \end{aligned}$$

En consecuencia, el sistema ortonormal de funciones que adoptaremos será el siguiente:

$$\begin{aligned} \phi_1(x) &= \frac{1}{\sqrt{2L}} \\ \phi_{2n}(x) &= \frac{1}{\sqrt{L}} \cos \frac{n\pi x}{L} \quad (n = 1, 2, 3, \ldots) \\ \phi_{2n+1}(x) &= \frac{1}{\sqrt{L}} \operatorname{sen} \frac{n\pi x}{L} \quad (n = 1, 2, 3, \ldots) \end{aligned}$$

Si ahora suponemos posible formar la serie de Fourier de una función f respecto al sistema $\{\phi_n\}$

$$f(x) \sim \sum_{n=1}^{\infty} C_n \phi_n(x)$$

los coeficientes resultan:

$$
\begin{aligned}
C_1 &= \frac{1}{\sqrt{2L}}\int_{-L}^{L} f(x)\,dx \\
C_{2n} &= \frac{1}{\sqrt{L}}\int_{-L}^{L} f(x)\cos\frac{n\pi x}{L}\,dx \quad \text{para } n = 1,\ 2,\ 3,\ \ldots \\
C_{2n+1} &= \frac{1}{\sqrt{L}}\int_{-L}^{L} f(x)\,\mathrm{sen}\,\frac{n\pi x}{L}\,dx \quad \text{para } n = 1,\ 2,\ 3,\ \ldots
\end{aligned}
$$

Entonces:

$$
f(x) \sim C_1\phi_1 + \sum_{n=1}^{\infty}\left[C_{2n}\phi_{2n} + C_{2n+1}\phi_{2n+1}\right]
$$

por lo que:

$$
\begin{aligned}
f(x) \sim {} & \left[\frac{1}{\sqrt{2L}}\int_{-L}^{L} f(x)\,dx\right]\frac{1}{\sqrt{2L}} + \\
& + \sum_{n=1}^{\infty}\left\{\left[\frac{1}{\sqrt{L}}\int_{-L}^{L} f(x)\cos\frac{n\pi x}{L}\,dx\right]\frac{1}{\sqrt{L}}\cos\frac{n\pi x}{L} + \right. \\
& \left. + \left[\frac{1}{\sqrt{L}}\int_{-L}^{L} f(x)\,\mathrm{sen}\,\frac{n\pi x}{L}\,dx\right]\frac{1}{\sqrt{L}}\,\mathrm{sen}\,\frac{n\pi x}{L}\right\}
\end{aligned}
$$

Simplificando tenemos:

$$
\begin{aligned}
f(x) \sim {} & \frac{1}{2}\left[\frac{1}{L}\int_{-L}^{L} f(x)\,dx\right] + \\
& + \sum_{n=1}^{\infty}\left\{\left[\frac{1}{L}\int_{-L}^{L} f(x)\cos\frac{n\pi x}{L}\,dx\right]\cos\frac{n\pi x}{L} + \right. \\
& \left. + \left[\frac{1}{L}\int_{-L}^{L} f(x)\,\mathrm{sen}\,\frac{n\pi x}{L}\,dx\right]\mathrm{sen}\,\frac{n\pi x}{L}\right\}
\end{aligned}
$$

Así la serie de Fourier de $f(x)$ se escribe:

$$
\boxed{f(x) \sim \frac{1}{2}a_0 + \sum_{n=1}^{\infty}\left(a_n\cos\frac{n\pi x}{L} + b_n\,\mathrm{sen}\,\frac{n\pi x}{L}\right)} \tag{5.15}
$$

donde:

$$
\boxed{a_n = \frac{1}{L}\int_{-L}^{L} f(x)\cos\frac{n\pi x}{L}\,dx \quad (n = 0,\ 1,\ 2,\ \ldots)} \tag{5.16}
$$

$$
\boxed{b_n = \frac{1}{L}\int_{-L}^{L} f(x)\,\mathrm{sen}\,\frac{n\pi x}{L}\,dx \quad (n = 0,\ 1,\ 2,\ \ldots)} \tag{5.17}
$$

Esta serie se denomina *serie trigonométrica de* Fourier y los números a_n y b_n se llaman *coeficientes de* Fourier de $f(x)$.

Se tienen dos casos particulares de importancia según sea $f(x)$ par o impar:

Caso $f(x)$ par: Entonces el producto $f(x)\cos(n\pi x/L)$ también es par y entonces:

$$\begin{aligned} a_n &= \frac{2}{L}\int_0^L f(x)\cos\frac{n\pi x}{L}\,dx \quad (n = 0, 1, 2, \ldots) \\ b_n &= 0 \end{aligned}$$

Vale decir que la serie trigonométrica de Fourier de una función par $f(x)$ en $[-L, L]$ resulta de la forma:

$$\boxed{f(x) \sim \frac{1}{2}a_0 + \sum_{n=1}^{\infty} a_n \cos\frac{n\pi x}{L}} \tag{5.18}$$

donde

$$\boxed{a_n = \frac{2}{L}\int_0^L f(x)\cos\frac{n\pi x}{L}\,dx} \quad (n = 0, 1, 2, \ldots) \tag{5.19}$$

Caso $f(x)$ impar: Entonces el producto $f(x)\,\mathrm{sen}\,(n\pi x/L)$ es par y resulta:

$$\begin{aligned} a_n &= 0 \\ b_n &= \frac{2}{L}\int_0^L f(x)\,\mathrm{sen}\,\frac{n\pi x}{L}\,dx \quad (n = 0, 1, 2, \ldots) \end{aligned}$$

La serie trigonométrica de Fourier de una función impar $f(x)$ es:

$$\boxed{f(x) \sim \sum_{n=1}^{\infty} b_n\,\mathrm{sen}\,\frac{n\pi x}{L}} \tag{5.20}$$

donde

$$\boxed{b_n = \frac{2}{L}\int_0^L f(x)\,\mathrm{sen}\,\frac{n\pi x}{L}\,dx} \quad (n = 0, 1, 2, \ldots) \tag{5.21}$$

Ejemplo 5.9: Onda cuadrada. Sea:

$$f(x) = \begin{cases} 0, \text{ si } -\pi \leqslant x < -\pi/2 \\ 1, \text{ si } -\pi/2 < x < \pi/2 \\ 0, \text{ si } \pi/2 < x \leqslant \pi \end{cases}$$

Como vemos en la Fig. 5.1, se trata de una función par. Entonces $b_n = 0$.

$$\begin{aligned} a_n &= \frac{2}{\pi}\int_0^{\pi} f(x)\cos nx\,dx \\ &= \frac{2}{\pi}\int_0^{\pi/2} \cos nx\,dx \\ &= \frac{2}{\pi}\left(\frac{\mathrm{sen}\,nx}{n}\right)\Bigg|_0^{\pi/2} \end{aligned}$$

Figura 5.1:

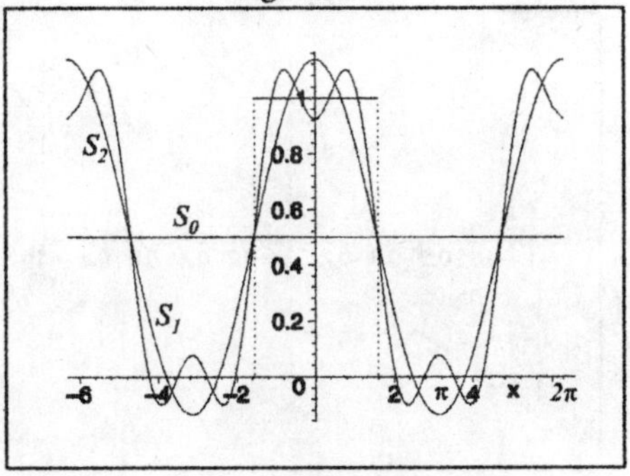

Onda cuadrada.

$$a_n = \begin{cases} -\dfrac{2}{n\pi} & (n = 3, 7, 11, \ldots) \\ \dfrac{2}{n\pi} & (n = 1, 5, 9, \ldots) \\ 0 & (n = 2, 4, 6, \ldots) \end{cases}$$

La serie de Fourier de $f(x)$ es entonces:

$$f(x) \sim \frac{1}{2} + \frac{2}{\pi}\cos x - \frac{2}{3\pi}\cos 3x + \frac{2}{5\pi}5x - \frac{2}{7\pi}\cos 7x + \cdots$$

o bien

$$f(x) \sim \frac{1}{2} - \frac{2}{\pi}\sum_{n=1}^{\infty}(-1)^n \frac{\cos(2n-1)x}{2n-1}$$

Si indicamos con S_n las sumas parciales de esta serie tenemos:

$$S_0 = \frac{1}{2} \quad S_1 = \frac{1}{2} + \frac{2}{\pi}\cos x$$
$$S_2 = \frac{1}{2} + \frac{2}{\pi}\cos x - \frac{2}{3\pi}\cos 3x$$
$$\vdots$$

En la Fig. 5.1 se han representado las primeras sumas parciales para visualizar cómo se van aproximando a la onda cuadrada.

□

Ejemplo 5.10: Onda diente de sierra. Sea $f(x) = x$ para $-1 \leqslant x \leqslant 1$. Esta es una función impar — ver Fig. 5.2, por lo que $a_n = 0$ y:

$$\begin{aligned} b_n &= 2\int_0^1 x \operatorname{sen} n\pi x \, dx \\ &= 2\left(\frac{\operatorname{sen} n\pi x}{n^2\pi^2} - \frac{x\cos n\pi x}{n\pi}\right)\Bigg|_0^1 \\ &= -2\frac{(-1)^n}{n\pi} = \frac{2}{n\pi}(-1)^{n+1} \quad (n = 1, 2, 3, \ldots) \end{aligned}$$

Figura 5.2:

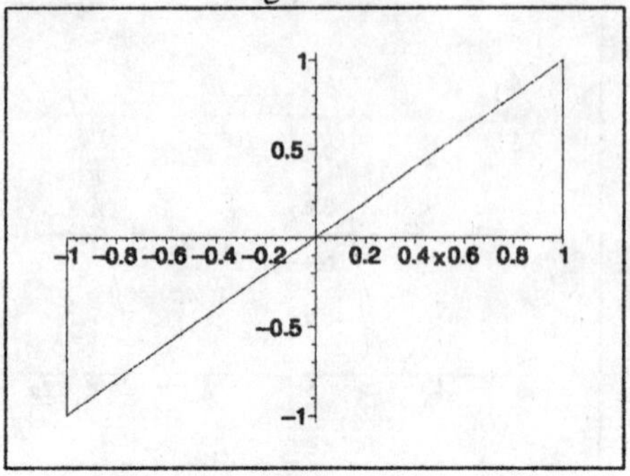

Onda diente de sierra.

Figura 5.3:

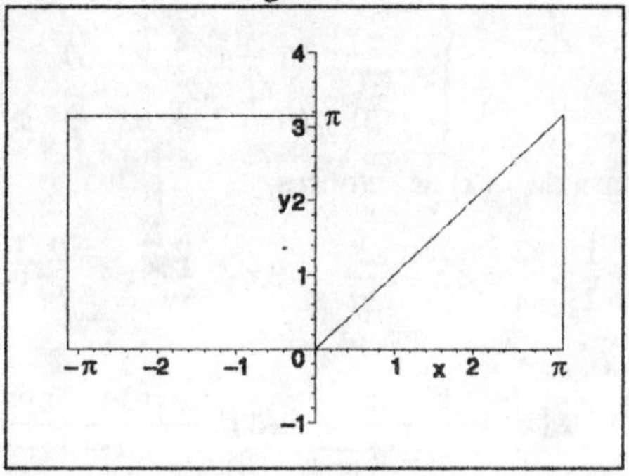

Entonces la serie trigonométrica de Fourier resulta:

$$\begin{aligned} f(x) &\sim \frac{2}{\pi}\sum_{n=1}^{\infty}\frac{(-1)^{n+1}}{n}\operatorname{sen} n\pi x \\ &= \frac{2}{\pi}\left(\operatorname{sen}\pi x - \frac{\operatorname{sen} 2\pi x}{2} + \frac{\operatorname{sen} 3\pi x}{3} - \cdots\right) \end{aligned}$$

□

Ejemplo 5.11: Sea:

$$f(x) = \begin{cases} \pi & , \text{si } -\pi \leqslant x < 0 \\ x & , \text{si } 0 \leqslant x \leqslant \pi \end{cases}$$

La función no es par ni impar por lo que el desarrollo en serie trigonométrica de

FOURIER incluye términos pares tanto como impares:

$$
\begin{aligned}
a_0 &= \frac{1}{\pi}\left[\int_{-\pi}^{0}\pi\,dx + \int_{0}^{\pi}x\,dx\right] = \frac{3\pi}{2}\\
a_n &= \frac{1}{\pi}\left[\int_{-\pi}^{0}\pi\cos nx\,dx + \int_{0}^{\pi}x\cos nx\,dx\right]\\
&= \frac{1}{\pi}\left[\frac{\pi\operatorname{sen} nx}{n}\Big|_{-\pi}^{0} + \left(\frac{\cos nx}{n^2} + \frac{x\operatorname{sen} nx}{n}\right)\Big|_{0}^{\pi}\right]\\
&= \frac{1}{\pi}\left(\frac{\cos n\pi - 1}{n^2}\right) = \frac{(-1)^n - 1}{\pi n^2}\\
&= \begin{cases} -\frac{2}{\pi n^2} & \text{, si } n \text{ es impar}\\ 0 & \text{, si } n \text{ es par}\end{cases}
\end{aligned}
$$

$$
\begin{aligned}
b_n &= \frac{1}{\pi}\left[\int_{-\pi}^{0}\pi\operatorname{sen} nx\,dx + \int_{0}^{\pi}x\operatorname{sen} nx\,dx\right]\\
&= \frac{1}{\pi}\left[\frac{-\pi\cos nx}{n}\Big|_{-\pi}^{0} + \left(\frac{\operatorname{sen} nx}{n^2} - \frac{x\cos nx}{n}\right)\Big|_{0}^{\pi}\right]\\
&= \frac{1}{\pi}\left(-\frac{\pi}{n}\right) = -\frac{1}{n}
\end{aligned}
$$

La serie trigonométrica de FOURIER resulta entonces:

$$
\begin{aligned}
f(x) &\sim \frac{3\pi}{4} + \sum_{n=1}^{\infty}\left[\frac{(-1)^n - 1}{\pi n^2}\cos nx - \frac{\operatorname{sen} nx}{n}\right]\\
&= \frac{3\pi}{4} - \frac{2}{\pi}\cos x - \operatorname{sen} x - \frac{\operatorname{sen} 2x}{2} +\\
&\quad - \frac{2}{9\pi}\cos 3x - \frac{\operatorname{sen} 3x}{3} - \frac{\operatorname{sen} 4x}{4} - \ldots
\end{aligned}
$$

□

5.7. Serie de Fourier Seno y Serie de Fourier Coseno

Hemos visto en los ejemplos que el problema de S-L:

$$
\begin{gathered}
y'' + \lambda y = 0\\
y(0) = y(\pi) = 0
\end{gathered}
$$

tenía como *e.i.f.* el conjunto:

$$
\{\phi_n\} = \sqrt{\frac{2}{\pi}}\operatorname{sen} nx \quad (n \in \mathbb{N};\ 0 \leqslant x \leqslant \pi)
$$

Si reemplazamos la segunda condición de contorno por la más general $y(L) = 0$ donde $L > 0$, obtenemos el problema S-L:

$$
\begin{gathered}
y'' + \lambda y = 0\\
y(0) = y(L) = 0
\end{gathered}
$$

con *e.i.f.*:

$$\{\phi_n\} = \sqrt{\frac{2}{L}} \operatorname{sen} \frac{n\pi x}{L} \quad (n \in \mathbb{N};\ 0 \leqslant x \leqslant L)$$

Si ahora planteamos el problema de desarrollar formalmente una función $f(x)$ definida en $[0, L]$ en serie de funciones ortonormales $\{\phi_n\}$:

$$f(x) \sim \sum_{n=1}^{\infty} C_n \phi_n(x)$$

donde

$$C_n = \int_0^L f(x) \sqrt{\frac{2}{L}} \operatorname{sen} \frac{n\pi x}{L}\, dx \quad (n \in \mathbb{N})$$

la serie adopta la forma:

$$f(x) \sim \sum_{n=1}^{\infty} \left(\sqrt{\frac{2}{L}} \int_0^L f(x) \operatorname{sen} \frac{n\pi x}{L}\, dx \right) \left(\sqrt{\frac{2}{L}} \operatorname{sen} \frac{n\pi x}{L} \right)$$

o sea:

$$\boxed{f(x) \sim \sum_{n=1}^{\infty} b_n \operatorname{sen} \frac{n\pi x}{L}} \tag{5.22}$$

donde

$$\boxed{b_n = \frac{2}{L} \int_0^L f(x) \operatorname{sen} \frac{n\pi x}{L}\, dx} \quad (n = 1, 2, 3, \ldots) \tag{5.23}$$

La serie (5.22) recibe el nombre de *serie de* Fourier *seno*, siempre que los productos $f(x) \operatorname{sen}(n\pi x/L)$ sean integrables en $[0, L]$. Nótese que este desarrollo coincide con el desarrollo en serie trigonométrica de Fourier (5.20) de la función impar $f(x)$ definida en $[-L, L]$ y que coincide con $f(x)$ en $0 \leqslant x \leqslant L$.

Supongamos que se quisiera desarrollar una función $f(x)$ definida en $[0, L]$ en serie de cosenos, en lugar de senos. Si consideramos el problema de S-L:

$$y'' + \lambda y = 0$$
$$y'(0) = y'(L) = 0 \quad (L > 0)$$

vemos que las *e.i.f.* resultan:

$$\phi_1(x) = \frac{1}{\sqrt{L}}$$
$$\phi_{n+1}(x) = \sqrt{\frac{2}{L}} \cos \frac{n\pi x}{L} \quad (n \in \mathbb{N};\ 0 \leqslant x \leqslant L)$$

En este caso, el desarrollo en *serie de* Fourier *coseno* resulta:

$$\boxed{f(x) \sim \frac{1}{2} a_0 + \sum_{n=1}^{\infty} a_n \cos \frac{n\pi x}{L}} \tag{5.24}$$

donde

$$\boxed{a_n = \frac{2}{L} \int_0^L f(x) \cos \frac{n\pi x}{L}\, dx} \quad (n = 0, 1, 2, \ldots) \tag{5.25}$$

Figura 5.4:

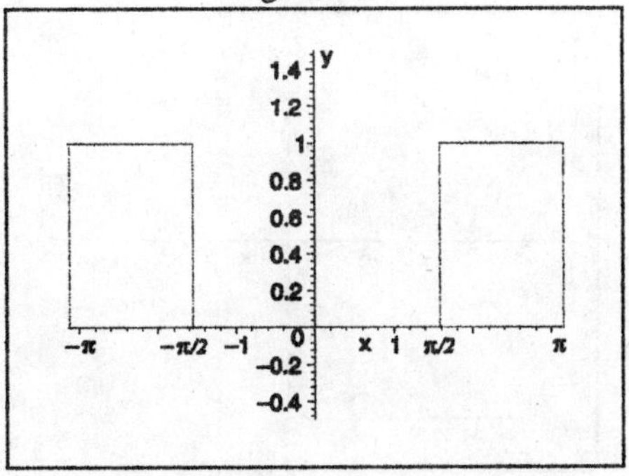

Desarrollo de $f(x)$ como función par.

La serie (5.24) coincide con el desarrollo de la función $f(x)$ par (5.18) definida en $-L \leqslant x \leqslant L$ y que coincide con $f(x)$ en $0 \leqslant x \leqslant L$. De este modo, tenemos ahora la posibilidad de expandir una función $f(x)$ definida en $[0, L]$ como función par y desarrollarla en serie de cosenos, o bien como función impar y desarrollarla en serie de senos. Por supuesto que los desarrollos así obtenidos representan sólo a la función original $f(x)$ en $[0, L]$.

Ejemplo 5.12: Dada la función:

$$f(x) = \begin{cases} 0 & , \text{si } 0 < x < \pi/2 \\ 1 & , \text{si } \pi/2 < x < \pi \end{cases}$$

desarrollarla en serie de cosenos.

Aplicando (5.25) tenemos:

$$\begin{aligned} a_0 &= \frac{2}{\pi}\int_{\pi/2}^{\pi} dx = 1 \\ a_n &= \frac{2}{\pi}\int_{\pi/2}^{\pi} \cos nx\, dx \\ &= \frac{2}{n\pi}\operatorname{sen} nx\Big|_{\pi/2}^{\pi} \\ &= \begin{cases} 0 & , \text{si } n \text{ es par} \\ \frac{-2(-1)^{k-1}}{(2k-1)\pi} & , \text{si } n = 2k-1 \ (k \in \mathbb{N}) \end{cases} \end{aligned}$$

Entonces:

$$f(x) \sim \frac{1}{2} - \frac{2}{\pi}\left(\cos x - \frac{\cos 3x}{3} + \frac{\cos 5x}{5} - \cdots\right) \quad (0 < x < \pi)$$

□

Ejemplo 5.13: Desarrollar la función del ejercicio 5.12 en serie de senos. Aplicando (5.23) resulta:

Figura 5.5:

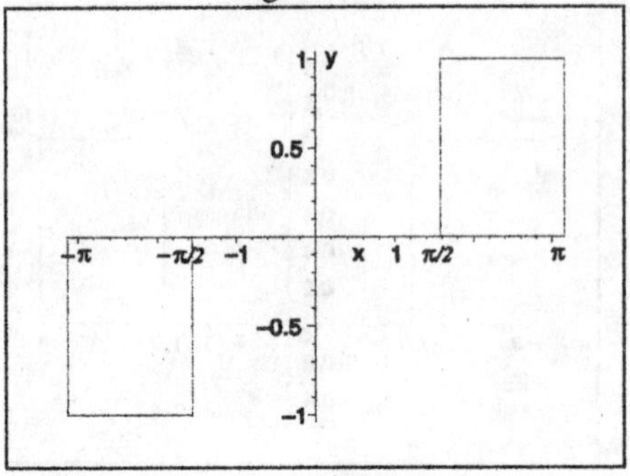

Desarrollo de $f(x)$ como función impar.

$$\begin{aligned} b_n &= \frac{2}{\pi}\int_{\pi/2}^{\pi} \operatorname{sen} nx\,dx \\ &= -\frac{2}{n\pi}\cos nx\Big|_{\pi/2}^{\pi} \\ &= \begin{cases} \frac{2}{n\pi} & \text{, si } n \text{ es impar} \\ \frac{1}{k\pi}\left[(-1)^k - 1\right] & \text{, si } n = 2k\ (k \in \mathbb{N}) \end{cases} \end{aligned}$$

Entonces:

$$f(x) \sim \frac{2}{\pi}\left(\operatorname{sen} x - \operatorname{sen} 2x + \frac{\operatorname{sen} 3x}{3} + \frac{\operatorname{sen} 5x}{5} - \frac{\operatorname{sen} 6x}{6} + \cdots\right)$$

□

5.8. Convergencia de la Serie de Fourier

Para analizar si la serie trigonométrica de Fourier de una función $f(x)$ converge para algún valor de $x \in [-L, L]$ y en el caso que converja, si converge a $f(x)$, vamos a recordar cuándo se dice que una función es periódica y suave a trozos.

Se dice que $f(x)$ es *periódica de período* p si $\exists$ una constante $p > 0$ tal que $f(x) = f(x+p)$ para $\forall x$. Por ejemplo, las funciones sen $(n\pi x/L)$ y cos $(n\pi x/L)$ son periódicas de período $2L/n$. Pero una función periódica de período p es también periódica de período np, donde n es un entero positivo. Entonces las funciones sen $(n\pi x/L)$ y cos $(n\pi x/L)$ son periódicas de período $2L$ y cada término de la serie trigonométrica de Fourier será periódica de período $2L$. O sea que si la serie converge para $\forall x$, la función deberá ser periódica de período $2L$.

$f(x)$ es *suave a trozos* en $[a, b]$ si tanto $f(x)$ como $f'(x)$ son continuas a trozos para $a \leqslant x \leqslant b$.

Teorema 5.4: (Condiciones de Dirichlet[4]): Sea una función periódica de período $2L$

[4]DIRICHLET, Peter Lejeune (1805-1859): Su conocimiento personal tanto de matemáticos franceses como alemanes lo convirtió en el intérprete de Gauss, así como en el hombre ideal para someter las series de Fourier a un exhaustivo análisis. Dirichlet estableció un criterio riguroso de convergencia de las series

y suave a trozos en $-L \leqslant x \leqslant L$. La serie trigonométrica de FOURIER:

$$\frac{1}{2}a_0 + \sum_{n=1}^{\infty}\left(a_n \cos\frac{n\pi x}{L} + b_n \operatorname{sen}\frac{n\pi x}{L}\right) \tag{5.26}$$

donde

$$a_n = \frac{1}{L}\int_{-L}^{L} f(x)\cos\frac{n\pi x}{L}\,dx \quad (n = 0, 1, 2, \ldots) \tag{5.27}$$

$$a_n = \frac{1}{L}\int_{-L}^{L} f(x)\operatorname{sen}\frac{n\pi x}{L}\,dx \quad (n = 0, 1, 2, \ldots) \tag{5.28}$$

converge en todo punto x al valor:

$$\frac{f(x^+) + f(x^-)}{2} \tag{5.29}$$

donde $f(x^+)$ y $f(x^-)$ son los límites de f a derecha e izquierda de x. Si f es continua en x entonces:

$$f(x) = \frac{1}{2}a_0 + \sum_{n=1}^{\infty}\left(a_n \cos\frac{n\pi x}{L} + b_n \operatorname{sen}\frac{n\pi x}{L}\right)$$

Ejemplo 5.14: Sea la función $f(x)$ definida en $-\pi \leqslant x \leqslant \pi$ por:

$$f(x) = \begin{cases} \pi & , \text{si } -\pi \leqslant x < 0 \\ x & , \text{si } 0 \leqslant x \leqslant \pi \end{cases}$$

y para todo otro x por la condición de periodicidad:

$$f(x + 2\pi) = f(x)$$

En el intervalo $[-\pi, \pi]$ esta función coincide con la del Ejemplo 5.11 — ver Fig. 5.6 — cuya serie trigonométrica de FOURIER era:

$$\frac{3\pi}{4} + \sum_{n=1}^{\infty}\left[\frac{(-1)^n - 1}{\pi n^2}\cos nx - \frac{\operatorname{sen} nx}{n}\right]$$

Esta función cumple las hipótesis del TEOREMA 5.4 ya que es periódica de período 2π y suave a trozos. En efecto, f es continua para $\forall x \neq \pm 2n\pi$ $(n = 0, 1, 2, \ldots)$. Entonces para $x = \pi$ converge al valor $f(\pi) = \pi$:

$$\pi = \frac{3\pi}{4} + \frac{2}{\pi}\left(1 + \frac{1}{3^2} + \frac{1}{5^2} + \cdots + \frac{1}{(2n-1)^2} + \cdots\right)$$

de donde obtenemos el interesante resultado:

$$\frac{\pi^2}{8} = 1 + \frac{1}{3^2} + \frac{1}{5^2} + \cdots + \frac{1}{(2n-1)^2} + \cdots$$

de FOURIER. También introdujo en el Cálculo de Variaciones el llamado PRINCIPIO DE DIRICHLET que establece la existencia de una función v que minimiza la integral $\int \left(v_x^2 + v_y^2 + v_z^2\right) dE$ bajo ciertas condiciones de contorno. Era una modificación de un principio que GAUSS había enunciado en su teoría del potencial y que le sirvió luego a RIEMANN como herramienta en la teoría del potencial.

Figura 5.6:

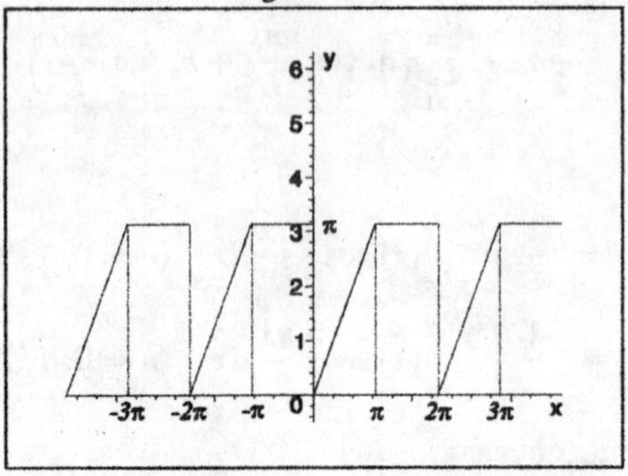

Desarrollo en SERIE TRIGONOMÉTRICA DE FOURIER de la función $f(x)$

En cambio, para $x = \pm 2n\pi$ como $f(0^+) = 0$; $f(0^-) = \pi$ tenemos:

$$\frac{\pi}{2}\frac{f(x^+) + f(x^-)}{2}$$

Por lo tanto podemos escribir:

$$\frac{\pi}{2} = \frac{3\pi}{4} - \frac{2}{\pi}\sum_{n=1}^{\infty}\frac{1}{(2n-1)^2}$$

□

Con respecto a la convergencia de las series de FOURIER seno y coseno el resultado que usaremos es el siguiente:

Teorema 5.5: Sea f una función suave a trozos en $0 \leqslant x \leqslant L$. La serie de FOURIER seno de f:

$$\sum_{n=1}^{\infty} b_n \operatorname{sen}\frac{n\pi x}{L}$$

donde:

$$b_n = \frac{2}{L}\int_{-L}^{L} f(x)\operatorname{sen}\frac{n\pi x}{L}\,dx \quad (n = 1, 2, \ldots)$$

converge al valor:

$$\frac{f(x^+) + f(x^-)}{2} \quad 0 < x < L$$

Si f es continua en x la serie de FOURIER seno de f en x converge a $f(x)$.

Un resultado similar vale para la serie de FOURIER coseno y la demostración de las condiciones de DIRICHLET puede consultarse por ejemplo en la clásica obra de GOURSAT-HEDRICK — *ver* [Bib. 12].

5.9. Forma Compleja de las Series de Fourier

Las definiciones de paridad, suave a trozos y extensión periódica son las mismas para funciones de variable compleja que para funciones de variable real. Los teoremas sobre convergencia, integración y diferenciación de series complejas se prueban de igual modo que para series reales. Aún cuando el conjunto trigonométrico de funciones reales es también ortonormal en $\mathbb{C}$, hay muchos problemas en los cuales es preferible usar el conjunto exponencial de funciones, que vamos a introducir. Usando las fórmulas:

$$\cos\frac{n\pi x}{L} = \frac{e^{in\pi x/L} + e^{-in\pi x/L}}{2} \qquad \operatorname{sen}\frac{n\pi x}{L} = \frac{e^{in\pi x/L} - e^{-in\pi x/L}}{2i}$$

obtenemos:

$$a_n\cos\frac{n\pi x}{L} + b_n\operatorname{sen}\frac{n\pi x}{L} = C_n e^{in\pi x/L} + C_{-n}e^{-in\pi x/L}$$

donde

$$C_n = \frac{a_n - ib_n}{2} \qquad C_{-n} = \frac{a_n + ib_n}{2} \qquad (n \in \mathbb{N}) \tag{5.30}$$

Si además ponemos:

$$C_0 = \frac{a_0}{2} \tag{5.31}$$

vemos que si f está representada por la serie convergente:

$$f(x) = \frac{a_0}{2} + \sum\left(a_n\cos\frac{n\pi x}{L} + b_n\operatorname{sen}\frac{n\pi x}{L}\right)$$

entonces f está también representada por la serie convergente:

$$\boxed{f(x) = C_0 + \sum_{n=1}^{\infty}\left(C_n e^{in\pi x/L} + C_{-n}e^{-in\pi x/L}\right)} \tag{5.32}$$

de donde C_0, C_n y C_{-n} están dados por (5.30) y (5.31).

Formalmente la serie (5.32) puede escribirse en la forma:

$$f(x) = \sum_{n=-\infty}^{\infty} C_n e^{in\pi x/L} = C_0 + \sum_{n=1}^{\infty} C_n e^{in\pi x/L} + \sum_{n=1}^{\infty} C_{-n}e^{in\pi x/L}$$

pero, a menos que las dos series $\sum_{n=1}^{\infty}|C_n|$ y $\sum_{n=1}^{\infty}|C_{-n}|$ sean convergentes, la reagrupación no siempre es válida.

Veremos ahora que el conjunto $\{\phi_n\}$ integrado por las funciones:

$$\phi_0 = 1 \qquad \phi_1 = e^{i\pi x/L} \qquad \cdots \qquad \phi_n = e^{in\pi x/L}$$
$$\phi_{-1} = e^{-i\pi x/L} \qquad \cdots \qquad \phi_{-n} = e^{-in\pi x/L}$$

forma un conjunto ortogonal en $[-L, L]$ con función $r(x) = 1$. En efecto, el producto escalar se define en $\mathbb{C}$ — *ver* [Cálculo 2, Cap. 12] — como:

$$\begin{aligned}\langle\phi_m\phi_n\rangle &= \int_{-L}^{L} e^{im\pi x/L}\overline{e^{in\pi x/L}}dx = \int_{-L}^{L} e^{i(m-n)\pi x/L}dx \\ &= L\frac{e^{i(m-n)\pi x/L}}{i(m-n)\pi}\bigg|_{-L}^{L} = \begin{cases}0 & \text{, si } m \neq n \\ 2L & \text{, si } m = n\end{cases}\end{aligned}$$

Como $C_n = (a_n - ib_n)/2$ tenemos para $n > 0$:

$$\begin{aligned} C_n &= \frac{1}{2L}\int_{-L}^{L} f(x)\left(\cos\frac{n\pi x}{L} - i\,\text{sen}\,\frac{n\pi x}{L}\right)dx \\ &= \frac{1}{2L}\int_{-L}^{L} f(x)\,e^{-in\pi x/L}dx \end{aligned}$$

Además:

$$\begin{aligned} C_{-n} &= \frac{1}{2L}\int_{-L}^{L} f(x)\left(\cos\frac{n\pi x}{L} + i\,\text{sen}\,\frac{n\pi x}{L}\right)dx \\ &= \frac{1}{2L}\int_{-L}^{L} f(x)\,e^{in\pi x/L}dx \end{aligned}$$

y

$$C_0 = \frac{1}{2L}\int_{-L}^{L} f(x)\,dx$$

por lo que resulta el desarrollo en serie exponencial de Fourier de $f(x)$ el siguiente:

$$\boxed{f(x) = \sum_{n=-\infty}^{\infty} C_n e^{in\pi x/L}} \qquad (5.33)$$

donde

$$\boxed{C_k = \frac{1}{2L}\int_{-L}^{L} f(x)\,e^{-ik\pi x/L}dx} \qquad (k = 0;\ \pm 1;\ \pm 2;\ \ldots) \qquad (5.34)$$

La relación entre la paridad de la función f y su serie compleja de Fourier se resume en las siguientes conclusiones, cuya comprobación se deja como ejercicio al lector.

a) f es real sii $C_{-n} = \overline{C_n}$ para $\forall n$.

b) f es par sii $C_{-n} = C_n$ para $\forall n$.

c) f es par y real sii $C_{-n} = C_n = \overline{C_n}$ para $\forall n$.

d) f es impar sii $C_{-n} = -C_n$ para $\forall n$.

e) f es impar y real sii $C_{-n} = -C_n = \overline{C_n}$ para $\forall n$.

Ejemplo 5.15: Desarrollar la función $f(x) = x;\ -\pi < x < \pi$ en serie compleja de Fourier.

Como:

$$\begin{aligned} C_0 &= \frac{1}{2L}\int_{-\pi}^{\pi} x\,dx = 0 \\ C_n &= \frac{1}{2\pi}\int_{-\pi}^{\pi} xe^{-inx}dx \\ &= \frac{1}{2\pi}\left(\frac{xe^{-inx}}{-in}\right)\Bigg|_{-\pi}^{\pi} + \frac{1}{i2n\pi}\int_{-\pi}^{\pi} e^{-inx}dx \\ &= -\frac{\pi}{i2n\pi}\left(e^{-in\pi} + e^{in\pi}\right) + \frac{1}{i2n\pi}\left(\frac{e^{-inx}}{-in}\right)\Bigg|_{-\pi}^{\pi} \end{aligned}$$

Recordando que:

$$e^{-in\pi} = e^{in\pi} = \cos n\pi + i \operatorname{sen} n\pi = (-1)^n$$

tenemos:

$$C_n = \frac{(-1)^n}{-in} = \frac{i}{n}(-1)^n$$

por lo que la serie resulta:

$$x = \sum_{\substack{n=-\infty \\ n \neq 0}}^{\infty} \frac{i}{n}(-1)^n e^{inx} \qquad -\pi < x < \pi$$

□

5.10. Aplicaciones Físicas de las Series de Fourier

a) Acústica: Las series de Fourier aparecen en un fenómeno común: el sonido musical. La función que describe el movimiento armónico simple de una onda sonora es:

$$x(t) = A \operatorname{sen}(\omega t + \alpha)$$

donde x podría ser el desplazamiento de un extremo de un diapasón a partir de la posición de equilibrio, t es el tiempo, ω es la frecuencia — *radianes por unidad de tiempo* — A es la amplitud y α la fase inicial. El sonido es un tono puro de frecuencia ω. Para $\omega = 440\,(2\pi)$ radianes por segundo hay 440 ciclos por segundo y el sonido es el del "*la*" del violín.

Normalmente el sonido de un instrumento musical, es mucho más complejo que el de una simple onda de la función senoidal. Un oído sensitivo detecta un tono fundamental y "*sobretonos*" o "*armónicas*" de distinta intensidad. Las armónicas son notas relacionadas con el tono fundamental en forma sencilla: octava, octava más un quinto, dos octavas, etc. Las frecuencias correspondientes son 2ω, 3ω, 4ω, … donde ω es la frecuencia fundamental. Según esto, un registro visual del sonido es la gráfica de la función periódica:

$$x(t) = C + A_1 \operatorname{sen}(\omega t + \alpha_1) + A_2 \operatorname{sen}(2\omega t + \alpha_2) + \cdots$$
$$\cdots + A_n \operatorname{sen}(n\omega t + \alpha_n) + \cdots$$

Esta función puede escribirse así:

$$x(t) = \sum_{n=0}^{\infty} A_n \operatorname{sen}(n\omega t + \alpha_n) \tag{5.35}$$

con la particularidad de que para $n = 0$ es:

$$C = A_0 \operatorname{sen} \alpha_0$$

Desarrollando (5.35) tenemos:

$$x(x) = \sum_{n=0}^{\infty} A_n (\operatorname{sen} n\omega t \cos \alpha_n + \cos n\omega t \operatorname{sen} \alpha_n)$$

Si llamamos:

$$\begin{cases} a_0 = 2C \\ a_n = A_n \operatorname{sen} \alpha_n \quad (n = 1, 2, 3, \ldots) \\ b_n = A_n \cos \alpha_n \quad (n = 1, 2, 3, \ldots) \end{cases}$$

tenemos:

$$\boxed{x(t) = \frac{a_0}{2} + \sum_{n=1}^{\infty} (a_n \cos n\omega t + b_n \operatorname{sen} n\omega t)} \tag{5.36}$$

que es el desarrollo en serie trigonométrica de FOURIER en $[-\pi, \pi]$. La expresión (5.36) representa una vibración de período $2\pi/\omega$ unidades alrededor del estado de equilibrio $a_0/2$. El oído humano responde al sonido musical descomponiéndolo como una serie de FOURIER y reaccionando de diferente manera a cada frecuencia. Pero existe un *"límite auditivo"*. El oído sólo percibe movimientos oscilatorios cuyo período oscile entre $1/15$ y $1/40000$ avo de segundo. Si el período es mayor que $1/15$ de segundo se dice que se trata de un *"infrasonido"* y si es menor que $1/40000$ de segundo, es un *"ultrasonido"*.

b) Electrotecnia: Al considerar excitaciones de un circuito eléctrico o magnético, se trabaja frecuentemente con funciones senoidales. Pero en la práctica aparecen funciones periódicas que no son senoidales. La suma de dos o más ondas senoidales de *frecuencias* diferentes es una onda no senoidal, cuya forma depende de la posición relativa que ocupan entre sí las ondas de diferente frecuencia en el instante inicial. El análisis armónico de una función consiste precisamente en hallar las ondas senoidales que, sumadas, permiten obtener la función que se está analizando. Supongamos que la función tiene la forma:

$$f(x) = C + K_1 \operatorname{sen}(x + \varphi_1) + K_2 \operatorname{sen}(2x + \varphi_2) + \cdots \tag{5.37}$$

donde podemos suponer que $f(x)$ es una tensión y x es, a su vez, una cierta función del tiempo, C es una tensión continua. El sumando $K_1 \operatorname{sen}(x + \varphi_1)$ es un vector armónico de amplitud K_1 que gira a una cierta velocidad angular ω, tal que $x = \omega t$. En el instante inicial, dicho vector forma con el eje de referencia un ángulo φ_1. Análogamente se pueden interpretar los restantes sumandos.

Podemos escribir (5.37) como:

$$f(x) = \sum_{n=0}^{\infty} K_n \operatorname{sen}(nx + \varphi_n)$$

siendo para $n = 0$ el término de continua $C = K_0 \operatorname{sen}(\varphi_0)$ $(n = 0)$. Si llamamos:

$$\begin{cases} a_0 = 2C \quad a_n = K_n \operatorname{sen} \varphi_n \\ \qquad\qquad b_n = K_n \cos \varphi_n \end{cases}$$

resultan a_n y b_n las respectivas componentes del vector K_n, que es la amplitud de la armónica de orden n — Fig. 5.7.

Así:

$$\begin{aligned} K_n &= \sqrt{a_n^2 + b_n^2} \\ \varphi_n &= \operatorname{arc\,tg} \frac{a_n}{b_n} \end{aligned}$$

Figura 5.7:

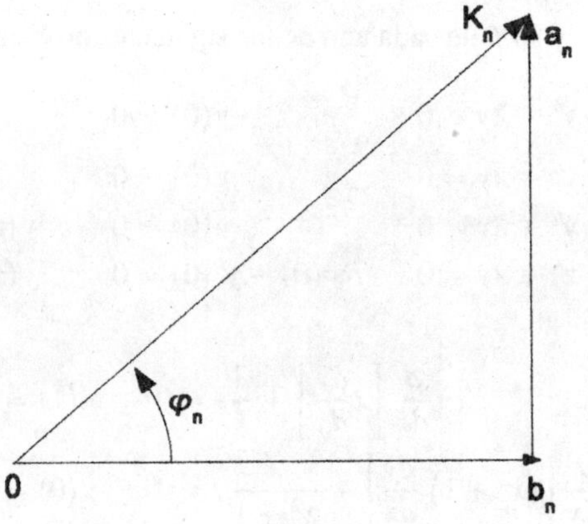

Figura 5.8:

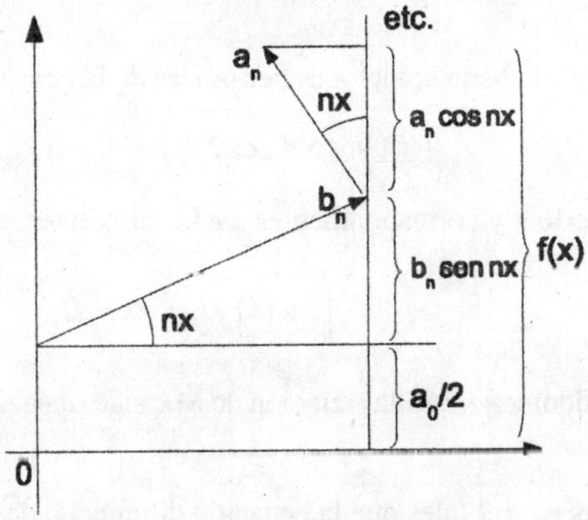

y la expresión general de $f(x)$ es:

$$f(x) = \frac{a_0}{2} + \sum_{n=0}^{\infty} (a_n \cos nx + b_n \operatorname{sen} nx)$$

Esta representación como serie trigonométrica de FOURIER de la función $f(x)$ indica que para distintos valores de x — *que es función del tiempo* — se tienen distintos valores instantáneos de la onda poliarmónica analizada. El valor de $f(x)$ se obtiene como suma de un valor constante $a_0/2$ y de las proyecciones de los diferentes sumandos, como indica la Fig. 5.8 — ver "*Circuitos Eléctricos y Magnéticos*" de E. SPINADEL, cap. 12 [Bib. 33].

Nota: Vamos a ver en el próximo Capítulo cómo aparece en forma natural la serie de FOURIER en problemas de vibración de cuerdas, conducción de calor a lo largo de una varilla, movimientos ondulatorios, etc.

5.11. Problemas

1. Hallar los *e.i.v.* y *e.i.f.* de cada uno de los siguientes problemas de S-L:

   a) $y'' + \lambda y = 0 \qquad y(0) = 0 \qquad y\left(\frac{\pi}{2}\right) = 0$

   b) $y'' + \lambda y = 0 \qquad y(0) = 0 \qquad y'(\pi) = 0$

   c)* $y'' + \lambda y = 0 \qquad y(0) = 0 \qquad y(\pi) - y'(\pi) = 0$

   d) $y'' + \lambda y = 0 \qquad y(0) - y'(0) = 0 \qquad y(\pi) - y'(\pi) = 0$

   e) $\dfrac{d}{dx}\left[x\dfrac{dy}{dx}\right] + \dfrac{\lambda}{x}y = 0 \qquad y(1) = 0 \qquad y(e^{\pi}) = 0$

   f)* $\dfrac{d}{dx}\left[\left(x^2+1\right)\dfrac{dy}{dx}\right] + \dfrac{\lambda}{x^2+1}y = 0 \qquad y(0) = 0 \qquad y(1) = 0$

   ***Sugerencia:** Hacer el cambio de variables $x = \operatorname{tg} t$.

2. Probar que:

   a) Si $u(x)$ y $v(x)$ son soluciones periódicas de la ecuación de Mathieu:

   $$y'' + (\lambda + 16\,d\,\cos 2x)\,y = 0 \quad 0 \leqslant x \leqslant \pi$$

   con período π y correspondientes a *e.i.v.* diferentes, entonces:

   $$\int_0^{\pi} u(x)\,v(x)\,dx = 0$$

   b) Para cualquier *e.i.v.* λ, la ecuación de Mathieu tiene una *e.i.f.* par y una *e.i.f.* impar.

3. Determinar los *e.i.v.* λ tales que la ecuación diferencial de cuarto orden:

   $$y^{IV} + \lambda y = 0$$

   admita una *e.i.f.* que cumpla las condiciones:

   $$f(0) = f'(0) = f(\pi) = f'(\pi) = 0$$

4. Verificar que los siguientes conjuntos de funciones forman un sistema ortogonal en el intervalo dado, con la función peso especificada:

   a) $1,\ x,\ 5x^2 - 1 \qquad (-1 \leqslant x \leqslant 1) \qquad r(x) = 1 - x^2$

   b) $1,\ x,\ 2x^2 - 1 \qquad (-1 \leqslant x \leqslant 1) \qquad r(x) = \dfrac{1}{\sqrt{1-x^2}}$

5. Obtener el desarrollo formal de la función f definida por:

   $$f(x) = 1 \text{ si } 1 \leqslant x \leqslant e^{\pi}$$

   en serie de *e.i.f.* del problema de S-L planteado en el problema 1.*e*).

6. Obtener el desarrollo formal de la función:

$$f(x) = \ln x \text{ si } 1 \leqslant x \leqslant e^{2\pi}$$

en serie de *e.i.f.* del problema de S-L:

$$\frac{d}{dx}\left[x\frac{dy}{dx}\right] + \frac{\lambda}{x}y = 0$$
$$y'(1) = 0 \quad y'\left(e^{2\pi}\right) = 0$$

donde $\lambda \geqslant 0$ — Ver ejemplo 5.2.

7. Hallar las series trigonométricas de Fourier de las siguientes funciones en el intervalo $-\pi \leqslant x \leqslant \pi$.

a) $f(x) = x$ *b)* $f(x) = x^2$

c) $f(x) = e^x$ *d)* $f(x) = \begin{cases} -2 & -\pi \leqslant x < 0 \\ 2 & 0 \leqslant x \leqslant \pi \end{cases}$

e) $f(x) = \begin{cases} 0 & -\pi \leqslant x < -\pi/2 \\ 1 & -\pi/2 \leqslant x < 0 \\ 2 & 0 \leqslant x < \pi/2 \\ 3 & \pi/2 \leqslant x \leqslant \pi \end{cases}$ *f)* $f(x) = x|x|$

8. Para cada una de las funciones dadas, hallar la serie trigonométrica de Fourier en los intervalos indicados:

a) $f(x) = |x|$ en $-6 \leqslant x \leqslant 6$

b) $f(x) = 2x + 1$ en $-1 \leqslant x \leqslant 1$

c) $f(x) = \begin{cases} -2 & \text{, si } -4 \leqslant x < 0 \\ 0 & \text{, si } x = 0 \\ 2 & \text{, si } 0 < x \leqslant 4 \end{cases}$ en $-4 \leqslant x \leqslant 4$

9. Para cada una de las funciones dadas hallar:

i) Serie de Fourier seno en $0 \leqslant x \leqslant \pi$.

ii) Serie de Fourier coseno en $0 \leqslant x \leqslant \pi$.

a) $f(x) = 1$

b) $f(x) = \begin{cases} x & \text{,si } 0 \leqslant x \leqslant \pi/2 \\ \pi - x & \text{,si } \pi/2 \leqslant x \leqslant \pi \end{cases}$

c) $f(x) = \operatorname{sen} x$

d) $f(x) = e^x$

10. Para cada una de las funciones dadas, hallar:

i) Serie de Fourier seno en $0 \leqslant x \leqslant L$.

ii) Serie de Fourier coseno en $0 \leqslant x \leqslant L$.

a) $f(x) = 4x$

b) $f(x) = \begin{cases} 0 & \text{, si } 0 \leqslant x < L/2 \\ L^2 & \text{, si } L/2 \leqslant x \leqslant L \end{cases}$

c) $f(x) = \begin{cases} x/10 & \text{, si } 0 \leqslant x < L/2 \\ (L-x)/10 & \text{, si } L/2 \leqslant x \leqslant L \end{cases}$

11. Desarrollar cada una de las siguientes funciones como se indica y graficar la extensión periódica f_0 en un intervalo de longitud tres períodos.

a)
$$f(x) = \begin{cases} 1 & \text{, si } 0 < x < \pi \\ -1 & \text{, si } \pi < x < 2\pi \end{cases}$$

serie completa en $[0, 2\pi]$.

b)
$$f(x) = \begin{cases} 0 & \text{, si } 0 < x < \pi/2 \\ 1 & \text{, si } \pi/2 < x < 2\pi \end{cases}$$

serie completa en $[0, 2\pi]$.

c)
$$f(x) = x^2 \quad (0 < x < 1)$$

serie de cosenos en $[0, 1]$.

d)
$$f(x) = \begin{cases} 0 & \text{, si } 0 < x < \pi \\ 1 & \text{, si } \pi < x < 2\pi \end{cases}$$

serie de senos en $[0, 2\pi]$.

12. Indiquemos con F la serie de Fourier de una función f y con G la de una función g. Probar que si c es una constante, la serie de Fourier de la función cf es cF. Si f y g son periódicas con igual período, mostrar que la serie de Fourier de $f+g$ es $F+G$. ¿Qué conjunto de series de Fourier forma un espacio vectorial lineal?

13. Combinando las series del problema $11a$ y $11b$ y tomando en cuenta las conclusiones del problema 12, hallar la serie de Fourier de:

$$f(x) = \begin{cases} 2 & \text{, si } 0 < x < \pi/2 \\ 1 & \text{, si } \pi/2 < x < \pi \\ -1 & \text{, si } \pi < x < 2\pi \end{cases}$$

serie completa en $[0, 2\pi]$.

14. Sea la función $f(x)$ definida en el intervalo $-\pi \leqslant x < \pi$ por:

$$f(x) = \begin{cases} 0 & \text{, si } -\pi \leqslant x < 0 \\ x+1 & \text{, si } 0 \leqslant x < \pi/2 \\ 2x & \text{, si } \pi/2 \leqslant x < \pi \end{cases}$$

y para todo otro x por la condición de periodicidad:

$$f(x+2\pi) = f(x)$$

Discutir la convergencia de la serie de FOURIER de f, en particular, determinar a qué valores converge la serie en $x = 0$; $x = \pi/2$; $x = \pi$.

15. Sea la función $f(x)$ definida en el intervalo $-\pi < x < \pi$ por:

$$f(x) = \begin{cases} (x+\pi)^2 & \text{, si } -\pi \leqslant x < 0 \\ \pi^2 & \text{, si } 0 \leqslant x < \pi/3 \\ 8 & \text{, si } \pi/3 \leqslant x < 2\pi/3 \\ 5 & \text{, si } 2\pi/3 \leqslant x < \pi \end{cases}$$

y para todo otro x por la condición de periodicidad:

$$f(x+2\pi) = f(x)$$

Discutir la convergencia de la serie de FOURIER de f y determinar los valores de $x \in [-\pi, \pi]$ en los cuales la serie *no* converja a $f(x)$ y el valor al cual converge en cada uno de dichos puntos.

16. Hallar la serie de FOURIER compleja para cada una de las siguientes funciones:

a) $f(x) = x^2 \quad (-\pi < x < \pi)$ *b*) $f(x) = |x| \quad (-\pi < x < \pi)$

c) $f(x) = \operatorname{sen} ax \quad (0 < a < 1)$ *d*) $f(x) = 1 + ix \quad (-\pi < x < \pi)$

e) $f(x) = 2x + ix^2 \quad (-\pi < x < \pi)$ *f*) $f(x) = \operatorname{ch} ax \quad (0 < a < 1)$

17. La serie de potencias convergente $\sum_{n=0}^{\infty} a_n z^n$ da origen a una serie de FOURIER convergente sustituyendo:

$$z = r(\cos\theta + i \operatorname{sen}\theta) \qquad z^2 = r^2(\cos 2\theta + i \operatorname{sen} 2\theta) \qquad \cdots$$

donde r es cualquier número fijo menor que R, el radio de convergencia. Tomando partes real e imaginaria, obtener las siguientes representaciones en serie de FOURIER.

a)

$$e^{r\cos\theta}\cos(r \operatorname{sen}\theta) = \\ = 1 + r\cos\theta + \frac{r^2\cos 2\theta}{2} + \cdots \frac{r^n \cos n\theta}{n!} + \cdots$$

b)

$$e^{r\cos\theta}\operatorname{sen}(r \operatorname{sen}\theta) = \\ = r\operatorname{sen}\theta + \frac{r^2\operatorname{sen} 2\theta}{2} + \cdots \frac{r^n \operatorname{sen} n\theta}{n!} + \cdots$$

para $0 \leqslant r < \infty$.

Sugerencia: Comenzar con la serie de $1/(1-z)$.

c)

$$\frac{1 - r\cos\theta}{1 + r^2 - 2r\cos\theta} =$$
$$= 1 + r\cos\theta + r^2\cos 2\theta + \cdots + r^n\cos n\theta + \cdots$$

d)

$$\frac{r\,\text{sen}\,\theta}{1 + r^2 - 2r\cos\theta} =$$
$$= r\,\text{sen}\,\theta + r^2\,\text{sen}\,2\theta + \cdots + r^n\,\text{sen}\,n\theta + \cdots$$

Sugerencia: Comenzar con la serie de $1/(1-z)$.

18. Con el mismo método que en el problema 17, probar:

$$\frac{1 - \cos(n+1)\theta - \cos\theta + \cos n\theta}{2(1-\cos\theta)} =$$
$$= 1 + \cos\theta + \cdots + \cos n\theta$$
$$\frac{\text{sen}\,n\theta + \text{sen}\,\theta - \text{sen}\,(n+1)\theta}{2(1-\cos\theta)} =$$
$$= \text{sen}\,\theta + \cdots + \text{sen}\,n\theta$$

para $\theta \neq 0;\ \pm 2\pi;\ \ldots$
Sugerencia: Comenzar con la expresión de $1 + z + \cdots + \cos n\theta$.

19. A partir del primer resultado del problema 18, verificar que:

$$\frac{\text{sen}\left[\left(n+\frac{1}{2}\right)\theta\right]}{2\,\text{sen}\left(\frac{1}{2}\theta\right)} = \frac{1}{2} + \cos\theta + \cdots + \cos n\theta$$

donde $\theta \neq 0;\ \pm 2\pi;\ \ldots$

20. **Experiencia musical:** Presionar, sin que emitan sonido, las siguientes teclas de un piano: *do* situado a la derecha del do central, *sol* a la derecha del do presionado y *do* a la derecha de este sol. Con las tres teclas presionadas, toque el do central. Deben oírse las otras tres notas, que corresponden a las frecuencias 2ω, 3ω, 4ω siendo ω la frecuencia del do central — 262 *ciclos por segundo*. La respuesta de las otras notas es un efecto de resonancia, debido a los términos de las frecuencias correspondientes en la serie de Fourier para el do central.

21. El sonido de una flauta tiene armónicas muy débiles; por el contrario, el oboe tiene armónicas muy fuertes. ¿Qué implica esto respecto de la serie de Fourier del sonido de una flauta?

Capítulo 6

Ecuaciones Diferenciales en Derivadas Parciales

"La creatividad es la esencia de todo aquello que no es mecánico."

HOFSTADTER, Douglas R.

6.1. Introducción

Una ecuación diferencial en derivadas parciales es una ecuación diferencial que involucra derivadas parciales de una o más variables dependientes con respecto a una o más variables independientes.

Así como las ecuaciones diferenciales totales u ordinarias nos han servido como expresiones matemáticas de las leyes que rigen el movimiento de las partículas y el comportamiento de circuitos eléctricos, las ecuaciones diferenciales parciales describen los fenómenos en medios continuos, por ejemplo, fluidos, sólidos en estados de deformación o vibración, de conducción del calor, campos electromagnéticos, etc.

El tema de ecuaciones en derivadas parciales es tan amplio que todo un libro se podría dedicar a su estudio. En este capítulo simplemente vamos a introducir los tipos más comunes de ecuaciones diferenciales parciales a las cuales aplicaremos el *"método de separación de variables"*, que resulta muy útil en muchos problemas aplicados.

6.2. Conceptos Básicos

Una *ecuación diferencial parcial* relaciona una función de varias variables y sus derivadas hasta cierto orden. El *orden* de la ecuación diferencial es el de la mayor derivada presente. Una *solución* de la ecuación diferencial parcial es una función que satisface la ecuación en alguna región del espacio de las variables independientes. En algunos casos muy simples se puede obtener una solución en forma inmediata.

Ejemplo 6.1: Sea la ecuación diferencial parcial de primer orden:

$$\frac{\partial z}{\partial x} = x^2 + y^2$$

donde $z = f(x, y)$. Por una simple cuadratura obtenemos:

$$z(x, y) = \int (x^2 + y^2)\, dx + \varphi(y)$$

de donde

$$z(x, y) = \frac{x^3}{3} + y^2 x + \varphi(y)$$

Nótese que la solución depende de *una* función $\varphi(y)$ arbitraria.

□

Ejemplo 6.2: Sea la ecuación diferencial parcial de segundo orden:

$$\frac{\partial^2 z}{\partial x \partial y} = x^3 - y^2$$

donde $z = f(x, y)$. Si la escribimos:

$$\frac{\partial}{\partial y}\left(\frac{\partial z}{\partial x}\right) = x^3 - y^2$$

podemos integrar con respecto a y, obteniendo:

$$\frac{\partial z}{\partial x} = \int (x^3 - y^2)\, dy + \varphi(x) = x^3 y - \frac{y^3}{3} + \varphi(x)$$

Si ahora integramos respecto a x, resulta:

$$z(x, y) = \int \left[x^3 y - \frac{y^3}{3} + \varphi(x)\right] dx + \psi(y)$$

y llamando $\kappa(x) = \int \varphi(x)\, dx$ tenemos finalmente:

$$z(x, y) = \frac{x^4 y}{4} - \frac{y^3 x}{3} + \kappa(x) + \psi(y)$$

Nótese que la solución depende de *dos* funciones arbitrarias.

□

En estos dos ejemplos notamos que, a diferencia de las ecuaciones diferenciales ordinarias, cuyas soluciones incluían *constantes* arbitrarias, en las ecuaciones diferenciales parciales aparecen *funciones* arbitrarias, tantas como sea el orden de la ecuación.

Normalmente, en las aplicaciones, se buscan soluciones que satisfagan *condiciones iniciales* o *condiciones de contorno*. Las condiciones iniciales son valores de la solución o de sus derivadas en $t = 0$ — *una de las variables independientes, en general, el tiempo*. Las condiciones de contorno son valores de la solución o de sus derivadas en la frontera de la región donde varían las variables espaciales independientes. Muy a menudo consideraremos las condiciones iniciales como una forma de condiciones de contorno y nos referiremos a una ecuación diferencial parcial con todas las condiciones como un *problema de valores de contorno*.

Los problemas de valores de contorno más frecuentes son los que corresponden a ecuaciones diferenciales parciales homogéneas de segundo orden con coeficientes constantes, tales como las que siguen:

1. La ECUACIÓN DE LAS ONDAS unidimensional:

$$\boxed{c^2\frac{\partial^2 u}{\partial x^2}-\frac{\partial^2 u}{\partial t^2}=0} \tag{6.1}$$

donde c es una constante positiva y $0<x<L$; $0<t<\infty$ sujeta a las condiciones de contorno:

$$u=0 \qquad \text{para} \qquad x=0 \qquad x=L \qquad 0\leqslant t<\infty$$

y condiciones iniciales:

$$u=f(x) \qquad \frac{\partial u}{\partial t}=g(x) \qquad \text{para} \qquad t=0 \qquad 0\leqslant x\leqslant L$$

Físicamente, esta ecuación diferencial veremos que rige las vibraciones de una cuerda de longitud L, las condiciones de contorno determinan que sus extremos están fijos y las condiciones iniciales dan el desplazamiento inicial y la velocidad a lo largo de la cuerda.

2. La ECUACIÓN DE CALOR unidimensional:

$$\boxed{c^2\frac{\partial^2 u}{\partial x^2}-\frac{\partial u}{\partial t}=0} \tag{6.2}$$

donde c es una constante positiva, $0<x<L$; $0<t<\infty$ con condiciones de contorno:

$$\left.\begin{array}{l} u=u_0 \text{ para } x=0 \\ u=u_1 \text{para } x=L \end{array}\right\} 0\leqslant t<\infty$$

y condiciones iniciales:

$$u=f(x) \text{ para } t=0;\ 0\leqslant x\leqslant L$$

Esta ecuación diferencial rige la variación de temperatura u en una varilla delgada, las condiciones de contorno fijan valores de la temperatura para ambos extremos de la varilla y la condición inicial da la temperatura inicial en toda la varilla.

3. La ECUACIÓN DE LAPLACE bidimensional:

$$\boxed{\frac{\partial^2 u}{\partial x^2}+\frac{\partial^2 u}{\partial y^2}=0} \tag{6.3}$$

en la región $0<x<L$; $0<y<M$, con condiciones de contorno:

$$\left.\begin{array}{ll} u=f(x) & \text{para } y=0 \\ u=g(x) & \text{para } y=M \end{array}\right\} \qquad 0\leqslant x\leqslant L$$

$$\left.\begin{array}{ll} u=h(y) & \text{para } x=0 \\ u=j(y) & \text{para } x=L \end{array}\right\} \qquad 0\leqslant y\leqslant M$$

En este caso la ecuación diferencial describe la variación de temperatura estacionaria en una delgada lámina rectangular. Las condiciones de contorno fijan las temperaturas en los bordes de la lámina.

Las soluciones de la Ecuación de Laplace (6.3) se llaman funciones *armónicas* y el miembro de la izquierda no es más que el operador *laplaciano* aplicado a u:

$$\nabla^2 \equiv \nabla \cdot \nabla = \frac{\partial^2}{\partial x^2} + \frac{\partial^2}{\partial y^2} \tag{6.4}$$

o sea que la Ecuación de Laplace se escribe:

$$\nabla^2 u = 0 \tag{6.5}$$

6.3. Ecuación Diferencial Parcial Lineal de Segundo Orden

La ecuación diferencial parcial lineal de segundo orden más general, con dos variables independientes, es de la forma:

$$A\frac{\partial^2 u}{\partial x^2} + B\frac{\partial^2 u}{\partial x \partial y} + C\frac{\partial^2 u}{\partial y^2} + D\frac{\partial u}{\partial x} + E\frac{\partial u}{\partial y} + Fu = G \tag{6.6}$$

donde A, B, C, D, E, F y G son funciones de x y de y. Si $G(x,y) = 0$ para (x,y), la ecuación (6.6) se reduce a:

$$A\frac{\partial^2 u}{\partial x^2} + B\frac{\partial^2 u}{\partial x \partial y} + C\frac{\partial^2 u}{\partial y^2} + D\frac{\partial u}{\partial x} + E\frac{\partial u}{\partial y} + Fu = 0 \tag{6.7}$$

Para las soluciones de la ecuación (6.7) vale el siguiente resultado análogo al de ecuaciones diferenciales ordinarias:

Teorema 6.1: Sean n soluciones f_1, f_2, ..., f_n de la ecuación (6.7) en una región $\mathcal{R} \subset \mathbb{R}^2$. Entonces la combinación lineal $C_1 f_1 + C_2 f_2 + \cdots + C_n f_n$ también es solución de (6.7) en la región $\mathcal{R}$ donde C_1, C_2, ..., C_n son constantes arbitrarias.

Como extensión de este teorema, también se puede probar que:

Teorema 6.2: Sean f_1, f_2, ..., f_n, ... infinitas soluciones de la ecuación (6.7) en una región $\mathcal{R} \subset \mathbb{R}^2$. Supongamos que la serie funcional:

$$\sum_{n=1}^{\infty} f_n(x,y)$$

converge a $f(x,y)$ en $\mathcal{R}$ y que esta serie puede ser derivada término a término en $\mathcal{R}$. Entonces la función:

$$f(x,y) = \sum_{n=1}^{\infty} f_n(x,y) \tag{6.8}$$

es también solución de la ecuación (6.7) en $\mathcal{R}$.

En el caso especial en que A, B, C, D, E y F son constantes reales, se clasifican las ecuaciones del siguiente modo:

Definición: Se dice que la ecuación diferencial parcial lineal de segundo orden:

$$A\frac{\partial^2 u}{\partial x^2} + B\frac{\partial^2 u}{\partial x \partial y} + C\frac{\partial^2 u}{\partial y^2} + D\frac{\partial u}{\partial x} + E\frac{\partial u}{\partial y} + Fu = 0$$

donde A, B, C, D, E y F son constantes reales es:

(i) HIPERBÓLICA: si $B^2 - 4AC > 0$

(ii) PARABÓLICA: si $B^2 - 4AC = 0$

(iii) ELÍPTICA: si $B^2 - 4AC < 0$

Fácil es comprobar que la ecuación de las ondas (6.1) es hiperbólica, la ecuación del calor (6.2) es parabólica y la ecuación de LAPLACE (6.3) es elíptica.

Esta clasificación se puede extender a más variables independientes. Así la ecuación de las ondas:

$$C\left(\frac{\partial^2 u}{\partial x^2} + \frac{\partial^2 u}{\partial y^2} + \frac{\partial^2 u}{\partial z^2}\right) - \frac{\partial^2 u}{\partial t^2} = 0 \tag{6.9}$$

es hiperbólica.

La ecuación del calor:

$$C\left(\frac{\partial^2 u}{\partial x^2} + \frac{\partial^2 u}{\partial y^2} + \frac{\partial^2 u}{\partial z^2}\right) - \frac{\partial u}{\partial t} = 0 \tag{6.10}$$

es parabólica. Finalmente, la ecuación de LAPLACE:

$$\frac{\partial^2 u}{\partial x^2} + \frac{\partial^2 u}{\partial y^2} + \frac{\partial^2 u}{\partial z^2} = 0 \tag{6.11}$$

es elíptica.

La clasificación es importante ya que el tipo de condiciones de contorno y la naturaleza de la solución son bastante diferentes en los tres casos y corresponden a tres tipos distintos de fenómenos físicos. La ecuación de las ondas describe las vibraciones y propagación de las ondas; la ecuación del calor se refiere a la difusión y la ecuación de LAPLACE a los estados de equilibrio — *caso estacionario*. La ecuación de las ondas incluye la derivada segunda del desplazamiento, esto es, la aceleración y condiciones iniciales típicas son en este caso el valor inicial de la función incógnita y de su derivada. La ecuación del calor tiene, en cambio, la derivada primera de la función incógnita y la condición inicial típica es el valor inicial de la solución. La ecuación de LAPLACE no depende de t y para ella no se prescriben valores iniciales.

6.4. Método de Separación de Variables

Este método constituye una herramienta poderosa para resolver algunos problemas con ecuaciones diferenciales parciales. Aunque la clase de problemas a los que se aplica es relativamente pequeña, esta clase incluye problemas de gran interés físico.

En la teoría de ecuaciones diferenciales ordinarias sujetas a ciertas condiciones, hemos visto que primero se determina la solución general y luego, al aplicar las condiciones suplementarias, se obtiene la solución particular buscada. En el caso de las ecuaciones diferenciales parciales, este procedimiento no es, en general, aplicable ya que es prácticamente imposible hallar la solución general de una ecuación diferencial

Figura 6.1:

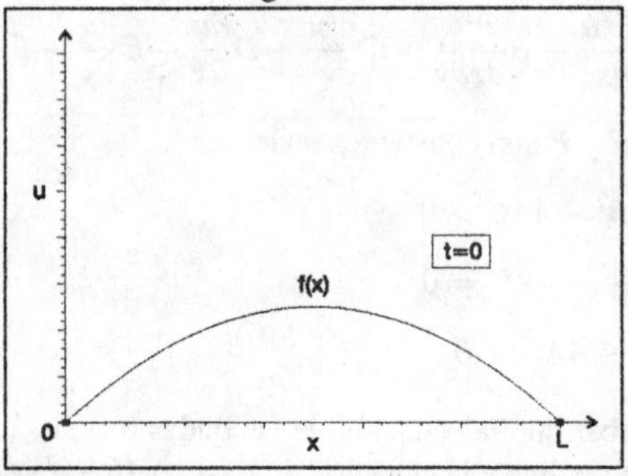

La figura representa una cuerda elástica cuyos extremos están fijos sobre el eje x en $x = 0$ y $x = L$. Al tiempo $t = 0$ la cuerda tiene un desplazamiento en el plano ux dado por la función $f(x)$.

parcial y aún cuando se la pudiera determinar, no es factible aplicarle las condiciones suplementarias.

El método que vamos a seguir consistirá en hallar primero soluciones particulares que satisfagan algunas de las condiciones suplementarias y luego combinar estas soluciones particulares de modo de obtener una solución que cumpla todas las condiciones adicionales. En pocas palabras, en lugar de *"descomponer"* para obtener la solución particular deseada, el método de separación de variables en ecuaciones diferenciales parciales consiste en *"reconstruir"* la solución general, aplicando los teoremas 6.1 y 6.2.

Así, la solución se obtiene formalmente como una serie. Desde un punto de vista riguroso, habría que plantear el problema de la *existencia* de tal solución y en caso afirmativo, la *unicidad* de la misma, sin olvidar los problemas rigurosos de convergencia. Existen en la bibliografía especializada teoremas de existencia y unicidad para ecuaciones diferenciales parciales — Ver, por ejemplo, la obra de Tijonov y Samarsky [Bib. 35].

6.5. Ecuación de la Ondas en una Dimensión

Sea una cuerda elástica cuyos extremos están fijos sobre el eje x en $x = 0$ y $x = L$. Supongamos que al tiempo $t = 0$, la cuerda tiene un desplazamiento en el plano ux dado por la función $f(x)$ como se indica en la Fig. 6.1 , y que este desplazamiento tiene lugar con una velocidad inicial $g(x)$ para $0 \leqslant x \leqslant L$. Obviamente, la cuerda vibrará y su desplazamiento u será una función tanto de x como de t.

Haremos también algunas hipótesis físicas. Supondremos:

1. La cuerda es perfectamente flexible, de densidad lineal δ constante y con tensión constante T para todo tiempo t.

2. Que el desplazamiento u en cada punto x es pequeño comparado con la longitud L.

3. Que el ángulo entre la cuerda y el eje x en cada punto es suficientemente pequeño.

4. Que no existen fuerzas exteriores actuantes sobre la cuerda.

Con estas hipótesis, se puede mostrar que el desplazamiento $u(x,t)$ satisface la ecuación diferencial parcial:

$$\alpha^2 \frac{\partial^2 u}{\partial x^2} = \frac{\partial^2 u}{\partial t^2} \tag{6.12}$$

donde $\alpha^2 = T/\delta$. El lector interesado en la demostración de esta ecuación de las ondas unidimensional puede consultar la obra de Kaplan [Bib. 16].

El desplazamiento vertical $u(x,t)$ debe satisfacer las siguientes condiciones de contorno:

$$\left.\begin{array}{l} u(0,t) = 0 \\ u(L,t) = 0 \end{array}\right\} \quad 0 \leqslant t < \infty \tag{6.13}$$

y las condiciones iniciales:

$$\left.\begin{array}{r} u(x,0) = f(x) \\ \dfrac{\partial u(x,0)}{\partial t} = g(x) \end{array}\right\} \tag{6.14}$$

Para resolverla supondremos que la solución de (6.12) tiene las variables separadas, esto es:

$$u(x,t) = X(x)\,T(x) \tag{6.15}$$

Si derivamos y reemplazamos en (6.12) tenemos:

$$\alpha^2 T \frac{\partial^2 X}{\partial x^2} = X \frac{\partial^2 T}{\partial t^2}$$

y dividiendo ambos miembros por XT resulta:

$$\alpha^2 \frac{\frac{\partial^2 X}{\partial x^2}}{X} = \frac{\frac{\partial^2 T}{\partial t^2}}{T}$$

Como el miembro de la izquierda es independiente de t y el de la derecha es independiente de x, ambos deben ser iguales a una constante k. Esto es:

$$\alpha^2 X''(x) = kX(x) \qquad\qquad T''(t) = kT(t)$$

De aquí el par de ecuaciones diferenciales ordinarias que deben satisfacer X y T:

$$X'' - \frac{k}{\alpha^2} X = 0 \tag{6.16}$$

$$T'' - kT = 0 \tag{6.17}$$

Ahora apliquemos las condiciones de contorno. Como $u(x,y) = X(x)\,T(t)$ deberá ser:

$$u(0,t) = X(0)\,T(t) \qquad\qquad u(L,t) = X(L)\,T(t)$$

Entonces:

$$\left.\begin{array}{l} X(0)\,T(t) = 0 \\ X(L)\,T(t) = 0 \end{array}\right\} \quad 0 \leqslant t < \infty$$

Descartamos la posibilidad $T(t) = 0$ pues ésta sería la solución trivial que no nos interesa. Así resulta:

$$X(0) = X(L) = 0$$

lo que es equivalente a solicitar que la función $X(x)$ sea una solución no trivial del problema de S-L:

$$\left.\begin{aligned} \frac{d^2x}{dx^2} - \frac{k}{\alpha^2}X = 0 \\ X(0) = X(L) = 0 \end{aligned}\right\} \tag{6.18}$$

En el Cap. 5 hemos resuelto este tipo de problemas y hemos visto que la forma de la solución general de la ecuación (6.18) depende de si $k = 0$; $k > 0$ o bien $k < 0$.

$\boxed{k = 0}$: La solución general de (6.18) es entonces: $X(x) = C_1 + C_2x$. Si aplicamos las condiciones de contorno, $X(0) = 0$ implica que $C_1 = 0$. La condición $X(L) = 0$ exige que $C_2L = 0$ por lo que $C_2 = 0$ y la única solución en este caso es la trivial.

$\boxed{k > 0}$: En este caso la solución general des de la forma:

$$X(x) = C_1e^{\sqrt{k}x/\alpha} + C_2e^{-\sqrt{k}x/\alpha}$$

Aplicando las condiciones de contorno $X(0) = X(L) = 0$ obtenemos el siguiente sistema de ecuaciones:

$$\begin{cases} C_1 + C_2 = 0 \\ C_1e^{\sqrt{k}L/\alpha} + C_2e^{-\sqrt{k}L/\alpha} = 0 \end{cases}$$

que tendrá una solución no trivial para el par C_1, C_2 si el determinante de los coeficientes satisface:

$$\begin{vmatrix} 1 & 1 \\ e^{\sqrt{k}L/\alpha} & e^{-\sqrt{k}L/\alpha} \end{vmatrix} = 0$$

Esto implica que: $e^{2\sqrt{k}L/\alpha} = 1$ de donde $k = 0$, en contra de nuestra hipótesis. En consecuencia, también en este caso tenemos sólo la solución trivial.

$\boxed{K < 0}$: En este caso la solución general puede escribirse en la forma:

$$X(x) = C_1 \operatorname{sen} \frac{\sqrt{-k}x}{\alpha} + C_2 \cos \frac{\sqrt{-k}x}{\alpha}$$

como $X(x) = 0$ debe ser $C_2 = 0$ y como $X(L) = 0$ resulta:

$$C_1 \operatorname{sen} \frac{\sqrt{-k}L}{\alpha} = 0$$

Supondremos $C_1 \neq 0$ para obtener soluciones no triviales y entonces:

$$\frac{\sqrt{-k}L}{\alpha} = n\pi \qquad n = 1, 2, 3, \ldots$$

de donde:

$$k = -\frac{n^2\pi^2\alpha^2}{L^2} \tag{6.19}$$

Estos son los *e.i.v.* del problema de S-L. Las correspondientes *e.i.f.* son:

$$X_n(x) = C_n \operatorname{sen} \frac{n\pi x}{L} \qquad n = 1, 2, 3, \ldots \tag{6.20}$$

Como k está dado por (6.19), la ecuación diferencial (6.17) para $T(t)$ se escribe:

$$T'' + \frac{n^2\pi^2\alpha^2}{L^2}T = 0 \qquad n = 1, 2, 3, \ldots$$

cuya solución, para cada valor de n, es de la forma:

$$T_n = D_n \operatorname{sen}\frac{n\pi\alpha t}{L} + E_n \cos\frac{n\pi\alpha t}{L}$$

Entonces, para cada entero positivo n, la solución será, aplicando (6.15):

$$X_nT_n = \left(C_n \operatorname{sen}\frac{n\pi x}{L}\right)\left(D_n \operatorname{sen}\frac{n\pi\alpha t}{L} + E_n \cos\frac{n\pi\alpha t}{L}\right)$$

y llamando a los productos $C_nD_n = a_n$; $C_nE_n = b_n$, podemos escribir:

$$u_n(x,t) = \operatorname{sen}\frac{n\pi x}{L}\left(a_n \operatorname{sen}\frac{n\pi\alpha t}{L} + b_n \cos\frac{n\pi\alpha t}{L}\right) \qquad (n = 1, 2, 3, \ldots) \qquad (6.21)$$

Cada una de estas soluciones (6.21) satisface las condiciones de contorno (6.13). Ahora tenemos que hacer que cumplan con las condiciones iniciales (6.14). Para ello aplicaremos los teoremas 6.1 y 6.2 y *"construiremos"* una solución general como serie infinita de soluciones del tipo (6.21), a la cual aplicaremos ambas condiciones iniciales. Suponiendo la convergencia apropiada, la solución general será de la forma:

$$u(x,t) = \sum_{n=1}^{\infty} \operatorname{sen}\frac{n\pi x}{L}\left(a_n \operatorname{sen}\frac{n\pi\alpha t}{L} + b_n\frac{n\pi\alpha t}{L}\right) \qquad (6.22)$$

Por supuesto que esta solución satisface tanto la ecuación diferencial como las condiciones de contorno $u(0,t) = u(L,t) = 0$. Por la primera condición inicial (6.14) es:

$$u(x,0) = \sum_{n=1}^{\infty} b_n \operatorname{sen}\frac{n\pi x}{L} = f(x) \qquad 0 \leqslant x \leqslant L$$

y éste no es más que el desarrollo en SERIE DE FOURIER SENO de la función $f(x)$. Usando (5.23) vemos que los coeficientes del desarrollo se calculan mediante la expresión:

$$b_n = \frac{2}{L}\int_0^L f(x) \operatorname{sen}\frac{n\pi x}{L}\,dx \qquad (n = 1, 2, 3, \ldots) \qquad (6.23)$$

La segunda condición inicial se refiere a que $\partial u(x,0)/\partial t = g(x)$, o sea:

$$\sum_{n=1}^{\infty} a_n\frac{n\pi\alpha}{L} \operatorname{sen}\frac{n\pi x}{L} = g(x) \qquad 0 \leqslant x \leqslant L$$

Llamando $A_n = (n\pi\alpha/L)\,a_n$ tenemos:

$$\sum_{n=1}^{\infty} A_n \operatorname{sen}\frac{n\pi x}{L} = g(x)$$

que es el desarrollo en SERIE DE FOURIER SENO de la función $g(x)$. Los coeficientes del desarrollo se calculan:

$$A_n = \frac{2}{L}\int_0^L g(x) \operatorname{sen}\frac{n\pi x}{L}\,dx \qquad n = 1, 2, 3, \ldots$$

Entonces:

$$a_n = \frac{L}{n\pi\alpha}A_n = \frac{2}{n\pi\alpha}\int_0^L g(x)\,\text{sen}\,\frac{n\pi x}{L}\,dx \qquad n = 1, 2, 3, \ldots \tag{6.24}$$

En conclusión, la solución formal del problema planteado en (6.12), (6.13) y (6.14) es:

$$u(x,t) = \sum_{n=1}^{\infty} \text{sen}\,\frac{n\pi x}{L}\left(a_n\,\text{sen}\,\frac{n\pi\alpha t}{L} + b_n\cos\frac{n\pi\alpha t}{L}\right) \tag{6.25}$$

donde:

$$a_n = \frac{2}{n\pi\alpha}\int_0^L g(x)\,\text{sen}\,\frac{n\pi x}{L}\,dx \qquad (n = 1, 2, 3, \ldots) \tag{6.26}$$

y

$$b_n = \frac{2}{L}\int_0^L f(x)\,\text{sen}\,\frac{n\pi x}{L}\,dx \qquad (n = 1, 2, 3, \ldots) \tag{6.27}$$

Esta solución es válida siempre que la serie converja y se pueda derivar término a término. Además $f(x)$ y $g(x)$ deben ser suficientemente suaves, digamos $f \in C^4$ y $g \in C^3$ con $f(0) = f(L) = 0$; $g(0) = g(L) = 0$ — Ver "Advanced Calculus" de Kaplan, p. 664-667 [Bib. 16].

6.6. Ondas Progresivas y Estacionarias

Consideremos la solución (6.25) del problema de valores de contorno correspondiente a las vibraciones de una cuerda unidimensional y supongamos que $g(x) = 0$. Entonces:

$$u(x,t) = \sum_{n=1}^{\infty} b_n\,\text{sen}\,\frac{n\pi x}{L}\cos\frac{n\pi\alpha t}{L}$$

que se puede escribir:

$$u(x,t) = \frac{1}{2}\sum_{n=1}^{\infty} b_n\left[\text{sen}\,\frac{n\pi}{L}(x+\alpha t) + \text{sen}\,\frac{n\pi}{L}(x-\alpha t)\right]$$

Como cada coeficiente b_n satisface la ecuación (6.23), es evidente que esta serie es la suma de dos series de Fourier seno de la función f, evaluada en $(x+\alpha t)$ y en $(x-\alpha t)$. Entonces:

$$u(x,t) = \frac{1}{2}\left[f(x+\alpha t) + f(x-\alpha t)\right]$$

Esta solución es formal porque la función f no está definida en $x+\alpha t$ y en $x-\alpha t$ para valores exteriores al intervalo $0 \leqslant \pm\alpha t \leqslant L$. Sin embargo, la serie de Fourier seno de la ecuación (6.23) genera la extensión periódica impar de $f(x)$ en período $2L$ denotada por $f_0(x)$. En consecuencia, la solución para todos los x, t en $0 \leqslant x \leqslant L$; $t \geqslant 0$ resulta de la forma:

$$\boxed{u(x,t) = \frac{1}{2}\left[f_0(x+\alpha t) + f_0(x-\alpha t)\right]} \tag{6.28}$$

Figura 6.2:

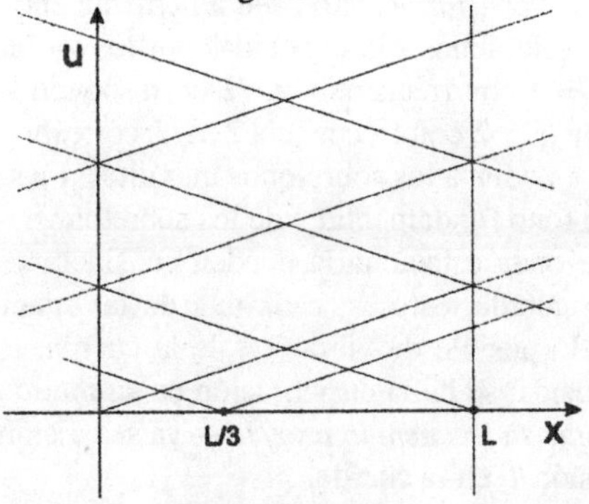

Ondas Progresivas.

a la que se llama *solución de* D'ALEMBERT de la ecuación de las ondas y representa la suma de dos *"ondas progresivas"*, una que va hacia la izquierda y otra hacia la derecha, a medida que t aumenta. Las ondas se mueven con velocidad α.

Podemos seguir el movimiento de la onda para cada una de las ondas progresivas, si observamos que en el plano xt, la función $f(x+\alpha t)/2$ es constante a lo largo de cada recta $x+\alpha t = \text{const.}$ y $f(x-\alpha t)/2$ es constante a lo largo de cada recta $x-\alpha t = \text{const.}$ Así tenemos dos familias de retas paralelas, llamadas *características*, a lo largo de las cuales se propagan las ondas — Fig. 6.2 . Podemos suponer que $f(x)$ se escoge como para poder tener su máximo en $x = L/3$ y por eso, los picos de las ondas progresivas se mueven siguiendo las características $x \pm \alpha t = L/3$. Si recordamos el significado de la extensión periódica impar f_0 vemos que cuando cada una de estas características llega a $x = 0$ o $x = L$ el pico va desapareciendo gradualmente y después vuelve a aparecer con una inversión de signo, dirigiéndose en dirección contraria. Hay entonces una reflexión, con inversión de signo en cada frontera. Este efecto puede notarse experimentalmente cuando soltamos una cuerda de violín que está tensa.

Si ahora, en la solución (6.25) suponemos $f(x) = 0$; $g(x) \neq 0$, mediante un razonamiento análogo concluimos que la solución de D'ALEMBERT es de la forma:

$$u(x,t) = \frac{1}{2\alpha}\left[G(x+\alpha t) - G(x-\alpha t)\right]$$

donde $G'(x) = g(x)$. En este caso, la solución es la diferencia de dos ondas progresivas.

En general, tendremos para $f(x)$ y $g(x)$ no nulas:

$$u(x,t) = \frac{1}{2}\left[f(x+\alpha t) + f(x-\alpha t)\right] + \frac{1}{2\alpha}\left[G(x+\alpha t) - G(x-\alpha t)\right]$$

Esto prueba que la *solución general* de la ecuación de las ondas unidimensional puede escribirse:

$$\boxed{u(x,t) = P(x+\alpha t) + Q(x-\alpha t)} \tag{6.29}$$

donde P, $Q \in C^2$.

También tenemos soluciones de *onda estacionaria* puesto que cada término de la solución (6.22) se puede escribir:

$$u_n(x,t) = F_n \operatorname{sen}\left(\frac{n\pi\alpha t}{L} + \varphi_n\right) \operatorname{sen}\frac{n\pi x}{L} \tag{6.30}$$

Para cada t fijo, la función $u_n(x,t)$ es una constante multiplicada por sen $(n\pi x/L)$, a medida que t varía la *"constante"* varía senoidalmente entre F_n y $-F_n$ con una frecuencia $n\pi\alpha/L$. Estas soluciones son conocidas por los violinistas. El movimiento de la onda (6.30) para $n = 1$ con frecuencia $\pi\alpha/L$ corresponde al tono fundamental de la cuerda del violín; la de $n = 2$ con frecuencia $2\pi\alpha/L$ corresponde a la primer octava, la de $n = 3, 4, \ldots$ corresponden a los sobretonos más altos. La solución general (6.22) es una superposición del tono fundamental y de los sobretonos.

Las soluciones de onda estacionaria pueden considerarse como *modos normales* de movimiento de la cuerda, esto es, cada una de las funciones $u_n(x,t)$ para $n = 1, 2, 3, \ldots$ es un modo posible de vibración de la cuerda. Por lo tanto, si la cuerda de un instrumento musical se halla en vibración en su modo normal, se puede agudizar su tono — *aumentar su frecuencia* $n\pi\alpha/L$ — ya sea disminuyendo su longitud L o incrementando la tensión T en la cuerda.

6.7. Vibraciones de las Vigas

La diferencia fundamental entre una viga — *o barra* — y una cuerda es que la viga es rígida y se opone a la flexión. Se puede mostrar que las pequeñas vibraciones de flexión en una viga uniforme obedecen a la ecuación diferencial lineal de cuarto orden:

$$\boxed{\frac{\partial^4 u}{\partial x^4} = -\frac{1}{c^2}\frac{\partial^2 v}{\partial t^2}} \tag{6.31}$$

donde la viga está a lo largo del eje x y el desplazamiento de flexión u es en la dirección normal a x y la constante $c^2 = EI/\delta A$, siendo E el módulo de YOUNG, I el momento de inercia de la sección transversal respecto a la dirección z ortogonal al plano ux que pasa por el centroide, δ es la densidad y A es el área de la sección transversal.

Ensayaremos una solución en variables separadas, esto es:

$$u(x,t) = X(x)\,T(t)$$

Derivando y reemplazando en (6.31) tenemos:

$$\frac{x^{(4)}}{X(x)} = \text{const.} = -\frac{1}{C^2}\frac{T''(t)}{T(t)}$$

Si la solución debe ser periódica en el tiempo, la constante debe ser positiva, por ejemplo, cont. $= p^4$. Entonces:

$$\begin{cases} X^{(4)}(x) - p^4 X(x) = 0 \\ T''(t) + c^2 p^4 T(t) = 0 \end{cases} \tag{6.32}$$

cuyas soluciones resultan:

$$\begin{cases} X(x) = A\,\text{ch}\,px + B\,\text{sh}\,px + C\cos px + D\,\text{sen}\,px \\ T(t) = E\cos p^2 ct + F\,\text{sen}\,p^2 ct \end{cases} \tag{6.33}$$

Supongamos que la viga es de longitud L y está empotrada en ambos extremos, lo que se traduce en las siguientes condiciones de contorno:

$$u(0,t) = u(L,t) = 0$$

$$\frac{\partial u(0,t)}{\partial x} = \frac{\partial u(L,t)}{\partial x} = 0$$

Aplicando estas condiciones a la primera de las ecuaciones (6.32) tenemos: $X(0) = X'(0) = X(a) = X'(a) = 0$ de donde:

$$\begin{aligned} A + C &= 0 \\ Bp + Dp &= 0 \\ A \operatorname{ch} pL + B \operatorname{sh} pL + C \cos pL + D \operatorname{sen} pL &= 0 \\ Ap \operatorname{sh} pL + Bp \operatorname{ch} pL - Cp \operatorname{sen} pL + Dp \cos pL &= 0 \end{aligned}$$

De las dos primeras obtenemos: $A = -C$; $B = -D$ y reemplazando en las dos últimas ecuaciones, queda el sistema de 2 ecuaciones con 2 incógnitas:

$$\begin{cases} A(\operatorname{ch} pL - \cos pL) + B(\operatorname{sh} pL - \operatorname{sen} pL) = 0 \\ A(\operatorname{sh} pL + \operatorname{sen} pL) + B(\operatorname{ch} pL - \cos pL) = 0 \end{cases} \tag{6.34}$$

Este sistema tiene solución no nula sii el determinante:

$$\begin{vmatrix} \operatorname{ch} pL - \cos pL & \operatorname{sh} pL - \operatorname{sen} pL \\ \operatorname{sh} pL + \operatorname{sen} pL & \operatorname{ch} pL - \cos pL \end{vmatrix} = 0$$

Por consiguiente, debemos elegir p de modo que:

$$(\operatorname{ch} pL - \cos pL)^2 - \operatorname{sh}^2 pL + \operatorname{sen}^2 pL = 0$$

O sea:

$$\boxed{\operatorname{ch} pL \cos pL = 1} \tag{6.35}$$

Esta es una ecuación que determina los *e.i.v.* p y por lo tanto, las frecuencias naturales cp^2 de vibración de la viga. Es una ecuación trascendente con infinitas soluciones $\cos x$ y $\operatorname{ch} x$ o bien gráficamente, representando las curvas $\cos x$ y $1/\operatorname{ch} x$, cuyas intersecciones dan aproximadamente los valores de las raíces. Estos valores fueron determinados por Lord Rayleigh[1]: — *"Teoría del Sonido", Tomo I, Cap. VIII* [Bib. 22].

$x_1 = 4{,}7300408 \qquad x_2 = 7{,}8532046 \qquad x_3 = 10{,}9956078$

$x_4 = 14{,}1371655 \qquad x_5 = 17{,}2787596$

y para valores subsiguientes:

$$x_n = (2n+1)\frac{\pi}{2} \qquad (n \geqslant 6)$$

con una precisión de siete decimales.

En este caso: $x_1 = Lp_1$; $x_2 = Lp_2$; $\cdots$ de donde los *e.i.v.* resultan:

$$p_1 = \frac{x_1}{L} \qquad p_2 = \frac{x_2}{L} \qquad \cdots \qquad p_n = \frac{x_n}{L}$$

[1] RAYLEIGH, Juan Guillermo Strutt, Lord (1842-1919): Físico inglés que ganó el Premio Nobel de Física en 1904. Es conocido por sus importantes trabajos acerca del sonido y de la luz así como por su descubrimiento, junto con G. Ramsay, del elemento gaseoso *"argón"*, y por sus determinaciones de unidades eléctricas como el ohm. Autor de *"Teoría del sonido"*, *"El argón, un nuevo constituyente de la atmósfera"*, etc.

que nos permiten determinar las funciones $X_n(x)$. En efecto, resolviendo el sistema (6.34) tenemos:

$$A = \operatorname{sh} pL - \operatorname{sen} pL = -C$$
$$B = -(\operatorname{ch} pL - \cos pL) = -D$$

de donde:

$$X_n(x) = (\operatorname{sh} p_nL - \operatorname{sen} p_nL)(\operatorname{ch} p_nx - \cos p_nx) - $$
$$- (\operatorname{ch} p_nL - \cos p_nL)(\operatorname{sh} p_nx - \operatorname{sen} p_nx)$$

Para determinar las constantes E y F en la expresión $T(t)$ de (6.33) es preciso fijar las condiciones iniciales que determinan la desviación inicial y la velocidad inicial de la barra, por ejemplo:

$$u(x,0) = f(x) \qquad \left.\frac{\partial u}{\partial t}\right|_{t=0} = g(x) \qquad 0 \leqslant x \leqslant L$$

De este modo, se halla la solución general:

$$u(xt) = \sum_{n=1}^{\infty} X_n(x)\, T_n(t)$$

Cabe acotar que este problema es equivalente a estudiar las oscilaciones propias de un diapasón en Acústica así como también el estudio de las vibraciones de los barcos.

6.8. Ecuación de las Ondas Tridimensional

Las soluciones de la ecuación de las ondas en coordenadas cartesianas x, y, z y el tiempo t:

$$\boxed{\frac{\partial^2 u}{\partial x^2} + \frac{\partial^2 u}{\partial y^2} + \frac{\partial^2 u}{\partial z^2} = \frac{1}{c^2}\frac{\partial^2 u}{\partial t^2}} \qquad (6.36)$$

tienen un comportamiento similar al de la ecuación de las ondas en una dimensión. La solución de la ecuación (6.36) se encara con el método de separación de variables. Este método sólo es aplicable a una ecuación en derivadas parciales *"homogénea"* — *el caso no homogéneo lo veremos en el* § 6.11.

Obviamente, la ecuación (6.36) en coordenadas cartesianas será apta para un problema con simetría rectangular. En cambio, para una región cilíndrica o esférica son más adecuadas las coordenadas cilíndricas o esféricas. Salvo algunos casos muy especiales, los problemas de valores de contorno para regiones más complicadas, sólo admiten solución numérica, como veremos en el capítulo 9.

También puede darse para la solución de (6.36) una interpretación similar a la solución de D'Alembert (6.28) de la ecuación de las ondas unidimensional. En efecto, la función:

$$u(x,y,z,t) = f(lx + my + nz - ct) \qquad (6.37)$$

donde f es una función diferenciable, l, m, n, son parámetros tales que:

$$l^2 + m^2 + n^2 = 1 \qquad (6.38)$$

y c es la velocidad de la onda, satisface la ecuación (6.36). Así, l, m, y n pueden considerarse como cosenos directores de un plano $lx + my + nz - p = 0$ con normal $\vec{n} = li + mj + nk$. Supongamos que el punto de intersección de $\vec{n}$ con el plano se mueve a lo largo de $\vec{n}$ con velocidad c y que pasa por el origen en $t = 0$, de modo que la distancia al origen $p = ct$. Entonces el plano tendrá por ecuación $lx + my + nz - ct = 0$. Análogamente, la superficie $lx + my + nz - ct = \alpha$ — $\alpha = const.$ — representará el plano paralelo que pasa por el origen al tiempo $t = -\alpha/c$. La solución:

$$u(x, y, z, t) = f(lx + my + nz - ct) = f(\alpha)$$

corresponde entonces a una onda de perfil $f(\alpha)$. La parte de la onda que corresponde a $\alpha = \alpha_0$ con la *"señal"* $y = f(\alpha_0)$ es llevada por las superficies $lx + my + nz - ct = \alpha_0$. En consecuencia, todos los puntos del plano móvil que pasaron por el origen al tiempo $t = -\alpha/c$ y que se mueven a lo largo de su normal $\vec{n}$ con velocidad c llevan la misma señal $v = f(\alpha_0)$. Esto da origen al nombre de *tren de ondas*.

6.9. Vibraciones de una Membrana Rectangular

Llamaremos *"membrana"* a una placa delgada de rigidez a la flexión nula. Las vibraciones transversales de una membrana rectangular extendida sobre un marco plano y tenso en todas las direcciones satisfacen la ecuación de las ondas:

$$\boxed{\frac{\partial^2 u}{\partial x^2} + \frac{\partial^2 u}{\partial y^2} = \frac{1}{c^2}\frac{\partial^2 u}{\partial t^2}} \tag{6.39}$$

donde el plano del marco es $z = 0$ y $u(x, y, t)$ es el desplazamiento de la membrana normal al plano $z = 0$. La velocidad c de la onda está determinada por $c^2 = (1/\delta) T_0$ donde T_0 es la tensión y δ la densidad de superficie.

Supongamos una membrana rectangular $0 \leqslant x \leqslant a$; $0 \leqslant y \leqslant b$ tal que las condiciones de contorno son:

$$u(0, y, t) = u(a, y, t) = 0 \tag{6.40}$$
$$u(x, 0, t) = u(x, b, t) = 0 \tag{6.41}$$

Aplicamos el método de separación de variables, es decir, suponemos:

$$u(x, y, t) = X(x)\, Y(y)\, T(t) \tag{6.42}$$

Las dos condiciones (6.40) dan:

$$X(0)\, Y(y)\, T(t) = 0 \qquad X(a)\, Y(y)\, T(t) = 0 \qquad 0 \leqslant y \leqslant b \qquad t \geqslant 0$$

lo que implica que:

$$X(0) = X(a) = 0 \tag{6.43}$$

De igual modo, las condiciones (6.41) aseguran que:

$$Y(0) = Y(b) = 0$$

Sustituyendo (6.42) en (6.39) tenemos que:

$$\frac{X''(x)}{X(x)} + \frac{Y''(y)}{Y(y)} = \frac{1}{c^2}\frac{T''(t)}{T(t)}$$

y como x, y, t son variables independientes, cada uno de estos términos debe ser constante. Llamemos:

$$\frac{X''(x)}{X(x)} = \lambda \qquad \frac{Y''(y)}{Y(y)} = \mu \qquad \frac{T''(t)}{T(t)} = c^2(\lambda + \mu)$$

Es fácil ver que $X(x)$ satisface las condiciones (6.43) sólo si λ es una constante negativa, por ejemplo $\lambda = -p^2$, por lo que:

$$X'' + p^2 x = 0$$

cuya solución es:

$$X(x) = A\cos px + B\,\mathrm{sen}\,px$$

Si $X(0) = 0$ debe ser $A = 0$. Si $X(a) = 0$ tenemos $\mathrm{sen}\,pa = 0$ de donde:

$$pa = n\pi \qquad n \in \mathbb{Z}$$

Entonces:

$$X(x) = B\,\mathrm{sen}\,\frac{n\pi}{a}x$$

Análogamente: $\mu = -q^2$; $qb = m\pi$ ($m \in \mathbb{Z}$) y entonces:

$$Y(y) = D\,\mathrm{sen}\,\frac{m\pi}{b}y$$

Con respecto a la variación temporal, la ecuación resulta:

$$T''(t) + c^2(p^2 + q^2)\,T(t) = 0$$

donde

$$p = \frac{n\pi}{a} \qquad q = \frac{m\pi}{b}$$

Por ello:

$$T(t) = E\cos c\left(\frac{n^2}{a^2} + \frac{m^2}{b^2}\right)^{1/2}\pi t + F\,\mathrm{sen}\,c\left(\frac{n^2}{a^2} + \frac{m^2}{b^2}\right)^{1/2}\pi t$$

Las *e.i.f.* son entonces:

$$u_{nm} = \mathrm{sen}\,\frac{n\pi x}{a}\,\mathrm{sen}\,\frac{m\pi y}{b}\left[A\,\mathrm{sen}\,c\left(\frac{n^2}{a^2} + \frac{m^2}{b^2}\right)^{1/2}\pi t + \right.$$

$$\left. + B\cos c\left(\frac{n^2}{a^2} + \frac{m^2}{b^2}\right)^{1/2}\pi t\right]$$

La frecuencia natural para un modo *nm*-ésimo normal es:

$$\frac{c}{2}\left(\frac{n^2}{a^2} + \frac{m^2}{b^2}\right)^{1/2}$$

La frecuencia fundamental es:

$$\frac{c}{2}\left(\frac{1}{a^2} + \frac{1}{b^2}\right)^{1/2}$$

y corresponde al modo normal $n = 1, m = 1$. Obsérvese que estas frecuencias son más elevadas que la de una cuerda elástica de longitud a con la misma velocidad de onda c. Las frecuencias de la cuerda $cn/2a$ se alcanzan en la placa cuando $b \to \infty$ — *la placa se asemeja a una banda muy larga.*

Supongamos condiciones iniciales:

$$u(x, y, 0) = f(x, y)$$

$$\left.\frac{\partial v}{\partial t}\right|_{t=0} = 0$$

Expresaremos el desplazamiento como una combinación lineal de todos los modos normales, esto es:

$$u(x, y, t) = \sum_{n=1}^{\infty}\sum_{m=1}^{\infty} \operatorname{sen}\frac{n\pi x}{a}\operatorname{sen}\frac{m\pi y}{b}\left[A_{mn}\operatorname{sen} c\left(\frac{n^2}{a^2}+\frac{m^2}{b^2}\right)^{1/2}\pi t + \right.$$

$$\left. + B_{mn}\cos c\left(\frac{n^2}{a^2}+\frac{m^2}{b^2}\right)^{1/2}\pi t\right]$$

donde n, $m \in \mathbb{N}$. Aplicando la condición inicial $u(x, y, 0) = f(x, y)$ resulta:

$$\sum_{n=1}^{\infty}\sum_{m=1}^{\infty} B_{mn}\operatorname{sen}\frac{n\pi x}{a}\operatorname{sen}\frac{m\pi y}{b} = f(x, y) \qquad A_{mn} = 0$$

para $0 \leqslant x \leqslant a$; $0 \leqslant y \leqslant b$.

Esta es una serie doble de Fourier seno, cuyos coeficientes se calculan mediante la expresión:

$$B_{mn} = \frac{4}{ab}\int_0^a\left[\int_0^b f(x, y)\operatorname{sen}\frac{m\pi y}{b}\,dy\right]\operatorname{sen}\frac{n\pi x}{a}\,dx$$

Si la velocidad inicial no fuera nula sino $\partial u/\partial t|_{t=0} = g(x, y)$, con la misma técnica se puede hallar la relación que vincula los coeficientes A_{mn} con $g(x, y)$.

6.10. Vibraciones de una Membrana Circular

Las vibraciones de una membrana circular responden a la ecuación de las ondas:

$$\nabla^2 u = \frac{1}{c^2}\frac{\partial^2 u}{\partial t^2} \tag{6.44}$$

Si suponemos la membrana suficientemente delgada, el problema es bidimensional y por la geometría del mismo, conviene adoptar coordenadas polares:

$$\begin{cases} x = \rho\cos\theta \\ y = \rho\operatorname{sen}\theta \end{cases}$$

En este caso, usando la expresión del laplaciano en coordenadas polares — *Ver Cap. 5,* [Cálculo 2]— en (6.44) tenemos:

$$\boxed{\frac{\partial^2 u}{\partial\rho^2} + \frac{1}{\rho}\frac{\partial u}{\partial\rho} + \frac{1}{\rho^2}\frac{\partial^2 u}{\partial\theta^2} = \frac{1}{c^2}\frac{\partial^2 u}{\partial t^2}} \tag{6.45}$$

Supongamos la membrana circular descripta por la ecuación $x^2 + y^2 \leqslant a^2$, vale decir $\rho \leqslant a$ $(a < 0)$. Para resolver la ecuación de las ondas en coordenadas polares (6.45), usaremos el método de separación de variables, suponiendo para simplificar, vibraciones axialmente simétricas de la forma:

$$u(\rho, \theta, t) = R(\rho)\, T(t) \tag{6.46}$$

Impondremos además la condición de contorno:

$$u(a, \theta, t) = 0$$

lo que implica físicamente que la membrana está tensa en un marco circular de radio a. Esto implica que:

$$R(a) = 0 \tag{6.47}$$

Reemplazando (6.46) en (6.45) y luego de ordenar, obtendremos:

$$\frac{1}{R(\rho)}\left[R''(\rho) + \frac{1}{\rho}R'(\rho)\right] = \frac{1}{c^2}\frac{T''(t)}{T(t)}$$

Como ρ y t son variables independientes, cada miembro debe ser constante. Para que la vibración sea periódica, dicha constante debe ser negativa, por ejemplo, $-p^2$. En este caso resulta:

$$R''(\rho) + \frac{1}{\rho}R'(\rho) + p^2 R(\rho) = 0$$

$$T''(t) + c^2 p^2 T(t) = 0$$

La primera es la ecuación de Bessel de orden cero cuya solución es la función de Bessel de orden cero $J_0(\rho p)$ dada por (4.20):

$$R(\rho) = J_0(\rho p)$$

La solución $Y_0(\rho p)$ no es apta para este problema pues tiende a ∞ cuando $\rho \to 0$ — *Ver capítulo 4.*

La solución de la parte temporal resulta ser:

$$T(t) = A\cos pct + B\,\mathrm{sen}\, pct$$

Así entonces:

$$u(\rho, \theta, t) = J_0(\rho p)\,(A\cos pct + B\,\mathrm{sen}\, pct)$$

Si aplicamos la condición (6.47) tenemos:

$$J_0(\rho a) = 0$$

ecuación que nos permite, usando la Tabla A.1 de ceros de J_0, determinar los *e.i.v.* del problema:

$$pa = \alpha_1, \alpha_2, \alpha_3, \ldots$$

Por consiguiente, el m-ésimo modo normal es $J_0(p\alpha_m/a)$ y vibra con frecuencia $c\alpha_m/2\pi a$. Las funciones $J_0(p\alpha_m/a)$ para $m = 1$, 2 y 3 están graficadas en la Fig. 6.3. Esta función tiene $m-1$ ceros en el intervalo $0 < \rho < a$ de modo que el m-ésimo modo

Figura 6.3: $J_0\left(p\alpha_n/a\right)$

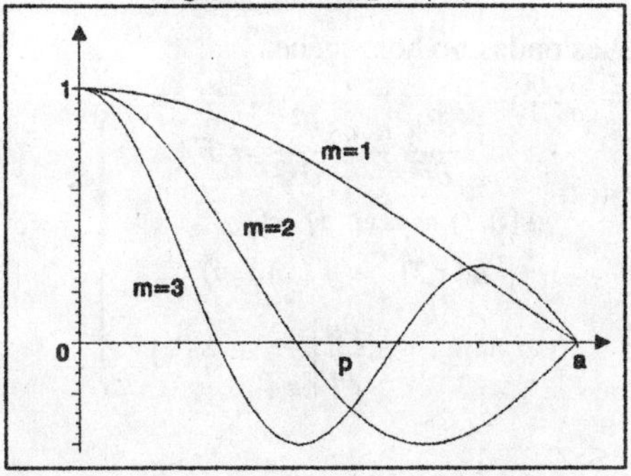

Modos normales correspondientes a $m = 1$, 2 y 3.

normal axialmente simétrico tiene $m - 1$ líneas nodales circulares. La *línea nodal* es el lugar de los puntos en los que $u = 0$ en un modo particular de vibración.

Si se buscaran vibraciones asimétricas de la membrana circular habría que suponer:

$$u(\rho, \theta, t) = R(\rho)\,\Theta(\theta)\,T(t)$$

Al igual que en el caso anterior las vibraciones son periódicas en t y:

$$T''(t) + p^2c^2T(t) = 0$$

La función $\Theta(\theta)$ también debe ser periódica de período 2π siendo su comportamiento descripto por la ecuación:

$$\Theta(\theta) + n^2\Theta(\theta) = 0$$

cuyas soluciones son de la forma:

$$\Theta(\theta) = A\cos n\theta + B\operatorname{sen} n\theta \qquad (n \in \mathbb{Z})$$

La ecuación para $R(\rho)$,como es de esperar, resulta la de Bessel de orden n:

$$\rho^2R''(\rho) + \rho R'(\rho) + \left(p^2\rho^2 - n^2\right)R(\rho) = 0$$

Análogamente, la única solución viable es la función de Bessel de orden n de primera clase $J_n(\rho p)$ pues $Y_n(\rho p) \to \infty$ cuando $\rho \to 0$. Entonces:

$$R(\rho) = J_n(\rho p)$$

con la condición $u(a, \theta, u) = 0$ debe ser:

$$\operatorname{Im}(\rho a) = 0$$

ecuación que proporciona los valores de los *e.i.v.* p.

6.11. Ecuación de las Ondas no Homogénea

Sea la ecuación de las ondas no homogénea:

$$\left.\begin{aligned} \frac{\partial^2 u}{\partial t^2} - c^2\frac{\partial^2 u}{\partial x^2} &= F(x,t) \\ u(0,t) = u(\pi,t) &= 0 \\ u(x,0) = f(x) &= 0 \\ \left.\frac{\partial u}{\partial t}\right|_{t=0} &= g(x) \end{aligned}\right\} \tag{6.48}$$

para $0 < x < \pi$; $0 < t < \infty$.

Este problema se interpreta físicamente como una cuerda obligada a moverse mediante una fuerza exterior F que depende del tiempo y la posición a lo largo de la cuerda.

El método de separación de variables no es aplicable a este caso por lo que simplemente motivados por la forma de la solución en el caso homogéneo (6.25), ensayaremos una solución de la forma:

$$u(x,t) = \sum_{n=1}^{\infty} h_n(t) \operatorname{sen} nx \tag{6.49}$$

Esta solución satisfará las condiciones de contorno $u(0,t) = u(\pi,t) = 0$ así como las condiciones iniciales para $t = 0$, esto es:

$$\begin{aligned} h_n(0) = b_n &= \frac{2}{\pi}\int_0^{\pi} f(x) \operatorname{sen} nx\, dx \\ \left.\frac{\partial h_n}{\partial t}\right|_{t=0} = \beta_n &= \frac{2}{\pi}\int_0^{\pi} g(x) \operatorname{sen} nx\, dx \end{aligned}$$

Si sustituimos (6.49) en (6.48) tenemos:

$$h_n''(t) + c^2 n^2 h_n(t) = F_n(t) = \frac{2}{\pi}\int_0^{\pi} F(x,t) \operatorname{sen} nx\, dx$$

con las condiciones iniciales:

$$h_n(0) = b_n \qquad \left.\frac{\partial h_n}{\partial t}\right|_{t=0} = \beta_n$$

Esta ecuación se puede resolver por el método de variación de parámetros — *Ver Cap. 11, [Cálculo 2]* — o también por transformadas de LAPLACE, que estudiaremos en el capítulo próximo. Así resulta:

$$h_n(t) = b_n \cos cnt + \frac{\beta_n}{cn} \operatorname{sen} cnt + \frac{1}{cn}\int_0^t F_n(t-u) \operatorname{sen} cnu\, du$$

de donde

$$u(x,y,t) = \sum_{n=1}^{\infty}\left[b_n \cos cnt + \frac{\beta_n \operatorname{sen} cnt}{cn} + \frac{1}{cn}\int_0^t F_n(t-u) \operatorname{sen} cnu\, du\right] \operatorname{sen} ny$$

Si la ecuación de las ondas es homogénea pero las condiciones de contorno no lo son, por ejemplo:

$$\left.\begin{aligned} \frac{\partial^2 u}{\partial t^2} - c^2 \frac{\partial^2 u}{\partial x^2} &= 0 \\ u(0,t) &= p(t) \\ u(\pi,t) &= q(t) \\ u(x,0) &= r(x) \\ \left.\frac{\partial u}{\partial t}\right|_{t=0} &= s(x) \end{aligned}\right\} \tag{6.50}$$

tampoco es aplicable el método de separación de variables. Este problema corresponde al movimiento forzado de una cuerda vibrante, cuyos extremos están obligados a moverse de manera determinada. Vamos a ver que mediante una sustitución, podemos reducirlo al caso anterior de la ecuación de las ondas no homogénea. En efecto, si llamamos:

$$\psi(x,t) = p(t)\left(1 - \frac{x}{\pi}\right) + \frac{x}{\pi} q(t)$$

esta función satisface las condiciones de contorno:

$$\psi(0,t) = p(t) \qquad \psi(\pi,t) = q(t)$$

Entonces poniendo:

$$v(x,t) = u(x,t) - \psi(x,t)$$

el problema (6.50) se convierte en:

$$\begin{aligned} \frac{\partial^2 v}{\partial t^2} - c^2 \frac{\partial^2 v}{\partial x^2} = -\psi_{tt} + c^2 \psi_{xx} &= -p''(t)\left(1 - \frac{x}{\pi}\right) - \frac{x}{\pi} q''(t) \\ v(0,t) = v(\pi,t) &= 0 \\ v(x,0) &= r(x) - p(0)\left(1 - \frac{x}{\pi}\right) - \frac{x}{\pi} q(0) \\ v_t(x,0) &= s(x) - p'(0)\left(1 - \frac{x}{\pi}\right) - \frac{x}{\pi} q'(0) \end{aligned}$$

que es de la misma forma que (6.48). En consecuencia se puede hallar:

$$v(x,t) = \sum_{n=1}^{\infty} h_n(t) \operatorname{sen} nx$$

y con ello, la solución de (6.49):

$$u(x,t) = v + \psi = \sum_{n=1}^{\infty} h_n(t) \operatorname{sen} nx + \psi(x,t)$$

El mismo procedimiento puede aplicarse a la ecuación de las ondas *no* homogénea con condiciones de contorno *no* homogéneas. En cada caso, primero se resuelve el problema del tipo (6.48), mediante una serie:

$$u(x,t) = \sum_{n=1}^{\infty} h_n(t) \varphi_n(x)$$

donde las φ_n son las *e.i.f.* del problema de S-L con condiciones de contorno homogéneas. La sustitución $v = u - \psi(x,t)$, para una ψ adecuada, resuelve el problema. Es necesario observar que es válido un principio de superposición de las soluciones, en virtud de la linealidad de las operaciones involucradas. Por ello, dado un problema con $F(x,t)$, $p(t)$, $q(t)$, $r(x)$, $s(x)$, la solución se puede obtener sumando las 5 soluciones de los 5 problemas por separado: uno con $f(x,t) \neq 0$ y el resto nulo, otro con $p \neq 0$ y el resto nulo, etc.

6.12. Ecuación de la Conducción del Calor

La ecuación de conducción del calor está basada en las siguientes leyes físicas:

1. LEY DE CONDUCCIÓN DEL CALOR DE FOURIER:

$$\vec{q} = -K \operatorname{grad} u$$

donde $\vec{q}$ es el vector conducción del calor; $u = u(x,y,z,t)$ es la temperatura y K es la conductividad térmica del material.

2. La ecuación:

$$c\frac{\partial u}{\partial t} = -\operatorname{div}\vec{q}$$

que cuando se multiplica por Δv, iguala la tasa de acumulación de calor en un volumen infinitesimal Δv con el flujo de calor a través de la superficie. c es la capacidad del calor por unidad de volumen.

Eliminando $\vec{q}$ entre ambas se obtiene la ECUACIÓN DEL CALOR:

$$\boxed{\nabla^2 u = \frac{1}{\kappa}\frac{\partial u}{\partial t}} \qquad (6.51)$$

donde $\kappa = K/c$ se llama *"difusividad térmica"*.

También obedece a esta ecuación la difusión de un líquido a través de un sólido poroso. En este caso, $u(x,y,z,t)$ representa la concentración del líquido o masa por unidad de volumen. Si bien nos referiremos al resolver (6.51) a problemas térmicos, hay que tener presente esta segunda interpretación física.

En coordenadas rectangulares, la ecuación (6.51) se escribe:

$$\frac{\partial^2 u}{\partial x^2} + \frac{\partial^2 u}{\partial y^2} + \frac{\partial^2 u}{\partial z^2} = \frac{1}{\kappa}\frac{\partial^2 u}{\partial t^2} \qquad (6.52)$$

Si la temperatura u es independiente de y y de z, la ecuación (6.51) se reduce a:

$$\frac{\partial^2 u}{\partial x^2} = \frac{1}{\kappa}\frac{\partial^2 u}{\partial t^2} \qquad (6.53)$$

Esta ecuación describe la conducción del calor en una barra delgada $0 \leqslant x \leqslant a$ cuyos lados están aislados para evitar pérdida de calor. También se puede aplicar a la conducción del calor en una placa de caras planas $x = 0$, $x = a$; que tiene un gran área en sección transversal y es tal que las condiciones de contorno en las caras planas no dependen de y ni de z.

Para resolver la ecuación de conducción de calor unidimensional (6.53) aplicaremos el método de separación de variables, esto es, supondremos que la solución se puede escribir:

$$u(x,t) = X(x)\,T(t)$$

Reemplazando en (6.53) tenemos:

$$\frac{X''(x)}{X(x)} = \frac{1}{\kappa}\frac{T'(t)}{T(t)} = \text{constante}$$

Si esta constante es positiva, digamos p^2, resulta $T(t) = e^{p^2\kappa t}$ y este comportamiento de crecimiento exponencial no es realista en la gran mayoría de los problemas. Si la constante es negativa, por ejemplo $-p^2$,la solución resulta:

$$u(x,t) = (A\cos px + B\,\mathrm{sen}\,px)\,e^{-p^2\kappa t}$$

Finalmente, si la constante es nula, la solución es:

$$u(x,t) = Ax + B$$

que es independiente del tiempo y representa un flujo estacionario de calor por un gradiente de temperatura uniforme.

Supongamos el siguiente problema típico:

$$\left.\begin{aligned} \frac{\partial^2 u}{\partial x^2} &= \frac{1}{\kappa}\frac{\partial u}{\partial t} \\ u(0,t) = u(a,t) &= 0 \\ u(x,0) &= f(x) \end{aligned}\right\} \qquad 0 < x < a \qquad 0 < t < \infty \tag{6.54}$$

Tomando:

$$u(x,t) = X(x)\,T(t)$$

tenemos:

$$X''(x) + p^2X(x) = 0 \qquad\qquad T'(t) + \kappa p^2 T(t) = 0$$

Como $u(0,t) = u(a,t) = 0$ nos quedan las soluciones que hemos encontrado para la ecuación de las ondas unidimensional (6.20):

$$X_n(x) = C_n\,\mathrm{sen}\,\frac{n\pi x}{a} \qquad\qquad n = 1,\,2,\,3,\,\ldots$$

Para cada n, $T_n(t)$ debe satisfacer la ecuación:

$$T'(t) + \frac{\kappa n^2\pi^2}{a^2}T(t) = 0$$

cuya solución es:

$$T_n(t) = A_n e^{-\kappa n^2\pi^2 t/a^2}$$

Por lo tanto la solución resulta:

$$u(x,t) = \sum_{n=1}^{\infty} A_n\,\mathrm{sen}\,\frac{n\pi x}{a} = f(x) \qquad 0 \leqslant x \leqslant a \tag{6.55}$$

Si aplicamos ahora la condición inicial $u(x,0) = f(x)$ tenemos:

$$\sum_{n=1}^{\infty} A_n \operatorname{sen}\left(\frac{n\pi x}{a}\right) = f(x) \quad 0 \leqslant x \leqslant a$$

de manera que los A_n son los coeficientes de la serie de FOURIER seno para $f(x)$:

$$A_n = \frac{2}{a}\int_0^a f(x) \operatorname{sen}\frac{n\pi x}{a}\, dx \qquad (n \in \mathbb{N}) \tag{6.56}$$

Las condiciones de convergencia se satisfacen si $f''(x)$ es continua y $f(0) = f(a) = 0$. Por otra parte, bajo estas hipótesis, la solución es única — *ver "Advanced Calculus" de* KAPLAN, *pág. 671-673* [Bib. 16].

Nota: Las fórmulas (6.65) y (6.66) se simplifican en el caso particular $a = \pi$, obteniéndose:

$$u(x,t) = \sum_{n=1}^{\infty} A_n \operatorname{sen} nx \qquad A_n = \frac{2}{\pi}\int_0^a f(x) \operatorname{sen} nx\, dx \quad (n \in \mathbb{N})$$

Debido al factor $e^{-\kappa n^2\pi^2 t/a}$, la serie (6.55) converge muy rápidamente para $t > 0$ y de hecho, se puede derivar un número arbitrario de veces respecto de x y de t. Por consiguiente, aun cuando $f(x)$ no sea muy suave, la solución $u(x,t)$ es excepcionalmente suave para $t > 0$. Esto se comprueba experimentalmente, pues en todos los fenómenos físicos de conducción de calor, las irregularidades en la distribución de temperatura se suavizan rápidamente. Este hecho contrasta fuertemente con el caso de la ecuación de las ondas, donde los trastornos iniciales se propagan — *a derecha e izquierda* — sin alteración alguna, es decir, no hay suavidad.

Asimismo es útil estudiar el comportamiento de la temperatura cuando $t \to \infty$. Supongamos $|f(x)| \leqslant M$. De (6.56) resulta:

$$|A_n| \leqslant \frac{2}{a}\int_0^a |f(x)| \left|\operatorname{sen}\frac{n\pi x}{a}\right| dx \leqslant \frac{2}{a}\int_0^a M\, dx = 2M$$

Además como:

$$\left|e^{-\kappa n^2\pi^2 t/a^2}\right| = e^{-\kappa n^2\pi^2 t/a^2} \leqslant e^{-\kappa n\pi^2 t/a^2}$$

$$\left|\operatorname{sen}\frac{n\pi x}{a}\right| \leqslant 1$$

para $n \in \mathbb{N}$, tenemos para $t > 0$:

$$|u(x,t)| \leqslant 2M \sum_{n=1}^{\infty} e^{-\kappa n\pi^2 t/a^2} = 2M \frac{e^{-\kappa\pi^2 t/a^2}}{1 - e^{-\kappa\pi^2 t/a^2}} \text{ si } 0 < e^{-\kappa t} < 1$$

pues $\sum_{n=1}^{\infty} e^{-\kappa n\pi^2 t/a^2}$ es una serie geométrica con el primer término ausente y razón $r = e^{-\kappa\pi^2 t/a^2}$. Esto implica que la temperatura desciende exponencialmente a cero cuando $t \to \infty$, siendo natural que así suceda pues los extremos de la barra se mantienen a temperatura cero y el único contacto con el medio exterior está en los extremos.

Ejemplo 6.3: Sea una varilla delgada de longitud a, con sus bordes aislados. Supongamos que el extremo $x = 0$ se mantiene a temperatura $u = 100\,°C$ y el otro extremo $x = a$ se mantiene a temperatura $u = 0\,°C$ para todo $t > 0$. Además, para $t = 0$, la distribución de temperatura en la varilla está dada por $u(x,0) = f(x)$, $0 \leqslant x \leqslant a$. Hallar la distribución de temperatura para $t > 0$.

El problema de valores de contorno consiste en resolver la ecuación de conducción de calor:

$$\frac{\partial^2 u}{\partial x^2} = \frac{1}{\kappa}\frac{\partial u}{\partial t}$$

con condiciones *no* homogéneas en el contorno.

$$u(0,t) = 100 \qquad\qquad u(a,t) = 0$$

para todo $t > 0$ y la condición inicial:

$$u(x,0) = f(x) \qquad\qquad 0 \leqslant x \leqslant a$$

Si nos olvidamos de la distribución inicial de temperatura podemos satisfacer las condiciones de contorno con la función lineal en x e independiente del tiempo:

$$u = \frac{100\,(a-x)}{a} \tag{6.57}$$

Como vamos a ver, ésta es la distribución estacionaria de temperatura que se alcanzará en la varilla después de un tiempo suficientemente largo.

Ahora buscaremos una solución de la forma:

$$u(x,t) = \frac{100\,(a-x)}{a} + U(x,t)$$

donde U es la solución de la ecuación de conducción del calor. Aplicando las condiciones de contorno $u(0,t) = 100$; $u(a,t) = 0$ resulta:

$$U(0,t) = U(a,t) = 0$$

y con ello hemos conseguido mediante la solución particular (6.57), un problema con condiciones homogéneas de contorno. Estas condiciones, aplicadas a la solución:

$$U(x,t) = (A\cos px + B\,\mathrm{sen}\,px)\,e^{-p^2\kappa t}$$

se satisfacen si $A = 0$; $\mathrm{sen}\,pa = 0$. Los *e.i.v.* son $p = n\pi/a$ donde $n \in \mathbb{Z}$. Las *e.i.f.* correspondientes son de la forma:

$$B_n\,\mathrm{sen}\,\frac{n\pi x}{a} e^{-n^2\pi^2\kappa t/a^2}$$

Así entonces, la solución general sería:

$$u(x,t) = \frac{100\,(a-x)}{a} + \sum_{n=1}^{\infty} B_n\,\mathrm{sen}\,\frac{n\pi x}{a} e^{-n^2\pi^2\kappa t/a^2}$$

Usando la condición inicial $u(x,0) = f(x)$ resulta:

$$100\frac{a-x}{a} + \sum_{n=1}^{\infty} B_n\,\mathrm{sen}\,\frac{n\pi x}{a} = f(x) \qquad\qquad 0 \leqslant x \leqslant a$$

Figura 6.4: $u(x,t)$

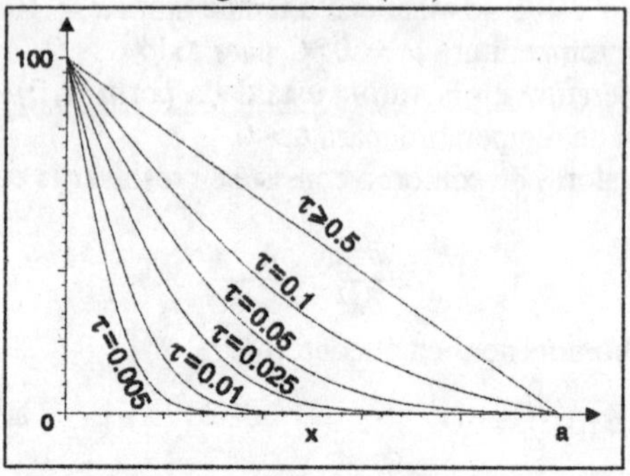

Comportamiento de la solución de la ecuación del calor unidimensional.

que es un problema clásico de serie de Fourier seno, cuya solución proporciona los valores de las constantes B_n para $n = 1, 2, 3, \ldots$ Si la temperatura inicial $u(x,0) = 0$ entonces el desarrollo se convierte en el siguiente:

$$\sum_{n=1}^{\infty} B_n \operatorname{sen} \frac{n\pi x}{a} = 100\frac{x-a}{a} \qquad 0 < x \leqslant a$$

de donde:

$$B_n = -\frac{200}{n\pi}$$

La solución en este caso sería de la forma:

$$u(x,t) = 100\frac{a-x}{a} - \frac{200}{n\pi}\sum_{n=1}^{\infty}\frac{1}{n}\operatorname{sen}\frac{n\pi x}{a}e^{-n^2\pi^2\kappa t/a^2}$$

Como esperábamos, al aumentar t, la solución $u(x,t)$ tiende a la solución estacionaria $100(a-x)/a$. En la Fig. 6.4 se puede apreciar este comportamiento, tomando $\tau = \kappa t/a^2$.

Nota: Los problemas con ecuaciones del calor no homogéneas y/o con condiciones de contorno no homogéneas, se resuelven de manera análoga a la ecuación de las ondas, pudiendo aplicarse la superposición de soluciones — *ver* §6.11. Los problemas térmicos en regiones infinitas se pueden tratar también con transformadas de Laplace o de Fourier, como veremos en los Capítulos 7 y 8.

6.13. Ecuación de Laplace

Se llama Ecuación de Laplace, como hemos visto — §6.2 a:

$$\boxed{\nabla^2 u = 0} \qquad (6.58)$$

y las soluciones que la satisfacen son las funciones armónicas. Es una de las más importantes ecuaciones de la ciencia, que describe muchos fenómenos estacionarios, entre los cuales podemos mencionar:

(a) Conducción del calor independientemente del tiempo.

(b) Concentración de un líquido en difusión estacionaria por un sólido uniforme.

(c) Potencial de velocidades para un flujo estacionario irrotacional de un fluido incompresible no adhesivo.

(d) Potencial electrostático.

etc.

En general, esta ecuación describe un *estado de equilibrio*. En coordenadas cartesianas, la Ecuación de Laplace se escribe:

$$\boxed{\frac{\partial^2 u}{\partial x^2} + \frac{\partial^2 u}{\partial y^2} + \frac{\partial^2 u}{\partial z^2} = 0} \tag{6.59}$$

y según el tipo de ecuaciones de contorno que se le imponen, se suelen clasificar los problemas en:

(1) Problema de Dirichlet: Hallar una función armónica u que satisfaga valores asignados a lo largo de la frontera de la región;

(2) Problema de Neumann: Hallar una función armónica u que satisfaga valores asignados de la derivada normal $\mathrm{d}u/\mathrm{d}\vec{n}$ en cada punto de la frontera de la región;

(3) Problema de Robin: Hallar una función armónica u que satisfaga valores asignados de $\mathrm{d}u/\mathrm{d}\vec{n} + Au$ (A : Cte.) sobre la frontera de la región.

Aquí consideraremos únicamente el problema de Dirichlet, refiriendo al lector a bibliografía más específica para el tratamiento de los otros dos.

6.14. Problema de Dirichlet en un Rectángulo

Sea el problema:

$$\frac{\partial^2 u}{\partial x^2} + \frac{\partial^2 u}{\partial y^2} = 0 \quad 0 < x < a \quad 0 < y < b$$
$$u(x,0) = f(x) \quad u(x,b) = g(x)$$
$$u(0,y) = p(y) \quad u(a,y) = q(y)$$

Vamos a resolverlo por separación de variables pero como todas las condiciones de contorno son *no homogéneas*, usaremos el principio de superposición para reducir el problema a otros dos donde un grupo de condiciones de contorno sea homogéneo. Tomemos primero $p(y) \equiv 0$; $q(y) \equiv 0$, esto es:

$$\frac{\partial^2 u}{\partial x^2} + \frac{\partial^2 u}{\partial y^2} = 0 \quad 0 < x < a \quad 0 < y < b$$
$$u(x,0) = f(x) \quad u(x,b) = g(x)$$
$$u(0,y) = 0 \quad u(a,y) = 0$$

Figura 6.5:

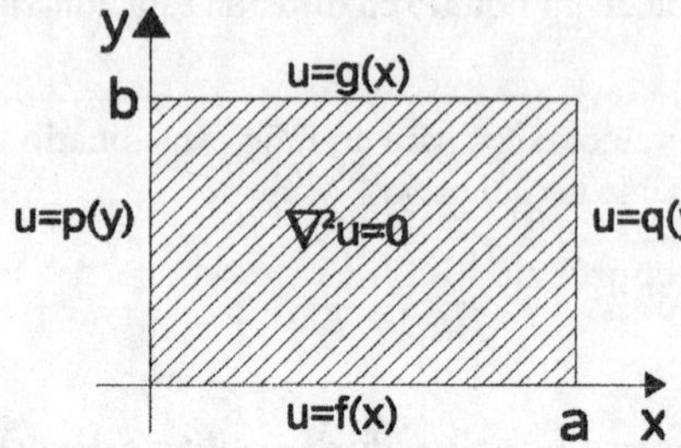

Supongamos $u(x,y) = X(x)Y(y)$. Busquemos soluciones no triviales de este problema, así tenemos:

$$\frac{X''(x)}{X(x)} + \frac{Y''(y)}{Y(y)} = 0 \Rightarrow X'' + \lambda x = 0 \quad \wedge \quad Y'' - \lambda Y = 0$$

Por las condiciones de contorno $u(0,y) = u(a,y) = 0$ debe ser $X(0) = X(a) = 0$. Ello obliga, como en casos anteriores, a excluir $\lambda \leqslant 0$. Para λ positivo, por ejemplo $\lambda = p^2$ resulta:

$$X(x) = A\cos px + B\,\mathrm{sen}\,px$$

de donde $A = 0$; $\mathrm{sen}\,pa = 0$. Por lo tanto $p = n\pi/a$ $(n \in \mathbb{N})$ de modo que los *e.i.v.* y los *e.i.f.* son:

$$\lambda_n = \frac{n^2\pi^2}{a^2} \qquad\qquad X_n(x) = \mathrm{sen}\,\frac{n\pi x}{a}$$

Para $Y_n(y)$ tenemos: $Y'' - \left(n^2\pi^2/a^2\right)Y = 0$ cuyas soluciones son de la forma:

$$Y_n(y) = C_n e^{n\pi y/a} + D_n e^{-n\pi y/a}$$

En consecuencia:

$$u(x,y) = \sum_{n=1}^{\infty}\left(C_n e^{n\pi y/a} + D_n e^{-n\pi y/a}\right)\mathrm{sen}\,\frac{n\pi x}{a} \tag{6.60}$$

Como $u(x,0) = f(x)$; $u(x,b) = g(x)$ tenemos:

$$\sum_{n=1}^{\infty}(C_n + D_n)\,\mathrm{sen}\,\frac{n\pi x}{a} = f(x)$$

$$\sum_{n=1}^{\infty}\left(C_n e^{n\pi b/a} + D_n e^{-n\pi b/a}\right)\mathrm{sen}\,\frac{n\pi x}{a} = g(x)$$

que son los desarrollos en serie de Fourier seno de $f(x)$ y $g(x)$ con un mismo cambio de escala. Podemos calcular los coeficientes del desarrollo:

$$\begin{cases} C_n + D_n = \alpha_n = \dfrac{2}{a}\displaystyle\int_0^a f(x)\,\mathrm{sen}\,\frac{n\pi x}{a}\,dx \\ C_n e^{n\pi b/a} + D_n e^{-n\pi b/a} = \beta_n = \dfrac{2}{a}\displaystyle\int_0^a g(x)\,\mathrm{sen}\,\frac{n\pi x}{a} \end{cases}$$

y éste es un sistema de dos ecuaciones con incógnitas C_n y D_n. Si lo resolvemos y reemplazamos en la expresión (6.60) tenemos:

$$u = u_1(x,y) = \sum_{n=1}^{\infty} \frac{\beta_n \operatorname{sh}(n\pi y/a) + \alpha_n \operatorname{sh}(b-y)n\pi/a}{\operatorname{sh}(n\pi b/a)} \operatorname{sen}\frac{n\pi x}{a}$$

El problema complementario del anterior:

$$\frac{\partial^2 u}{\partial x^2} + \frac{\partial^2 u}{\partial y^2} = 0 \quad 0 < x < a \quad 0 < y < b$$

$$u(x,0) = 0 \qquad u(x,b) = 0$$

$$u(0,y) = p(y) \quad u(a,y) = q(y)$$

se resuelve de manera análoga, siendo su solución:

$$u = u_2(x,y) = \sum_{n=1}^{\infty} \frac{\delta_n \operatorname{sh}(n\pi x/b) + \gamma_n \operatorname{sh}(a-x)n\pi/b}{\operatorname{sh}(n\pi a/b)} \operatorname{sen}\frac{n\pi y}{b}$$

donde:

$$\gamma_n = \frac{2}{b}\int_0^b p(y) \operatorname{sen}\frac{n\pi y}{b}\, dy$$

$$\delta_n = \frac{2}{b}\int_0^b q(y) \operatorname{sen}\frac{n\pi y}{b}\, dy$$

Finalmente, por superposición, la solución del problema original es:

$$u(x,y) = u_1(x,y) + u_2(x,y)$$

Esta expresión es válida y la solución es única si f, g, p, q son de clase C^4 y asignan valores consistentes en la frontera $f(0) = p(0)$; $f(a) = q(0)$; $g(0) = p(b)$; $g(a) = q(b)$ — *Ver. "Advanced Calculus" de* KAPLAN [Bib. 16].

6.15. Problema de Dirichlet en una Región Circular

Sea la región $x^2 + y^2 \leqslant 1$. En ese caso conviene adoptar coordenadas polares, por lo que la ECUACIÓN DE LAPLACE se escribe:

$$\frac{\partial^2 u}{\partial \rho^2} + \frac{1}{\rho}\frac{\partial u}{\partial \rho} + \frac{1}{\rho^2}\frac{\partial^2 u}{\partial \theta^2} = 0 \qquad (0 \leqslant \rho \leqslant 1) \tag{6.61}$$

$$u(1,\theta) = f(\theta)$$

Como queremos que u sea continua dentro del círculo, vamos a pedir además que u sea periódica en la variable θ:

$$u(\rho, \theta + 2\pi) = u(\rho, \theta) \qquad 0 \leqslant \rho \leqslant a$$

Si aplicamos separación de variables será:

$$u(\rho,\theta) = R(\rho)\,\Theta(\theta)$$

Reemplazando en (6.61) y ordenando resulta:

$$\rho^2 \frac{R''(\rho)}{R(\rho)} + \frac{\Theta''(\theta)}{\Theta(\theta)} + \rho \frac{R'(\rho)}{R(\rho)} = 0$$

Por consiguiente tenemos las ecuaciones:

$$\frac{\Theta''(\theta)}{\Theta(\theta)} = -\lambda = \text{const.} \qquad \rho^2 \frac{R''(\rho)}{R(\rho)} + \rho \frac{R'(\rho)}{R(\rho)} = \lambda \tag{6.62}$$

De la primera:

$$\Theta''(\theta) + \lambda \Theta(\theta) = 0$$

y como $\Theta(\theta + 2\pi) = \Theta(\theta)$ debe ser $\lambda = n^2$ $(n = 0, 1, 2, \ldots)$ El espectro de *e.i.f.* es entonces:

$$1, \cos\theta, \operatorname{sen}\theta, \ldots, \cos n\theta, \operatorname{sen} n\theta, \ldots$$

La segunda de las ecuaciones (6.62) se convierte en:

$$\rho^2 R''(\rho) + \rho R'(\rho) = 0$$

que es una ecuación de Euler — §4.6 — cuya solución general se escribe:

$$R(\rho) = C\rho^n + D\rho^{-n} \qquad (n = 0, 1, 2, \ldots)$$

Para $n = 0$, ésta no puede ser la solución general. En ese caso, como la ecuación para R es:

$$\rho^2 R''(\rho) + \rho R'(\rho) = 0$$

podemos reducir el orden eligiendo $R'(\rho) = v$. Entonces:

$$v + \frac{1}{\rho} v = 0 \Rightarrow \ln v = -\ln\rho + \ln k \Rightarrow v = \frac{K}{\rho}$$

Así resulta para $n = 0$:

$$R(\rho) = A + B \ln\rho$$

Ello no obstante, pedimos que $R(\rho)$ sea continua para $\rho = 0$ y esto excluye el término logarítmico, de manera que las soluciones son:

$$\frac{1}{2}A_0, A_1\rho\cos\theta, B_1\rho \operatorname{sen}\theta, \ldots, A_n\rho^n \cos n\theta, B_n\rho^n \operatorname{sen} n\theta, \ldots$$

Entonces la solución general será de la forma:

$$u(\rho, \theta) = \frac{1}{2}A_0 + \sum_{n=1}^{\infty} \rho^n (A_n \cos n\theta + B_n \operatorname{sen} n\theta) \tag{6.63}$$

y aplicando la condición de contorno $u(1, \theta) = f(\theta)$ tenemos:

$$\frac{1}{2}A_0 + \sum_{n=1}^{\infty} (A_n \cos n\theta + B_n \operatorname{sen} n\theta) = f(\theta)$$

que no es más que el desarrollo en serie de Fourier de $f(\theta)$.

Los coeficientes se calculan mediante las expresiones:

$$A_n = \frac{1}{\pi}\int_0^{2\pi} f(\theta)\cos n\theta\, d\theta \qquad B_n = \frac{1}{\pi}\int_0^{2\pi} f(\theta)\,\mathrm{sen}\, n\theta\, d\theta$$

Esta solución es válida y es la única, siempre que $f \in C^2$ y sea periódica de período 2π. Ello no obstante se puede probar — *ver el libro de* Zygmund [Bib. 37] — que la serie (6.63) converge uniformemente para $\rho < a$ mientras f sea continua y periódica.

Frecuentemente, es más conveniente y más preciso usar otra expresión de la solución $u(\rho,\theta)$ que se llama fórmula integral de Poisson[2]:

$$\boxed{u(\rho,\theta) = \frac{1-\rho^2}{2\pi}\int_0^{2\pi} \frac{f(\varphi)}{1+\rho^2-2\rho\cos(\varphi-\theta)}\, d\varphi \;\; \rho < 1} \tag{6.64}$$

en lugar de calcular los coeficientes de Fourier y luego sumar la serie (6.63).

Para obtener la fórmula (6.64) usaremos el resultado del problema 17c del Capítulo 5:

$$\frac{1-\rho\cos\theta}{1+\rho^2-2\rho\cos\theta} = $$
$$= 1 + \rho\cos\theta + \rho^2\cos 2\theta + \cdots + \rho^n\cos n\theta + \cdots \; (0 \leqslant \rho < 1)$$

Restamos 1/2 de ambos miembros con lo que:

$$\frac{1-\rho\cos\theta}{2(1+\rho^2-2\rho\cos\theta)} = \frac{1}{2} + \rho\cos\theta + \ldots + \rho^n\cos n\theta + \ldots (0 \leqslant \rho < 1) \tag{6.65}$$

Ahora bien, reemplazando las expresiones de los coeficientes A_n y B_n en (6.63), la solución se escribe:

$$\begin{aligned} u(\rho,\theta) &= \frac{1}{2\pi}\int_0^{2\pi} f(\varphi)\, d\varphi + \frac{1}{n}\sum_{n=1}^{\infty}\rho^n\left[\cos n\theta\int_0^{2\pi} f(\varphi)\cos n\varphi\, d\varphi + \right. \\ &\left. + \,\mathrm{sen}\, n\theta\int_0^{2\pi} f(\varphi)\,\mathrm{sen}\, n\varphi\, d\varphi\right] \\ &= \frac{1}{2\pi}\int_0^{2\pi} f(\varphi)\, d\varphi + \frac{1}{\pi}\sum_{n=1}^{\infty}\int_0^{2\pi} f(\varphi)\rho^n\cos n(\varphi-\theta)\, d\varphi \\ &= \frac{1}{\pi}\int_0^{2\pi} f(\varphi)\left[\frac{1}{2} + \sum_{n=1}^{\infty}\rho^n\cos n(\varphi-\theta)\, d\varphi\right] d\varphi \end{aligned}$$

y usando (6.63) obtenemos la fórmula integral de Poisson (6.64). Nótese que la integración término a término se justifica por la convergencia uniforme de la serie.

Cabe acotar que, mediante una transformación conforme, el problema de Dirichlet para un gran conjunto de regiones, se reduce al problema de Dirichlet para la región circular. Asimismo se han desarrollado numerosas técnicas para resolver numéricamente el problema — *Capítulos 9 y 10*.

---

[2]POISSON, Simeón Denis (1781-1840): Fue, junto con Fourier y Cauchy, de los mejores matemáticos en los primeros años de la Escuela Politécnica de París. La productividad de Poisson está marcada por la frecuencia con que aparece en los libros de texto; los corchetes de Poisson en ecuaciones diferenciales, la constante de Poisson en electricidad, la integral de Poisson y la ecuación de Poisson en la teoría del potencial. Esta ecuación de Poisson $\nabla^2 u = 4\pi\rho$ fue el resultado del descubrimiento de Poisson en 1812 que la ecuación de Laplace $\nabla^2 u = 0$ vale sólo fuera de las masas.

6.16. Problema de Dirichlet en Coordenadas Cilíndricas y Esféricas

6.16.1. Coordenadas cilíndricas

La Ecuación de Laplace en coordenadas cilíndricas, donde $x = \rho\cos\theta$, $y = \rho\operatorname{sen}\theta$, $z = z$, se escribe — *Ver. Capítulo 5, [Cálculo 2]*:

$$\boxed{\frac{\partial^2 u}{\partial\rho^2} + \frac{1}{\rho}\frac{\partial u}{\partial\rho} + \frac{1}{\rho^2}\frac{\partial^2 u}{\partial\theta^2} + \frac{\partial^2 u}{\partial z^2} = 0} \qquad (6.66)$$

Vamos a suponer que $0 < \rho < R_1$, $0 < z < \pi$ y fijamos las condiciones de contorno:

$$u(\rho,\theta,0) = u(\rho,\theta,\pi) = 0$$
$$u(R_1,\theta,z) = g(\theta,z)$$

Separando variables: $u = R(\rho)\,\Theta(\theta)\,Z(z)$ tenemos:

$$\frac{1}{R(\rho)}\left[R''(\rho) + \frac{1}{\rho}R'(\rho)\right] + \frac{1}{\rho^2}\frac{\Theta''(\theta)}{\Theta(\theta)} = -\frac{Z''(z)}{Z(z)} = \text{const.}$$

Llamando λ a la constante tendríamos:

$$\begin{cases} Z''(z) + \lambda Z(z) = 0 \\ Z(0) = Z(\pi) = 0 \end{cases}$$

lo que nos da $\lambda = n^2$ $(n \in \mathbb{N})$ y la *e.i.f.* resultan de la forma:

$$Z_n(z) = \operatorname{sen} nz$$

Con respecto a la variación angular tendríamos:

$$\frac{\rho^2}{R(\rho)}\left[R''(\rho) + \frac{1}{\rho}R'(\rho)\right] - \rho^2 n^2 = -\frac{\Theta''(\theta)}{\Theta(\theta)} = \text{const.}$$

de donde, llamando μ a la constante, resulta:

$$\Theta''(\theta) + \mu\Theta(\theta) = 0$$

con la condición de que Θ sea periódica de período 2π. Entonces $\mu = m^2$ $(m = 0, 1, 2, \ldots)$ con el espectro de *e.i.f.*:

$$1,\ \operatorname{sen}\theta,\ \cos\theta,\ \operatorname{sen}2\theta,\ \cos 2\theta,\ \ldots,\ \operatorname{sen}m\theta,\ \cos m\theta,\ \ldots$$

Finalmente tenemos:

$$\rho^2 R''(\rho) + \rho R'(\rho) - \left(n^2\rho^2 + m^2\right)R(\rho) = 0$$

que es la *ecuación modificada de* Bessel *de primera especie*, cuyas soluciones se indican:

$$I_n(n\rho) \qquad\qquad K_n(n\rho)$$

La función $I_n(x) = i^{-n} J_n(ix)$, y es acotada para todo x. En cambio $K_n(x)$ es divergente para $x \to 0$ — *Ver Mathematical Handbook* [Bib. 32].

Así la solución se escribe:

$$u(\rho,\theta,z) = \frac{1}{2}\sum_{n=1}^{\infty} C_{n0} I_0(n\rho)\operatorname{sen} nz +$$

$$+\sum_{n=1}^{\infty}\sum_{m=1}^{\infty} I_m(n\rho)\operatorname{sen} nz\left[C_{nm}\cos m\theta + D_{nm}\operatorname{sen} m\theta\right]$$

donde:

$$C_{nm} = \frac{2}{\pi^2}\int_0^{\pi}\int_0^{2\pi} g(\theta,z)\operatorname{sen} nz\cos m\theta\, d\theta\, dz$$

$$D_{nm} = \frac{2}{\pi^2}\int_0^{\pi}\int_0^{2\pi} g(\theta,z)\operatorname{sen} nz\operatorname{sen} m\theta\, d\theta\, dz$$

6.16.2. Coordenadas esféricas

La Ecuación de Laplace en coordenadas esféricas donde $x = \rho\cos\theta\operatorname{sen}\varphi$; $y = \rho\operatorname{sen}\theta\operatorname{sen}\varphi$; $z = \rho\cos\varphi$ se escribe:

$$\boxed{\frac{\partial^2 u}{\partial\rho^2} + \frac{2}{\rho}\frac{\partial u}{\partial\rho} + \frac{1}{\rho^2}\frac{\partial^2 u}{\partial\varphi^2} + \frac{\operatorname{cotg}\varphi}{\rho^2}\frac{\partial u}{\partial\varphi} + \frac{1}{\rho^2\operatorname{sen}^2\varphi}\frac{\partial^2 u}{\partial\theta^2} = 0} \qquad (6.67)$$

Separando variables:

$$u(\rho,\theta,\varphi) = R(\rho)\,\Theta(\theta)\,\Phi(\varphi)$$

obtenemos las ecuaciones:

$$\left[\rho^2 R'(\rho)\right]' - \alpha R(\rho) = 0$$
$$\Theta''(\theta) + \beta\Theta(\theta) = 0$$
$$\left[\operatorname{sen}\varphi\Phi'(\varphi)\right]' + (\alpha\operatorname{sen}\varphi - \beta\cos\varphi)\,\Phi(\varphi) = 0$$

donde α y β son constantes a determinar. La primer ecuación es de Euler ya que tiene la forma:

$$\rho^2 R''(\rho) + 2\rho R'(\rho) - \alpha R(\rho) = 0$$

Las soluciones serán de la forma ρ^n o bien $\rho^{-(n+1)}$, donde $n = 0, 1, 2, \ldots$

En la segunda ecuación debemos tomar $\beta = m^2$ $(m = 0, 1, 2, \ldots)$ para tener periodicidad en θ de período 2π. Entonces $\Theta(\theta)$ será una combinación lineal de $\cos m\theta$ y $\operatorname{sen} m\theta$. Para $m = 0$: $\Theta(\theta) = C_1 + C_2\theta$, y hay que tomar $C_2 = 0$ para mantener la periodicidad.

La tercera ecuación resulta de la forma:

$$\Phi''(\varphi) + \operatorname{cotg}\varphi\Phi'(\varphi) + \left[n(n+1) - m^2\cos^2\varphi\right]\Phi(\varphi) = 0$$

Llamando $\cos\varphi = \mu$ obtenemos:

$$\frac{\partial^2\Phi}{\partial u^2}\operatorname{sen}^2\varphi + \operatorname{cotg}\varphi\,(-\operatorname{sen}\varphi)\frac{\partial\Phi}{\partial\mu} - \cos\varphi\frac{\partial\Phi}{\partial\mu} +$$

$$+\left[n(n+1) - m^2\mu^2\right]\Phi(\varphi) = 0$$

de donde:

$$\left(1-\mu^2\right)\frac{\partial^2\Phi}{\partial\mu^2}-2\mu\frac{\partial\Phi}{\mu}+\left[n\left(n+1\right)-m^2\mu^2\right]\Phi\left(\varphi\right)=0$$

que es la ecuación diferencial de LEGENDRE asociada, cuyas soluciones son las funciones $P_n^m\left(\cos\varphi\right)$, siempre que $m\leqslant n$. Estas funciones están definidas por la expresión:

$$P_n^m\left(x\right)=\left(-1\right)^m\left(1-x^2\right)^{m/2}D^mP_n\left(x\right)$$

Para m par son polinomios, para todo m, n son funciones continuas en $-1\leqslant x\leqslant 1$. La solución entonces será de la forma:

$$u\left(\rho,\theta,\varphi\right)=\sum_{n=1}^{\infty}\sum_{m=1}^{\infty}\left(A_{nm}\cos m\theta+B_{nm}\operatorname{sen} m\theta\right)\cdot$$
$$\cdot\left(C_{nm}\rho^n+\frac{1}{\rho^{n+1}}D_{nm}\right)P_n^m\left(\cos\varphi\right)$$

A los productos $\left(A_{nm}\cos m\theta+B_{nm}\operatorname{sen} m\theta\right)P_n^m\left(\cos\varphi\right)$ se las llama FUNCIONES ESFÉRICAS; las primeras son:

$m=0$	$P_n\left(\cos\varphi\right)$
$m=1$	$P_n^1\left(\cos\varphi\right)\cos\theta$
	$P_n^1\left(\cos\varphi\right)\operatorname{sen}\theta$

Las funciones $P_n\left(\cos\varphi\right)$, para $m=0$, no dependen de θ y se llaman *zonales*.

6.17. Problemas

1. Determinar si los siguientes operadores son hiperbólicos, parabólicos o elípticos:

a)

$$\frac{\partial^2u}{\partial t^2}+\frac{\partial^2u}{\partial x\partial t}+\frac{\partial^2u}{\partial x^2}$$

b)

$$\frac{\partial^2u}{\partial t^2}+4\frac{\partial^2u}{\partial x\partial t}+\frac{\partial^2u}{\partial x^2}$$

c)

$$\frac{\partial^2u}{\partial t^2}-4\frac{\partial^2u}{\partial x\partial t}+\frac{\partial^2u}{\partial x^2}$$

2. Determinar si las siguientes ecuaciones son hiperbólicas, parabólicas o elípticas:

a) $$5\frac{\partial^2 u}{\partial x^2}+7\frac{\partial^2 u}{\partial y^2}=0$$ *b)* $$5\frac{\partial^2 u}{\partial x^2}-2\frac{\partial^2 u}{\partial y^2}=0$$

c) $$5\frac{\partial^2 u}{\partial x^2}+\frac{\partial u}{\partial y}=0$$ *d)* $$5\frac{\partial^2 u}{\partial x^2}+3\frac{\partial^2 u}{\partial x\partial y}-\frac{\partial^2 u}{\partial y^2}=0$$

e) $$5\frac{\partial^2 u}{\partial x^2}+\frac{\partial^2 u}{\partial x\partial y}+\frac{\partial^2 u}{\partial y^2}=0$$

3. Sea la ecuación de las ondas:

$$c^2\frac{\partial^2 u}{\partial x^2}-\frac{\partial^2 u}{\partial t^2}=0 \qquad 0<x<\pi \qquad 0<t<\infty$$

Hallar la solución por separación de variables en cada uno de los siguientes casos:

a)

$$c=1 \quad u(0,t)=u(\pi,t)=0 \quad u(x,0)=\operatorname{sen}^3(x) \quad \left.\frac{\partial u}{\partial t}\right|_{t=0}=0$$

b)

$$c=1 \quad u(0,t)=u(\pi,t)=0 \quad u(x,0)=\pi x-x^2 \quad \left.\frac{\partial u}{\partial t}\right|_{t=0}=0$$

c)

$$c=1 \quad u(0,t)=u(\pi,t)=0 \quad u(x,0)=0 \quad \left.\frac{\partial u}{\partial t}\right|_{t=0}=x\operatorname{sen}x$$

d)

$$c=1 \quad u(0,t)=u(\pi,t)=0 \quad u(x,0)=\operatorname{sen}^3(x) \quad \left.\frac{\partial u}{\partial t}\right|_{t=0}=x\operatorname{sen}x$$

4. Sea la ecuación de las ondas:

$$c^2\frac{\partial^2 u}{\partial x^2}-\frac{\partial^2 u}{\partial t^2}=0$$

Hallar la solución por separación de variables en cada uno de los siguientes casos:

a)

$$\left.\frac{\partial u}{\partial x}\right|_{x=0}=0 \qquad \left.\frac{\partial u}{\partial x}\right|_{x=\pi}=0 \qquad 0\leqslant t<\infty$$

$$u(x,0)=0 \qquad \left.\frac{\partial u}{\partial t}\right|_{t=0}=x^2\left(\pi-x^2\right) \qquad 0\leqslant x\leqslant\pi$$

b)

$$\left.\frac{\partial u}{\partial x}\right|_{x=0}=0 \qquad \left.\frac{\partial u}{\partial x}\right|_{x=\pi}=0 \qquad 0\leqslant t<\infty$$

$$u(x,0)=\cos^2 x \qquad \left.\frac{\partial u}{\partial t}\right|_{t=0}=0 \qquad 0\leqslant x\leqslant\pi$$

5. Una cuerda está fija en $x = 0$ y en $x = 1$. Si se la pone en movimiento dando a todos los puntos $0 < x < 1$ una velocidad transversal constante $\partial u/\partial t|_{t=0} = v_0$, usar la expresión (6.22) para probar que el movimiento subsiguiente está dado por:

$$u(x,t)=\sum_{n=1}^{\infty}\frac{2L}{n^2\pi^2\alpha}v_0\left[1-(-1)^n\right]\operatorname{sen}\frac{n\pi x}{L}\operatorname{sen}\frac{n\pi\alpha t}{L}$$

6. Si las condiciones iniciales del ejercicio 5 se cambian a:

$$u(x,0)=\begin{cases}\varepsilon x & \text{, si } 0\leqslant x\leqslant L/4\\ \varepsilon(L-x) & \text{, si } L/2\leqslant x\leqslant L\end{cases}$$

y se suelta la cuerda desde el reposo en esta posición, determinar el desplazamiento ulterior.

7. Verificar que las soluciones de los ejercicios 5 y 6 son idénticas cuando $\varepsilon = v_0/\alpha$ y el tiempo en el ejercicio 6 se mide desde un instante $3/2\alpha$ segundos después de la puesta en movimiento. Usando la solución de D'Alembert, confirmar que la cuerda adopta las formas de la Fig. 6.6.

8. La ecuación (6.31) rige las vibraciones transversales de una viga en voladizo, sujeta en $x = 0$ y libre en $x = L$. Si las condiciones de contorno son:

$$u(0,t)=0 \qquad \frac{\partial u}{\partial x}(0,t)=0 \qquad \frac{\partial^2 u}{\partial x^2}(L,t)=0 \qquad \frac{\partial^3 u}{\partial x^3}(L,t)=0$$

para todo t, mostrar que la frecuencias naturales m^2c están determinadas por las raíces de la ecuación:

$$\operatorname{ch} mL\cos m=1$$

Dibujando $\operatorname{ch} mL\cos mL$ como función de m, mostrar que esta ecuación tiene infinitas raíces positivas.

9. Las funciones que dan la forma de los modos normales de una membrana rectangular son:

$$\operatorname{sen}\frac{n\pi x}{a}\operatorname{sen}\frac{m\pi y}{b}$$

donde $m, n \in \mathbb{Z}$. Mostrar que las líneas nodales para los casos $n = 2$, $m = 2$, y $n = 2$, $m = 3$ son los que se indican en la Fig. 6.7, donde los signos "+" y "−" indican deflexiones de signos opuestos.

Figura 6.6:

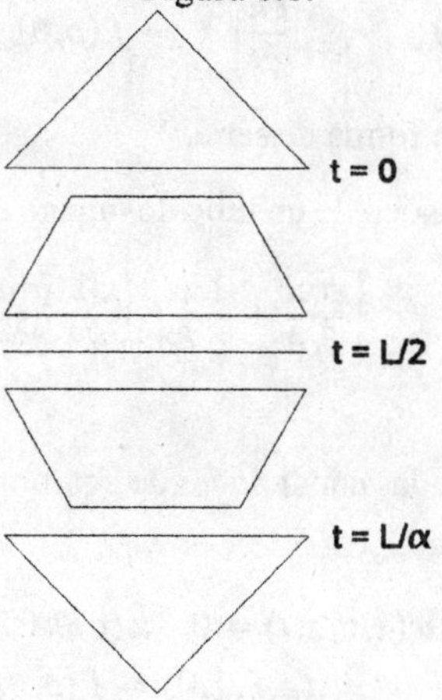

Formas que adopta la cuerda en el ejercicio 7.

Figura 6.7:

$-$	$+$
$+$	$-$
$n=2$	$m=2$

$+$	$-$
$-$	$+$
$+$	$-$
$n=2$	$m=3$

10. Una membrana cuadrada $0 \leqslant x \leqslant a$; $0 \leqslant y \leqslant a$ se distorsiona para tomar la forma $u(x,y) = \operatorname{sen}(\pi x/a)\operatorname{sen}(2\pi y/a)$, y entonces se la deja libre desde esa posición de reposo. ¿Cuál es la frecuencia de movimiento resultante?

11. ⋆ Sea el movimiento de un parche de tambor descripto por la ecuación de las ondas en coordenadas polares (6.45) para $\rho < 1$, $t > 0$ con las condiciones de contorno:

$$u(1,\theta,y) = 0 \qquad \left.\frac{\partial u}{\partial t}\right|_{t=0} = f(\rho,\theta) \qquad u(\rho,\theta,0) = 0$$

Hallar una solución en forma de serie.

12. ⋆⋆ El movimiento acústico de un tubo de órgano está descrito por la ecuación:

$$\frac{\partial^2 u}{\partial t^2} - c^2\left[\frac{\partial^2 u}{\partial \rho^2} + \frac{1}{\rho}\frac{u}{\partial \rho} + \frac{1}{\partial^2}\frac{\partial^2 u}{\partial \theta^2} + \frac{\partial^2 u}{\partial z^2}\right] = 0$$

para $\begin{cases} \rho < 1 \\ a < z < L \\ t > 0 \end{cases}$ con las condiciones de contorno:

$$u(1,\theta,z,t) = 0 \quad u(\rho,\theta,0,t) = 0$$
$$u(\rho,\theta,z,0) = f(\rho,\theta,z)$$
$$\left.\frac{\partial u}{\partial z}\right|_{z=L} = 0 \quad \left.\frac{\partial u}{\partial t}\right|_{t=0} = 0$$

Hallar una solución en forma de serie.

13. Resolver por separación de variables la Ecuación de las Ondas Amortiguada:

$$\frac{\partial^2 u}{\partial t^2} + 2a\frac{\partial u}{\partial t} - c^2\frac{\partial^2 u}{\partial x^2} = 0 \qquad 0 < x < \pi \qquad t > 0$$

sujeta a las condiciones de contorno:

$$u(x,0) = f(x) \quad \text{para } 0 \leqslant x \leqslant \pi$$
$$\left.\frac{\partial u}{\partial t}\right|_{t=0} = 0 \quad \text{para } 0 \leqslant x \leqslant \pi$$
$$u(0,t) = u(\pi,t) = 0$$

14. Hallar la solución del siguiente problema de valores de contorno para la Ecuación de Calor:

$$c^2\frac{\partial^2 u}{\partial x^2} - \frac{\partial u}{\partial t} = 0 \quad 0 < x < \pi \quad 0 < t < \infty$$
$$u(0,t) = u(\pi,t) = 0$$
$$u(x,0) = f(x)$$

a) $f(x) = \operatorname{sen} 3x$

b) $f(x) = \begin{cases} x & \text{para } 0 \leqslant x \leqslant \pi/2 \\ \pi - x & \text{para } \pi/2 \leqslant x \leqslant \pi \end{cases}$

15. Hallar la solución de los siguientes problemas de valores de contorno para la Ecuación del Calor:

a)
$$c^2\frac{\partial^2 u}{\partial x^2} - \frac{\partial u}{\partial t} = 0$$
$$\left.\frac{\partial u}{\partial x}\right|_{x=0} = 0$$
$$u(x,0) = \operatorname{sen} x$$
$$u(\pi,t) = 0$$

b)
$$c^2\frac{\partial^2 u}{\partial x^2} - \frac{\partial u}{\partial t} = 0$$
$$u(0,t) = 0$$
$$u(\pi,t) - u_x(\pi,t) = 0$$
$$u(x,0) = x(\pi - x)$$

Nota: La condición de contorno en $x = \pi$ corresponde a que el medio adyacente se mantiene a $0\,°C$ pero en $x = \pi$ la temperatura de la varilla obedece la ley del enfriamiento de Newton.

c)
$$\frac{\partial u}{\partial t} - c^2\frac{\partial^2 u}{\partial x^2} = \frac{\operatorname{sen} x}{1+t^2}$$
$$u(0,t) = 0$$
$$u(\pi,t) = 0$$
$$u(x,0) = \operatorname{sen} 3x$$

d)
$$\frac{\partial u}{\partial t} - c^2\frac{\partial^2 u}{\partial x^2} = -e^{-t}\operatorname{sen} x$$
$$u(0,t) = e^{-t}$$
$$u(\pi,t) = 1$$
$$u(x,0) = \operatorname{sen} x$$

16. Una placa de espesor a se encuentra a una temperatura uniforme $u = u_0$ para $t < 0$. Si en $t = 0$ sus caras $x = 0$ y $x = a$ se enfrían súbitamente a $u = 0$ y se mantienen a esa temperatura, hallar la distribución de temperatura en la placa.

17. Una placa de espesor a tiene la distribución inicial de temperatura $u(x,0) = f(x)$ en $t = 0$. Si las caras $x = 0$ y $x = a$ se han aislado de modo que el flujo de calor por cada una sea nulo, o sea:
$$\left.\frac{\partial u}{\partial x}\right|_{x=0} = \left.\frac{\partial u}{\partial x}\right|_{x=a} = 0$$
mostrar que la solución es de la forma:
$$u(x,t) = \frac{1}{2}A_0 + \sum_{n=1}^{\infty} A_n \cos\frac{n\pi x}{a} e^{-n^2\pi^2\kappa t/a^2}$$
y hallar los valores de las constantes A_n. Verificar que cuando $t \to \infty$ la temperatura tiende al valor medio de la distribución inicial:
$$\frac{1}{a}\int_0^a f(x)\,dx$$

18. Resolver los siguientes problemas de Dirichlet:

a)
$$\frac{\partial^2 u}{\partial x^2} + \frac{\partial^2 u}{\partial y^2} = 0 \quad 0 < x < \pi \quad 0 < y < 2\pi$$
$$u(x,0) = u(x,2\pi) = 0 \quad u(\pi,y) = 0$$
$$u(0,y) = \operatorname{sen} y + 2\operatorname{sen} 3y$$

b)

$$\frac{\partial^2 u}{\partial x^2}+\frac{\partial^2 u}{\partial y^2}=0 \quad 0<x<\pi \quad 0<y<\pi$$
$$u(x,0)=\operatorname{sen}^2 x \quad u(x,\pi)=0$$
$$u(0,y)=0 \qquad u(\pi,y)=0$$

c)

$$\rho^2\frac{\partial^2 u}{\partial \rho^2}+\frac{\partial^2 u}{\partial \theta^2}+\rho\frac{\partial u}{\partial \rho}=0 \quad 0\leqslant\rho<1$$
$$u(1,\theta)=1 \text{ para } 0<\theta<\pi \quad u(1,\theta)=0 \text{ para } \pi<\theta<2\pi$$

d)

$$\rho^2\frac{\partial^2 u}{\partial \rho^2}+\frac{\partial^2 u}{\partial \theta^2}+\rho\frac{\partial u}{\partial \rho}=0 \quad 0\leqslant\rho<1$$
$$u(1,\theta)=\theta \text{ para } 0<\theta<\pi \quad u(1,\theta)=\pi-\theta \text{ para } \pi\leqslant\theta\leqslant 2\pi$$

19. Representar mediante la fórmula integral de Poisson la solución de los problemas 18*c* y 18*d*.

20. Usar las soluciones:

$$u(\rho,\theta)=A+B\ln\rho$$
$$u(\rho,\theta)=\rho^n\left(A_n\cos n\theta+B_n\operatorname{sen} n\theta\right)+$$
$$+\rho^{-n}\left(A_n\cos n\theta+B_n\operatorname{sen} n\theta\right)$$

de la ecuación de Laplace en coordenadas polares, para resolver los siguientes problemas:

a) Mostrar que si la temperatura en un disco circular $0\leqslant\rho\leqslant a$ es tal que $u=u_0\cos 5\theta$, para $\rho=a$, entonces: $u(\rho,\theta)=u_0(\rho/a)^5\cos 5\theta$.

b) El potencial electrostático V en la región $\rho>0$ fuera de un conductor cilíndrico es una función armónica. Si $V=V_0\cos 5\theta$ para $\rho=a$ y $V\to 0$ cuando $\rho\to\infty$, mostrar que el potencial en $\rho>0$ es $V(\rho,\theta)=V_0(\rho/a)^{-5}\cos 5\theta$.

21. Resolver por separación de variables la "Ecuación del Telegrafista" que surge en la transmisión de impulsos eléctricos en un alambre suficientemente largo con capacidad, inductancia y resistencia distribuidas:

$$\frac{\partial^2 u}{\partial t^2}+2a\frac{\partial u}{\partial t}+bu-c^2\frac{\partial^2 u}{\partial x^2}=0 \quad 0<x<\pi \quad t>0$$
$$u(0,t)=u(\pi,t)=0$$
$$\left.\frac{\partial u}{\partial t}\right|_{t=0}=g(x)$$

Capítulo 7

Transformada de LAPLACE

"La física entonces, puede, sin correr el riesgo de desorganizarse bajo la influencia de estudios inferiores, apoyar su verdad sobre la verdad de la matemática"

BRUNSCHVICG, LEÓN

7.1. Introducción

En este capítulo vamos a introducir las transformadas de LAPLACE, que son herramientas muy poderosas en la solución de ecuaciones diferenciales lineales. La idea rectora es la de *"operador"*, que consiste en un procedimiento para asociar funciones a funciones. Por ello, la teoría de estas transformadas forma parte del CÁLCULO OPERACIONAL.

Si bien ya hemos visto cómo se resuelven problemas de valores iniciales en sistemas lineales, este concepto de operador lineal de LAPLACE y el cálculo de su inverso, no sólo sirven para presentar un procedimiento más eficiente de resolución de sistemas lineales, sino que también permiten introducir el concepto de *"función generalizada"* o *"distribución"*, que aparece en numerosos problemas de vibraciones mecánicas y en el análisis de las redes eléctricas.

Asimismo, la transformada de LAPLACE hace hincapié en conceptos físicos tan importantes como la *estabilidad* de un sistema físico.

7.2. Transformada de LAPLACE

Definición 7.1: Sea $F(t)$ una función real de variable real definida en $0 \leqslant t < \infty$. Sea s un parámetro real — *o complejo*. Llamaremos a la función:

$$\boxed{f(s) = \int_0^\infty F(t)\, e^{-st}\, dt} \tag{7.1}$$

siempre que la integral impropia tenga sentido para algunos valores de s, la TRANSFORMADA DE LAPLACE *de la función* $F(t)$ y la indicaremos:

$$\boxed{f(s) = \mathscr{L}[F(t)]} \tag{7.2}$$

Ejemplo 7.1: Hallar $\mathscr{L}\left[e^{kt}\right]$.

$$\mathscr{L}\left[e^{kt}\right] = \int_0^\infty e^{-(s-k)t}\,dt = \left.\frac{e^{(k-s)t}}{k-s}\right|_0^\infty = \frac{1}{s-k}$$

si $s > k$. En particular, si $k = 0$ resulta:

$$\mathscr{L}[1] = \frac{1}{s} \quad (\text{si } s \neq 0)$$

□

Ejemplo 7.2: Hallar $\mathscr{L}[\operatorname{sen} kt]$.

$$\begin{aligned}
\mathscr{L}[\operatorname{sen} kt] &= \int_0^\infty e^{-st} \operatorname{sen} kt\,dt \\
&= \left.\frac{e^{-st}}{s^2+k^2}\left(-s \operatorname{sen} kt - k\cos kt\right)\right|_0^\infty \\
&= \frac{k}{s^2+k^2} \quad (\text{si } s > 0)
\end{aligned}$$

□

Ejemplo 7.3: Hallar $\mathscr{L}[t]$.

$$\mathscr{L}[t] = \int_0^\infty t e^{-st}\,dt = \left.-\frac{t}{s}e^{-st}\right|_0^\infty + \int_0^\infty e^{-st}\,dt = \frac{1}{s^2} \ (\text{si } s > 0)$$

□

En cada uno de los ejemplos anteriores hemos visto que la integral impropia converge para un rango de valores de s. Pero es fácil ver que hay integrales que no son convergentes, por ejemplo:

$$\int_0^\infty \frac{e^{-st}}{t}\,dt \qquad \int_0^\infty e^{-st}e^{t^2}\,dt \qquad \int_0^\infty \frac{e^{-st}}{(t-a)^2}\,dt \ (a > 0)$$

Por ello no existen las transformadas $\mathscr{L}[1/t]$; $\mathscr{L}\left[e^{t^2}\right]$; $\mathscr{L}\left[\frac{1}{(t-a)^2}\right]$. Si bien en la práctica existen la mayoría de las transformadas que uno busca, es útil disponer de un teorema de existencia, como el siguiente.

Teorema 7.1: Sea F una función real tal que:

1. F es continua a trozos en todo intervalo finito $0 \leqslant t \leqslant b$ $(b > 0)$.
2. F es de orden exponencial, esto es: existen α, $M > 0$ y $t_0 > 0$ tales que:

$$e^{-\alpha t}\,|F(t)| < M \text{ para } t > t_0$$

Entonces la Transformada de Laplace:

$$\int_0^\infty e^{-st}F(t)\,dt$$

existe para $s > \alpha$.

La demostración se basa en la aplicación de tests de comparación para integrales impropias y puede verse en el libro de Ross, capítulo 9 — *ver* [Bib. 24].

En rigor, si F satisface las hipótesis del TEOREMA 7.1, no sólo existe $\mathscr{L}[F]$ para $s > \alpha$ sino también existe $\mathscr{L}[|F|]$ para $s > \alpha$, esto es:

$$\int_0^{\infty} e^{-st}F(t)\,dt$$

es ***absolutamente convergente*** para $s > \alpha$. Tal como en las series infinitas, la convergencia absoluta implica la convergencia — *ver cap. 9, [Cálculo 1]*. La observación anterior motiva la siguiente:

Definición 7.2: Se la llama *abscisa de convergencia* al número:

$$\alpha = \text{ínf}\left\{s \in \mathbb{R} : \int_0^{\infty} e^{-st}F(t)\,dt \text{ es convergente}\right\}$$

Es fácil ver que toda función acotada es de orden exponencial, con $\alpha = 0$. Asimismo, la función e^{at} sen bt es de orden exponencial con $\alpha = 0$. La función t^n $(n > 0)$ es también de orden exponencial, con α igual a cualquier número positivo. Sin embargo, como las hipótesis de este teorema no son necesarias para la existencia de $\mathscr{L}[F]$, existen funciones que no las satisfacen pero para las cuales $\mathscr{L}[F]$ existe, como por ejemplo $F(t) = t^{-\frac{1}{3}}$ $(t > 0)$.

Con respecto a la unicidad, como la TRANSFORMADA DE LAPLACE está definida por una integral, si ésta existe, es única.

Es muy útil expresar el par de transformadas $F(t)$ y $f(s)$ por medio del operador inverso $\mathscr{L}^{-1}$, definido por la ecuación:

$$\boxed{F(t) = \mathscr{L}^{-1}[f(s)]} \tag{7.3}$$

Así, el resultado del EJEMPLO 7.1 se puede expresar alternativamente:

$$\mathscr{L}[e^{kt}] = \frac{1}{s-k} \qquad \mathscr{L}^{-1}\left[\frac{1}{s-k}\right] = e^{kt}$$

7.3. Propiedades Básicas

7.3.1. Linealidad

Sean F_1 y F_2 funciones cuyas transformadas de LAPLACE existen. Entonces:

$$\mathscr{L}[c_1F_1(t) + c_2F_2(t)] = c_1\mathscr{L}[F_1(t)] + c_2\mathscr{L}[F_2(t)] \tag{7.4}$$

donde c_1 y c_2 son constantes.

La demostración es una consecuencia inmediata de la definición 7.1. Se extiende a un número infinito de sumandos siempre que la suma sea convergente.

Ejemplo 7.4: Expresando sh kt por medio de exponenciales, hallar su transformada de LAPLACE.

$$\mathscr{L}[\text{sh}\,kt] = \mathscr{L}\left[\frac{1}{2}\left(e^{kt} - e^{-kt}\right)\right] = \frac{1}{2}\mathscr{L}[e^{kt}] - \frac{1}{2}\mathscr{L}[e^{-kt}]$$

$$= \frac{1}{2}\frac{1}{s-k} - \frac{1}{2}\frac{1}{s+k} = \frac{k}{s^2-k^2}$$

□

Ejemplo 7.5: Expresando $\cos kt$ como suma de exponenciales imaginarias, hallar su transformada de LAPLACE.

$$\begin{aligned}\mathscr{L}[\cos kt] &= \mathscr{L}\left[\frac{1}{2}\left(e^{ikt}+e^{-ikt}\right)\right]\\ &= \frac{1}{2}\mathscr{L}\left[e^{ikt}\right]+\frac{1}{2}\mathscr{L}\left[e^{-ikt}\right]\end{aligned}$$

Ambas integrales $\mathscr{L}\left[e^{ikt}\right]$ y $\mathscr{L}\left[e^{-ikt}\right]$ convergen para $s > 0$ y entonces tenemos:

$$\mathscr{L}[\cos kt] = \frac{1}{2}\left(\frac{1}{s-ik}+\frac{1}{s+ik}\right) = \frac{s}{s^2+k^2}$$

si $s > 0$.

□

7.3.2. Transformada de las derivadas

Teorema 7.2: Sea F una función real continua para $t \geqslant 0$ y de orden exponencial $e^{\alpha t}$. Sea su derivada F' continua a trozos en todo intervalo cerrado $a \leqslant t \leqslant b$. Entonces $\mathscr{L}[F']$ existe para $s > \alpha$ y vale:

$$\boxed{\mathscr{L}[F'(t)] = s\mathscr{L}[F(t)] - F(0)} \tag{7.5}$$

Demostración: Por definición:

$$\begin{aligned}\mathscr{L}[F'(t)] &= e^{-st}F(t)\Big|_0^{\infty} + s\int_0^{\infty} e^{-st}F(t)\,dt\\ &= sf(s) - F(0)\end{aligned}$$

Obsérvese que $\lim_{t\to\infty} e^{-st}f(t) = 0$ ya que por hipótesis existe $\mathscr{L}[F]$. □

Si $F(t)$ y $F'(t)$ son continuas para $t \geqslant 0$ y de orden exponencial mientras que $F''(t)$ es continua a trozos en $[a,b]$, entonces:

$$\begin{aligned}\int_0^{\infty} e^{-st}F''(t)\,dt &= e^{-st}F'(t)\Big|_0^{\infty} + s\int_0^{\infty} e^{-st}F'(t)\,dt\\ &= s\mathscr{L}[F'(t)] - F'(0)\end{aligned}$$

y usando (7.5) concluimos que:

$$\mathscr{L}[F''(t)] = s^2 f(s) - sF(0) - F'(0) \tag{7.6}$$

Continuando con este proceso se llega al siguiente resultado general: Si $F(t)$ y sus $n-1$ primeras derivadas son continuas para $t \geqslant 0$ y de orden exponencial en tanto que $F^{(n)}(t)$ es continua a trozos en $[a,b]$ entonces:

$$\begin{aligned}\mathscr{L}\left[F^{(n)}(t)\right] &= s^n f(s) - s^{n-1}F(0) - s^{n-2}F'(0) - \cdots - sF^{(n-2)}(0) - F^{(n-1)}(0)\\ &= s^n f(s) - \sum_{r=1}^{n} s^{n-r}F^{(r-1)}(0)\end{aligned} \tag{7.7}$$

Nótese que como los valores de $F(t)$ para $t < 0$ no vienen al caso, los valores de $F(0)$ como de $F'(0)$ como de $F^{(r)}(0)$ deben interpretarse como límites a la derecha de $t = 0$.

Las fórmulas (7.5), (7.6) y (7.7) son aplicables en la solución de ecuaciones diferenciales, como vamos a ver en el §7.8.

Ejemplo 7.6: Hallar $\mathscr{L}[k\cos kt]$.

Como $k\cos kt = \frac{d}{dt}(\operatorname{sen} kt)$ podemos usar (7.5) y el ejemplo 7.2:

$$\mathscr{L}[k\cos kt] = \mathscr{L}\left[\frac{d}{dt}(\operatorname{sen} kt)\right] = s\mathscr{L}[\operatorname{sen} kt] = \frac{sk}{s^2+k^2}$$

Obsérvese que por la linealidad del operador $\mathscr{L}$ volvemos a encontrar el resultado del ejemplo 7.5:

$$\mathscr{L}[k\cos kt] = k\mathscr{L}[\cos kt] = \frac{sk}{s^2+k^2}$$

de donde

$$\mathscr{L}[\cos kt] = \frac{s}{s^2+k^2}$$

□

7.4. Transformada Inversa de LAPLACE

En las aplicaciones, es imprescindible saber cuándo se puede recuperar $F(t)$ a partir de su transformada de LAPLACE $f(s)$, y si se puede, poder asegurar que es única. Para que $f(s)$ sea una transformada de LAPLACE de alguna $F(t)$, debe cumplir ciertas propiedades de continuidad y comportarse adecuadamente cuando $s \to \infty$. Ese problema ya ha sido extensamente analizado y existen tablas muy completas de transformadas y antitransformadas de LAPLACE — *ver Tabla* A.2 en la página 361.

La unicidad queda asegurada con el siguiente resultado: si $F_1(t)$ y $F_2(t)$ son continuas y tienen transformadas de LAPLACE $f_1(s) \equiv f_2(s)$ absolutamente convergentes para s suficientemente grande[1], entonces $F_1(t) \equiv F_2(t)$.

De la linealidad del operador $\mathscr{L}$ surge inmediatamente la linealidad del operador $\mathscr{L}^{-1}$:

$$\mathscr{L}^{-1}[c_1 f_1(s) + c_2 f_2(s)] = c_1\mathscr{L}^{-1}[f_1(s)] + c_2\mathscr{L}^{-1}[f_2(s)] \tag{7.8}$$

donde c_1 y c_2 son constantes.

Al usar una tabla de transformadas para hallar la antitransformada o transformada inversa de LAPLACE, hay que hacer a veces algunas manipulaciones para entrar en la tabla. La técnica de descomposición en fracciones simples — *ver Cap. 10, [Cálculo 1] en la bibliografía* — es una de las más usadas.

Ejemplo 7.7: Usando la TABLA A.2 hallar:

$$\mathscr{L}^{-1}\left[\frac{1}{s^2+6s+13}\right]$$

[1] Si s es un parámetro complejo $s = \sigma + i\tau$, se reemplaza "s" por "$\operatorname{Re}(s) = \sigma$" en la región de convergencia absoluta.

En la Tabla A.2 no encontramos $f(s) = \frac{1}{as^2+bs+c}$ pero sí hallamos $f(s) = \frac{b}{(s-a)^2+b^2}$ — $n°$ 13. Entonces completamos cuadrados:

$$\frac{1}{s^2+6s+13} = \frac{1}{(s+3)^2+4} = \frac{1}{2}\frac{2}{(s+3)^2+4}$$

de donde:

$$\mathscr{L}^{-1}\left[\frac{1}{s^2+6s+13}\right] = \frac{1}{2}\mathscr{L}^{-1}\left[\frac{2}{(s+3)^2+4}\right] = \frac{1}{2}e^{-3t}\,\text{sen}\,2t \quad (s > -3)$$

□

Ejemplo 7.8: Usando la Tabla A.2 hallar:

$$\mathscr{L}^{-1}\left[\frac{1}{s(s^2+1)}\right]$$

Como no encontramos ninguna $f(s)$ de este tipo, aplicamos descomposición en fracciones simples:

$$\frac{1}{s(s^2+1)} = \frac{A}{s} + \frac{Bs+C}{s^2+1}$$

de donde:

$$1 = A(s^2+1) + (Bs+C)s$$

Los coeficientes resultan: $A = 1$; $B = -1$; $C = 0$, por lo que:

$$\frac{1}{s(s^2+1)} = \frac{1}{s} + \frac{s}{s^2+1}$$

$$\mathscr{L}^{-1}\left[\frac{1}{s(s^2+1)}\right] = \mathscr{L}^{-1}\left[\frac{1}{s}\right] - \mathscr{L}^{-1}\left[\frac{s}{(s^2+1)}\right]$$

Usando el N° 1 y el N° 7 de la Tabla A.2 encontramos que:

$$\mathscr{L}^{-1}\left[\frac{1}{s(s^2+1)}\right] = 1 - \cos t \qquad (s > 0)$$

□

Otro método importante para antitransformar Laplace es el basado en el concepto de "*convolución*", que expondremos en el §7.6.

7.5. Funciones Generalizadas

La función Delta de Dirac[2] se define mediante:

$$\begin{cases} \delta(t) = 0 & \text{para } t \neq 0 \\ \int_{-\infty}^{\infty} \delta(t)\, dt = 1 \end{cases} \tag{7.9}$$

[2] DIRAC, Paul Adrien Maurice: Físico inglés, nacido en 1902, profesor de matemática en la Universidad de Cambridge (1932). Por sus investigaciones en la mecánica de ondas y estructuras atómicas, le fue concedido, junto con E. Schrödinger, en 1933, el Premio Nobel de Física.

Figura 7.1:

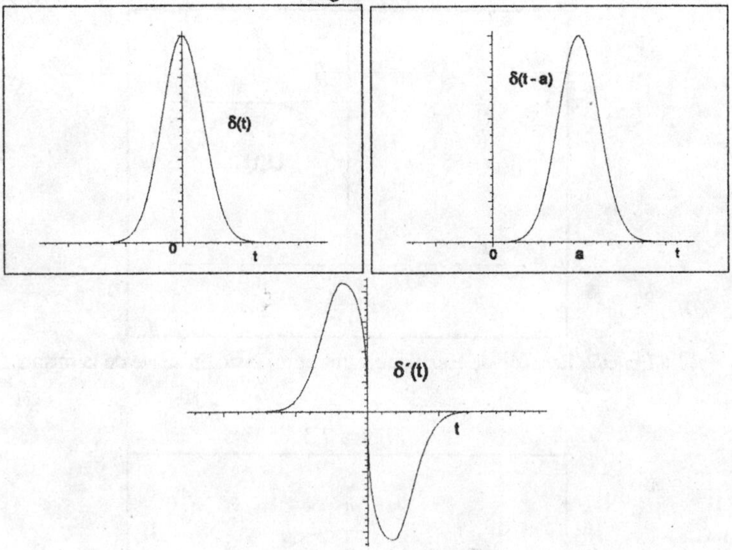

La función Delta de Dirac surge del problema de describir una entidad de muy pequeña extensión en el espacio o el tiempo, pero cuyo valor "*total*" es significativo.

Ninguna función ordinaria puede tener estas propiedades y durante mucho tiempo, la función delta y funciones relacionadas se consideraban como pura ficción, a pesar de su importancia en física e ingeniería. Sin embargo, en 1950, un matemático francés, Laurent Schwartz desarrolló una teoría rigurosa con estos objetos llamándolos *funciones generalizadas* o *distribuciones*.

En varios problemas físicos surge el problema de describir una entidad de muy pequeña extensión en el espacio o el tiempo, pero cuyo valor "*total*" es significativo, por ejemplo, la fuerza aplicada en un área muy pequeña del contorno de un sólido, la carga eléctrica de una partícula muy pequeña, un pulso acústico de cortísima duración, etc. Estas distribuciones se idealizan en la delta de Dirac que concentra el valor total en un punto — *ver Fig.* 7.1.

También puede pensarse la delta de Dirac como la derivada de la *función escalón de* Heaviside[3] — *ver Fig.* 7.2 — definida por:

$$U(t) = \begin{cases} 0 & \text{para } t < 0 \\ 1 & \text{para } t \geqslant 0 \end{cases} \tag{7.10}$$

En efecto, la delta de Dirac goza de una importante "*propiedad de tamizado*" que está expresada por la ecuación:

$$\boxed{\int_{-\infty}^{\infty} \delta(t-a)\, f(t)\, dt = f(a)} \tag{7.11}$$

[3]HEAVISIDE, Oliver (1850-1925): Fue el creador del Cálculo Operacional que era un método para transformar las ecuaciones diferenciales en algebraicas. En su primera etapa, este método fue rechazado por los matemáticos y la Royal Society no admitió sus trabajos. Una vez muerto Heaviside, mediante la transformada de Laplace se logró justificar las reglas del Cálculo Operacional y este procedimiento se convirtió en uno de los grandes logros del último cuarto del siglo XIX.

Figura 7.2:

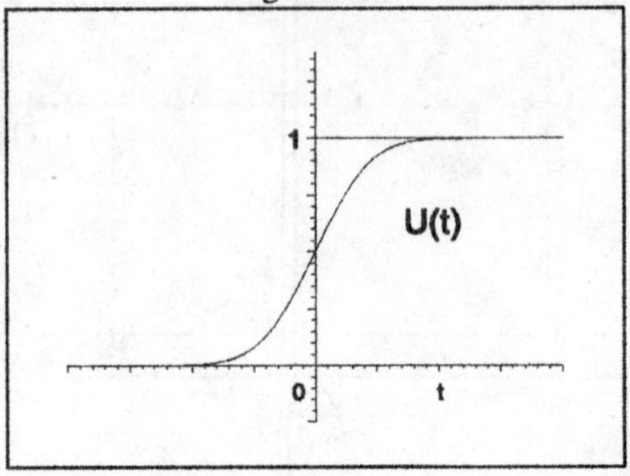

La Función Escalón de Heaviside y una aproximación suave de la misma.

Figura 7.3:

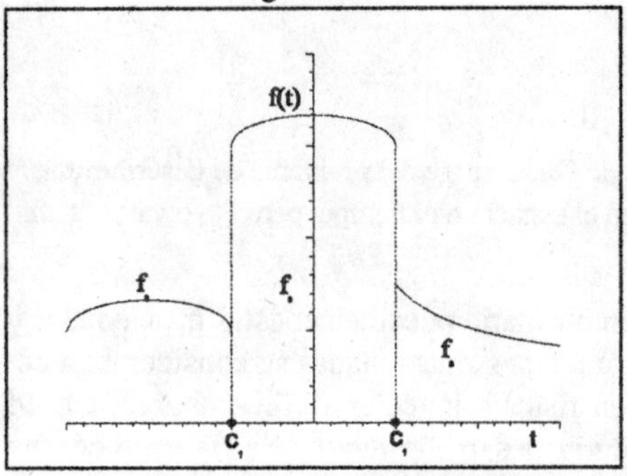

La función $f(t) = f_0(t) + k_1 U(t - c_1) + k_2 U(t - c_2)$ tiene saltos en los puntos c_1 y c_2. En c_1 la magnitud del salto es k_1; en c_2 la magnitud del salto es k_2.

siempre que $f(t)$ sea continua en $t = a$. La función escalón de Heaviside puede expresarse entonces:

$$U(t - t_0) = \int_{-\infty}^{t} \delta(\tau - t_0)\, d\tau \text{ si } t > t_0 \tag{7.12}$$

donde:

$$U(t - t_0) = \begin{cases} 0 & \text{si } t < t_0 \\ 1 & \text{si } t \geqslant t_0 \end{cases}$$

De (7.11) surge que:

$$\delta(t - t_0) = U'(t - t_0) \tag{7.13}$$

Una función $f(t)$ suave a trozos puede imaginarse como una función continua $f_0(t)$ más términos de la forma: $kU(t - c)$, correspondientes a los saltos, donde k es la magnitud del salto y c es el tiempo en el que se produce el salto.

Por ejemplo, la función de la Fig. 7.3 se especifica:

$$f(t) = f_0(t) + k_1 U(t - c_1) + k_2 U(t - c_2)$$

donde $k_1 > 0$ y $k_2 < 0$. Entonces su derivada vale:

$$f'(t) = f_0'(t) + k_1 \delta(t - c_1) + k_2 \delta(t - c_2)$$

Es factible proseguir con el proceso y obtener derivadas de orden superior, tales como δ', δ'', ... En las aproximaciones suaves de la Fig. 7.1 se ve que δ es par, δ' es impar, δ'' es par, etc.

Ejemplo 7.9: Sea:

$$f(t) = \begin{cases} e^{-t} & \text{si } -\infty < t < 0 \\ \operatorname{sen} t & \text{si } 0 < t < \frac{\pi}{2} \\ 3e^{-\left(t-\frac{\pi}{2}\right)} & \text{si } t > \frac{\pi}{2} \end{cases}$$

Entonces:

$$f'(t) = f_0(t) - \delta(t) + 2\delta\left(t - \frac{\pi}{2}\right)$$

donde:

$$f_0'(t) = \begin{cases} -e^{-t} & \text{si } -\infty < t < 0 \\ \cos t & \text{si } 0 < t < \frac{\pi}{2} \\ -3e^{-\left(t-\frac{\pi}{2}\right)} & \text{si } t > \frac{\pi}{2} \end{cases}$$

Análogamente:

$$f''(t) = f_0''(t) + 2\delta(t) - 3\delta\left(t - \frac{\pi}{2}\right) - \delta'(t) + 2\delta'\left(t - \frac{\pi}{2}\right)$$

donde:

$$f_0''(t) = \begin{cases} e^{-t} & \text{si } -\infty < t < 0 \\ -\operatorname{sen} t & \text{si } 0 < t < \frac{\pi}{2} \\ 3e^{-\left(t-\frac{\pi}{2}\right)} & \text{si } t > \frac{\pi}{2} \end{cases}$$

La transformada de Laplace de la función escalón se calcula:

$$\begin{aligned} \mathscr{L}\left[U(t-t_0)\right] &= \int_0^\infty e^{-st} U(t-t_0)\, dt \\ &= \int_{t_0}^\infty e^{-st}\, dt = -\frac{1}{s} e^{-st}\Big|_{t_0}^\infty \\ &= \frac{1}{s} e^{-st_0} \text{ si } t_0 > 0 \end{aligned} \tag{7.14}$$

Asimismo, la transformada de Laplace de la delta de Dirac es:

$$\mathscr{L}\left[\delta(t-t_0)\right] = \int_0^\infty \delta(t-t_0)\, e^{-st}\, dt = e^{-st_0}$$

en virtud de la propiedad de tamizado (7.11).

En particular, si $t_0 = 0$, tenemos:

$$\mathscr{L}\left[\delta(t)\right] = \int_0^\infty \delta(t)\, e^{-st}\, dt = 1 \tag{7.15}$$

que también puede expresarse como:

$$\mathscr{L}^{-1}[1] = \delta(t) \tag{7.16}$$

Análogamente para $t_0 > 0$ hallamos que:

$$\begin{aligned}\mathscr{L}\left[\delta'(t-t_0)\right] &= \int_0^{\infty} \delta'(t-t_0)\, e^{-st}\, dt \\ &= -\frac{d}{dt}\left(e^{-st}\right)\Big|_{t=t_0} = se^{-st_0} \qquad (7.17)\end{aligned}$$

En general:

$$\boxed{\mathscr{L}\left[\delta^{(k)}(t-t_0)\right] = s^k e^{-st_0}} \quad s \geqslant 0 \qquad (7.18)$$

□

Si en las aplicaciones usamos funciones generalizadas con transformadas de LAPLACE, se aconseja considerar cada $f(t)$ como definida para todo t, $-\infty < t < \infty$ y pedir que sea igual a 0 para $t \leqslant 0$. Entonces para una función ordinaria $f(t)$, su derivada $f'(t)$ contendrá una DELTA si $f(0) \neq 0$ ya que hay un salto en $t = 0$. Por ejemplo, si $f(t) = e^{3t}$ para $t > 0$ y 0 para $t < 0$, la tomaremos como:

$$f(t) = e^{3t} U(t)$$

Así:

$$f'(t) = 3e^{3t} U(t) + \delta(t)$$

Con esta convención, tenemos que para funciones generalizadas, las fórmulas para las transformadas de LAPLACE de las derivadas sucesivas se simplifican ya que si tenemos $f(t) = f(t)\, U(t)$:

$$\begin{aligned}\mathscr{L}\left[f'(t)\right] &= \mathscr{L}\left[f'(t)\, U(t) + f(0)\, \delta(t)\right] \\ &= \int_0^{\infty} f'(t)\, e^{-st}\, dt + f(0) \\ &= s\mathscr{L}[f] - f(0) + f(0) = s\mathscr{L}[f]\end{aligned}$$

Entonces:

$$\mathscr{L}[f'] = s\mathscr{L}[f] \qquad \mathscr{L}[f''] = s^2\mathscr{L}[f] \qquad \cdots \qquad \mathscr{L}\left[f^{(k)}\right] = s^k\mathscr{L}[f]$$

7.6. Otras Propiedades de la Transformada de LAPLACE

7.6.1. Primera propiedad de traslación

Sea $F(t)$ tal que existe su transformada de LAPLACE $f(s)$ para $s > \alpha$. Entonces:

$$\boxed{\mathscr{L}\left[e^{at} F(t)\right] = f(s-a)} \qquad (7.19)$$

para $s > \alpha + a$, donde a es una constante cualquiera.

Demostración: Como por definición $f(s) = \int_0^{\infty} e^{-st} F(t)\, dt$ resulta:

$$\begin{aligned}f(s-a) &= \int_0^{\infty} e^{-(s-a)t} F(t)\, dt \\ &= \int_0^{\infty} e^{-st}\left[e^{at} F(t)\right] dt \\ &= \mathscr{L}\left[e^{at} F(t)\right]\end{aligned}$$

□

Ejemplo 7.10: Hallar:

1. $\mathscr{L}\left[te^{at}\right]$

2. $\mathscr{L}\left[e^{at}\operatorname{sen} bt\right]$

1. Aplicando el Ejemplo 7.3 y la fórmula (7.19) con $F(t) = t$ resulta:

$$\mathscr{L}[t] = \frac{1}{s^2} \quad (s > 0) \qquad \mathscr{L}\left[te^{at}\right] = \frac{1}{(s-a)^2} \quad (s > a)$$

2. Aplicando el Ejemplo 7.2 y la fórmula (7.19) con $F(t) = \operatorname{sen} bt$ tenemos:

$$\mathscr{L}[\operatorname{sen} bt] = \frac{b}{s^2 + b^2} \quad (s > 0) \qquad \mathscr{L}\left[e^{at}\operatorname{sen} bt\right] = \frac{b}{(s-a)^2 + b^2} \quad (s > a)$$

□

7.6.2. Segunda propiedad de traslación

Sea $F(t)$ tal que existe su transformada de Laplace $f(s)$ para $s > \alpha$. Entonces:

$$\boxed{\mathscr{L}[F(t-a)\,U(t-a)] = e^{-as} f(s)} \quad \text{si } a > 0 \tag{7.20}$$

Demostración: Por definición el primer miembro de (7.20) vale:

$$\int_0^{\infty} e^{-st} F(t-a)\,U(t-a)\,dt = \int_a^{\infty} e^{-st} F(t-a)\,dt$$

Si hacemos el cambio de variables: $\tau = t - a$, esta integral se transforma en:

$$\begin{aligned} \int_0^{\infty} e^{-s(\tau+a)} F(\tau)\,d\tau &= e^{-sa}\int_0^{\infty} e^{-s\tau} F(\tau)\,d\tau \\ &= e^{-sa} f(s) \end{aligned}$$

□

Ejemplo 7.11: Hallar $\mathscr{L}\left[(t-t_0)^n\,U(t-t_0)\right]$ donde $t_0 > 0$; n entero no negativo. Usando la fórmula 3 de la Tabla A.2:

$$\mathscr{L}\left[t^n\right] = \frac{n!}{s^{n+1}} \quad (n = 0, 1, \ldots; s > 0)$$

tenemos por aplicación de (7.20):

$$\mathscr{L}\left[(t-t_0)^n\,U(t-t_0)\right] = \frac{e^{-st_0}\,n!}{s^{n+1}}$$

□

7.6.3. Transformada de la integral

Sea $F(t)$ continua para $0 \leqslant t < \infty$ tal que existe su transformada de LAPLACE $f(s)$ para $s > \alpha$ así como la transformada de LAPLACE de:

$$g(t) = \int_{t_0}^{t} F(u)\, du$$

para $s > a$. Entonces:

$$\boxed{\mathscr{L}\left[\int_0^t F(u)\, du\right] = \frac{1}{s} f(s)} \tag{7.21}$$

Demostración: Como $g(0) = 0$ y por el teorema TEOREMA FUNDAMENTAL DEL CÁLCULO INTEGRAL $g'(t) = F(t)$ es:

$$\mathscr{L}[g'(t)] = s\mathscr{L}[g(t)] - g(0)$$

resulta:

$$\mathscr{L}[g'(t)] = s\mathscr{L}[g(t)]$$

o sea:

$$\mathscr{L}[F(t)] = s\mathscr{L}\left[\int_0^t F(u)\, du\right]$$

de donde:

$$f(s) = s\mathscr{L}\left[\int_0^t f(u)\, du\right]$$

□

Ejemplo 7.12: Hallar $\mathscr{L}^{-1}\left[\frac{b}{s(s^2+b^2)}\right]$ para $s > 0$.

En términos del operador inverso, la fórmula (7.21) se escribe:

$$\mathscr{L}^{-1}\left[\frac{1}{s} f(s)\right] = \int_0^t F(\tau)\, d\tau$$

Por la fórmula 8 de la TABLA A.2 sabemos que:

$$\mathscr{L}^{-1}\left[\frac{b}{s^2 + b^2}\right] = \operatorname{sen} bt$$

Entonces:

$$\mathscr{L}^{-1}\left[\frac{b}{s(s^2 + b^2)}\right] = \int_0^t \operatorname{sen} b\tau\, d\tau = \frac{1}{b}(1 - \cos bt)$$

□

7.6.4. Derivada de la transformada

Sea $F(t)$ tal que existe su transformada de LAPLACE $f(s)$ para $s > \alpha$. Entonces:

$$\boxed{\mathscr{L}[t^n F(t)] = (-1)^n \frac{d^n f(s)}{ds^n}} \quad n = 0, 1, 2, \ldots \tag{7.22}$$

Demostración: Por definición es $f(s) = \int_0^\infty e^{-st}\, dt$.

Si derivamos esta expresión n veces con respecto a s bajo el signo integral — *este procedimiento está justificado por la convergencia absoluta de la integral impropia* — obtenemos:

$$
\begin{aligned}
f'(s) &= -\int_0^\infty e^{-st} t F(t)\, dt \\
f''(s) &= (-1)^2 \int_0^\infty e^{-st} t^2 F(t)\, dt \\
&\vdots \\
f^{(n)}(s) &= (-1)^n \int_0^\infty e^{-st} t^n F(t)\, dt
\end{aligned}
$$

de donde (7.22) es evidente. □

Ejemplo 7.13: Hallar $\mathscr{L}\left[t^2 \operatorname{sen} bt\right]$.

Por (7.22) es:

$$\mathscr{L}\left[t^2 \operatorname{sen} bt\right] = (-1)^n \frac{d^2 f(s)}{ds^2}$$

donde

$$f(s) = \mathscr{L}[\operatorname{sen} bt] = \frac{b}{s^2 + b^2}$$

— *por fórmula de la* Tabla A.2. Entonces:

$$\frac{df(s)}{ds} = -\frac{2bs}{(s^2+b^2)^2} \qquad \frac{d^2 f(s)}{ds^2} = -\frac{6bs^2 - 2b^3}{(s^2+b^2)^2}$$

Así:

$$\mathscr{L}\left[t^2 \operatorname{sen} bt\right] = \frac{6bs^2 - 2b^3}{(s^2+b^2)^2}$$

□

7.6.5. Integral de la transformada

Sea $F(t)$ tal que exista su transformada de Laplace $f(s)$ para $s > \alpha$. Entonces:

$$\boxed{\mathscr{L}\left[\frac{1}{t} F(t)\right] = \int_s^\infty f(\sigma)\, d\sigma} \qquad (7.23)$$

Demostración: Sea $G(t)$ tal que existe su transformada de Laplace $g(s)$ para $s > \alpha$. Entonces en virtud de (7.22) para $n = 1$:

$$\mathscr{L}[tG(t)] = -g'(s)$$

o bien:

$$\mathscr{L}[-tG(t)] = g'(s)$$

Sea $g'(s) = f(s)$; $-tG(t) = F(t)$. Así podemos escribir:

$$\int_s^\infty g'(\sigma)\, d\sigma = \int_s^\infty f(\sigma)\, d\sigma = -g(s)$$

que también se puede poner:

$$\int_s^\infty f(\sigma)\,d\sigma = -\mathscr{L}[G(t)] = \mathscr{L}\left[\frac{F(t)}{t}\right]$$

□

Ejemplo 7.14: Hallar:

$$\mathscr{L}\left[\frac{\operatorname{sen} bt}{t}\right]$$

Por aplicación de (7.23) tenemos:

$$\mathscr{L}\left[\frac{\operatorname{sen} bt}{t}\right] = \int_s^\infty \frac{b}{\sigma^2+b^2}\,d\sigma = \operatorname{arc\,tg}\frac{b}{s} \quad (s>0)$$

donde se ha usado la fórmula 8 de la TABLA A.2.

□

7.6.6. Funciones periódicas

Sea $F(t)$ periódica de período T tal que existe su transformada de LAPLACE $f(s)$. Entonces:

$$\boxed{\mathscr{L}[F(t)] = \frac{1}{1-e^{-Ts}}\int_0^T e^{-st}F(t)\,dt} \quad (s>0) \tag{7.24}$$

Demostración: Por hipótesis es $F(t+nT) = F(t)$ si $n \in \mathbb{Z}$.

Además:

$$\begin{aligned}\mathscr{L}[F(t)] &= \int_0^\infty e^{-st}F(t)\,dt \\ &= \int_0^T e^{-st}F(t)\,dt + \int_T^{2T} e^{-st}F(t)\,dt + \cdots + \int_{nT}^{(n+1)T} e^{-st}F(t)\,dt + \cdots\end{aligned}$$

que se puede escribir:

$$\mathscr{L}[F(t)] = \sum_{n=0}^{\infty}\int_{nT}^{(n+1)T} e^{-st}F(t)\,dt$$

Haciendo el cambio de variables $u = t - nT$, obtenemos:

$$\begin{aligned}\mathscr{L}[F(t)] &= \sum_{n=0}^{\infty}\int_0^T e^{-s(u+nT)}F(u+nT)\,du \\ &= \sum_{n=0}^{\infty} e^{-snT}\int_0^T e^{-su}F(u)\,du \\ &= \left[1+e^{-Ts}+\cdots+e^{-nTs}+\cdots\right]\int_0^T e^{-su}F(u)\,du\end{aligned}$$

La serie geométrica del corchete es convergente si $\left|e^{-Ts}\right| < 1$ y su suma vale:

$$\frac{1}{1-e^{-Ts}}$$

con lo que queda probado (7.24). □

Figura 7.4:

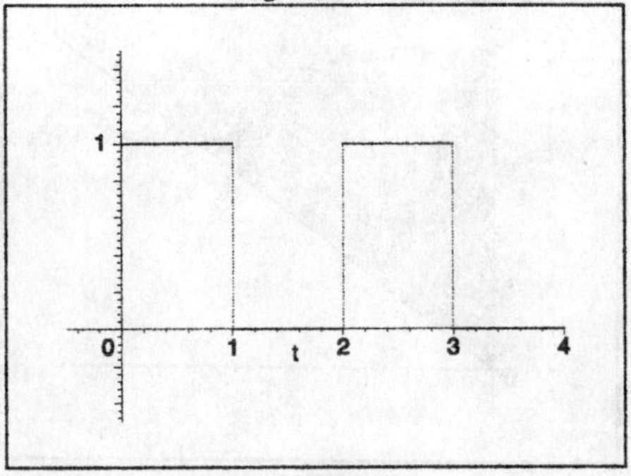

Función escalonada periódica de período 2.

Ejemplo 7.15: Hallar la transformada de LAPLACE de la función periódica de período 2 representada en la Fig. 7.4.

$$\begin{aligned}\mathscr{L}[F(t)] &= \frac{\int_0^2 e^{-st}F(t)\,dt}{1-e^{-2s}} = \frac{\int_0^1 e^{-st}\,dt}{1-e^{-2s}} \\ &= \frac{1-e^{-s}}{s(1-e^{-2s})} = \frac{1}{s(1+e^{-s})}\end{aligned}$$

□

7.7. Convolución

Vamos a ver finalmente, la más importante propiedad de la TRANSFORMADA DE LAPLACE, la llamada *fórmula de convolución*. Esta fórmula dista mucho de ser un mero recurso de cálculo, como lo son las propiedades presentadas en el §7.6, sino que desempeña un papel muy importante en temas de cálculo avanzado. En el contexto que nos ocupa, la convolución será el algoritmo ideal para hallar el inverso de operadores diferenciales con coeficientes constantes.

Teorema 7.3: Sean $F(t)$ y $G(t)$ funciones continuas a trozos y de orden exponencial para $t \geqslant 0$. Supongamos que:

$$\mathscr{L}[F(t)] = f(s) \qquad \mathscr{L}[G(t)] = G(s)$$

Entonces:

$$\boxed{\mathscr{L}\left[\int_0^t F(t-u)\,G(u)\,du\right] = f(s)\,g(s)} \tag{7.25}$$

Nota: La $\int_0^t F(t-u)\,G(u)\,du$ se llama convolución de F y G y se indica $F * G$, por lo que la fórmula (7.25) se puede escribir:

$$\mathscr{L}[F * G] = f(s)\,g(s) = \mathscr{L}[F]\,\mathscr{L}[G]$$

que también puede indicarse:

$$F * G = \mathscr{L}^{-1}[f(s)\,g(s)] \tag{7.26}$$

Figura 7.5:

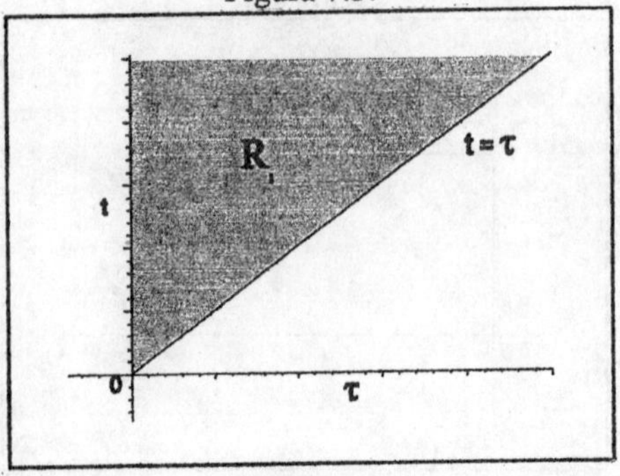

La región de integración $\mathcal{R}_1$ es el sector triangular limitado por las rectas $\tau = 0$ y $t = \tau$.

Demostración: Por definición:

$$\mathcal{L}[F * G] = \int_0^{\infty} e^{-st}\left[\int_0^t F(t-\tau)\,G(\tau)\,d\tau\right] dt$$

Esta integral iterada se puede expresar como la integral doble:

$$\mathcal{L}[F * G] = \iint_{\mathcal{R}_1} e^{-st} F(t-\tau)\,G(\tau)\,d\tau\,dt$$

donde $\mathcal{R}_1$ es el sector triangular limitado por las rectas $\tau = 0$ y $t = \tau$ — *Fig.* 7.5.

Si hacemos el cambio de variables:

$$\begin{cases} u = t - \tau \\ v = \tau \end{cases}$$

esta transformación tiene jacobiano igual a 1, como es fácil ver, y convierte la región $\mathcal{R}_1$ del plano τ, t en el primer cuadrante del plano u, v. Entonces la integral doble se escribe:

$$\mathcal{L}[F * G] = \iint_{\mathcal{R}_2} e^{-s(u+v)} F(u)\,G(v)\,du\,dv$$

donde $\mathcal{R}_2$ es el cuadrante definido por $u > 0$, $v > 0$. Vale decir que la integral doble se calcula como las integrales iteradas:

$$\begin{aligned}\mathcal{L}[F * G] &= \iint_{\mathcal{R}_2} e^{-s(u+v)} F(u)\,G(v)\,du\,dv \\ &= \left(\int_0^{\infty} e^{-su} F(u)\,du\right)\left(\int_0^{\infty} e^{-sv} G(v)\,dv\right) \\ &= \mathcal{L}[F]\,\mathcal{L}[G]\end{aligned}$$

Nótese que como las integrales involucradas son absolutamente convergentes para $s > \alpha$, las operaciones realizadas son válidas para $s > \alpha$. □

Ejemplo 7.16: Hallar:

$$\mathscr{L}^{-1}\left[\frac{1}{s\,(s^2+1)}\right]$$

usando la convolución.

Por supuesto que esta antitransformada puede realizarse por descomposición en fracciones simples — *como vimos en §7.4* — pero es más sencillo calcularla aplicando (7.26). En efecto — *utilizando la* TABLA *A.2*:

$$\begin{aligned}\mathscr{L}^{-1}\left[\frac{1}{s\,(s^2+1)}\right] &= \mathscr{L}^{-1}\left[\frac{1}{s}\right] * \mathscr{L}^{-1}\left[\frac{1}{(s^2+1)}\right]\\ &= 1 * \operatorname{sen} t \leftarrow \text{(Fórmulas 1 y 8 de la TABLA)}\\ &= \int_0^t \operatorname{sen} u\, du = 1 - \cos t\end{aligned}$$

□

Si indicamos con $\mathscr{C}$ el espacio vectorial de todas las funciones continuas a trozos de orden exponencial, la operación de convolución puede considerarse como un producto en $\mathscr{C}$ y es interesante determinar sus propiedades. Por ejemplo, la fórmula (7.25) nos asegura la conmutatividad de la convolución:

$$F * G = G * F$$

También es una operación asociativa y distributiva, esto es:

$$\begin{aligned}F * (G * H) &= (F * G) * H\\ F * (G + H) &= F * G + F * H\end{aligned}$$

7.8. Aplicación de las Transformadas de LAPLACE a las Ecuaciones Diferenciales Lineales.

Primero daremos el método de resolución sin usar funciones generalizadas y en el próximo parágrafo, veremos qué beneficios se obtiene al usarlas.

Sea el problema de valores iniciales:

$$\left.\begin{array}{c} a_0 y^{(n)} + a_1 y^{(n-1)} + \cdots + a_{n-1} y' + a_n y = g\,(t) \\ y\,(0) = C_0 \quad y'\,(0) = C_1 \quad \cdots \quad y^{(n-1)}\,(0) = C_{n-1} \end{array}\right\} \tag{7.27}$$

El procedimiento a seguir se resume en los siguientes pasos:

1. Se toman transformadas de LAPLACE de ambos miembros de la ecuación diferencial, usando la regla para la transformada de la n-ésima derivada:

$$\mathscr{L}\left[y^{(n)}\right] = s^n \mathscr{L}\,[y] - y^{(n-1)}\,(0) - s y^{(n-2)}\,(0) - \cdots - s^{(n-1)} y\,(0) \tag{7.28}$$

tomando en cuenta las condiciones iniciales.

2. Se resuelve la ecuación algebraica así obtenida despejando la incógnita $y\,(s) = \mathscr{L}\,[y\,(t)]$.

3. Se antitransforma $y(s)$ para obtener la solución $y(t)$, sea por descomposición en fracciones simples o por convolución.

Ejemplo 7.17: Resolver el problema de valores iniciales:

$$y'' - y = 1 \qquad y(0) = 0 \qquad y'(0) = 1$$

Aplicando (7.28) y utilizando la TABLA A.2 tenemos:

$$\mathscr{L}[y''] - \mathscr{L}[y] = \mathscr{L}[1] \longrightarrow s^2 y(s) - 1 - y(s) = \frac{1}{s}$$

$$y(s) = \frac{1}{s(s+1)} = \frac{1}{s-1} - \frac{1}{s} \leftarrow \text{(Fórmulas 1 y 2 de TABLA)}$$

$$y(t) = e^t - 1$$

□

Ejemplo 7.18: Resolver el siguiente problema:

$$y'' + y = \cos 2t \qquad y'(0) = 0 \qquad y'\left(\frac{\pi}{2}\right) = 0$$

Procediendo como en el ejemplo anterior tenemos:

$$s^2 y(s) - sy(0) + y(s) = \frac{1}{s^2+4}$$

pues $y'(0) = 0$.

En este caso, carecemos del valor de $y(0)$ y tenemos en cambio el de $y'\left(\frac{\pi}{2}\right)$ que no podemos usar a este nivel. Entonces asignamos a $y(0)$ el valor desconocido y_0 y despejamos $y(s)$:

$$y(s) = \frac{y_0 s}{s^2+1} + \frac{s}{(s^2+1)(s^2+4)}$$

$$= \left(y_0 + \frac{1}{3}\right)\frac{s}{s^2+1} - \frac{1}{3}\frac{s}{s^2+4}$$

Usando la fórmula 7 de la TABLA A.2 resulta:

$$y(t) = \left(y_0 + \frac{1}{3}\right)\cos t - \frac{1}{3}\cos 2t$$

Para determinar el valor de y_0 derivamos esta expresión:

$$y'(t) = -\left(y_0 + \frac{1}{3}\right)\operatorname{sen} t + \frac{2}{3}\operatorname{sen} 2t$$

Como $y'\left(\frac{\pi}{2}\right) = 0$ debe ser $y_0 = -\frac{1}{3}$ por lo que la solución del problema planteado es:

$$y(t) = -\frac{1}{3}\cos 2t$$

□

Ejemplo 7.19: Resolver el problema de valores iniciales:

$$y'' + y = e^{-2t} \operatorname{sen} t \qquad\qquad y(0) = y'(0) = 0$$

Si transformamos LAPLACE ambos miembros de la ecuación diferencial resulta:

$$s^2 y(s) + y(s) = \frac{1}{(s+2)^2 + 1}$$

— *ver fórmula* 15 *de la* TABLA A.2.

Así:

$$y(s) = \frac{1}{(s^2+1)\left[(s+2)^2+1\right]}$$

En lugar de descomponer en fracciones simples vamos a usar la fórmula de convolución (7.26). Escribiendo:

$$y(s) = f(s)\, g(s)$$

donde

$$f(s) = \frac{1}{(s^2+1)} \qquad\qquad g(s) = \frac{1}{\left[(s+2)^2+1\right]}$$

resulta

$$y(t) = \mathscr{L}^{-1}[y(s)] = \mathscr{L}^{-1}[f(s)\, g(s)] = F(t) * G(t)$$

donde $F(t) = \operatorname{sen} t$; $G(t) = e^{-2t} \operatorname{sen} t$.

Podemos calcular $F * G$ o bien $G * F$. La segunda de estas expresiones es más simple que la primera:

$$\begin{aligned}
G * F &= \int_0^t e^{-2\tau} \operatorname{sen} \tau \operatorname{sen}(t-\tau)\, d\tau \\
&= \operatorname{sen} t \int_0^t e^{-2\tau} \operatorname{sen} \tau \cos \tau\, d\tau - \cos t \int_0^t e^{-2\tau} \operatorname{sen}^2 \tau\, d\tau \\
&= \frac{\operatorname{sen} t}{2} \int_0^t e^{-2\tau} \operatorname{sen} 2\tau\, d\tau - \frac{\cos t}{2} \int_0^t e^{-2\tau}\, d\tau + \\
&+ \frac{\cos t}{2} \int_0^t e^{-2\tau} \cos 2\tau\, d\tau \\
&= -\operatorname{sen} t \left[\frac{e^{-2\tau}}{8}(\operatorname{sen} 2\tau + \cos 2\tau)\right]\Bigg|_0^t + \frac{\cos t}{4}\left[e^{-2\tau}\right]\Big|_0^t + \\
&+ \cos t \left[\frac{e^{-2\tau}}{8}(\operatorname{sen} 2\tau - \cos 2\tau)\right]\Bigg|_0^t
\end{aligned}$$

Aplicamos la REGLA DE BARROW y simplificando tenemos que la solución es:

$$y(t) = \frac{1}{8}\left[\operatorname{sen} t - \cos t + e^{-2t}(\operatorname{sen} t + \cos t)\right]$$

□

Ejemplo 7.20: Resolver el siguiente problema de valores iniciales:

$$y''' - y'' + y' - y = \cos t + \operatorname{sen} t - 1$$
$$y(0) = y''(0) = 0 \quad y'(0) = 1$$

La transformada de esta ecuación, habiendo aplicado las condiciones iniciales es:

$$s^3 y(s) - s - \left[s^2 y(s) - 1\right] + sy(s) - y(s) = \frac{s+1}{s^2+1} - \frac{1}{s}$$

de donde:

$$\begin{aligned}\left(s^3 - s^2 + s - 1\right) y(s) &= \frac{s+1}{s^2+1} - \frac{1}{s} + s - 1 \\ y(s) &= \frac{1}{s\left(s^2+1\right)^2} + \frac{1}{s^2+1}\end{aligned}$$

La antitransformada del primer sumando se calcula usando la fórmula (7.21):

$$\mathscr{L}^{-1}\left[\frac{1}{2} f(s)\right] = \int_0^t F(\tau)\, d\tau$$

que en este caso obliga a hallar primero:

$$\begin{aligned}\mathscr{L}^{-1}\left[\frac{1}{\left(s^2+1\right)^2}\right] &= \operatorname{sen} t * \operatorname{sen} t = \int_0^t \operatorname{sen} \tau \operatorname{sen}(t-\tau)\, d\tau \\ &= \frac{1}{2}\int_0^t \left[\cos(2\tau - t) - \cos t\right] d\tau \\ &= \frac{1}{2}\left(\operatorname{sen} t - t\cos t\right)\end{aligned}$$

Así entonces:

$$\begin{aligned}\mathscr{L}^{-1}\left[\frac{1}{s}\frac{1}{\left(s^2+1\right)^2}\right] &= \int_0^t \frac{1}{2}\left(\operatorname{sen} \tau - \tau\cos\tau\right) d\tau \\ &= \left[\cos\tau + \frac{1}{2}\tau \operatorname{sen}\tau\right]\Bigg|_0^t \\ &= 1 - \cos t - \frac{1}{2} t \operatorname{sen} t\end{aligned}$$

Como:

$$\mathscr{L}^{-1}\left[\frac{1}{s^2+1}\right] = \operatorname{sen} t$$

la solución completa es:

$$y(t) = 1 - \cos t + \left(1 - \frac{t}{2}\right) \operatorname{sen} t$$

□

7.9. Función de Transferencia

El método seguido en los Ejemplos 7.19 y 7.20 puede generalizarse del siguiente modo:

Dado el problema de valores iniciales (7.27), llamemos:

$$\boxed{Y(s) = \frac{1}{a_0 s^n + a_1 s^{n-1} + \cdots + a_n}} \tag{7.29}$$

Esta es la *función de transferencia* del problema. Como es una función racional *"propia" — el grado del numerador es menor que el del denominador* — podemos descomponerla en fracciones simples y tendrá, por lo tanto, una antitransformada de Laplace que llamaremos:

$$W(t) = \mathscr{L}^{-1}[Y(s)] \tag{7.30}$$

Llamaremos a $W(t)$ la *función de peso.* Si todos los valores iniciales son nulos, aplicando a la ecuación (7.27) la transformada de Laplace, obtenemos:

$$a_0 s^n y(s) + a_1 s^{n-1} y(s) + \cdots + a_n y(s) = G(s)$$

donde $y(s) = \mathscr{L}[y(t)]$; $G(s) = \mathscr{L}[g(t)]$.

Entonces:

$$y(s) = \frac{1}{a_0 s^n + \cdots + a_n} G(s) = Y(s) G(s) \tag{7.31}$$

Por lo tanto la solución se calcula:

$$y(t) = \mathscr{L}^{-1}[Y(s) G(s)] \quad (t \geqslant 0)$$

y usando (7.26) resulta:

$$\boxed{y(t) = W(t) * g(t) = \int_0^t W(u)\, g(t-u)\, du \quad t \geqslant 0} \tag{7.32}$$

Esta forma de solución se interpreta así: se obtiene la *"respuesta"* o *"salida"* $y(t)$ a partir de la *"entrada"* $g(t)$ sumando los valores pasados de la entrada, pesados para el tiempo u en el pasado, por el factor de peso $W(u)$.

La denominación de *función de transferencia* para $Y(s)$ se hace evidente a partir de (7.31) ya que:

$$Y(s) = \frac{\mathscr{L}[\text{respuesta}]}{\mathscr{L}[\text{entrada}]}$$

Consideremos ahora el caso de $g(t) \equiv 0$ para valores iniciales $y_0, y_0', \ldots, y_0^{(n-1)}$ no nulos. Entonces transformando Laplace la ecuación (7.27) obtenemos:

$$a_0 \left[s^n y(s) - y_0^{(n-1)} - s y_0^{(n-2)} - \cdots - s^{n-1} y_0 \right] + a_1 \left[s^{n-1} y(s) - \right.$$
$$\left. - y_0^{(n-2)} - \cdots \right] + \cdots + a_{n-1} [s y(s) - y_0] + a_n y(s) = 0$$

de donde:

$$[a_0 s^n + a_1 s^{n-1} + \cdots + a_n]\, y(s) = a_0 y_0^{(n-1)} + \cdots + a_{n-1} y_0 +$$
$$+ \left(a_0 y^{(n-2)} + \cdots + a_{n-2} y_0 \right) s + \cdots + a_0 y_0 s^{n-1}$$

El polinomio del miembro derecho es de grado $n-1$ en s y lo llamaremos $P(s)$. Entonces:

$$y(s) = P(s)\,Y(s)$$

de donde:

$$y(t) = \mathscr{L}^{-1}\left[P(s)\,Y(s)\right] \tag{7.33}$$

Por lo tanto, la solución general de la ecuación homogénea depende *linealmente* de los valores iniciales de $y(t)$ arbitrarios. Finalmente, la solución general adopta la forma:

$$y(s) = P(s)\,Y(s) + Y(s)\,G(s)$$
$$y(t) = \mathscr{L}^{-1}\left[P(s)\,Y(s) + Y(s)\,G(s)\right] \tag{7.34}$$

Si el sistema físico considerado es *estable*, entonces las soluciones de la ecuación homogénea son *transitorias* y para t suficientemente grande sólo importa la solución particular — *el estado estacionario* — $y(t) = W(t) * g(t)$.

7.10. Aplicación de la Transformada de Laplace de Funciones Generalizadas a las Ecuaciones Diferenciales Lineales

Así como vimos en el §7.5, al usar transformada de Laplace de funciones generalizadas consideramos funciones que son idénticamente nulas para $t < 0$. Esto implica que la solución de la ecuación diferencial, tendrá valores iniciales nulos en $t = 0$. Sin embargo, la función y sus derivadas pueden tener "*saltos*" en $t = 0$.

En lugar de la fórmula (7.28) para calcular la transformada de las derivadas sucesivas, tendremos:

$$\boxed{\mathscr{L}\left[y^{(n)}(t)\right] = s^n \mathscr{L}\left[y(t)\right]} \tag{7.35}$$

Ejemplo 7.21: $y'' + 3y' - 4y = 2 + 3\delta(t)$

Tomando transformadas de Laplace tenemos, según (7.35):

$$\left(s^2 + 3s - 4\right) y(s) = \frac{2}{s} + 3$$

$$y(s) = \frac{2+3s}{s\left(s^2+3s-4\right)} = -\frac{1}{2s} - \frac{1}{2(s+4)} + \frac{1}{s-1}$$

$$y(t) = \left(-\frac{1}{2} - \frac{1}{2}e^{-4t} + e^t\right) U(t)$$

donde hemos multiplicado por $U(t)$ para indicar que $y(t) = 0$ para $t < 0$. Fácilmente se comprueba que $y(0) = 0$ pero que $y'(t)$ salta de 0 a 3 al pasar por $t = 0$.

□

Ejemplo 7.22:

$$y'' + 9y = \delta''(t)$$
$$\left(s^2 + 9\right) y(s) = s^2$$
$$y(s) = \frac{s^2}{2^2 + 9} = 1 - \frac{9}{s^2 + 9}$$
$$y(t) = \delta(t) - 9 \operatorname{sen} 3t$$

□

Si analizamos qué respuesta se obtiene a un estímulo delta, por ejemplo:

$$a_0 y^{(n)} + \cdots + a_n y = \delta(t)$$

entonces:

$$(a_0 s^n + \cdots + a_n)\, y(s) = 1$$

de donde:

$$y(s) = Y(s) \longrightarrow y(t) = \mathscr{L}^{-1}[Y(s)] = W(t)$$

Vale decir, *la función de peso* $W(t)$ *es la respuesta a* $\delta(t)$. Por esa razón, se le suele llamar también "*impulso respuesta*". Si, en cambio, tenemos un impulso escalón:

$$a_0 y^{(n)} + \cdots a_n = U(t)$$
$$(a_0 s^n + \cdots + a_n)\, y(s) = \frac{1}{s} \longrightarrow y(s) = \frac{1}{s} Y(s)$$

Podemos hallar la solución usando la fórmula (7.21):

$$y(t) = \int_0^t W(u)\, du$$

Así *la respuesta escalonada es la integral del impulso respuesta* o, en otras palabras, el impulso respuesta es la derivada de la respuesta escalonada. Esto sugiere un método experimental para determinar la función de peso $W(t)$:dado un sistema físico que obedezca a una ecuación diferencial lineal con coeficientes constantes y tal que se le puedan aplicar estímulos arbitrarios, usamos el estímulo $U(t)$ con valores iniciales nulos para registrar $y(t)$. La función de peso es simplemente $W(t) = \frac{dy}{dt}$.

Un método alternativo sería aproximar un estímulo de función δ mediante un impulso muy grande de área unitaria y registrar la respuesta a valores iniciales nulos.

7.11. Ecuaciones Integrales y en Diferencias

7.11.1. Ecuaciones Integrales

La ecuación del tipo:

$$af(t) + bg(t) + \int_0^t h(t-u)\, f(u)\, du = 0 \; t \geqslant 0 \tag{7.36}$$

donde $f(t)$ es la función incógnita, a puede ser nulo, $g(t)$ y $h(t)$ son funciones conocidas, se llaman ECUACIONES INTEGRALES DE VOLTERRA[4] y aparecen en algunos problemas físicos — *por ejemplo: potencial en el campo de un disco electrificado.*

Usando la propiedad de convolución (7.25) vemos que la transformada de LAPLACE de la ecuación (7.36) es:

$$af(s) + bg(s) + h(s) f(s) = 0$$

de donde:

$$f(s) = \frac{-bg(s)}{a + h(s)} \Rightarrow f(t) = \mathscr{L}^{-1}\left[\frac{-bg(s)}{a + h(s)}\right]$$

Ejemplo 7.23: Resolver la ecuación:

$$y(t) = 3t + \int_0^t y(t-u)\operatorname{sen} u\, du \qquad t \geqslant 0$$

$$y(s) = \frac{3}{s^2} + \frac{y(s)}{s^2+1} \Rightarrow y(s) = \frac{3(s^2+1)}{s^4} = \frac{3}{s^2} + \frac{3}{s^4}$$

Por consiguiente:

$$y(t) = 3t + \frac{t^3}{2}$$

□

7.11.2. Ecuaciones lineales en diferencias con coeficientes constantes

Una ecuación en diferencias relaciona los valores de una función incógnita $y(t)$ con valores de y en valores de t igualmente espaciados. Puede ser homogénea o no serlo y es preciso fijar el valor de y sobre un intervalo inicial $-\infty < t < t_0$ $(t_0 \geqslant 0)$.

Ejemplo 7.24: Sabiendo que $y(t) = 0$ para $t \leqslant 0$ resolver la ecuación en diferencias no homogénea:

$$3y(t) - 5y(t-1) + 2y(t-2) = t^2 U(t)$$

Por la segunda propiedad de traslación (7.20), la ecuación transformada resulta de la forma:

$$3y(s) - 5e^{-s}y(s) + 2e^{-2s}y(s) = \frac{2}{s^3}$$

de donde:

$$y(s) = \frac{2}{s^3(3 - 5e^{-s} + 2e^{-2s})}$$

Obsérvese que el paréntesis $3 - 5e^{-s} + 2e^{-2s} = (1-e^{-s})(3-2e^{-s})$ por lo que podemos aplicar descomposición en fracciones simples:

$$y(s) = \frac{2}{s^3}\left[\frac{1}{1-e^{-s}} - \frac{2}{3}\frac{1}{1-\frac{2}{3}e^{-s}}\right]$$

[4]VOLTERRA, VITO (1860-1940): Matemático italiano al que se deben importantes trabajos de análisis funcional y de físico-matemática. En 1883 obtuvo la cátedra de Mecánica Racional en la UNIVERSIDAD DE PISA, en 1893, la misma cátedra en TURÍN y en 1900, en la de ROMA.

El corchete se desarrolla como una diferencia de dos series geométricas convergentes:

$$y(s) = \frac{2}{s^3}\left[\sum_{n=0}^{\infty} e^{-ns} - \frac{2}{3}\sum_{n=0}^{\infty}\left(\frac{2}{3}\right)^n e^{-ns}\right]$$
$$= \frac{2}{s^3}\sum_{n=0}^{\infty}\left[1-\left(\frac{2}{3}\right)^{n+1}\right]e^{-ns}$$

donde $e^{-s} < 1$ cuando $s > 0$.

Usando la segunda propiedad de traslación (7.20) obtenemos la solución:

$$y(t) = \sum_{n=0}^{\infty}\left[1-\left(\frac{2}{3}\right)^{n+1}\right](t-n)^2\, U(t-n)$$

Nótese que la aparición de las funciones escalón asegura que para cualquier t finito, la serie tiene sólo un número finito de términos.

□

Ejemplo 7.25: Dada la siguiente *"relación de recurrencia"*:

$$6a_n = a_{n+1} + a_{n+2} \qquad a_0 = 1 \qquad a_1 = 0$$

expresarla como ecuación en diferencias y hallar su solución.

Ponemos $f(t) = a_n$ para $n \leqslant t < n+1$ ($n = 0, 1, 2, \ldots$). Entonces:

$$f(t+2) + f(t+1) - 6f(t) = 0 \qquad t \geqslant 0$$

donde:

$$f(t) = \begin{cases} 1 & 0 \leqslant t < 1 \\ 0 & 1 \leqslant t < 2 \end{cases}$$

Ahora bien:

$$\mathscr{L}[f(t+1)] = \int_0^{\infty} e^{-st} f(t+1)\, dt$$
$$= \int_1^{\infty} e^{-s(u-1)} f(u)\, du$$
$$= e^s\left[f(s) - \int_0^1 e^{-su} f(u)\, du\right]$$
$$= e^s\left[f(s) + \frac{e^{-s}-1}{s}\right]$$

puesto que $f(u) = 1$ para $0 \leqslant u < 1$.

$$\mathscr{L}[f(t+2)] = \int_0^{\infty} e^{-st} f(t+2)\, dt = \int_2^{\infty} e^{-s(u-2)} f(u)\, du$$
$$= e^{2s}\left[f(s) - \int_0^1 e^{-su} f(u)\, du - \int_1^2 e^{-su} f(u)\, du\right]$$
$$= e^{2s}\left[f(s) + \frac{e^{-s}-1}{s}\right]$$

Así la transformada de LAPLACE de la ecuación dada resulta:

$$\left(e^{2s}+e^{s}-6\right)f(s)+\frac{1}{s}\left(e^{2s}+e^{s}\right)\left(e^{-s}-1\right)=0$$
$$f(s)=\frac{\left(e^{s}+1\right)\left(e^{s}-1\right)}{s\left(e^{2s}+e^{s}-6\right)}$$

Descomponiendo en fracciones simples obtenemos:

$$\begin{aligned} f(s) &= \frac{e^{s}-1}{5s}\left[\frac{3}{e^{s}-2}+\frac{2}{e^{s}+3}\right] \\ &= \frac{1-e^{-s}}{5s}\left[\frac{3}{1-2e^{-s}}+\frac{2}{1+3e^{-s}}\right] \end{aligned}$$

cuyas antitransformadas se leen en la fórmula de la TABLA A.2:

$$\begin{aligned} \mathscr{L}^{-1}\left[\frac{1-e^{-as}}{s\left(1-re^{-as}\right)}\right] &= r^{\frac{n}{a}} \text{ para } n \leqslant t < n+1 \quad (n=0,\,1,\,2,\,\ldots) \\ &= r^{\left[\frac{t}{a}\right]} \end{aligned}$$

donde $[t]$ es la *"parte entera"* de t, o sea, el mayor entero que no excede a t. Por ello:

$$f(s)=\frac{1}{5}\left[3\,2^{[t]}+2\,(-3)^{[t]}\right]$$

o bien:

$$a_n=\frac{1}{5}\left[3\,(2)^{n}+2\,(-3)^{n}\right]$$

□

7.12. Aplicaciones Físicas de las Transformadas de LAPLACE

7.12.1. Oscilaciones de un resorte elástico

Sea un resorte elástico fijo en uno de sus extremos y libre para vibrar en dirección vertical, como indica la Fig. 7.6.

Supongamos un peso de masa m sujeto al resorte y todo el sistema en equilibrio con el peso en el punto $y=0$. Si se aplica al peso una fuerza vertical $h(t)$, entonces el sistema obedece a la ecuación diferencial:

$$my''+ky=h(t) \qquad y(0)=y'(0)=0$$

donde k es la *constante del resorte*.

Si transformamos LAPLACE obtenemos:

$$ms^{2}y(s)+ky(s)=\mathscr{L}\left[h(t)\right]$$

Figura 7.6:

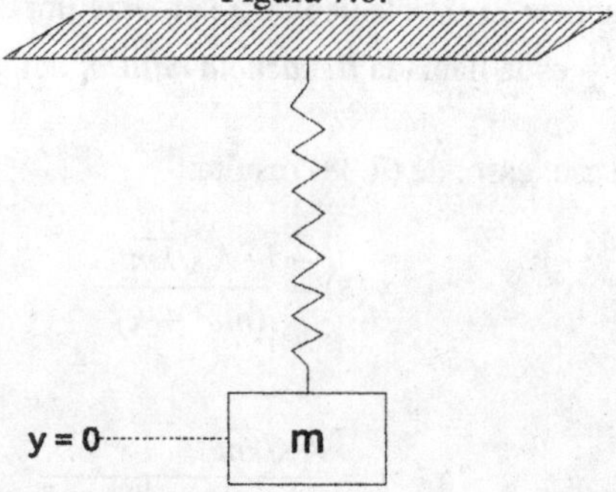

Resorte elástico fijo en uno de sus extremos y libre para vibrar en dirección vertical. Un peso de masa *m* se encuentra sujeto al extremo libre del mismo.

de donde:

$$y(s) = \frac{\mathscr{L}[h(t)]}{ms^2+k}$$

$$y(t) = \mathscr{L}^{-1}\left[\frac{1}{ms^2+k}\right] * h(t)$$

$$= \mathscr{L}^{-1}\left[\frac{\sqrt{\frac{k}{m}}}{\sqrt{mk}\,(s^2+\frac{k}{m})}\right] * h(t)$$

$$= \left(\frac{1}{\sqrt{mk}}\operatorname{sen}\sqrt{\frac{k}{m}}t\right) * h(t)$$

Así pues, la solución resulta en forma integral:

$$\boxed{y(t) = \frac{1}{\sqrt{mk}}\int_0^t \operatorname{sen}\left[\sqrt{\frac{k}{m}}(t-u)\right] h(u)\,du} \tag{7.37}$$

Si la fuerza impresa al resorte es de tipo senoidal: $h(t) = A\operatorname{sen}\omega t$, podemos calcular la respuesta $y(t)$ mediante esta integral pero es más fácil hacerlo directamente:

$$\mathscr{L}[A\operatorname{sen}\omega t] = \frac{A\omega}{s^2+\omega^2} \Rightarrow \boxed{y(s) = \frac{1}{ms^2+k}\frac{A\omega}{s^2+\omega^2}} \tag{7.38}$$

Consideramos dos casos, según la frecuencia impresa sea o no igual a $\sqrt{\frac{k}{m}}$.

CASO 1: $\omega \neq \sqrt{\frac{k}{m}}$ En este caso, la expresión (7.38) se puede descomponer en fracciones simples como:

$$y(s) = \frac{A\omega}{k-m\omega^2}\left[\frac{1}{s^2+\omega^2} - \frac{m}{ms^2+k}\right]$$

de donde:

$$y(t) = \frac{A\omega}{k-m\omega^2}\left[\frac{1}{\omega}\operatorname{sen}\omega t - \sqrt{\frac{m}{k}}\operatorname{sen}\sqrt{\frac{k}{m}}t\right]$$

que es la superposición de dos oscilaciones senoidales de distinta frecuencia: la primera de frecuencia $2\pi\omega$ es la debida a la fuerza impresa $h(t)$ y la segunda de frecuencia $s\pi\sqrt{\frac{k}{m}}$ es la llamada *frecuencia natural* del sistema.

CASO 2: $\omega = \sqrt{\frac{k}{m}}$ En este caso, de (7.38) resulta:

$$y(s) = \frac{A\sqrt{km}}{(ms^2+k)^2}$$

Si ponemos:

$$y(s) = \frac{A\sqrt{km}}{s}\frac{s}{(ms^2+k)^2}$$

entonces:

$$y(t) = \mathscr{L}^{-1}\left[\frac{s}{(ms^2+k)^2}\right] * A\sqrt{km}$$

Para calcular la antitransformada usamos la propiedad (7.22):

$$\begin{aligned}\mathscr{L}^{-1}\left[\frac{s}{(ms^2+k)^2}\right] &= \mathscr{L}^{-1}\left[-\frac{1}{2m}\frac{d}{ds}\left(\frac{1}{ms^2+k}\right)\right]\\ &= \frac{1}{2m}\mathscr{L}^{-1}\left[\frac{1}{ms^2+k}\right]\\ &= \frac{t}{2m\sqrt{km}}\operatorname{sen}\sqrt{\frac{k}{m}}t\end{aligned}$$

Por lo tanto:

$$\begin{aligned}y(t) &= \frac{A}{2m}\int_0^t u\operatorname{sen}\sqrt{\frac{k}{m}}u\,du\\ &= \frac{A}{2m}\left[\frac{m}{k}\operatorname{sen}\sqrt{\frac{k}{m}}t - \sqrt{\frac{m}{k}}t\cos\sqrt{\frac{k}{m}}t\right]\end{aligned}$$

que se puede escribir:

$$y(t) = \frac{A}{2k}\operatorname{sen}\sqrt{\frac{k}{m}}t - \frac{A}{2\sqrt{km}}t\cos\sqrt{\frac{k}{m}}t$$

Este resultado se interpreta así: cuando la frecuencia impresa es igual a la frecuencia natural, la amplitud de las oscilaciones aumenta con el tiempo y el resorte llega finalmente a estar distendido por encima de su límite elástico. Este fenómeno se llama *resonancia* y es importante en muchos fenómenos físicos.

La respuesta es diferente si el peso recibe un golpe seco en dirección de la vertical en el instante $t = t_0$, $t_0 \geqslant 0$. El problema de valores iniciales es ahora:

$$my'' + ky = \delta(t-a) \qquad y(0) = y'(0) = 0$$

Si transformamos LAPLACE tenemos:

$$(ms^2+k)\,y(s) = \mathscr{L}[\delta(t-t_0)]$$

entonces:

$$y(t) = \mathscr{L}^{-1}\left[\frac{1}{ms^2+k}\right] * \delta(t-t_0)$$
$$= \frac{1}{\sqrt{mk}} \operatorname{sen} \sqrt{\frac{k}{m}}(t-t_0) \qquad t > t_0$$

7.12.2. Flexión de una viga

La deflexión transversal $y(x)$ a una distancia x a lo largo de una viga uniforme obedece a la ecuación diferencial de cuarto orden:

$$EIy^{IV}(x) = W(x) \tag{7.39}$$

donde $W(x)$ es la carga transversal por unidad de longitud; E es el módulo de Young e I es el momento de inercia por sección transversal de la viga respecto a un eje normal al plano xy.

Sean $y(s) = \mathscr{L}[y(x)]$; $W(s) = \mathscr{L}[W(x)]$ e indiquemos las condiciones en $x=0$ como:

$$y(0) = y_0 \qquad y'(0) = y_1 \qquad y''(0) = y_2 \qquad y'''(0) = y_3$$

La transformada de Laplace de la ecuación diferencial (7.39) se escribe:

$$EI\left(s^4 y - s^3 y_0 - s^2 y_1 - y_3\right) = W(s)$$

de modo que:

$$y(s) = \frac{W(s)}{EIs^4} + \frac{y_0}{s} + \frac{y_1}{s^2} + \frac{y_2}{s^3} + \frac{y_3}{s^4}$$

En las aplicaciones, se conocen comúnmente sólo dos de los valores y_0, y_1, y_2, y_3 a la vez que dos condiciones en el otro extremo $x = L$ de la viga, que representan condiciones físicas tales como el "*empotramiento*" o "*soporte simple*" o "*extremo libre*". Los valores no especificados en $x = 0$ deben quedar como constantes hasta poder aplicarlas en la solución cuando $x = L$, como en el Ejemplo 7.18.

7.12.3. Inductancia mutua

En el análisis de redes eléctricas, la Transformada de Laplace juega un papel preponderante. A modo de ejemplo tomaremos un circuito primario con una resistencia R_1 y una inductancia L_1, en serie con un voltaje impuesto $V(t)$, acoplado por una inductancia mutua M a un circuito secundario con una resistencia R_2 y una inductancia L_2 en serie, como se indica en la Fig. 7.7. Aplicando la segunda ley de Kirchhoff a cada uno de los circuitos obtenemos dos ecuaciones diferenciales:

$$\left.\begin{aligned} L_1\frac{dI_1}{dt} + R_1I_1 + M\frac{dI_2}{dt} &= V \\ L_2\frac{dI_2}{dt} + R_2I_2 + M\frac{dI_1}{dt} &= 0 \end{aligned}\right\} \tag{7.40}$$

Supongamos que el interruptor S está abierto hasta $t = 0$ de modo que:

$$I_1 = I_2 = V = 0$$

Figura 7.7:

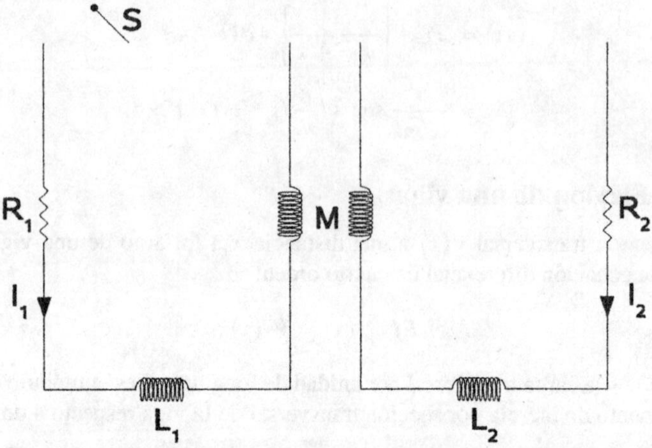

La figura representa un circuito primario con una resistencia R_1 y una inductancia L_1, en serie con un voltaje impuesto $V(t)$, acoplado por una inductancia mutua M a un circuito secundario con una resistencia R_2 y una inductancia L_2 en serie.

para $t \leqslant 0$.

Las transformadas de Laplace del sistema (7.40) nos dan:

$$\left.\begin{array}{r}(L_1 s + R_1)\, I_1(s) + MsI_2(s) = V(s) \\ (L_2 + R_2)\, I_2(s) + MsI_1(s) = 0 \quad\;\end{array}\right\}$$

donde:

$$I_1(s) = \mathscr{L}[I_1(t)] \qquad I_2(s) = \mathscr{L}[I_2(t)] \qquad V(s) = \mathscr{L}[V(t)]$$

Entonces:

$$I_1(s) = \frac{V(s)\,(L_2 s + R_2)}{(L_1 s + R_1)(L_2 s + R_2) - M^2 s^2} \tag{7.41}$$

$$I_2(s) = \frac{-MsV(s)}{(L_1 s + R_1)(L_2 s + R_2) - M^2 s^2} \tag{7.42}$$

La función de transferencia para el circuito secundario es:

$$Y(s) = \frac{-Ms}{(L_1 L_2 - M^2)(s + s_1)(s + s_2)} \tag{7.43}$$

donde:

$$\left.\begin{array}{l} s_1 = \dfrac{L_1 R_2 + L_2 R_1 + \sqrt{(L_1 R_2 + L_2 R_1)^2 + 4R_1 R_2 M^2}}{2(L_1 L_2 - M^2)} \\[2ex] s_2 = \dfrac{L_1 R_2 + L_2 R_1 - \sqrt{(L_1 R_2 + L_2 R_1)^2 + 4R_1 R_2 M^2}}{2(L_1 L_2 - M^2)} \end{array}\right\} \tag{7.44}$$

Entonces (7.42) se escribe:

$$I_2(s) = Y(s)\, V(s)$$

de donde:

$$I_2(t) = W(t) * V(t) = \int_0^t W(u)\, V(t-u)\, du$$

$W(t)$ es el impulso respuesta — *ver* § 7.10 — y representa la corriente en el secundario cuando $V(t) = \delta(t)$.

Por (7.44) ambas raíces s_1 y s_2 son reales y distintas por lo que podemos descomponer en fracciones simples la expresión de $Y(s)$:

$$Y(s) = \frac{-M}{(L_1L_2 - M^2)(s_1 - s_2)} \left(\frac{s_1}{s+s_1} - \frac{s_2}{s+s_2} \right)$$

cuya inversa resulta:

$$W(t) = \frac{-M}{L_1L_2 - M^2} \frac{s_1 e^{-s_1 t} + s_2 e^{-s_2 t}}{s_1 - s_2}$$

Los polos $-s_1$, $-s_2$ de la función de transferencia (7.43) son particularmente importantes pues si son negativos — s_1 *y* s_2 *positivos* — conducen a exponenciales decrecientes en la respuesta $W(t)$. En general, podemos decir que el sistema es *estable* y no oscilatorio si los polos de la función de transferencia son todos *negativos*. La inclusión de polos complejos con parte real negativa conduce a oscilaciones estables, pero si hay polos positivos o con parte real positiva, el sistema es inestable.

7.13. Problemas

1. Hallar la Transformada de Laplace y la abscisa de convergencia s de cada una de las siguientes funciones:

$a)\quad F(t) = \begin{cases} t & 0 \leqslant t \leqslant 1 \\ 1 & 1 \leqslant t < \infty \end{cases}$ $\qquad b)\quad F(t) = \begin{cases} 1-t & 0 \leqslant t \leqslant 1 \\ 0 & 1 \leqslant t < \infty \end{cases}$

$c)\quad F(t) = \begin{cases} t^2 & 0 \leqslant t \leqslant 1 \\ e^{1-t} & 1 \leqslant t < \infty \end{cases}$ $\qquad d)\quad F(t) = \begin{cases} \frac{2t}{\pi} & 0 \leqslant t \leqslant \frac{\pi}{2} \\ \operatorname{sen} t & t \geqslant \frac{\pi}{2} \end{cases}$

2. Con ayuda de las propiedades de los §7.3 y §7.6 hallar las transformadas de Laplace de las funciones siguientes:

a) $F(t) = 3e^{-t} + 4e^{-2t}$

b) $F(t) = 5\cos 2t + \pi \operatorname{sen} 2t$

c) $F(t) = G''(t)$ donde $G(t) = e^{3t} \operatorname{sen} 2t$

d) $F(t) = \int_0^t u e^{2u} \cos 3u\, du$

e) $F(t) = \operatorname{sen} t$ para $0 \leqslant t \leqslant \pi$, periódica de período π para $t \geqslant 0$.

f) $F(t) = \begin{cases} t & 0 \leqslant t \leqslant 1 \\ 1 & 1 \leqslant t \leqslant 2 \end{cases}$ periódica de período 2 para $t \geqslant 0$.

3. Probar que:

$$\mathscr{L}\left[\cos^3 t\right] = \frac{s(s^2+7)}{(s^2+9)(s^2+1)}$$

Figura 7.8:

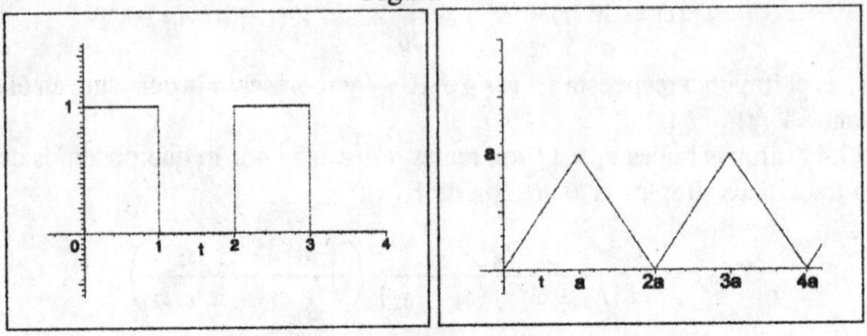

Figura correspondiente al Ejercicio 4.

4. Calcular la Transformada de Laplace de las funciones dibujadas en la Fig. 7.8.

5. Probar que:
$$\mathscr{L}\left[F\left(at\right)\right]=\frac{1}{a}f\left(\frac{s}{a}\right)$$
si $a>0$ — propiedad del *"cambio de escala"*.

6. Hallar la Transformada de Laplace de las siguientes funciones:

a) $e^{2t}\,\mathrm{sen}\,3t$ *b*) $t^3\,\mathrm{sen}\,3t$

c) $t^2e^t\cos t$ *d*) $e^{-3t}\,\mathrm{sen}\,(t+2)$

e) $te^t\dfrac{d}{dt}\left(\mathrm{sen}\,2t\right)$ *f*) $F\left(t\right)=\begin{cases}0 & t<\frac{1}{2}\\ 1+t & t\geqslant\frac{1}{2}\end{cases}$

g) $F\left(t\right)=\begin{cases}0 & t<\frac{\pi}{2}\\ \cos t & \frac{\pi}{2}<t<\frac{3}{2}\pi\\ 0 & t>\frac{3}{2}\pi\end{cases}$ *h*) $|\mathrm{sen}\,t|$

i) $t^2\displaystyle\int_1^t u\,\mathrm{sen}\,u\,du$

7. Hallar la Transformada de Laplace Inversa con ayuda de la linealidad y la Tabla A.2.

a) $\dfrac{8}{s^3}+\dfrac{2}{s^4}-\dfrac{2}{s+1}$ *b*) $\dfrac{1}{s-5}+\dfrac{2}{(s-5)^2}+\dfrac{3}{(s-5)^3}$

c) $\dfrac{s^2+3s-1}{(s^2+1)^2}$ *d*) $\dfrac{2e^{-s}}{s}+\dfrac{3e^{-2s}}{s-1}$

8. Descomponer en Fracciones Simples y luego antitransformar:

a) $\dfrac{5}{s^2\left(s-3\right)^2}$ *b*) $\dfrac{1}{s\left(s+2\right)^2}$

c) $\dfrac{1}{s^2+4s+29}$ *d*) $\dfrac{s-2}{s\left(s+3\right)^3}$

e)

$$\frac{1}{s^4+1}$$

SUGERENCIA: $s^4+1 \equiv \left(s^4+2s^2+1\right)-2s^2$

f) $\dfrac{1+e^{-s}}{s}$ *g)* $\dfrac{e^{-s}}{(s-1)(s-2)}$

h) $\dfrac{s^3+1}{\left(s^2-1\right)^2}$ *i)* $\dfrac{3s^2}{\left(s^2+1\right)^2}$

9. Sabiendo que:

$$\mathscr{L}^{-1}\left[\frac{1}{s^3-s^2-9s+9}\right]=\frac{1}{24}\left(2e^{3t}+e^{-3t}-3e^{t}\right)$$

hallar:

a)

$$\mathscr{L}^{-1}\left[\frac{2s+3}{s^3-s^2-9s+9}\right]$$

b)

$$\mathscr{L}^{-1}\left[\frac{s^2-1}{s^3-s^2-9s+9}\right]$$

10. Hallar la convolución $F*G$ y comprobar que se cumple que:

$$\mathscr{L}[F*G]=\mathscr{L}[F]\,\mathscr{L}[G]$$

a)

$$F(t)=1 \quad (t\geqslant 0) \qquad G(t)=t \quad (t\geqslant 0)$$

b)

$$F(t)=t \quad (t\geqslant 0) \qquad G(t)=t^2 \quad (t\geqslant 0)$$

c)

$$F(t)=e^{2t} \quad (t\geqslant 0) \qquad G(t)=e^{3t} \quad (t\geqslant 0)$$

11. Representar cada función y hallar la primera y segunda derivada como funciones generalizadas:

a) $e^t U(t)$

b) $U(t)-U(t-1)$

c) $\operatorname{sen} t\left[U(t)-U\left(t-\frac{\pi}{2}\right)\right]$

d) $t\left[U(t-1)-U(t-2)\right]$

12. Calcular las siguientes integrales:

a)	$\int_{-1}^{1} \delta(t)\, dt$	*b)*	$\int_{-5}^{3} [3\delta(t) + 2\delta'(t)]\, dt$
c)	$\int_{-1}^{1} e^{2t}\delta'(t)\, dt$	*d)*	$\int_{-1}^{1} (t^2 - 3t + 5)\, \delta''(t)\, dt$

13. Para cada $F(t)$ hallar $F'(t)$ y comprobar que $\mathscr{L}[F'] = s\mathscr{L}[F]$

   a) $\cos t U(t)$
   b) $3U(t-1) - \delta(t) + \delta'(t-1)$
   c) $t[U(t) - U(t-1)]$
   d) $2U(t) - 5\delta(t)$

14. Usando transformadas de LAPLACE, resolver los siguientes problemas de valores iniciales:

a)	$y' + 3y = t \operatorname{sen} at$	$y(0) = -1$	
b)	$y'' + 2y' + 3y = 3t$	$y(0) = 0$	$y'(0) = 0$
c)	$y'' - 2y' + y = te^t \operatorname{sen} t$	$y(0) = 0$	$y'(0) = 0$
d)	$y''' - y'' + 4y' - 4y = -3e^t + 4e^{2t}$	$y(0) = 0$	$y'(0)$

   e)

$$y'' + y = t^2 + 1 \qquad y(\pi) = \pi^2 \qquad y'(\pi) = 2\pi$$

   SUGERENCIA: Hacer la sustitución $u = t - \pi$.

$$f)\quad y^{IV} + y = \begin{cases} 0 & t \leqslant 1 \\ t-1 & t > 1 \end{cases} \quad y(1) = y'(1) = 1 \quad y''(1) = y'''(1) = 0$$

15. Un cuerpo que pierde calor por enfriamiento, al mismo tiempo que recibe calor de una fuente externa, obedece a la ecuación diferencial:

$$\frac{du}{dt} + ku = g(t)$$

   donde k es una constante positiva.

   a) Dado $u_0 = u(0)$ hallar $u(t)$.
   b) Si $k = 2$; $u_0 = 20$; $g(t) = 3t^2$ hallar $u(t)$.

16. Hallar la solución de las siguientes ecuaciones diferenciales con funciones generalizadas y analizar los valores iniciales en $t = 0$ como límite por la derecha:

   a) $y' + 3y = 5\delta(t)$
   b) $y' + 2y = 2\delta'(t)$

c) $y'' + y' - 2y = 3e^{-t} + 2\delta(t) - 5\delta'(t)$
d) $y'' + 9y = 3 + 2\delta'(t) + 5\delta''(t)$

17. Hallar el impulso respuesta y la respuesta escalonada en las siguientes ecuaciones diferenciales:

a)	$y' + 3y = g(t)$	b)	$y'' + 9y = g(t)$
c)	$y'' + y' - 2y = g(t)$	d)	$y''' - y = g(t)$

18. Resolver las siguientes ecuaciones en diferencias con la condición $y(t) = 0$ para $t < 0$.

a) $3y(t) - 4y(t-1) + y(t-2) = tU(t)$
b) $y(t) + 2y(t-1) - 3y(t-2) = U(t)$

19. Expresar cada una de las siguientes relaciones de recurrencia como una ecuación en diferencias y hallar el término general:

a) $2a_{n+2} + 5a_{n+1} - 3a_n = 0$ donde $a_0 = 3$; $a_1 = -2$
b) $a_{n+2} + 2a_{n+1} - 3a_n = 0$ donde $a_0 = 0$; $a_1 = 1$

20. Resolver las siguientes ecuaciones:

a) $y(t) + \int_0^t y(t-u)\, u \cos u\, du = \operatorname{sen} t \ (t \geqslant 0)$
b) $y'(t) = 3\int_0^t y(t-u) \operatorname{ch} u\, du \ (t \geqslant 0;\ y(0) = 1)$

21. Resolver la ecuación diferencial que describe las oscilaciones forzadas de una masa m suspendida de un resorte sumergido en un medio resistente al movimiento:

$$y'' + 2\alpha y' + \omega^2 y = F(t)$$
$$y(0) = 0 \quad y'(0) = v_0$$

donde

$$2\alpha = \frac{h}{m} \qquad \omega^2 = \frac{k}{m}$$

siendo k la constante del resorte y h una constante positiva.

22. Encontrar la respuesta al impulso del sistema del problema 21 cuando:

a) $2\alpha = 10$; $\omega^2 = 9$
b) $\alpha^2 = \omega^2 = 4$

En el segundo caso calcular la respuesta a las funciones de entrada:
1) $F(t) = U(t)$
2) $F(t) = \operatorname{sen} 2t U(t)$

23. Una viga delgada de longitud unitaria está empotrada en $x = 0$ y libre en $x = 1$. Calcular su deflexión bajo su propio peso M y una carga con entrada P en $x = \frac{1}{2}$, esto es:

$$y = y' = 0 \qquad \text{en } x = 0$$
$$y'' = y'' = 0 \qquad \text{en } x = 1$$

24. Resolver el problema de inductancia mutua — §7.12.3 — para un voltaje aplicado $V(t) = \cos \omega t\, U(t)$.

Capítulo 8

Transformada de Fourier

"La esencia de las matemáticas es su libertad"

CANTOR, Georg

8.1. Introducción

La Transformada de Fourier es otra de las transformadas integrales que se estudian en el Cálculo Operacional.

En general, podemos decir que las transformadas juegan un papel muy importante en muchos problemas de la Ingeniería, en particular, en todos los sistemas lineales de control con realimentación *(feedback)*. El problema matemático de la teoría de control se puede formular así: cómo modificar ecuaciones diferenciales dentro de limitaciones prescriptas de modo que las soluciones se comporten de alguna manera deseada. Pueden ser ecuaciones diferenciales lineales totales — *conjunto de masas que vibran* — o parciales — *variación de temperatura en un local* — a las que se les aplica un control de realimentación. Por ejemplo, un ingeniero debe supervisar una planta industrial que fabrica papel de distintos espesores determinados. Si las líneas de producción no satisfacen estos requerimientos, es preciso efectuar correcciones sucesivas en la temperatura de la pulpa y la velocidad de los rollos hasta conseguir el espesor adecuado. Esta operación debe llevarse a cabo muy rápidamente, con mediciones automáticas y regulación por computadora de la planta.

En esta época de recursos automáticos, se usan ampliamente controles de velocidad, pilotos automáticos, control de procesos químicos, control de nivel de agua en calderas, etc.

8.2. Transformada de Fourier

Definición 8.1: Sea $f(t)$ definida en $-\infty < t < \infty$ y continua — *o continua a trozos*. La Transformada de Fourier de $f(t)$ es la función:

$$\boxed{\mathscr{F}[f] = \int_{-\infty}^{\infty} f(t)\, e^{-i\omega t}\, dt = \varphi(\omega)} \qquad -\infty < \omega < \infty \qquad (8.1)$$

siempre que la integral tenga sentido para todo ω.

Esta definición está estrechamente vinculada con el desarrollo en Serie de Fourier — *capítulo* 5. En efecto, recordemos la serie trigonométrica de Fourier en el intervalo $-\frac{T}{2} \leqslant t \leqslant \frac{T}{2}$:

$$f(t) = \frac{1}{2}a_0 + \sum_{n=1}^{\infty}(a_n \cos n\omega t + b_n \operatorname{sen} n\omega t) \qquad \omega = \frac{2\pi}{T} \tag{8.2}$$

donde

$$a_n = \frac{2}{T}\int_{-\frac{T}{2}}^{\frac{T}{2}} f(t)\cos n\omega t\, dt \qquad b_n = \frac{2}{T}\int_{-\frac{T}{2}}^{\frac{T}{2}} f(t)\operatorname{sen} n\omega t\, dt \tag{8.3}$$

y los casos particulares:

$$\boxed{f \text{ par}} \quad \left.\begin{aligned} f(t) &= \frac{1}{2}a_0 + \sum_{n=1}^{\infty} a_n \cos n\omega t \\ a_n &= \frac{4}{T}\int_0^{\frac{T}{2}} f(t)\cos n\omega t\, dt \end{aligned}\right\} \tag{8.4}$$

$$\boxed{f \text{ impar}} \quad \left.\begin{aligned} f(t) &= \sum_{n=1}^{\infty} a_n \operatorname{sen} n\omega t \\ b_n &= \frac{4}{T}\int_0^{\frac{T}{2}} f(t)\operatorname{sen} n\omega t\, dt \end{aligned}\right\} \tag{8.5}$$

Asimismo la forma exponencial del desarrollo es:

$$f(t) = \sum_{n=-\infty}^{\infty} C_n e^{in\omega t}$$

donde

$$C_n = \frac{1}{T}\int_{-\frac{T}{2}}^{\frac{T}{2}} f(t)\, e^{-in\omega t}\, dt \tag{8.6}$$

Si ahora $t \to \infty$ entonces $\omega \to 0$ y es plausible que en el límite la serie (8.2) se convierta en una integral sobre ω de 0 a ∞ y que los coeficientes sean funciones de ω en $-\infty < t < \infty$, esto es:

$$f(t) = \int_0^{\infty} [a(\omega)\cos \omega t + b(\omega)\operatorname{sen} \omega t]\, d\omega \tag{8.7}$$

$$\begin{aligned} a(\omega) &= \frac{1}{\pi}\int_{-\infty}^{\infty} f(t)\cos \omega t\, dt \\ b(\omega) &= \frac{1}{\pi}\int_{-\infty}^{\infty} f(t)\operatorname{sen} \omega t\, dt \end{aligned} \tag{8.8}$$

Esto es una representación de f como integral real de Fourier. Análogamente, a partir de (8.6) obtenemos la representación de f como integral compleja de Fourier:

$$\begin{aligned} f(t) &= \int_{-\infty}^{\infty} A(\omega)\, e^{i\omega t}\, d\omega \\ A(\omega) &= \frac{1}{2\pi}\int_{-\infty}^{\infty} f(t)\, e^{-i\omega t}\, dt \end{aligned} \tag{8.9}$$

De manera similar, a partir de (8.4) y (8.5), tenemos para f *par* e *impar*, respectivamente:

$$\left.\begin{aligned} f(t) &= \int_0^{\infty} a(\omega)\cos\omega t\, d\omega \\ a(\omega) &= \frac{2}{\pi}\int_0^{\infty} f(t)\cos\omega t\, dt \end{aligned}\right\} \leftarrow \text{par}$$
$$\left.\begin{aligned} f(t) &= \int_0^{\infty} b(\omega)\,\mathrm{sen}\,\omega t\, d\omega \\ b(\omega) &= \frac{2}{\pi}\int_0^{\infty} f(t)\,\mathrm{sen}\,\omega t\, dt \end{aligned}\right\} \leftarrow \text{impar} \tag{8.10}$$

Estas dos últimas son representaciones de f como INTEGRAL DE FOURIER COSENO y SENO, respectivamente.

Comparando la definición de $\mathcal{F}[f]$ y la fórmula (8.9) vemos que $\mathcal{F}[f] = 2\pi A(\omega)$ por lo que podemos escribir:

$$\boxed{\mathcal{F}[f] = \int_{-\infty}^{\infty} f(t)\, e^{-i\omega t}\, dt}$$
$$\boxed{f(t) = \frac{1}{2\pi}\int_{-\infty}^{\infty} \mathcal{F}[f]\, e^{i\omega t}\, d\omega} \tag{8.11}$$

Estas integrales deben entenderse como un valor *principal*, esto es:

$$\lim_{b\to\infty}\int_{-b}^{b} \varphi(\omega)\, e^{i\omega t}\, d\omega$$

Si $\varphi(\omega)$ es una función *impar* de ω la integral es nula y el valor principal de la integral es cero.

Ejemplo 8.1: Sea:

$$f(t) = \begin{cases} 1 & \text{para } 0 < t < 1 \\ 0 & \text{para } t \in (-\infty, 0] \text{ y } [1, \infty) \end{cases}$$

Entonces:

$$\mathcal{F}[f] = \int_0^1 e^{-i\omega t}\, dt = \left.\frac{e^{-i\omega t}}{-i\omega}\right|_0^1 = \frac{i}{\omega}\left(e^{-i\omega} - 1\right)$$

De la segunda fórmula (8.11) resulta:

$$f(t) = \frac{i}{2\pi}\int_{-\infty}^{\infty} \frac{e^{-i\omega} - 1}{\omega}\, e^{i\omega t}\, d\omega$$

El valor $\omega = 0$ no produce problemas pues:

$$\frac{e^{-i\omega} - 1}{\omega} = \frac{-i\omega + \frac{(-i\omega)^2}{2!} + \cdots}{\omega} = -i + \frac{\omega}{2} + \cdots$$

La INTEGRAL DE FOURIER converge al promedio de los límites por la izquierda y por la derecha en los puntos de salto, al igual que en las SERIES DE FOURIER. Por ejemplo, para $t = 0$ obtenemos:

$$\begin{aligned} \frac{1}{2} &= \frac{i}{2\pi}\int_{-\infty}^{\infty} \frac{e^{-i\omega}-1}{\omega}\, d\omega \\ &= \frac{1}{2\pi}\int_{-\infty}^{\infty} \left[\frac{\operatorname{sen}\omega}{\omega} + i\frac{\cos\omega - 1}{\omega}\right] d\omega \end{aligned}$$

El segundo miembro del integrando es impar por lo que el valor principal de su integral es nulo y queda:

$$\pi = \int_{-\infty}^{\infty} \frac{\operatorname{sen}\omega}{\omega}\, d\omega$$

importante integral que no puede calcularse por métodos elementales.

□

Ejemplo 8.2: Sea:

$$f(t) = \begin{cases} e^{-t} & \text{para } 0 < t < \infty \\ 0 & \text{para } t < 0 \end{cases}$$

Entonces:

$$\begin{aligned} \mathscr{F}[f] &= \int_0^{\infty} e^{-t} e^{-i\omega t}\, dt = \int_0^{\infty} e^{-(1+i\omega t)}\, dt \\ &= \left.\frac{e^{-(1+i\omega t)}}{-(1+i\omega)}\right|_0^{\infty} = \frac{1}{1+i\omega} \end{aligned}$$

Por consiguiente:

$$f(t) = \frac{1}{2\pi}\int_{-\infty}^{\infty} \frac{e^{i\omega t}}{1+i\omega}\, d\omega$$

Si ponemos $t = 0$, corroboramos el resultado. En efecto:

$$\begin{aligned} \frac{1}{2} &= \frac{1}{2\pi}\int_{-\infty}^{\infty} \frac{1}{1+i\omega}\, d\omega \\ &= \frac{1}{2\pi}\int_{-\infty}^{\infty} \frac{1-i\omega}{1+\omega^2}\, d\omega \end{aligned}$$

También en este caso la parte imaginaria es una función impar y el valor principal de su integral da cero. Así:

$$1 = \frac{1}{\pi}\int_{-\infty}^{\infty} \frac{1}{1+\omega^2}\, d\omega = \frac{1}{\pi} \operatorname{arc\,tg}\omega \Big|_{-\infty}^{\infty} = \frac{1}{\pi}\left(\frac{\pi}{2} + \frac{\pi}{2}\right)$$

□

Ejemplo 8.3: Hallar $\mathscr{F}\left[\frac{1}{t}\right]$.

$$\begin{aligned} \mathscr{F}\left[\frac{1}{t}\right] &= \int_{-\infty}^{\infty} \frac{e^{i\omega t}}{t}\, dt = \int_{-\infty}^{\infty} \frac{\cos\omega t - i\operatorname{sen}\omega t}{t}\, dt \\ &= -2i\int_0^{\infty} \frac{\operatorname{sen}\omega t}{t}\, dt \end{aligned}$$

Para evaluar esta integral hacemos $u = \omega t$ con lo que:

$$\mathscr{F}\left[\frac{1}{t}\right] == -2i \int_0^{\infty} \frac{\operatorname{sen} u}{u}\, du\ (\operatorname{sg} \omega)$$

donde:

$$\operatorname{sg} \omega = \begin{cases} -1 & \text{para } \omega < 0 \\ 1 & \text{para } \omega > 0 \end{cases}$$

La integral $\int_0^{\infty} \frac{\operatorname{sen} u}{u}\, du = \frac{\pi}{2}$ por tablas — *ver Mathematical Handbook, p. 96* [Bib. 32]. Entonces:

$$\mathscr{F}\left[\frac{1}{t}\right] = -i\omega \operatorname{sg} \omega$$

Obsérvese que la transformada inversa de sg w no puede calcularse con la fórmula (8.11) pues la integral diverge.

8.3. Existencia de la Transformada

Una condición *suficiente* para la existencia de la transformada de Fourier de una función $f(t)$ continua a trozos y con un número finito de máximos y mínimos en $-\infty < t < \infty$, es que la integral:

$$\int_{-\infty}^{\infty} |f(t)|\, dt$$

converja. No es condición *necesaria* como lo indica el Ejemplo 8.3 donde la transformada existe aún cuando

$$\int_{-\infty}^{\infty} \left|\frac{1}{t}\right| dt$$

no converja.

Ello no obstante, $f(t)$ no tiene transformada de Fourier a menos que $f(t) \underset{|x|\to\infty}{\longrightarrow} 0$

Obsérvese que esta condición es mucho más restrictiva que la correspondiente a la Transformada de Laplace que requiere solamente orden exponencial en el ∞ — *ver* §7.2. El análisis de los aspectos teóricos de la Transformada de Fourier puede leerse en obras especializadas como la de Sneddon — *ver* [Bib. 30] *en la bibliografía.*

Ejemplo 8.4: Hallar $\mathscr{F}\left[e^{-a|t|}\right]$ donde $a > 0$.

$$\begin{aligned} \mathscr{F}\left[e^{-a|t|}\right] &= \int_{-\infty}^{\infty} e^{-i\omega t} e^{-a|t|}\, dt \\ &= \int_{-\infty}^{\infty} (\cos \omega t - i \operatorname{sen} \omega t)\, e^{-a|t|}\, dt \\ &= 2 \int_0^{\infty} \cos \omega t e^{-at}\, dt \end{aligned}$$

por la paridad del $\cos \omega t$ y la imparidad del $\operatorname{sen} \omega t$. Entonces:

$$\begin{aligned} \mathscr{F}\left[e^{-a|t|}\right] &= 2 \operatorname{Re} \int_0^{\infty} e^{i\omega t} e^{-at}\, dt = 2 \operatorname{Re}\left[\frac{e^{t(i\omega - a)}}{i\omega - a}\right]\Bigg|_0^{\infty} \\ &= \operatorname{Re}\left[\frac{1}{a - i\omega}\right] = \frac{2a}{a^2 + \omega^2} \end{aligned}$$

Nota 1: La transformada $\mathscr{F}\left[e^{-at}\right]$ no existe pues la integral diverge cuando $t \to -\infty$.

Nota 2: Como el par de integrales (8.11) difieren en el signo del exponente y el intercambio entre ω y t, es evidente que cada par de transformadas da origen a un par asociado. Así si:

$$\mathscr{F}\left[f(t)\right] = \varphi(\omega)$$

entonces:

$$\mathscr{F}\left[\varphi(-t)\right] 2\pi f(\omega)$$

En el Ejemplo 8.4 tenemos :

$$\mathscr{F}\left[e^{-a|t|}\right] = \frac{2a}{a^2+\omega^2} \longrightarrow \mathscr{F}\left[\frac{2a}{a^2+\omega^2}\right] = 2\pi e^{-a|\omega|}$$

o también:

$$\mathscr{F}\left[\frac{1}{a^2+t^2}\right] = \frac{\pi e^{-a|\omega|}}{a}$$

□

8.4. Propiedades Básicas

Dada una función adecuada $f(t)$, $-\infty < t < \infty$, la Transformada de Fourier le asigna otra función $\varphi(\omega)$, $-\infty < \omega < \infty$. En general, $f(t)$ es una función real pero $\varphi(\omega)$ suele tener valores complejos como en los Ejemplos 8.1 y 8.2. También $f(t)$ puede ser una función de variable compleja.

8.4.1. Linealidad

Sean f_1 y f_2 funciones cuyas Transformadas de Fourier existen. Entonces:

$$\boxed{\mathscr{F}\left[c_1 f_1 + c_2 f_2\right] = c_1 \mathscr{F}\left[f_1\right] + c_2 \mathscr{F}\left[f_2\right]} \tag{8.12}$$

donde c_1 y c_2 son constantes.

La demostración es una consecuencia inmediata de la definición 8.1.

8.4.2. Transformada de la Derivada

Teorema 8.1: Sean $f(t)$ y $f'(t)$ continuas, con integrales absolutamente convergentes de $-\infty$ a ∞. Entonces:

$$\boxed{\mathscr{F}\left[f'(t)\right] = i\omega \mathscr{F}\left[f(t)\right]} \tag{8.13}$$

Demostración: Mediante la integración por partes tenemos:

$$\begin{aligned} \mathscr{F}\left[f'\right] &= \int_{-\infty}^{\infty} f'(t)\, e^{-i\omega t}\, dt \\ &= f(t)\, e^{-i\omega t}\Big|_{-\infty}^{\infty} + i\omega \int_{-\infty}^{\infty} f(t)\, e^{-i\omega t}\, dt \end{aligned}$$

Por las hipótesis hechas $f(t) \underset{t\to\pm\infty}{\longrightarrow} 0$, de modo que:

$$\mathscr{F}\left[f'\right] = i\omega \mathscr{F}\left[f\right]$$

lo cual prueba (8.13). □

Aplicando sucesivamente esta regla se concluye que:

$$\boxed{\mathscr{F}\left[f^{(k)}(t)\right] = (i\omega)^k \mathscr{F}[f]} \quad k \in \mathbb{N} \tag{8.14}$$

8.4.3. Transformada de la integral

Puede ocurrir que $f(t)$ tenga Transformada de Fourier pero que no la tenga su integral $\int_0^t f(u)\, du$. En caso que la tenga escribimos:

$$g(t) = \int_0^t f(u)\, du + c$$

y entonces:

$$\boxed{\mathscr{F}[g(t)] = \frac{1}{i\omega}\mathscr{F}[f]} \qquad \omega \neq 0 \tag{8.15}$$

ya que $g'(t) = f(t)$ por el Teorema Fundamental del Cálculo.

8.4.4. Traslación

Si $f(t)$ tiene Transformada de Fourier $\varphi(\omega) = \mathscr{F}[f(t)]$:

$$\mathscr{F}[f(t-b)] = e^{-i\omega b}\varphi(\omega) \tag{8.16}$$

o bien:

$$\mathscr{F}\left[e^{ibt}f(t)\right] = \varphi(\omega - b) \tag{8.17}$$

La demostración se deja como ejercicio.

Ejemplo 8.5: Usando el resultado del Ejemplo 8.4:

$$\mathscr{F}\left[e^{-a|t|}\right] = \frac{2a}{a^2+\omega^2} \qquad a > 0$$

y las propiedades de traslación (8.16) y (8.17) hallamos que:

$$\mathscr{F}\left[e^{-a|t-b|}\right] = e^{-i\omega b}\frac{2a}{a^2+\omega^2}$$

$$\mathscr{F}\left[e^{ibt}e^{-a|t|}\right] = \frac{2a}{a^2+(\omega-b)^2}$$

8.4.5. Transformada iterada

Como $\varphi(\omega) = \mathscr{F}[f]$, $-\infty < \omega < \infty$, podemos calcular su Transformada de Fourier y en caso de que exista será:

$$\mathscr{F}[\varphi] = \int_{\infty}^{\infty} \varphi(\omega)\, e^{-i\omega t}\, d\omega = \varphi(t) \qquad -\infty < t < \infty$$

Entonces:

$$\mathscr{F}[\mathscr{F}[f]] = 2\pi f(-t) \tag{8.18}$$

Esto generaliza el resultado de las NOTAS 1 y 2 del EJEMPLO 8.4. Más aún, si introducimos un *operador de reflexión* $\mathcal{T}$ que lleve $f(t)$ a $f(-t)$, la regla (8.18) se escribe:

$$\mathcal{F}[\mathcal{F}[f]] = 2\pi\mathcal{T}[f]$$

También es útil introducir un *operador de conjugación* C que lleve cada función $f(t)$ compleja a su conjugada $\overline{f(t)}$. Combinando ambos, tenemos las siguientes reglas:

$$\begin{aligned}
\mathcal{T}[\mathcal{T}[f]] &= f \\
\mathcal{F}[\mathcal{T}[f]] &= \mathcal{T}[\mathcal{F}[f]] \\
\mathcal{T}[f]\cdot\mathcal{T}[g] &= \mathcal{T}[fg] \\
\mathcal{F}[C[f]] &= C[\mathcal{T}[\mathcal{F}[f]]]
\end{aligned}$$

En términos de operadores, se pueden expresar:

$$\begin{aligned}
\mathcal{F}^2 &= 2\pi\mathcal{T} \\
\mathcal{T}^2 &= I \\
\mathcal{F}\mathcal{T} = \mathcal{T}\mathcal{F} &\Rightarrow \mathcal{F} \text{ y } \mathcal{T} \text{ conmutan} \\
\mathcal{F}C = C\mathcal{T}\mathcal{F} &\Rightarrow \mathcal{F} \text{ y } C \textit{ no} \text{ conmutan}
\end{aligned}$$

8.5. Transformada Inversa de Fourier

Sea $f(t)$ una función cuya transformada de FOURIER exista $\mathcal{F}[f] = \varphi(\omega)$ .Si φ es absolutamente integrable de $-\infty$ a ∞, entonces la transformada de FOURIER inversa se indica:

$$\boxed{f(t) = \mathcal{F}^{-1}[\varphi] = \frac{1}{2\pi}\int_{-\infty}^{\infty}\varphi(\omega)\,e^{i\omega t}\,d\omega} \tag{8.19}$$

Esto no es más que otra manera de escribir (8.18). Podemos poner:

$$f(t) = \frac{1}{2\pi}\mathcal{T}\mathcal{F}[\varphi] \tag{8.20}$$

o bien, en términos de los operadores:

$$\mathcal{F}^{-1} = \frac{1}{2\pi}\mathcal{T}\mathcal{F} \tag{8.21}$$

Como $\mathcal{F}$ es lineal, también $\mathcal{F}^{-1}$ es lineal. Algunas transformadas inversas pueden leerse en la TABLA (A.3) y otras pueden obtenerse por linealidad.

Ejemplo 8.6: Hallar:

$$\mathcal{F}^{-1}\left[2e^{-|\omega|} + 3e^{-2|\omega|}\right]$$

Por linealidad y la fila 10 de la TABLA (A.3) resulta la transformada inversa:

$$\frac{1}{\pi}\left[\frac{2}{1+t^2} + \frac{6}{4+t^2}\right]$$

□

Ejemplo 8.7: Hallar:

$$\mathscr{F}^{-1}\left[\frac{1}{(1+\omega^2)^2}\right]$$

Si intercambiamos los papeles de t y ω en la fila 11 de la Tabla (A.3) tenemos:

$$\mathscr{F}\left[\frac{\omega}{(1+\omega^2)^2}\right] = -\frac{it\pi}{2}e^{-|t|}$$

Usando (8.21) resulta:

$$\mathscr{F}^{-1}\left[\frac{\omega}{(1+\omega^2)^2}\right] = \frac{1}{2\pi}\left(\frac{it\pi}{2}e^{-|t|}\right) = \frac{it}{4}e^{-|t|}$$

□

Ejemplo 8.8: Hallar:

$$\mathscr{F}^{-1}\left[\frac{1}{\omega^2 + i\omega + 2}\right]$$

Para hallar esta antitransformada conviene escribirla como función de $i\omega$ y luego descomponerla en *fracciones simples*:

$$\begin{aligned}\frac{1}{\omega^2 + i\omega + 2} &= \frac{1}{(-i\omega)^2 + i\omega + 2}\\ &= \frac{-1}{(i\omega - 2)\,(i\omega + 1)}\\ &= \frac{1}{3}\,\frac{1}{i\omega + 1} - \frac{1}{3}\,\frac{1}{i\omega - 2}\end{aligned}$$

Entonces:

$$\mathscr{F}^{-1}\left[\frac{1}{3}\,\frac{1}{i\omega+1} - \frac{1}{3}\,\frac{1}{i\omega-2}\right] = \frac{1}{3}\left\{\mathscr{F}^{-1}\left[\frac{1}{i\omega+1}\right] - \mathscr{F}^{-1}\left[\frac{1}{i\omega-2}\right]\right\}$$

En la fila 9 de la Tabla (A.3) leemos que:

$$\mathscr{F}^{-1}\left[\frac{1}{i\omega+1}\right] = \begin{cases} e^{-t} & \text{para } t > 0\\ 0 & \text{para } t < 0\end{cases}$$

Si en la fila 9 cambiamos t por $-t$, ω por $-\omega$ y a por $-a$ tenemos:

$$\mathscr{F}^{-1}\left[\frac{1}{i\omega-2}\right] = \begin{cases} -e^{2t} & \text{para } t < 0\\ 0 & \text{para } t > 0\end{cases}$$

de modo que:

$$\mathscr{F}^{-1}\left[\frac{1}{\omega^2 + i\omega + 2}\right] = \begin{cases} \frac{1}{3}e^{-t} & \text{para } t > 0\\ \frac{1}{3}e^{2t} & \text{para } t < 0\end{cases}$$

□

8.6. Relación entre la Transformada de Fourier y la de Laplace

Por definición — *ver 7.2* — la Transformada de Laplace de una función $f(t)$ es:

$$\mathscr{L}[f] = \int_0^\infty f(t)\, e^{-st}\, dt$$

Pongamos $s = \sigma + i\omega$. Entonces:

$$\begin{aligned}\mathscr{L}[f] &= \int_0^\infty f(t)\, e^{-(\sigma+i\omega)t}\, dt \\ &= \int_0^\infty \left[f(t)\, e^{-\sigma t}\right] e^{-i\omega t}\, dt\end{aligned}$$

que se puede escribir teniendo en cuenta (8.1) como:

$$\boxed{\mathscr{L}[f] = \mathscr{F}\left[f(t)\, e^{-\sigma t}\right]} \tag{8.22}$$

donde $f(t) = 0$ para $t < 0$.

Si la integral que define $\mathscr{L}[f]$ es absolutamente convergente para $\sigma = 0$, entonces podemos escribir:

$$\mathscr{F}[f] = \mathscr{L}[f]\big|_{\sigma=0} \tag{8.23}$$

Ejemplo 8.9: Sea:

$$f(t) = \begin{cases} t^k \quad (k = 1, 2, 3, \ldots) & \text{para } t > 0 \\ 0 & \text{para } t < 0 \end{cases}$$

En la fila 9 de la Tabla (A.3) leemos:

$$\mathscr{F}\left[f(t)\, e^{-\sigma t}\right] = \frac{k!}{(i\omega + \sigma)^{k+1}} = \frac{k!}{s^{k+1}} = \mathscr{L}[f]$$

como puede verificarse en la fila 3 de la Tabla (A.3).

□

8.7. Convolución

Para su uso con la Transformada de Fourier se introduce la *convolución* de $f(t)$ y $g(t)$ en $-\infty < t < \infty$, mediante la integral impropia:

$$\boxed{f * g = \int_{-\infty}^{\infty} f(u)\, g(t-u)\, du} \tag{8.24}$$

Esta fórmula tiene sentido si f y g son continuas a trozos, una de las dos funciones es absolutamente integrable en $-\infty < t < \infty$ y la otra está acotada.

Si $f(t) = g(t) = 0$ para $t < 0$, entonces la fórmula (8.24) se reduce a la expresión del §7.7:

$$\int_0^t f(u)\, g(t-u)\, du$$

Obviamente, mediante un cambio de variables en (8.24) se comprueba la conmutatividad de la convolución:

$$f * g = g * f \tag{8.25}$$

También se puede verificar, siempre que f y g sean continuas a trozos y absolutamente integrables en $-\infty < t < \infty$ y una de las dos funciones esté acotada, una propiedad similar a la válida para la TRANSFORMADA DE LAPLACE:

$$\boxed{\mathscr{F}[f * g] = \mathscr{F}[f]\,\mathscr{F}[g]} \tag{8.26}$$

Teorema 8.2: Sean f y g funciones cuyas transformadas de FOURIER existan y sean absolutamente integrables de $-\infty$ a ∞. Entonces:

$$\mathscr{F}[fg] = \frac{1}{2\pi}\mathscr{F}[f] * \mathscr{F}[g] \tag{8.27}$$

Demostración: Sea $\mathscr{F}[f] = \varphi$; $\mathscr{F}[g] = \psi$. Entonces por (8.26):

$$\mathscr{F}[\varphi * \psi] = \mathscr{F}[\varphi]\,\mathscr{F}[\psi]$$

Pero

$$\mathscr{F}[\varphi] = \mathscr{F}[\mathscr{F}[f]] = 2\pi\mathcal{T}[f]$$

y análogamente:

$$\mathscr{F}[\psi] = \mathscr{F}[\mathscr{F}[g]] = 2\pi\mathcal{T}[g]$$

Así:

$$\mathscr{F}[f * g] = 2\pi\mathcal{T}[f]\,2\pi\mathcal{T}[g] = 4\pi^2\mathcal{T}[fg]$$

Si ahora volvemos a aplicar el operador $\mathscr{F}$ tenemos:

$$\mathscr{F}[\mathscr{F}[\varphi * \psi]] = 4\pi^2\mathscr{F}\mathcal{T}[fg] = 4\pi^2\mathcal{T}\mathscr{F}[fg]$$

pues ambos operadores conmutan — *propiedad 8.4.5.*

Además como $\mathscr{F}^2 = 2\pi\mathcal{T}$:

$$\mathcal{T}[\varphi * \psi] = 2\pi\mathcal{T}\mathscr{F}[fg]$$

de modo que resulta:

$$\varphi * \psi = 2\pi\mathscr{F}[fg]$$

que es lo que queríamos probar. □

Nota: La forma inversa de la ecuación (8.27) se escribe:

$$\mathscr{F}^{-1}[\varphi(\omega) * \psi(\omega)] = 2\pi f(t)\,g(t)$$

Ejemplo 8.10: Hallar:

$$\mathscr{F}\left[\frac{1}{t}e^{-a|t|}\right]$$

donde $a < 0$.

Usando (8.27) y los resultados de los EJEMPLOS 8.3 y 8.4 tenemos:

$$\begin{aligned}\mathcal{F}\left[\frac{1}{t}e^{-a|t|}\right] &= \frac{1}{2\pi}\left(-\pi i\,\mathrm{sg}\,\omega\right) * \left(\frac{2a}{a^2+\omega^2}\right)\\ &= -ia\int_{-\infty}^{\infty}\mathrm{sg}\,(\omega-u)\,\frac{1}{u^2+a^2}\,du\\ &= -ia\left[\int_{-\infty}^{\omega}\frac{1}{u^2+a^2}\,du-\int_{\omega}^{\infty}\frac{1}{u^2+a^2}\,du\right]\\ &= -2i\,\mathrm{arc\,tg}\,\frac{\omega}{a}\end{aligned}$$

□

8.8. Transformada de FOURIER de Funciones Generalizadas

Vamos ahora a calcular la transformada de FOURIER de las funciones generalizadas introducidas en el §7.5. Supondremos que todas las funciones están definidas para $-\infty < t < \infty$. Entonces:

$$\begin{aligned}\mathcal{F}\left[\delta(t)\right] &= \int_{-\infty}^{\infty} e^{-i\omega t}\delta(t)\,dt\\ &= e^{-i\omega t}\Big|_{t=0} = 1\end{aligned} \tag{8.28}$$

$$\begin{aligned}\mathcal{F}\left[\delta(t-c)\right] &= \int_{-\infty}^{\infty} e^{-i\omega t}\delta(t-c)\,dt\\ &= e^{-i\omega t}\Big|_{t=c} = e^{-i\omega c}\end{aligned} \tag{8.29}$$

$$\begin{aligned}\mathcal{F}\left[\delta^{(k)}(t-c)\right] &= \int_{-\infty}^{\infty} e^{-i\omega t}\delta^{(k)}(t-c)\,dt\\ &= (-1)^k\,\frac{d^k}{dt^k}e^{-i\omega t}\Big|_{t=c}\\ &= (i\omega)^k\,e^{-ic\omega}\end{aligned} \tag{8.30}$$

Podemos extender la transformada de FOURIER a otras funciones, exigiendo la validez de las reglas más comunes. Por ejemplo, si pedimos que $\mathcal{F}^2 = 2\pi\mathcal{T}$ entonces:

$$\mathcal{F}\left[\mathcal{F}\left[\delta\right]\right] = 2\pi\delta(-t) = 2\pi\delta(t)$$

pues $\delta(t)$ es par. Usando (8.28) tenemos:

$$\mathcal{F}\left[1\right] = 2\pi\delta(\omega) \tag{8.31}$$

donde 1 es la función constantemente igual a 1 para todo t. Pero esta función no es absolutamente integrable de $-\infty$ a ∞ por lo que la fórmula (8.31) define una nueva transformada.

La regla (8.13) sigue valiendo para funciones generalizadas.

Así entonces:

$$\begin{aligned}\mathcal{F}\left[U'(t)\right] &= \mathcal{F}\left[\delta(t)\right] = 1 = i\omega\mathcal{F}\left[U(t)\right]\\ &= i\omega\left[\frac{1}{i\omega}+\pi\delta(\omega)\right] = 1+\pi i\omega\delta(\omega) = 1\end{aligned}$$

Por otra parte, podemos introducir convoluciones de funciones generalizadas. La regla $\mathscr{F}[f * g] = \mathscr{F}[f]\,\mathscr{F}[g]$ nos permite asignar valores a esta expresión cada vez que no se cumpla la definición (8.24). Así definimos:

$$\delta^{(m)}(t-a) * \delta^{(n)}(t-b) = \delta^{(n+m)}(t-a-b)$$

puesto que el producto de la transformada es:

$$\begin{aligned}\mathscr{F}\left[\delta^{(m)}(t-a)\right]\mathscr{F}\left[\delta^{(n)}(t-b)\right] &= e^{-ia\omega}(i\omega)^m e^{-ib\omega}(i\omega)^n \\ &= e^{-i(a+b)\omega}(i\omega)^{n+m}\end{aligned}$$

8.9. Transformada de Fourier Seno y Coseno

La transformada de Fourier definida por (8.1) no es un mecanismo útil para manejar funciones definidas para $t \geqslant 0$. Un problema similar se nos presenta cuando buscábamos la representación de una función sobre un semiperíodo — § 5.7. En los dos casos, la dificultad se obvia tomando en el resto del dominio una reflexión simétrica o bien antisimétrica del comportamiento en la mitad del intervalo de definición.

Definición 8.2: Sea $f(t)$ definida para $0 \leqslant t < \infty$ y tal que:

$$\int_0^{\infty} |f(t)|\, dt < \infty$$

entonces existe la Transformada de Fourier Coseno $\mathscr{F}_c[f(t)]$ y está dada por:

$$\boxed{\mathscr{F}_c[f(t)] = \varphi_c(\omega) = \int_0^{\infty} f(t)\cos\omega t\, dt} \tag{8.32}$$

La Antitransformada de Fourier Coseno se calcula:

$$\boxed{\mathscr{F}_c^{-1}[\varphi_c(\omega)] = f(t) = \frac{2}{\pi}\int_0^{\infty} \varphi_c(\omega)\cos\omega t\, d\omega} \tag{8.33}$$

Obsérvese que la transformada $\mathscr{F}_c$ y la transformada inversa $\mathscr{F}_c^{-1}$ son simétricas, a menos del factor $\frac{2}{\pi}$. En algunos casos, al igual que para la transformada de Fourier (8.1) se definen en forma totalmente simétrica, poniendo un factor $\sqrt{\frac{2}{\pi}}$ en cada una de ellas.

Si $f_1(t)$ es una función *par* que coincide con $f(t)$ en $0 < t < \infty$ su transformada de Fourier vale:

$$\begin{aligned}\mathscr{F}[f_1(t)] &= \int_{-\infty}^{\infty} f_1(t)\, e^{-i\omega t}\, dt \\ &= 2\int_0^{\infty} f(t)\cos\omega t\, dt\end{aligned}$$

de manera que:

$$\mathscr{F}[f_1(t)] = 2\varphi_c(\omega) \tag{8.34}$$

Por otra parte, al ser el coseno una función par, también lo será $\varphi_c(\omega)$ y por (8.33) resulta:

$$\begin{aligned}\mathscr{F}_c^{-1}[\varphi_c(\omega)] &= \frac{1}{2\pi}\int_{-\infty}^{\infty}\varphi_c(\omega)\,e^{i\omega t}\,d\omega \\ &= 2\mathscr{F}^{-1}[\varphi_c(\omega)] \qquad (8.35)\end{aligned}$$

Definición 8.3: Sea $f(t)$ definida para $0 \leqslant t < \infty$ tal que:

$$\int_0^{\infty}|f(t)|\,dt < \infty$$

entonces existe la Transformada de Fourier Seno $\mathscr{F}_s[f(t)]$ y está dada por:

$$\boxed{\mathscr{F}_s[f(t)] = \varphi_s(\omega) = \int_0^{\infty} f(t)\,\text{sen}\,\omega t\,dt} \qquad (8.36)$$

La Antitransformada de Fourier Seno se calcula:

$$\boxed{\mathscr{F}_s^{-1}[\varphi_s(\omega)] = f(t) = \frac{2}{\pi}\int_0^{\infty}\varphi_2(\omega)\,\text{sen}\,\omega t\,d\omega} \qquad (8.37)$$

Si $f_2(t)$ es una función *impar* que coincide con $f(t)$ en $0 < t < \infty$ su transformada de Fourier vale:

$$\begin{aligned}\mathscr{F}[f_2(t)] &= \int_{-\infty}^{\infty} f_2(t)\,e^{-i\omega t}\,dt \\ &= -2i\int_0^{\infty} f(t)\,\text{sen}\,\omega t\,dt\end{aligned}$$

de modo que:

$$\mathscr{F}[f_2(t)] = -2i\varphi_s(\omega) \qquad (8.38)$$

Como el seno es una función impar también lo es $\varphi_s(\omega)$ y por (8.37) resulta:

$$\begin{aligned}\mathscr{F}_s^{-1}[\varphi_s(\omega)] &= \frac{1}{i\pi}\int_{-\infty}^{\infty} e^{i\omega t}\varphi_s(\omega)\,d\omega \\ &= -2i\mathscr{F}^{-1}[\varphi_s(\omega)] \qquad (8.39)\end{aligned}$$

Ejemplo 8.11: Hallar $\mathscr{F}_s[e^{-at}]$ y $\mathscr{F}_c[e^{-at}]$.

$$\mathscr{F}_c\left[e^{-at}\right] = \int_0^{\infty}\cos\omega t e^{-at}\,dt$$

Aplicando (8.34) tenemos que:

$$\mathscr{F}_c\left[e^{-at}\right] = \frac{1}{2}\mathscr{F}\left[e^{-a|t|}\right] = \frac{a}{a^2+\omega^2} \qquad a > 0$$

en virtud del Ejemplo 8.4.

Para calcular $\mathscr{F}_s[e^{-at}]$ tomamos en cuenta que:

$$\begin{aligned}\mathscr{F}_s\left[e^{-at}\right] &= \int_0^{\infty}\text{sen}\,\omega t e^{-at}\,dt = \text{Im}\int_0^{\infty} e^{i\omega t}\,dt \\ &= \text{Im}\left(\frac{1}{a-i\omega}\right) = \frac{\omega}{a^2+\omega^2}\end{aligned}$$

□

8.10. Propiedades

8.10.1. Transformada Seno y Coseno de derivadas

$$\mathscr{F}_c\left[f'(t)\right] = \int_0^{\infty} \cos\omega t f'(t)\, dt$$

Integrando por partes resulta:

$$\mathscr{F}_c\left[f'(t)\right] = \left[\cos\omega t + f(t)\right]\Big|_0^{\infty} + \omega\int_0^{\infty} \operatorname{sen}\omega t f(t)\, dt$$

$$\boxed{\mathscr{F}_c\left[f'\right] = -f(0) + \omega\varphi_s(\omega)} \tag{8.40}$$

siempre que $\lim\limits_{t\to\infty} f(t) = 0$.

Análogamente comprobamos que:

$$\boxed{\mathscr{F}_s\left[f'\right] = -\omega\varphi_c(\omega)} \tag{8.41}$$

Con respecto a las transformadas seno y coseno de la derivada segunda:

$$\mathscr{F}_c\left[f''\right] = \left[\cos\omega t f'(t)\right]\Big|_0^{\infty} + \omega\int_0^{\infty} \operatorname{sen}\omega t f'(t)\, dt$$

$$\mathscr{F}_c\left[f''(t)\right] = -f'(0) - \omega^2\varphi_c(\omega) \tag{8.42}$$

$$\mathscr{F}_s\left[f''(t)\right] = \omega f(0) - \omega^2\varphi_s(\omega) \tag{8.43}$$

En general, podemos decir que las transformadas de derivadas de orden par quedan en términos de la transformada original mientas que las transformadas de las derivadas de orden impar involucran tanto transformadas seno como coseno. Estos resultados valen también para transformadas de derivadas parciales respecto a t.

No existen fórmulas que expresen reglas sencillas de traslación y convolución para las transformadas de Fourier seno y coseno. Pero en algunos problemas es útil usar las fórmulas (8.34) ó bien (8.38) para aplicar la propiedad de convolución de la transformada de Fourier.

8.11. Aplicación de la Transformada de Fourier a las Ecuaciones Diferenciales Lineales

Sea la ecuación diferencial lineal de orden n:

$$a_0 y^{(n)} + \cdots + a_n y = g(t) \tag{8.44}$$

Aplicamos la Transformada de Fourier a ambos miembros, suponiendo que ello sea posible, usando la regla $\mathscr{F}\left[f^{(k)}\right] = (i\omega)^k\,\mathscr{F}[f]$:

$$\left[a_0(i\omega)^n + \cdots + a_{n-1}(i\omega) + a_n\right]\mathscr{F}[y] = \mathscr{F}[g]$$

Si introducimos la función de transferencia:

$$Y(s) = \frac{1}{a_0 s^n + \cdots + a_n}$$

resulta:

$$\boxed{\mathscr{F}[y] = Y(i\omega)\,\mathscr{F}[g]} \tag{8.45}$$

En las aplicaciones el caso más interesante es el *estable*, cuando todas las raíces características tienen parte real negativa — *ver* §7.12. Vale decir, el denominador se descompone en *fracciones simples* del tipo $(s-a)^k$ con $\operatorname{Re} a < 0$; $s = i\omega$. Entonces podemos calcular la antitransformada Fourier donde:

$$Y(i\omega) = \mathscr{F}[W(t)]$$

y $W(t)$ es la misma función peso introducida en el §7.9, con $W(t) = 0$ para $t < 0$.

En este caso, de (8.45) tenemos:

$$\mathscr{F}[Y] = \mathscr{F}[W]\,\mathscr{F}[g]$$

o sea:

$$\boxed{Y = W * g} \tag{8.46}$$

Si $g(t) < 0$ para $t < 0$, esta solución coincide con la hallada por medio de la transformada de Laplace. Pero esta ecuación es válida en condiciones más generales, por ejemplo si $g(t)$ está acotada para $t < 0$. De hecho, la (8.46) da la *única* solución de la ecuación diferencial con valores iniciales *pequeños*, cuando $t \to -\infty$.

Ejemplo 8.12: Sea:

$$y'' + 3y' + 2y = e^t$$

En este caso:

$$Y(s) = \frac{1}{s^2+3s+2} = \frac{1}{s+1} - \frac{1}{s+2}$$

de donde:

$$Y(i\omega) = \frac{1}{i\omega+1} - \frac{1}{i\omega+2}$$

Las raíces características valen -1 y -2 por lo que el sistema es estable. De la fila 3 de la Tabla (A.3) leemos:

$$W(t) = \begin{cases} e^{-t} - e^{-2t} & \text{para } t > 0 \\ 0 & \text{para } t > 0 \end{cases}$$

por lo que:

$$y(t) = W(t) * g(t) = \int_0^{\infty} \left(e^{-u} - e^{-2u}\right) e^{t-u}\,du = \frac{1}{6}e^t$$

Como vemos $\lim\limits_{t\to-\infty} y(t) = 0$. Existen otras soluciones de la ecuación diferencial dada que se pueden expresar como:

$$y(t) = \frac{1}{6}e^t + c_1 e^{-t} + c_2 e^{-2t}$$

pero, salvo para $c_1 = c_2 = 0$, ninguna está acotada para $t < 0$. Obsérvese que la $\mathscr{F}[g]$ no existe en este caso pues $g(t) \underset{t\to+\infty}{\longrightarrow} +\infty$.

□

Figura 8.1:

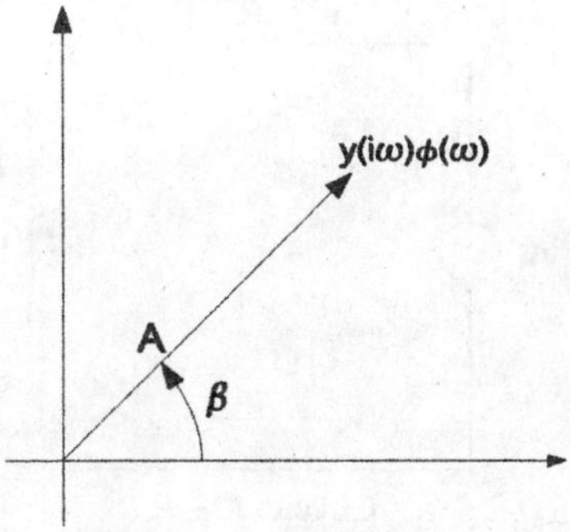

En la figura puede apreciarse que A y β son las *coordenadas polares*.

El método de la transformada de Fourier, si bien puede usarse para hallar soluciones que a veces requieren una integración numérica, se justifica más por las ideas que proporciona en cuanto al análisis físico de los problemas. En primer lugar la fórmula (8.46) se interpreta igual que en el caso de la Transformada de Laplace — *ver* §7.9 — excepto que no se pide que $g(t) = 0$ para $t < 0$. También en este caso, la gráfica de $W(t)$ describe el tipo de *memoria* del sistema físico. En segundo término, la ecuación (8.45) permite poner en evidencia la importancia de las distintas frecuencias ω en la solución $y(t)$. Escribiendo la solución como Integral de Fourier:

$$y(t) = \frac{1}{2\pi}\int_{-\infty}^{\infty} Y(i\omega)\,\varphi(\omega)\,e^{i\omega t}\,d\omega$$

donde $\varphi(\omega) = \mathscr{F}[g(t)]$, vemos que $y(t)$ se puede interpretar como una combinación lineal de las oscilaciones senoidales $e^{i\omega t}$, siendo $Y(i\omega)\,\varphi(\omega)$ la *amplitud compleja*. Este vector se expresa como:

$$Y(i\omega)\,\varphi(\omega) = A(\omega)\,e^{i\beta(\omega)}$$

donde A y β son las coordenadas polares — *ver Fig.* 8.1.

Así:

$$\begin{aligned} Y(i\omega)\,\varphi(\omega)\,e^{i\omega t} &= A(\omega)\,e^{i[\beta(\omega)+\omega t]} \\ &= A(\omega)\left\{\cos[\beta(\omega)+\omega t] + i\,\mathrm{sen}[\beta(\omega)+\omega t]\right\} \end{aligned}$$

por lo que $A(\omega)$ es la amplitud — *real* — de la oscilación y $\beta(\omega)$ es la *fase inicial*. La variación de $A(\omega) = |Y(i\omega)\,\varphi(\omega)|$ indica el peso asignado a las frecuencias. En general, $|Y(i\omega)|$ mide cuánto aumenta o disminuye la oscilación $\varphi(\omega)\,e^{i\omega t}$ en $y(t)$. Por ello, a $Y(i\omega)$ se la conoce como *función de respuesta de frecuencia*. Este hecho constituye la base para el diseño de sistemas de *"filtros"* que ignoran ciertos intervalos de frecuencias y dejan pasar las restantes — *ver el libro de* Cruz y Van Valkenburg, *cap. 11 en la bibliografía* [Bib. 9].

Para representar gráficamente la función de respuesta de frecuencia $Y(i\omega)$ se suelen usar $\ln|Y(i\omega)|$ y $\arg Y(i\omega)$ como funciones de ω. Es frecuente usar el llamado *diagrama de* Bode donde se grafica la *ganancia* $G = 20\log_{10}|Y(i\omega)|$ en función de ω.

Como:

$$20\log_{10} x = 0{,}86858\ln x$$

Figura 8.2:

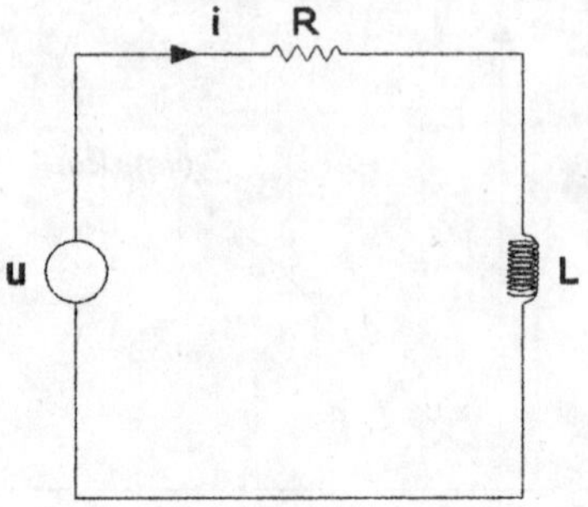

Circuito $R - L$.

Figura 8.3:

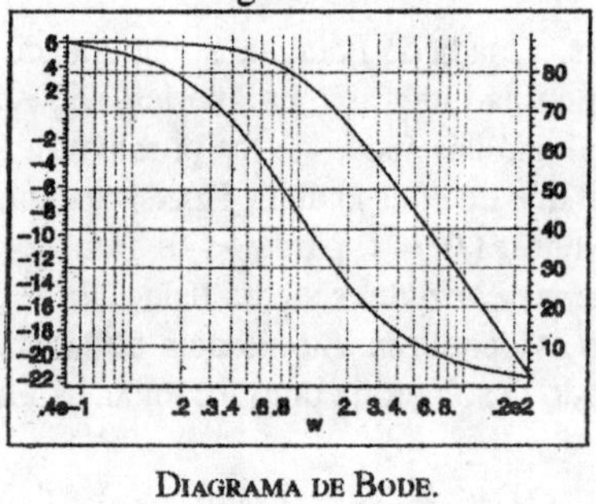

Diagrama de Bode.

es un cambio de escala el que se hace. La ganancia se mide en decibeles y cuando $|Y(i\omega)|$ aumenta 10 veces, el $\log_{10}$ crece una vez y la ganancia aumenta 20 veces.

Otra alternativa es representar $Y(i\omega)$ en el plano complejo y esta curva parametrizada por ω se llama Diagrama de Nyquist.

Ejemplo 8.13: Sea el circuito $R-L$ de la *Fig.* 8.2 gobernado por la ecuación diferencial lineal de primer orden:

$$L\frac{di}{dt} + Ri = u(t)$$

Llamando $I = \mathscr{F}[i(t)]$; $U = \mathscr{F}[u(t)]$ resulta:

$$I = Y(j\omega)U(\omega) = \frac{1}{R + j\omega L}U(\omega)$$

$$= \frac{1}{1 + j\omega T}\frac{U}{R}$$

donde $T = \frac{L}{R}$ y hemos usado j en lugar de la unidad imaginaria i para evitar confundir con la intensidad de corriente $i(t)$.

En la Fig. 8.3 y 8.4 se muestran los correspondientes Diagramas de Bode y Nyquist para esta red.

□

Figura 8.4:

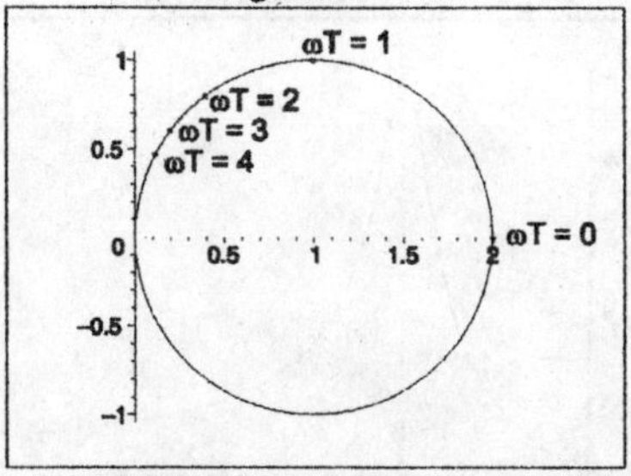

Diagrama de Nyquist.

Figura 8.5:

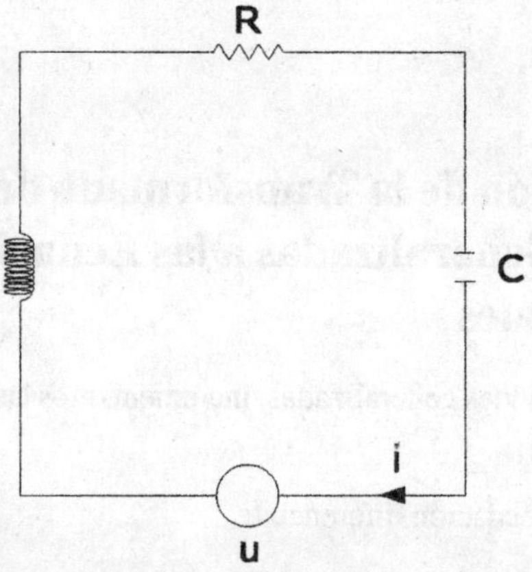

Circuito $R-L-C$.

Ejemplo 8.14: Sea el circuito $R-L-C$ de la Fig. 8.5 con $L=0{,}05$ Henry, $R=0{,}2$ Ohm y $C=0{,}1$ Farad. Supongamos que se le aplica una fuerza electromotriz $u=g(t)$.

La ecuación del circuito es:

$$L\frac{d^2i}{dt^2}+R\frac{di}{dt}+\frac{1}{C}i=g'(t)$$

La función de transferencia resulta:

$$Y(s)=\frac{s}{0{,}05s^2+0{,}2s+10}$$

Para $\omega>0$ es entonces:

$$\begin{aligned}|Y(j\omega)| &= \left|\frac{j\omega}{(10-0{,}05\omega^2)+0{,}2j\omega}\right| \\ &= \frac{\omega}{\sqrt{(10-0{,}05\omega^2)^2+0{,}04\omega^2}}\end{aligned}$$

Esta función está representada en la Fig. 8.6 donde podemos apreciar que están favorecidas las frecuencias próximas a $\sqrt{200}$ mientras que son filtradas las lejanas a $\sqrt{200}$. Por ello, este circuito actúa como un *filtro pasa-banda*.

Figura 8.6: Función $|Y(j\omega)|$

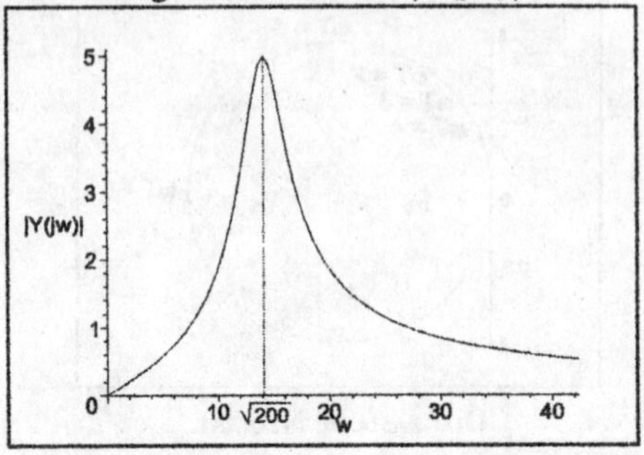

Puede apreciarse en la misma que están favorecidas las frecuencias próximas a $\sqrt{200}$ mientras quc son filtradas las lcjanas a $\sqrt{200}$.

□

8.12. Aplicación de la Transformada de Fourier de Funciones Generalizadas a las Ecuaciones Diferenciales Lineales

Introduciendo funciones generalizadas, incrementamos las posibilidades de la Transformada de Fourier.

Ejemplo 8.15: Sea la ecuación diferencial:

$$y'' + 3y' + 2y = t$$

Usando la línea 17* de la Tabla (A.3) y la ecuación (8.45) resulta:

$$\begin{aligned} \mathscr{F}[y(t)] &= Y(i\omega)\, 2\pi i\delta'(\omega) \\ &= \frac{2\pi i}{-\omega^2 + 3i\omega + 2}\delta'(\omega) \end{aligned}$$

Para calcular el producto de $f(\omega)\,\delta'(\omega)$ donde:

$$f(\omega) = \frac{1}{-\omega^2 + 3i\omega + 2}$$

tengamos en cuenta que:

$$[f(\omega)\,\delta(\omega)]' = [f(0)\,\delta(\omega)]' = f(0)\,\delta'(\omega)$$

O también:

$$\begin{aligned} [f(\omega)\,\delta(\omega)]' &= f(\omega)\,\delta'(\omega) + f'(\omega)\,\delta(\omega) \\ &= f(\omega)\,\delta'(\omega) + f'(0)\,\delta(\omega) \end{aligned}$$

por lo que:

$$f(\omega)\,\delta'(\omega) = f(0)\,\delta'(\omega) - f'(0)\,\delta(\omega)$$

Entonces:

$$\mathscr{F}\left[y(t)\right] = \pi i \delta'(\omega) - \frac{3\pi}{2}\delta(\omega)$$

Así:

$$y(t) = \frac{t}{2} - \frac{3}{4}$$

□

Ejemplo 8.16: Sea la ecuación diferencial:

$$y'' + 3y' + 2y = \delta(t+1)$$

$$\mathscr{F}\left[y(t)\right] = Y(i\omega)\,e^{i\omega} = \frac{e^{i\omega}}{i\omega+1} - \frac{e^{i\omega}}{i\omega+2}$$

en virtud del Ejemplo 8.12. En la Tabla (A.3), fila 4 leemos:

$$\mathscr{F}\left[y(t)\right] = \mathscr{F}\left[e^{-1-t}U(t+1) - e^{-2-2t}U(t+1)\right]$$

por lo que:

$$y(t) = \left(e^{-1-t} - e^{-2-2t}\right)U(t+1)$$

En este caso la respuesta es simplemente $y(t) = W(t+1)$. En general, la respuesta a $\delta(t)$ es $\mathscr{F}^{-1}\left[Y(i\omega)\right] = W(t)$; la respuesta a $\delta(t-c)$ es $\mathscr{F}^{-1}\left[Y(i\omega)\,e^{-i\omega c}\right] = W(t-c)$.

□

8.13. Aplicación de las Transformadas Integrales a las Ecuaciones Diferenciales Parciales

Hemos visto en el §7.8 y subsiguientes, cómo se puede aplicar la transformada de Laplace para reducir el problema de resolver una ecuación diferencial lineal ordinaria a una ecuación algebraica en un parámetro s. Con respecto a las ecuaciones diferenciales lineales parciales, las transformadas integrales — Laplace, Fourier *y otras* — aplicadas a las mismas las transforman en ecuaciones diferenciales lineales ordinarias. En cada caso particular, puede resultar conveniente usar alguna transformada en especial, dependiendo la elección de las condiciones físicas impuestas a la solución — *condiciones iniciales y de contorno*. A modo de ejemplo presentaremos algunos problemas de valores de contorno que pueden resolverse por transformadas de Laplace o de Fourier, Fourier Seno y Fourier Coseno.

Ejemplo 8.17: Ecuación bidimensional de Laplace en un semiplano.

Sea la distribución estacionaria de temperatura $u(x,y)$ en el semiplano $y \geqslant 0$ dada por la Ecuación de Laplace:

$$\left.\begin{aligned} &\frac{\partial^2 u}{\partial x^2} + \frac{\partial^2 u}{\partial y^2} = 0 \\ &u(x,0) = u_0(x) = \begin{cases} T & \text{si } |x| < a \\ 0 & \text{si } |x| > a \end{cases} \\ &u \to 0 \text{ cuando } x^2 + y^2 \to \infty \end{aligned}\right\} \qquad (8.47)$$

Si transformamos Fourier la ecuación dada tenemos:

$$\mathscr{F}\left[\frac{\partial^2 u}{\partial x^2}\right]+\mathscr{F}\left[\frac{\partial^2 u}{\partial x^2}\right]=0 \tag{8.48}$$

Llamando $U(\omega, y)=\mathscr{F}[u(x,y)]=\int_{-\infty}^{\infty} e^{i\omega x}u(x,y)\,dx$ resulta:

$$\mathscr{F}\left[\frac{\partial^2 u}{\partial x^2}\right]=-\omega^2 U(\omega,y) \tag{8.49}$$

mientras que:

$$\begin{aligned}\mathscr{F}\left[\frac{\partial^2 u}{\partial y^2}\right] &= \int_{-\infty}^{\infty} e^{-i\omega x}\frac{\partial^2 u}{\partial y^2}\,dx \\ &= \frac{\partial^2}{\partial y^2}\int_{-\infty}^{\infty} e^{-i\omega x}u(x,y)\,dx \\ &= \frac{\partial^2}{\partial y^2}[U(x,y)]\end{aligned} \tag{8.50}$$

Reemplazando (8.49) y (8.50) en (8.48) obtenemos:

$$-\omega^2 U+\frac{\partial^2 U}{\partial y^2}=0 \tag{8.51}$$

También hay que transformar la condición sobre $y=0$ y al infinito. Llamemos:

$$U_0(\omega)=\mathscr{F}[u_0(x)]$$

Entonces:

$$U(\omega,0)=U_0(\omega) \qquad U(\omega,y)\underset{y\to\infty}{\longrightarrow}0 \tag{8.52}$$

La solución general de la ecuación (8.50) sería una combinación lineal de exponenciales en y, pero en este caso tendremos dos funciones arbitrarias de ω como coeficientes:

$$U(\omega,y)=A(\omega)\,e^{\omega y}+B(\omega)\,e^{-\omega y}$$

Como el dominio de ω es $(-\infty,\infty)$ sólo puede $U(\omega,y)\underset{y\to\infty}{\longrightarrow}0$ si $A(\omega)=0$ para $\omega>0$ y $B(\omega)=0$ para $\omega<0$. Por ello ponemos la solución en la forma:

$$U(\omega,y)=C(\omega)\,e^{|\omega|y}+D(\omega)\,e^{-|\omega|y}$$

Aplicando ahora las condiciones (8.51):

$$U(\omega,0)=C(\omega)+D(\omega)=U_0(\omega)$$

pero $\lim\limits_{y\to\infty} U(\omega,y)=0 \Rightarrow C(\omega)=0;\, D(\omega)=U_0(\omega)$ por lo que:

$$U(\omega,y)=U_0(\omega)\,e^{-|\omega|y}$$

Para obtener $u(x,y)$ debemos antitransformar Fourier:

$$u(x,y)=\mathscr{F}^{-1}\left[U_0(\omega)\,e^{-|\omega|y}\right]$$

Podemos usar la propiedad de convolución (8.26):

$$u(x,y) = \mathscr{F}^{-1}\left[U_0(\omega)\right] * \mathscr{F}^{-1}\left[e^{-|\omega|y}\right]$$

y teniendo en cuenta el resultado del Ejemplo 8.4:

$$\begin{aligned} u(x,y) &= u_0(x) * \frac{1}{\pi}\left(\frac{y}{x^2+y^2}\right) \\ &= \frac{y}{\pi}\int_{-\infty}^{\infty} \frac{1}{(x-t)^2+y^2} u_0(t)\, dt \end{aligned}$$

para $y > 0$.

Reemplazando el valor de $u_0(x)$ tenemos:

$$\begin{aligned} u(x,y) &= \frac{Ty}{\pi}\int_{-\infty}^{\infty} \frac{1}{(x-t)^2+y^2}\, dt \\ &= \frac{T}{y}\left[\operatorname{arc\,tg}\left(\frac{x+a}{y}\right) - \operatorname{arc\,tg}\left(\frac{x-a}{y}\right)\right] \end{aligned}$$

siendo la solución válida para $y > 0$.

□

Ejemplo 8.18: Ecuación bidimensional de Laplace en un cuadrante.

Hallar la distribución de temperatura $u(x,y)$ en $x \geqslant 0$; $y \geqslant 0$ cuando la superficie $x = 0$ está aislada, $u(x,0) = y_0(x)$; $u \underset{x^2+y^2\to\infty}{\longrightarrow} 0$.

$$\left.\begin{array}{c} \dfrac{\partial^2 u}{\partial x^2} + \dfrac{\partial^2 u}{\partial y^2} = 0 \\ u(x,0) = u_0(x) = \begin{cases} T & \text{si } 0 < x < a \\ 0 & \text{si } a < x < \infty \end{cases} \\ u(x,y) \to 0 \text{ cuando } x^2+y^2 \to \infty \\ \left.\dfrac{\partial u}{\partial x}\right|_{x=0} = 0 \end{array}\right\} \tag{8.53}$$

En este caso no podemos aplicar Transformada de Fourier como en el Ejemplo 8.17 ya que $u(x,y)$ no está definida para $x < 0$. Como alternativas tenemos las transformadas de Fourier seno y coseno. Es claro que la transformada coseno es apropiada cuando se especifica el valor de $\frac{\partial u}{\partial x}$ sobre $x = 0$ pues entonces el término que no involucra θ es una función conocida.

Usaremos la transformada de Fourier coseno y para ello llamaremos:

$$U_c(\omega,y) = \mathscr{F}_c\left[u(x,y)\right]$$

La transformada de Fourier coseno de la ecuación de Laplace (8.53) es:

$$-\omega^2 U_c(\omega,y) + \frac{\partial^2 U_c}{\partial y^2} = 0 \tag{8.54}$$

con

$$U_c(\omega,0) = U_0(\omega) \qquad\qquad U_c \underset{y\to\infty}{\longrightarrow} 0$$

donde

$$U_0(\omega) = \int_0^\infty \cos\omega x u_0(x)\, dx = \frac{T}{\omega} \operatorname{sen} a\omega$$

La solución de la ecuación (8.54) es:

$$U_c(\omega, y) = U_0(\omega)\, e^{-\omega y}$$

cuya antitransformada de FOURIER coseno se expresa:

$$u(x, y) = \frac{2T}{\pi} \int_0^\infty \frac{\cos\omega x}{\omega} \operatorname{sen} a\omega e^{-\omega y}\, d\omega$$

Para evaluarla, la escribimos:

$$u(x, y) = \frac{T}{\pi} \int_0^\infty [\operatorname{sen}\omega(x+a) - \operatorname{sen}\omega(x-a)] \frac{1}{\omega} e^{-\omega y}\, d\omega$$

Esta integral se puede considerar como suma de dos transformadas de FOURIER seno y su valor se lee en la fila 6 de la TABLA A.5. Así resulta:

$$u(x, y) = \frac{T}{\pi} \left[\operatorname{arc\,tg}\left(\frac{x+a}{y}\right) - \operatorname{arc\,tg}\left(\frac{x-a}{y}\right)\right]$$

para $y > 0$.

Nota: El resultado coincide con el del EJEMPLO 8.17 y ello se debe a que las condiciones sobre $y = 0$ en ese caso aseguran que $x = 0$ — *eje y* — es un eje de simetría, por lo que $\frac{\partial u}{\partial x} = 0$ en $x = 0$. De este modo las condiciones sobre $x = 0$ para $y > 0$ y sobre $y = 0$ para $x > 0$ coinciden con las del EJEMPLO 8.18.

□

Ejemplo 8.19: Hallar la distribución de temperatura $u(x, t)$en una barra semiinfinita $0 \leqslant x < \infty$ dado que $u(x, 0) = 0$; $u(0, t) = u_0(t)$; $u(x, t) \underset{x\to\infty}{\longrightarrow} 0$.

La ecuación de conducción del calor unidimensional §6.12 es de la forma:

$$\frac{\partial^2 u}{\partial x^2} = \frac{1}{\kappa} \frac{\partial u}{\partial t}$$

Como la barra es semiinfinita, podríamos usar transformada de FOURIER seno o coseno con respecto a x, pero la experiencia muestra que la transformada de LAPLACE es más adecuada en este caso.

Llamando:

$$\theta(x, s) = \mathscr{L}[u(x, t)]$$

la ecuación del calor se transforma en:

$$\frac{\partial^2 \theta}{\partial x^2} = \frac{1}{\kappa} [s\theta - u(x, 0)]$$

Aplicando la condición inicial $u(x, 0) = 0$, la ecuación resulta:

$$\frac{\partial^2 \theta}{\partial x^2} - \frac{s}{\kappa}\theta = 0$$

cuya solución es de la forma:

$$\theta(x,s) = Ae^{-\sqrt{\frac{s}{\kappa}}x} + Be^{\sqrt{\frac{s}{\kappa}}x} + g(x,s) \tag{8.55}$$

donde $g(x,s)$ es una solución particular de la ecuación y A y B son funciones de s a determinar por las condiciones de contorno. Así:

$$u(x,0) = 0 \Rightarrow g(x,s) = 0$$
$$u(0,t) = u_0(t) \Rightarrow A + B = \theta_0(s) \text{ donde } \theta_0(s) = \mathscr{L}[u_0(t)]$$
$$u(x,t) \underset{x\to\infty}{\longrightarrow} 0 \,:\, B = 0$$

Entonces:

$$\theta(x,s) = \theta_0(s)\, e^{-\sqrt{\frac{s}{\kappa}}x}$$

En una tabla como la del Mathematical Handbook — *ver [Bib. 32] en bibliografía* — leemos:

$$\mathscr{L}^{-1}\left[e^{-\sqrt{\frac{s}{\kappa}}x}\right] = \frac{1}{2}\frac{x}{\sqrt{\kappa\pi t^3}}e^{-\frac{x^2}{4\kappa t}}$$

por lo que aplicando la propiedad de convolución (7.24) tenemos:

$$u(x,t) = \frac{x}{2\sqrt{\kappa t}}\int_0^t u_0(t-\xi)\,\frac{1}{\xi^{\frac{3}{2}}}e^{-\frac{x^2}{4\kappa\xi}}\,d\xi$$

Si $u_0(t) = T_0$ — *constante* — la integral se simplifica con el cambio de variable $p = \frac{x}{2\sqrt{\kappa\xi}}$. Así resulta:

$$u(x,t) = 2T_0\sqrt{\pi}\int_{\frac{x}{2}(\kappa\xi)^{-\frac{1}{2}}}^{\infty} e^{-p^2}\,dp$$

Esta integral se simplifica introduciendo la *función error complementaria — ver* Mathematical Handbook *en [Bib. 32] de la bibliografía*:

$$\text{erfc} = 1 - \text{erf}(x) = 1 - \frac{2}{\sqrt{\pi}}\int_{-\infty}^{x} e^{-p^2}\,dp = \frac{2}{\sqrt{\pi}}\int_{x}^{\infty} e^{-p^2}\,dp$$

y queda la solución en la forma:

$$u(x,t) = T_0\text{erfc}\left[\frac{x}{2\sqrt{\kappa t}}\right]$$

Nota: Para una barra finita, sería más adecuada la solución como combinación de funciones hiperbólicas en lugar de exponenciales en (8.55).

□

8.14. Transformada Finita de Fourier

Hemos visto en el Capítulo 6 como el método de separación de variable permite resolver el problema de conducción del calor:

$$\left.\begin{array}{c} \dfrac{\partial u}{\partial t} - \dfrac{\partial^2 u}{\partial x^2} = 0 \\ 0 < x < \pi \quad t > 0 \\ u(0,t) = u(\pi,t) = 0 \\ u(x,0) = f(x) \end{array}\right\} \tag{8.56}$$

desarrollando la solución en Serie de Fourier respecto a un sistema ortonormal de funciones sen nx.

Vamos ahora a intentar resolver el correspondiente problema no homogéneo:

$$\left.\begin{array}{c}\dfrac{\partial u}{\partial t}-\dfrac{\partial^2 u}{\partial x^2}=F(x,t)\\ 0<x<\pi \quad t>0\\ u(0,t)=u(\pi,t)=0\\ u(x,0)=f(x)\end{array}\right\} \tag{8.57}$$

desarrollando la solución en una Serie de Fourier en términos del mismo conjunto de funciones. Esto es, para cada t fijo suponemos:

$$u(x,t)\simeq\sum_{n=1}^{\infty}b_n(t)\operatorname{sen}nx \tag{8.58}$$

El conjunto de coeficientes:

$$\boxed{b_n(t)=\frac{2}{\pi}\int_0^{\pi}u(x,t)\operatorname{sen}nx\,dx} \tag{8.59}$$

que dependen de n y de t, determinan unívocamente la función $u(x,t)$ y se llaman la Transformada Seno Finita de $u(x,t)$.

Si $\frac{\partial^2 u}{\partial x^2}$ es continua, su transformada seno finita vale:

$$\frac{2}{\pi}\int_0^{\pi}\frac{\partial^2 u}{\partial x^2}\operatorname{sen}nx\,dx=\frac{2}{\pi}\left[\frac{\partial u}{\partial x}\operatorname{sen}nx-nu\cos nx\right]\Bigg|_0^{\pi}+$$
$$-\frac{2n^2}{\pi}\int_0^{\pi}u\operatorname{sen}nx\,dx=-n^2b_n(t)$$

ya que $u(0,t)=u(\pi,t)=0$. En otras palabras, derivar dos veces u con respecto a x equivale a multiplicar su transformada seno finita por $-n^2$.

Si $\frac{\partial u}{\partial t}$ es continua, podemos intercambiar el operador derivada con el integral, llegando a que:

$$\frac{2}{\pi}\int_0^{\pi}\frac{\partial u}{\partial t}\operatorname{sen}nx\,dx=\frac{d}{dt}b_n$$

Tomando la transformada seno finita de la ecuación (8.57) obtenemos entonces:

$$\frac{d}{dt}b_n+n^2b_n=B_n(t) \tag{8.60}$$

donde

$$B_n(t)=\frac{2}{\pi}\int_0^{\pi}F(x,t)\operatorname{sen}nx\,dx \tag{8.61}$$

La condición inicial $u(x,0)=0$ implica que:

$$B_n(0)=0 \tag{8.62}$$

Así, el tomar transformadas seno finitas de la ecuación no homogénea del calor nos ha llevado a resolver un sistema infinito de ecuaciones diferenciales ordinarias (8.60) con (8.61) y (8.62).

Resolviendo este problema por el método de variación de parámetros resulta:

$$b_n(t) = \int_0^t e^{-n^2(t-\tau)} B_n(\tau)\, d\tau$$

y entonces por (8.58):

$$u(x,t) \simeq \sum_{n=1}^{\infty} \left[\int_0^t e^{-n^2(t-\tau)} B_n(\tau)\, d\tau \right] \operatorname{sen} nx$$

Se puede probar que si para algún $t_0 > 0$ la integral:

$$\int_0^{t_0} \int_0^{\pi} F(x,\tau)\, dx\, d\tau$$

converge, entonces la serie:

$$\sum_{n=1}^{\infty} b_n(t) \operatorname{sen} nx$$

converge uniformemente para $0 \leqslant x \leqslant \pi$; $0 \leqslant t \leqslant t_0$ — *ver la obra de* WEINBERGER, *pág. 128 en [Bib. 36] de la bibliografía*. En ese caso:

$$u(x,t) = \sum_{n=1}^{\infty} \left[\int_0^t e^{-n^2(t-\tau)} B_n(\tau)\, d\tau \right] \operatorname{sen} nx \tag{8.63}$$

es continua y se anula para $x = 0$; $x = \pi$ y $t = 0$. Si F y $\frac{\partial F}{\partial x}$ son continuas, la (8.63) es solución del problema (8.57).

Otros problemas no homogéneos pueden ser tratados de manera análoga. En conclusión, las TRANSFORMADAS DE FOURIER FINITAS son simplemente COEFICIENTES DE FOURIER. Cada vez que un problema homogéneo pueda resolverse por separación de variables en forma de una SERIE DE FOURIER, la TRANSFORMADA FINITA DE FOURIER reduce la ecuación diferencial parcial a un sistema infinito de ecuaciones diferenciales ordinarias, que pueden ser resueltas con los métodos habituales.

8.15. Problemas

1. Calcular:

$$\mathscr{F}\left[\frac{1}{t^2 + a^2}\right]$$

por medio del cálculo de residuos, usando un contorno cerrado en el semiplano superior para $\omega < 0$ y en el semiplano inferior para $\omega > 0$.

2. Usar la sustitución $u = t + i\frac{\omega}{2}$ para mostrar que:

$$\mathscr{F}\left[e^{-t^2}\right] = \sqrt{\pi} e^{-\frac{\omega^2}{4}}$$

3. Usar la fórmula (8.13) para calcular $\mathscr{F}\left[te^{-t^2}\right]$ a partir del resultado del PROBLEMA 2.

4. Obtener la $\mathscr{F}_c\left[e^{-t^2}\right]$ a partir de la respuesta al PROBLEMA 2 y la $\mathscr{F}_s\left[te^{-t^2}\right]$ a partir de la respuesta al PROBLEMA 3.

5. Hallar la Transformada Inversa de Fourier de las siguientes funciones:

a) $\dfrac{1}{i\omega+2}$ *b)* $\dfrac{\operatorname{sen} 2\omega}{\omega}$

c) $\dfrac{4\omega}{\omega^2+1}$ *d)* $\dfrac{3}{\omega+1+i} - \dfrac{5}{\omega+1-i}$

e) $\dfrac{2}{(i\omega-3)^3} + \dfrac{4}{(i\omega+3)^3}$ *f)* $\dfrac{1}{\omega^2-2i\omega-1}$

g) $\dfrac{i\omega+2}{i\omega^3+5\omega^2-7i\omega-3}$

6. Calcular la convolución $f * g$ y comprobar la validez de la fórmula (8.26) en los siguientes casos:

a)

$$f(t) = \begin{cases} e^{-t} & \text{para } t > 0 \\ 0 & \text{para } t < 0 \end{cases} \qquad g(t) = \begin{cases} e^{-2t} & \text{para } t > 0 \\ 0 & \text{para } t < 0 \end{cases}$$

b)

$$f(t) = \begin{cases} 1 & \text{para } -1 < t < 1 \\ 0 & \text{en todo otro caso} \end{cases} \qquad g(t) = \begin{cases} e^{-t} & \text{para } t > 0 \\ 0 & \text{en todo otro caso} \end{cases}$$

c)

$$f(t) = \begin{cases} e^{-t} & \text{para } t > 0 \\ 0 & \text{para } t < 0 \end{cases} \qquad g(t) = \begin{cases} e^{t} & \text{para } t < 0 \\ 0 & \text{para } t > 0 \end{cases}$$

7. Usar la fórmula (8.27) para expresar $\mathscr{F}[fg]$ como una convolución si:

a)

$$f(t) = \frac{1}{1+t^2} \qquad g(t) = e^{-|t|}$$

b)

$$f(t) = e^{-|t|} \qquad g(t) = e^{-t^2}$$

8. Usando la ecuación (8.46) resolver las siguientes ecuaciones diferenciales totales:

a) $y'' + 5y' + 6y = e^{3t}$

b) $y'' + 5y' + 6y = \cos t$

c) $y'' + 5y' + 6y = t$

d) $y'' + 5y' + 6y = g(t)$ donde $g(t) = \begin{cases} e^{t} & \text{para } t < 0 \\ 0 & \text{para } t > 0 \end{cases}$

Figura 8.7:

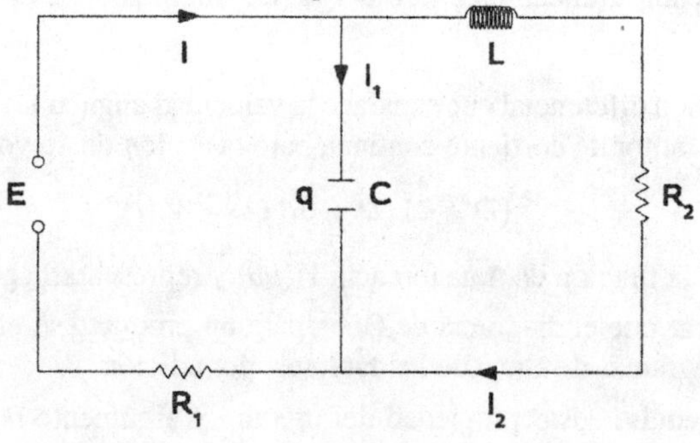

Red eléctrica.

e) $y'' + 4y' + 4y = g(t)$ donde $g(t) = \begin{cases} \operatorname{sen} t & \text{para } t < 0 \\ 0 & \text{para } t > 0 \end{cases}$

f) $y'' + 4y' + 4y = g(t)$ donde $g(t) = \begin{cases} e^{2t} & \text{para } t < 0 \\ 1 & \text{para } t > 0 \end{cases}$

9. Introduciendo funciones generalizadas resolver por TRANSFORMADA DE FOURIER las siguientes ecuaciones diferenciales totales:

a)	$y'' + 4y' + 3y = 3 \operatorname{sen} 2t$	*b*)	$y'' + 4y' + 3y = 2e^{3it}$
c)	$y'' + 4y' + 3y = 1$	*d*)	$y'' + 4y' + 3y = 2\delta(t)$
e)	$y'' + 4y' + 3y = 5\delta'(t)$	*f*)	$y'' + 6y' + 9y = t^2$

10. Sea la red eléctrica de la Fig. 8.7. Aplicando las leyes de KIRCHOFF obtenemos las ecuaciones:

$$R_1 I + \frac{q}{C} = E(t)$$

$$\frac{dq}{dt} = I_1(t)$$

$$L\frac{dI_2}{dt} + R_2 I_2 + R_1 I = E(t)$$

$$I = I_1 + I_2$$

Se pide:

a) Por derivación y eliminación, verificar que la relación entre $E = E(t)$ y la intensidad de corriente I es la siguiente:

$$LCR_1\frac{d^2I}{dt^2} + (L + R_1R_2C)\frac{dI}{dt} + (R_1 + R_2)I =$$

$$LC\frac{d^2E}{dt^2} + R_2C\frac{dE}{dt} + E$$

b) Tomando $E(t)$ como entrada e $I(t)$ como salida, hallar la función de transferencia $Y(s)$.

c) Suponiendo que $L = 1$ Henry, $C = 0{,}1$ Farad, $R_1 = 10$ Ohm, $R_2 = 1$ Ohm, representar gráficamente $|Y(i\omega)|$ vs. ω. Analizar el efecto de filtro de esta red.

11. Sea la ecuación diferencial que satisface la velocidad angular ω con que se mueve el eje de un motor de corriente continua bajo la acción de un voltaje $V(t)$:

$$(D+2)(D+0{,}1)\,\omega = V(t)$$

a) Hallar la función de transferencia $Y(i\omega)$ y representarla gráficamente.

b) Verificar que el diagrama de Bode para un producto se obtiene a partir de los diagramas de Bode de los factores, por adición.

Sugerencia: Usar propiedad del módulo y argumento de un producto de números complejos.

c) Aplicar lo probado en $11b$ para hallar por suma de los diagramas de Bode de $Y(s) = \frac{1}{s+2}$ y el de $Y(s) = \frac{1}{s+0{,}1}$, el de la ecuación diferencial del motor de corriente continua.

12. Sea la Ecuación Biarmónica:

$$\frac{\partial^4\phi}{\partial x^4} + 2\frac{\partial^4\phi}{\partial x^2\partial y^2} + \frac{\partial^4\phi}{\partial y^4} = 0$$

que se presenta en la teoría de la Elasticidad donde ϕ es la función de esfuerzo de Airy que está relacionada con las componentes del esfuerzo en el plano por las relaciones:

$$\sigma_x = \frac{\partial^2\phi}{\partial y^2} \qquad \sigma_y = \frac{\partial^2\phi}{\partial x^2} \qquad \tau_{xy} = -\frac{\partial^2\phi}{\partial x\partial y}$$

Hallar por Transformada de Fourier la distribución de las tensiones en el semiplano $y > 0$ cuando $\sigma_y = s_0\delta(x-a)$ — *fuerza puntual en* $x = a$ — $\tau_{xy} = 0$ sobre $y = 0$ y la tensión al infinito es nula.

13. Resolver mediante Transformada de Fourier Seno el problema de la ecuación de Laplace en una banda semiinfinita:

$$\begin{aligned}
&\frac{\partial^2 u}{\partial x^2} + \frac{\partial^2 u}{\partial y^2} = 0 \text{ para } 0 \leqslant y \leqslant h \; ; x > 0 \\
&u(0,y) = 0 \\
&u(x,0) = T_0\delta(x-x_0) \\
&\left.\frac{\partial u}{\partial y}\right|_{y=h} = 0
\end{aligned}$$

14. Aplicar Transformada de Fourier — *con respecto a* x — para hallar el movimiento transversal $u(x,t)$ de una cuerda estirada cuyos extremos no están fijos y se pueden mover, pero con pendiente nula en los mismos:

$$c^2\frac{\partial^2 u}{\partial x^2} - \frac{\partial^2 u}{\partial t^2} = 0 \quad 0 < x < \pi \quad 0 < t < \infty \tag{8.64}$$

$$u_x(0,t) = u_x(\pi,t) = 0 \tag{8.65}$$

$$u(x,0) = f(x) \quad u_t(x,0) = g(x) \tag{8.66}$$

Sugerencia: Para poder aplicar TRANSFORMADA DE FOURIER con respecto a x suponer $u(x,t)$, $f(x)$ y $g(x)$ definidas para $-\infty < x < \infty$; resolver el problema sin tener presente las condiciones de contorno (8.65); una vez obtenida la solución $u(x,t)$ verificando (8.64) y (8.66) — *en términos de* $f(x)$ *y* $g(x)$ — estudiar como deberían haberse extendido las mismas sobre $x \in (-\infty, +\infty)$ para que se cumplan (8.65). Concluir que si en la solución encontrada se reemplan f y g por sus *extensiones periódicas pares de período* 2π, entonces la solución hallada también verificará (8.65).

15. Resolver por TRANSFORMADA DE LAPLACE el siguiente problema de valores de contorno:

$$\frac{\partial^2 u}{\partial x^2} - \frac{\partial^2 u}{\partial t^2} = 0 \text{ para } 0 < x < \pi \,;\, 0 < t < \infty$$
$$u(0,t) = 0 \quad u(\pi,t) = 0 \quad u(x,0) = 0$$
$$\frac{\partial u}{\partial t}(x,0) = \operatorname{sen} x + 2 \operatorname{sen} 3x$$

16. Ídem.

$$\frac{\partial^2 u}{\partial x^2} - \frac{\partial^2 u}{\partial t^2} = 0 \text{ para } 0 < x < \infty \,;\, 0 < t < \infty$$
$$u(0,t) = 0 \quad u(x,t) \underset{x\to\infty}{\longrightarrow} 0$$
$$u(x,0) = 0 \frac{\partial u}{\partial t}(x,0) = xe^{-x}$$

17. Ídem.

$$\frac{\partial^2 u}{\partial x^2} - \frac{\partial^2 u}{\partial t^2} = 0 \text{ para } 0 < x < \pi \,;\, 0 < t < \infty$$
$$u(0,t) = 0 \quad u(\pi,t) = 0$$
$$u(x,0) = \operatorname{sen} 2x - 7 \operatorname{sen} 5x \qquad \frac{\partial u}{\partial t}(x,0) = 0$$

18. Ídem.

$$\frac{\partial^2 u}{\partial x^2} - \frac{\partial^2 u}{\partial t^2} = e^{-x} \text{ para } 0 < x < \infty \text{ y } 0 < t < \infty$$
$$u(0,t) = 0 \quad u(x,t) \underset{x\to\infty}{\longrightarrow} 0$$
$$u(x,0) = 0 \qquad \frac{\partial u}{\partial t}(x,0) = 0$$

19. Resolver por TRANSFORMADA DE FOURIER el siguiente problema de valores de contorno:

$$c^2 \frac{\partial^2 u}{\partial x^2} - \frac{\partial^2 u}{\partial t^2} = 0 \text{ para } -\infty < x < \infty \,;\, 0 < t < \infty$$
$$u(x,0) = f(x) \qquad \frac{\partial u}{\partial t}(x,0) = g(x)$$

20. Ídem.

$$\frac{\partial^2 u}{\partial x^2} + \frac{\partial^2 u}{\partial y^2} = 0 \text{ para } -\infty < x < \infty \, ; 0 < y < \infty$$

$$u(x,0) = f(x) \quad u(x,y) \underset{y \to \infty}{\longrightarrow} 0$$

Capítulo 9

Análisis Numérico

"Captar el mundo real es hacer matemática acerca del mundo real."

KAHAN, THÉO

9.1. Introducción

Muchos problemas de matemática aplicada sólo se pueden resolver de manera aproximada, mediante métodos numéricos. De ahí la importancia de considerar las técnicas principales en el análisis numérico. El tema del análisis numérico está permanentemente en evolución debido al extraordinario e incesante progreso que se produce en la tecnología de la computación digital. Este avance nos obliga a tener presentes, en la selección de métodos a usar, algunas circunstancias ligadas directamente al uso de computadoras, desde las manuales hasta los equipos más sofisticados, a saber:

a) Error por redondeo: en todo cálculo numérico trabajamos con un número limitado de cifras decimales y nos vemos obligados a redondear fijando alguna regla. En cálculos a pequeña escala, esto no significa, en general, un error grave. Pero en cálculos que implican millones de pasos, el efecto acumulado del error de redondeo puede llegar a invalidar la solución.

b) Sensibilidad de los datos: en un proceso físico puede suceder que una pequeña variación en los datos conduzca a un gran cambio en la solución del problema. En ese caso, el proceso es inestable y los procedimientos de cálculo son, en general, poco confiables. Por ello hay que pedir estabilidad de la solución frente a variaciones en los datos iniciales del problema.

c) Costo operativo: la velocidad y capacidad de almacenamiento de las computadoras modernas hace posible solucionar problemas de gran complejidad, que requieren un inmenso número de operaciones aritméticas. Ello incide en el costo operativo y por esa razón debemos buscar métodos que, en lo posible, reduzcan el número de multiplicaciones y divisiones, tratando de optimizar los costos.

Con respecto a las técnicas que consideraremos, suponemos que el lector puede resolver numéricamente sistemas de ecuaciones lineales, calcular raíces de ecuaciones algebraicas, buscar *e.i.w.* — *autovalores* — de matrices e interpolar mediante polinomios, temas que son usuales en un primer curso de CÁLCULO NUMÉRICO.

Por ello abordaremos directamente el tratamiento de:

- Interpolación mediante polinomios trigonométricos y TRANSFORMADA RÁPIDA DE FOURIER.
- Solución de ecuaciones diferenciales ordinarias con condiciones iniciales y condiciones de contorno.
- Solución de ecuaciones diferenciales parciales.

9.2. Interpolación mediante Polinomios Trigonométricos

Si conocemos los valores de una función $f(x)$ para varios valores de x, podemos hallar un polinomio que tenga el mismo valor que f para esos x y usar el polinomio para aproximar valores de f en otros puntos.

Este polinomio se llama *polinomio de interpolación* de f en los valores elegidos de x. Existen buenos métodos de interpolación lineal, cuadrática, etc. que se pueden consultar en la obra clásica de SADOSKY — *ver* [Bib. 26] *en la bibliografía*.

En lugar de polinomios ordinarios, a veces conviene utilizar *polinomios trigonométricos* de la forma:

$$F(x) = \frac{1}{2}a_0 + a_1 \cos x + b_1 \operatorname{sen} x + \cdots + a_n \cos nx + b_n \operatorname{sen} nx \tag{9.1}$$

como polinomio de interpolación.

Por simplicidad, vamos a suponer que los puntos de interpolación x_k están equiespaciados, por ejemplo:

$$x_k = \frac{2\pi k}{2n+1} \qquad k = 0, 1, 2, \ldots, 2n+1 \tag{9.2}$$

También supondremos que la función $f(x)$ es periódica de período 2π, esto es, $f(0) = f(2\pi)$. Ello implica que $x_{2n+1} = 2\pi$ y precisamos $2n+1$ valores distintos de f.

Se puede probar que existe un *único* polinomio trigonométrico de interpolación de la forma (9.1) que cumple con los datos precedentes. Los coeficientes a_m, b_m están dados por las expresiones:

$$\left.\begin{aligned} a_m &= \frac{2}{2n+1}\sum_{k=0}^{2n} f(x_k)\cos mx_k \quad m = 0, 1, \ldots, n \\ b_m &= \frac{2}{2n+1}\sum_{k=0}^{2n} f(x_k)\operatorname{sen} mx_k \quad m = 1, \ldots, n \end{aligned}\right\} \tag{9.3}$$

La prueba de estas fórmulas sigue las mismas líneas que en el caso de la SERIE DE FOURIER. En efecto, las funciones 1, $\cos x$, $\cos 2x$, ..., $\cos nx$, $\operatorname{sen} x$, $\operatorname{sen} 2x$, ..., $\operatorname{sen} nx$, restringidas al conjunto finito x_k dado por (9.2), forman un *sistema ortogonal* con respecto a la suma — *ver* PROBLEMA 2.

Ejemplo 9.1: Interpolar mediante un polinomio trigonométrico la función:

$$f(x) = x(2\pi - x) \text{ para } 0 \leqslant x \leqslant 2\pi \text{ en } x_k = \frac{2\pi k}{5}$$

Solución: Tenemos cinco puntos de interpolación:

$$x_0 = 0 \qquad x_1 = \frac{2}{5}\pi \qquad x_2 = \frac{4}{5}\pi \qquad x_3 = \frac{6}{5}\pi \qquad x_4 = \frac{8}{5}\pi$$

para los que:

$$f(x_0) = 0 \qquad f(x_1) = f(x_4) = 6{,}31657 \qquad f(x_2) = f(x_3) = 9{,}47486$$

Entonces:

$$a_0 = \frac{2}{5}\left[f(x_0) + f(x_1) + f(x_2) + f(x_3) + f(x_4)\right] = 12{,}63314$$

$$a_1 = \frac{2}{5}\left[f(x_1)\cos\frac{2}{5}\pi + f(x_2)\cos\frac{4}{5}\pi + f(x_3)\cos\frac{6}{5}\pi + \right.$$
$$\left. + f(x_4)\cos\frac{8}{5}\pi\right] = -4{,}57071$$

$$a_2 = \frac{2}{5}\left[f(x_1)\cos\frac{4}{5}\pi + f(x_2)\cos\frac{8}{5}\pi + f(x_3)\cos\frac{12}{5}\pi + \right.$$
$$\left. + f(x_4)\cos\frac{16}{5}\pi\right] = -1{,}74662$$

Es fácil verificar que $b_1 = b_2 = 0$ y el polinomio trigonométrico de interpolación resulta:

$$P(x) = 6{,}31657 - 4{,}57071\cos x - 1{,}74662\cos 2x$$

En la Fig. 9.1 se ha graficado tanto $f(x)$ como $P(x)$ y la concordancia es muy buena. Se puede probar que si $f(x)$ es continua, periódica y suave a trozos, los polinomios de interpolación $P_n(x)$ tienden uniformemente a $f(x)$ cuando $n \to \infty$. Es por ello que constituyen una alternativa muy útil para la serie de FOURIER.

□

9.3. Interpolación mediante un Polinomio Exponencial Complejo

Data una función $f(x)$ con $0 \leqslant x \leqslant 2\pi$ tal que $f(0) = f(2\pi)$ podemos tratar de interpolar en los puntos:

$$x_k = \frac{2\pi k}{n} \qquad k = 0, 1, \ldots, n-1$$

mediante una combinación lineal de las exponenciales complejas e^{imx} $(m = 0, 1, \ldots, n-1)$, que indicamos:

$$Q(x) = \sum_{m=0}^{n-1} c_m e^{imx} \tag{9.4}$$

Figura 9.1:

Interpolación mediante Polinomios Trigonométricos

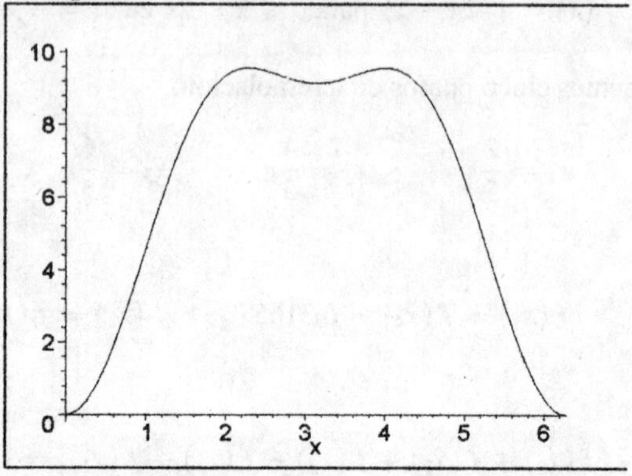

En la figura se han graficado tanto $f(x)$ como $P(x)$ y la concordancia es muy buena.

Este tipo de aproximación es conveniente cuando f es una función de variable compleja. En ese caso, tratamos de obtener:

$$f(x_k) = Q(x_k) = \sum_{m=0}^{n-1} c_m e^{imx_k} \qquad k = 0, 1, \ldots, n-1 \tag{9.5}$$

Multiplicando por e^{-ipx_k} y sumando sobre k resulta:

$$\sum_{m=0}^{n-1} f(x_k)\, e^{-ipx_k} = \sum_{k=0}^{n-1}\sum_{m=0}^{n-1} c_m e^{i(m-p)x_k}$$

Podemos intercambiar el orden de las sumas y reemplazar el valor de x_k:

$$\sum_{m=0}^{n-1} c_m e^{-i(m-p)x_k} = \sum_{m=0}^{n-1} c_m \sum_{k=0}^{n-1} e^{i(m-p)2\pi k/n}$$

que es una serie geométrica convergente de razón:

$$r = e^{i(m-p)2\pi/n}$$

Su suma vale:

$$\sum_{k=0}^{n-1} r^k = \frac{1-r^n}{1-r} \qquad r \neq 1$$

Si $m = p$ es $r = 1$ y:

$$\sum_{k=0}^{n-1} r^k = n$$

Para $r \neq 1$, como:

$$1 - r^n = 1 - e^{i(m-p)2\pi} = 0$$

resulta:

$$\sum_{k=0}^{n-1} r^k = 0$$

Resumiendo:

$$\sum_{k=0}^{n-1} e^{i(m-p)x_k} = \begin{cases} n & , \text{si } m = p \\ 0 & , \text{si } m \neq p \end{cases} \tag{9.6}$$

Entonces:

$$\sum_{k=0}^{n-1} f(x_k)\, e^{-ipx_k} = \sum_{m=0}^{n-1} c_m \sum_{k=0}^{n-1} e^{i(m-p)x_k} = c_p n$$

de donde:

$$\boxed{c_p = \frac{1}{n}\sum_{k=0}^{n-1} f(x_k)\, e^{-ipx_k}} \qquad p = 0,\, 1,\, \ldots,\, n-1 \tag{9.7}$$

Reemplazando el valor de estos coeficientes en la expresión (9.5) obtenemos el polinomio buscado.

Si $f(x)$ es una función de variable real, podemos deducir de (9.7) que:

$$\begin{aligned} c_{n-p} &= \frac{1}{n}\sum_{k=0}^{n-1} f(x_k)\, e^{-i(n-p)x_k} \\ &= \frac{1}{n}\sum_{k=0}^{n-1} f(x_k)\, e^{ipx_k} = \overline{c_p} \end{aligned}$$

puesto que x_k es real y el conjugado de e^{ipx_k} es e^{ipx_k} para x_k real. Entonces:

$$c_{n-p} = \overline{c_p} \qquad (p = 0, 1, \ldots, n-1) \tag{9.8}$$

En el caso de $f(x)$ real encontramos fácilmente la relación con los polinomios trigonométricos §9.2. En efecto, tendremos $2n+1$ puntos de interpolación por lo que deberemos reemplazar n por $2n+1$ en (9.5), (9.6) y (9.8), con lo que resulta:

$$f(x_k) = \sum_{m=0}^{2n} c_m e^{imx_k} \text{ donde } c_{2n+1-m} = \overline{c_n} \tag{9.9}$$

Podemos escribir esta expresión, separando en dos la sumatoria, como:

$$f(x_k) = \sum_{m=0}^{n} c_m e^{imx_k} + \sum_{m=n+1}^{2n} c_m e^{imx_k}$$

si ahora ponemos $p = 2n+1-m$ en la segunda sumatoria, usamos (9.9) y tenemos en cuenta que $e^{i(2m+1)x_k} = e^{2\pi ki} = 1$ resulta:

$$\begin{aligned} f(x_k) &= \sum_{m=0}^{n} c_m e^{imx_k} + \sum_{p=1}^{n} c_{2n+1-p} e^{i(2n+1-p)x_k} \\ &= \sum_{m=0}^{n} c_m e^{imx_k} + \sum_{p=1}^{n} \overline{c_p} e^{-ipx_k} \end{aligned}$$

Nuevamente, en la segunda sumatoria, reemplazamos el índice p por m y después de reordenar tenemos:

$$f(x_k) = c_0 + \sum_{m=1}^{n} \left(c_m e^{imx_k} + \overline{c_m} e^{-imx_k} \right) \tag{9.10}$$

Como $f(x)$ tiene valores reales, c_0 es real y se puede igualar a $\frac{1}{2}a_0$. Finalmente, usando (9.7) con $2n+1$ en lugar de n concluimos que:

$$c_m = \frac{a_m - ib_m}{2} \qquad m = 1, 2, \ldots, n$$

donde:

$$a_m = \frac{2}{2n+1} \sum_{k=0}^{2n} f(x_k) \cos mx_k$$

$$b_m = \frac{2}{2n+1} \sum_{k=0}^{2n} f(x_k) \operatorname{sen} mx_k$$

Veamos ahora si podemos apreciar la magnitud del error cometido en la aproximación. Si desarrollamos $f(x)$ en SERIE COMPLEJA DE FOURIER — *§5.9* — tenemos:

$$\begin{aligned} f(x) &= \sum_{m=\ \infty}^{\infty} C_m e^{imx} \\ C_m &= \frac{1}{2\pi} \int_0^{2\pi} f(x)\, e^{-imx}\, dx \end{aligned} \tag{9.11}$$

La fórmula (9.7) nos da valores aproximados c_p para C_p $(p = 0, 1, \ldots, n-1)$, esto es:

$$f(x_k) = \sum_{m=-\infty}^{\infty} C_m e^{imx_k}$$

De (9.7) resulta:

$$c_p = \frac{1}{n} \sum_{k=0}^{n-1} \sum_{m=-\infty}^{\infty} c_m e^{i(m-p)x_k}$$

Si intercambiamos el orden de las sumatorias y tenemos en cuenta (9.6) según la cual es:

$$\sum_{k=0}^{n-1} e^{i(m-p)x_k} = \begin{cases} n & \text{, para } m = p + \alpha n \\ 0 & \text{, en todo otro caso} \end{cases}$$

con $\alpha = 0, \pm 1, \pm 2, \ldots$, obtenemos:

$$\begin{aligned} c_p &= \frac{1}{n} \sum_{\substack{m=-\infty \\ m=p+\alpha n}}^{\infty} nC_m = \sum_{\alpha=-\infty}^{\infty} C_{p+\alpha n} \\ &= C_p + C_{p+n} + C_{p-n} + C_{p+2n} + C_{p-2n} + \cdots \end{aligned} \tag{9.12}$$

Observemos que los términos en $e^{i(p+n)x}$, $e^{i(p-n)x}$, $e^{i(p+2n)x}$, ... afectan a c_p ya que, para $x = x_k$, cada uno se reduce a e^{ipx_k}. Este efecto se suele llamar *aliar* y la ecuación (9.12) nos indica que la magnitud del error depende de la rapidez con que C_n tiende a 0. Si n es *grande* el *efecto aliar* resulta pequeño.

Ejemplo 9.2: Sea la función de variable compleja:

$$f(x) = 5e^{ix} + 3e^{11ix} \qquad x_k = \frac{2\pi k}{10}$$

Es fácil ver que el polinomio exponencial complejo que la aproxima vale:

$$f(x_k) = 5e^{ix_k} + 3e^{11ix_k} = e^{ix_k}\left(5 + 3e^{10ix_k}\right)$$

Pero $e^{10ix_k} = e^{2\pi i} = 1$. Entonces: $f(x_k) = 8e^{ix_k}$ y en consecuencia $c_1 = 8$. Si calculamos C_1 según (9.11), en cambio, resulta $C_1 = 5$.

□

9.4. Transformada Rápida de Fourier

Si suponemos una función $f(x)$ dada que queremos aproximar mediante un polinomio exponencial complejo, habiendo fijado el valor de n, observamos que el uso de la expresión (9.7) para calcular los coeficientes exige efectuar n^2 productos de números complejos. Si n es grande, el cálculo se hace muy engorroso, y por ello, se buscan modos de reducir el número de multiplicaciones, eligiendo adecuadamente el valor de n. La Transformada rápida de Fourier logra ese objetivo. Para ello se elige $n = a \cdot b$ donde a y b son enteros positivos mayores que 1. De ese modo, el número de multiplicaciones se reduce a: $a \cdot b\,(a + b + 1)$. Por ejemplo, si $n = 10^3$ con $a = 10^2$; $b = 10$ entonces $n^2 = 10^6$ pero $a \cdot b\,(a + b + 1) = 1{,}11 \times 10^5$. Si, a su vez, a o b se pueden factorear, se puede repetir el proceso para conseguir mayor economía. Lo que se suele hacer entonces, es elegir n como potencia de 2 para poder implementar la factorización repetida.

Sea:

$$x_k = \frac{2\pi k}{n} \qquad f(x_k) = g(k) \qquad k = 0, 1, \ldots, n-1 \tag{9.13}$$

Así la expresión (9.7) se convierte en:

$$\boxed{G(p) = \sum_{k=0}^{n-1} g(k)\, e^{-\frac{2\pi i k p}{n}}} \qquad p = 0, 1, \ldots, n-1 \tag{9.14}$$

Llamaremos a esta expresión de $G(p)$ la Transformada Discreta de Fourier de $g(k)$ y la indicaremos:

$$\mathscr{F}_n[g(k)] = G(p)$$

Se puede verificar que el operador $\mathscr{F}_n$ es un operador lineal y se parece en muchos aspectos a la Transformada de Fourier $\mathscr{F}[f(x)]$ del Capítulo 8 — *ver* Problema 5.

Si llamamos:

$$e(u) = e^{-2\pi i u}$$

podemos escribir más sencillamente la fórmula (9.14):

$$G(p) = \sum_{k=0}^{n-1} g(k)\, e\left(\frac{kp}{n}\right) \tag{9.15}$$

Es inmediato verificar que:

$$\begin{cases} e(u+v) = e(u)\,e(v) \\ e(\alpha) = 1 \text{ si } \alpha \in \mathbb{Z} \end{cases} \tag{9.16}$$

Vamos ahora a calcular $G(p)$ para $p = 0, 1, \ldots, n-1$. Comenzamos haciendo $n = a \cdot b$. Entonces los números enteros de 0 a $n-1$ se pueden escribir:

$$\begin{gathered} 0;\, 1;\, \cdots;\, b-1;\, b;\, b+1; \cdots ;\, b+(b-1)\,;\, 2b;\, 2b+1;\, \cdots \\ \cdots;\, (a-1)\,b;\, (a-1)\,b+1;\, \cdots;\, (a-1)\,b+(b-1) \end{gathered}$$

con lo que:

$$k = \alpha b + \beta$$

donde $0 \leqslant \alpha \leqslant a-1$; $0 \leqslant \beta \leqslant b-1$.

De manera análoga podemos también indicar los enteros de 0 a $n-1$ como:

$$p = \gamma a + \delta$$

donde $0 \leqslant \gamma \leqslant b-1$; $0 \leqslant \delta \leqslant a-1$.

Usando estos resultados en (9.16) tenemos:

$$\begin{aligned} e\left(\frac{kp}{n}\right) &= e\left(\frac{(\alpha b+\beta)(\gamma a+\delta)}{ab}\right) \\ &= e\left(\alpha\gamma + \frac{\alpha\delta}{a} + \frac{\beta\gamma}{b} + \frac{\beta\delta}{ab}\right) \\ &= e(\alpha\gamma)\, e\left(\frac{\alpha\delta}{a}\right) e\left(\frac{\beta\gamma}{b}\right) e\left(\frac{\beta\delta}{ab}\right) \end{aligned}$$

Como $\alpha\gamma \in \mathbb{Z}$ es $e(\alpha\gamma) = 1$. De (9.15) resulta:

$$\begin{aligned} G(\gamma a+\delta) &= \sum_{\beta=0}^{b-1}\sum_{\alpha=0}^{a-1} g(\alpha b+\beta)\, e\left(\frac{\alpha\delta}{a}\right) e\left(\frac{\beta\gamma}{b}\right) e\left(\frac{\beta\delta}{ab}\right) \\ &= \sum_{\beta=0}^{b-1} e\left(\frac{\beta\gamma}{b}\right)\left[e\left(\frac{\beta\delta}{ab}\right)\sum_{\alpha=0}^{a-1} g(\alpha b+\beta)\, e\left(\frac{\alpha\delta}{a}\right)\right] \end{aligned} \tag{9.17}$$

En la suma interior β y δ se mantienen fijos y comparando con (9.15) la podemos escribir en términos del operador $\mathscr{F}_n$:

$$\mathscr{F}_a\left[g(\alpha b+\beta)\right] = G_\beta(\delta) \tag{9.18}$$

Aquí $g(\alpha b+\beta)$ es función de α ($\alpha = 0, 1, \ldots, a-1$) y $G_\beta(\delta)$ es función de δ ($\delta = 0, 1, \ldots, a-1$). Así resulta de (9.17):

$$G(\gamma a+\delta) = \sum_{\beta=0}^{b-1} e\left(\frac{\beta\gamma}{b}\right)\left[e\left(\frac{\beta\delta}{ab}\right) G_\beta(\delta)\right]$$

Llamando al corchete:

$$e\left(\frac{\beta\delta}{ab}\right) G_\beta(\delta) = h_\delta(\beta) \tag{9.19}$$

tenemos finalmente:

$$G(\gamma a+\delta)=\sum_{\beta=0}^{b-1} h_\delta(\beta)\, e\left(\frac{\beta\gamma}{b}\right)=\mathscr{F}_b\left[h_\delta(\beta)\right] \qquad (9.20)$$

Podemos resumir los pasos a seguir para calcular $G(\gamma a+\delta)$ con $\delta = 0, 1, \ldots, a-1$; $\gamma = 0, 1, \ldots, b-1$ mediante el siguiente algoritmo:

1. Calcular las Transformadas Discretas de Fourier $\mathscr{F}_a\left[g(\alpha b+\beta)\right]$ para $\beta = 0, 1, \ldots, b-1$.
2. Multiplicar el resultado de 1. por $e\left(\frac{\beta\delta}{ab}\right)$ para obtener $h_\delta(\beta)$ — *según* (9.19).
3. Calcular $\mathscr{F}_b\left[h_\delta(\beta)\right]$ para $\delta = 0, 1, \ldots, a-1$.

La etapa 1. insume a^2 multiplicaciones que deben hacerse b veces, esto es, en total a^2b multiplicaciones. La etapa 2. requiere una multiplicación por cada elección β, δ o sea en total ab multiplicaciones. La etapa 3. implica el cálculo de la Transformada Rápida de Fourier $\mathscr{F}_b$ para a elecciones de h, o sea en total ba^2 multiplicaciones. Sumando tenemos:

$$a^2b+ab+ba^2=ab(a+b+1)$$

multiplicaciones, como habíamos anunciado.

Para el cálculo, el algoritmo se puede interpretar matricialmente del siguiente modo: la primer etapa es el producto de la matriz P de dimensión $b \times a$ con elementos $g(\alpha b+\beta)$ por la matriz Q de dimensión $a \times a$ y elementos $e\left(\frac{\alpha\delta}{a}\right)$. El producto PQ es otra matriz de dimensión $b \times a$. En la segunda etapa, este resultado se multiplica por la matriz $e\left(\frac{\beta\delta}{ab}\right)$ y lo que se obtiene es una matriz R de dimensión $b \times a$. En la tercer etapa, la matriz R se multiplica a izquierda por la matriz S de dimensión $b \times b$ y elementos $e\left(\frac{\beta\gamma}{b}\right)$.

Ejemplo 9.3: Sean los valores de $f(x_k)$:

10 14 16 20 27 19 15 13 11 14 17 18

con $n = 12 = 4 \times 3$.

Entonces $a = 4$; $b = 3$; $h(0) = 10$; $h(1) = 14$; etc. La matriz P de dimensión 3×4 resulta:

$$P=\begin{bmatrix} 10 & 20 & 15 & 14\\ 14 & 27 & 13 & 17\\ 16 & 19 & 11 & 18 \end{bmatrix}$$

Esta matriz debe multiplicarse a derecha por la matriz Q de dimensión $a \times a$:

$$Q=\begin{bmatrix} e(0) & e(0) & e(0) & e(0)\\ e(0) & e\left(\frac{1}{4}\right) & e\left(\frac{1}{2}\right) & e\left(\frac{3}{4}\right)\\ e(0) & e\left(\frac{1}{2}\right) & e(1) & e\left(\frac{3}{2}\right)\\ e(0) & e\left(\frac{3}{4}\right) & e\left(\frac{3}{2}\right) & e\left(\frac{9}{4}\right) \end{bmatrix}=\begin{bmatrix} 1 & 1 & 1 & 1\\ 1 & -i & -1 & i\\ 1 & -i & 1 & -1\\ 1 & i & -1 & -i \end{bmatrix}$$

donde $e(u) = e^{-2\pi i u}$. Entonces:

$$P\cdot Q=\begin{bmatrix} 59 & -5-6i & -9 & -5-6i\\ 71 & 1-10i & -17 & 1+10i\\ 64 & 5-i & -10 & 5+i \end{bmatrix}$$

Los coeficientes de esta matriz deben multiplicarse por $e\left(\frac{b\delta}{12}\right)$. Los multiplicadores correspondientes forman la matriz:

$$\begin{bmatrix} 1 & 1 & 1 & 1 \\ 1 & 0{,}866-0{,}5i & 0{,}5-0{,}866i & -i \\ 1 & 0{,}5-0{,}866i & -0{,}5-0{,}866i & -1 \end{bmatrix}$$

Así tenemos:

$$R = \begin{bmatrix} 59 & -5-6i & -9 & -5+6i \\ 71 & -4{,}134-9{,}16i & -8{,}5+14{,}722i & 10-i \\ 64 & 1{,}634-4{,}830i & 5+8{,}66i & -5-i \end{bmatrix}$$

Finalmente multiplicamos R a izquierda por la matriz S, cuyos elementos sen $e\left(\frac{\beta\gamma}{3}\right)$:

$$S = \begin{bmatrix} 1 & 1 & 1 \\ 1 & -0{,}5-0{,}866i & -0{,}5+0{,}866i \\ 1 & -0{,}5+0{,}866i & -0{,}5-0{,}866i \end{bmatrix}$$

El resultado es el siguiente:

$$S \cdot R = \begin{bmatrix} 194 & -7{,}496-19{,}99i & -12{,}5+23{,}382i & 4i \\ -8{,}5-6{,}062i & -7{,}5+5{,}99i & -2 & -7{,}5-5{,}99i \\ -8{,}5+6{,}062i & -4i & -12{,}5-23{,}382i & -7{,}496+19{,}99i \end{bmatrix}$$

Por ello es:

$$G(0) = 194 \qquad G(1) = -7{,}496-19{,}991i$$
$$G(2) = -12{,}5+23{,}382i \qquad G(3) = 4i$$

etc.

Es de notar que:

$$G(1) = \overline{G(11)} \quad G(2) = \overline{G(10)} \quad G(3) = \overline{G(9)}$$
$$G(4) = \overline{G(8)} \quad G(5) = \overline{G(7)}$$

Así sucede por (9.8) ya que $f(x_k)$ tiene valores reales. En total hemos efectuado $ab(a+b+1) = 48+12+36 = 96$ productos, en lugar de $(12)^2 = 144$.

□

9.5. Solución Numérica de Ecuaciones Diferenciales Ordinarias

Para las ecuaciones diferenciales no lineales, no existe ningún método analítico general que proporcione su solución. De modo que es imprescindible acudir a métodos numéricos para resolverlas. Aún el caso de ecuaciones diferenciales que se pueden resolver analíticamente, en muchos casos es poco práctico usar estas soluciones analíticas y resulta preferible un método numérico.

Siempre es posible reducir una ecuación diferencial de orden n de la forma:

$$\frac{d^n y}{dx^n} = f\left(x, y, \frac{dy}{dx}, \ldots, \frac{d^{n-1} y}{dx^{n-1}}\right)$$

a un sistema de ecuaciones diferenciales de primer orden, haciendo:

$$z_1 = y \quad z_2 = \frac{dy}{dx} \quad \cdots \quad z_n \frac{d^{n-1}y}{dx^{n-1}}$$

$$\begin{cases} \dfrac{dz_1}{dx} = z_2 \\ \dfrac{dz_2}{dx} = z_3 \\ \vdots \\ \dfrac{dz_n}{dx} = f(x, z_1, z_2, \ldots, z_{n-1}) \end{cases}$$

Es por ello que nos dedicamos a resolver el problema de valores iniciales:

$$\frac{dy}{dx} = f(x,y) \qquad\qquad y(x_0) = y_0$$

pudiendo extenderse fácilmente los métodos numéricos que vamos a ver a un sistema de ecuaciones de primer orden.

La elección del algoritmo numérico para resolver un determinado problema depende de la complejidad de la función $f(x,y)$ así como de las facilidades computacionales disponibles. Los métodos que vamos a presentar pueden implementarse con una computadora personal programable y con métodos iterativos. En cada caso analizaremos la *estabilidad* y los *errores inherentes al método*.

9.5.1. Método de la Serie de Taylor

Sea la ecuación diferencial de primer orden:

$$\frac{dy}{dx} = f(x,y) \qquad\qquad y(x_0) = y_0 \tag{9.21}$$

La Serie de Taylor permite calcular el valor de y en $x_1 = x_0 + h$ si se conoce el valor $y(x_0)$ y de sus sucesivas derivadas en $x = x_0$ mediante la expresión:

$$y(x_1) = y(x_0) + hy'(x_0) + \frac{h^2}{2!}y''(x_0) + \cdots$$

Llamando:

$$y(x_1) = y_1 \qquad y'(x_0) = y'_0 \qquad y''(x_0) = y''_0 \qquad \text{etc.}$$

tenemos:

$$\boxed{y_1 = y_0 + hy'_0 + \frac{h^2}{2!}y'' + \frac{h^3}{3!}y'''_0 + \cdots} \tag{9.22}$$

Derivando sucesivamente la ecuación (9.21) podemos calcular los términos que aparecen en (9.22). Así:

$$\begin{aligned}
\frac{d^2y}{dx^2} &= \frac{\partial f}{\partial x} + \frac{\partial f}{\partial y}\frac{dy}{dx} = \frac{\partial f}{\partial x} + f\frac{\partial f}{\partial y} \\
\frac{d^3y}{dx^3} &= \frac{\partial^2 f}{\partial x^2} + 2\frac{\partial^2 f}{\partial x \partial y}\frac{dy}{dx} + \frac{\partial f}{\partial y}\frac{d^2y}{dx^2} \\
&= \frac{\partial^2 f}{\partial x^2} + 2f\frac{\partial^2 f}{\partial x \partial y} + \frac{\partial f}{\partial y}\left(\frac{\partial f}{\partial x} + 2f\frac{\partial f}{\partial y}\right) \\
&\vdots
\end{aligned}$$

Una vez encontrados suficientes términos se suma la serie para tener y_1. A fin de calcular y_2, el valor de y en $x_2 = x_0 + 2h$, se repite el proceso anterior comenzando con el valor y_1 hallado y así siguiendo.

En la práctica, conviene usar las derivadas *"reducidas"*:

$$\alpha_i^n = \frac{h^n}{n!} y^{(n)}(x_i) \tag{9.23}$$

que dan cada término de la serie. Además, se pueden agrupar los términos *pares* e *impares* por separado como:

$$\begin{aligned}
s_1 &= y_1 + \alpha_1^2 + \alpha_1^4 + \cdots \\
s_2 &= \alpha_1 + \alpha_1^3 + \alpha_1^5 + \cdots
\end{aligned}$$

de manera que:

$$\begin{aligned}
y_2 &= s_1 + s_2 \\
y_0 &= s_1 - s_2
\end{aligned}$$

En este método se pueden probar los cálculos cambiando el signo del paso h, ya que en ese caso la serie debe proporcionar el valor antes calculado. En efecto, para el segundo paso tendríamos:

$$y_2 = y(x_1 + h) = y_1 + hy_1' + \frac{h^2}{2!}y_1'' + \cdots$$

y cambiando el signo de h:

$$y_0 = y(x_1 - h) = y_1 - hy_1' + \frac{h^2}{2!}y_1'' - \cdots$$

Ejemplo 9.4: Resolver por el método de la Serie de Taylor el siguiente problema de valores iniciales:

$$y' = x^2 + xy \qquad\qquad y(0) = 1$$

en $[0; 0{,}3]$ con $h = 0{,}1$ y cuatro decimales exactos.

Al comenzar el cálculo numérico conviene, en cualquier método, analizar gráficamente cuál será el comportamiento aproximado de la curva integral. En este caso, debe pasar por el punto $(0, 1)$ y en él $y' = 0$, o sea la tangente es horizontal. Para valores positivos de x próximos al origen es $y' > 0$ por lo cual la función es creciente. Además derivando tenemos:

$$y'' = 2x + xy' + y = 2x + x^3 + x^2y + y$$

esto es, para valores próximos al origen es $y'' > 0$, lo que asegura que la curva es cóncava hacia el eje de las y positivas.

Vamos ahora a calcular las derivadas sucesivas de y':

$$\begin{aligned} y'' &= xy' + y + 2x \\ y''' &= xy'' + 2y' + 2 \\ y^{IV} &= xy''' + 3y'' \\ &\vdots \\ y^{(n)} &= xy^{(n-1)} + (n-1)\, y^{(n-2)}\text{, para } n > 3 \end{aligned}$$

Las derivadas reducidas están dadas por la expresión:

$$\begin{aligned} \alpha_i^n &= x_i \frac{h}{n} \alpha_i^{n-1} + (n-1) \frac{h^2}{n(n-1)} \alpha_i^{n-2} \\ &= \frac{h}{n} \left(x_i \alpha_i^{n-1} + h\alpha_i^{n-2} \right) \end{aligned}$$

Partiendo de $y(0) = 1$; $y'(0) = 0$; $y''(0) = 1$; $y'''(0) = 2$ obtenemos los términos de la serie:

$$y_0 = 1 \quad \alpha_0^1 = hy'(0) = 0 \quad \alpha_0^2 = \frac{h^2}{2} y''(0) = 0{,}005$$

$$\alpha_0^3 = \frac{h^3}{6} y'''(0) = 0{,}00033 \quad \alpha_0^4 = \frac{h}{4} \left(x_0 \alpha_0^3 + h\alpha_0^2 \right) = 0{,}00001$$

El valor de α_0^4 indica que estamos en la exactitud buscada y no hay que seguir calculando más términos.

Disponemos los cálculos en la siguiente tabla:

i	x_i	α_i^1	α_i^2	α_i^3	α_i^4	s_1	s_2	y_i
0	0	0	0,00500	0,00033	0,00001	1,00501	0,00033	1
1	0,1	0,01105	0,06080	0,00039	0,00002	1,01144	0,01144	1,00534
2	0,2	0,02446	0,00736	0,00046	0,00002	1,03026	0,02492	1,02288
3	0,3							1,05518

Obtenemos con la precisión buscada:

$$y(0{,}1) = 1{,}0053 \qquad y(0{,}2) = 1{,}0229 \qquad y(0{,}3)1{,}0552$$

Es fácil verificar la validez de los resultados con las pruebas:

$$\begin{aligned} y(0) &= 1{,}01144 - 0{,}01144 = 1 \\ y(0{,}1) &= 1{,}03026 - 0{,}02492 = 1{,}00534 \end{aligned}$$

Nota: Si bien el criterio usado de *truncar* la SERIE DE TAYLOR cuando la contribución del último sumando pueda despreciarse según la exactitud requerida, es usual en la práctica, no es suficiente para asegurar que la suma de los términos despreciados no sea significativa. Para tener *certeza* habrá que acotar el error dado por el término complementario:

$$\frac{y^{(n+1)}(s)}{(n+1)!}h^{n+1} \text{ con } x_i < s < x_{i+1}$$

y calcular con qué valor de n se obtienen las cifras decimales exactas fijadas.

□

Como ventajas del MÉTODO DE LA SERIE DE TAYLOR hay que mencionar:

1. Se puede usar h más grande que en otros métodos.
2. Se aplica a ecuaciones *no lineales*.
3. Posee un recurso de prueba simple.

Como desventaja, hay que calcular derivadas sucesivas que pueden ser difíciles de programar.

9.5.2. Método de RUNGE[1]-KUTTA[2]

Este método tiene sobre el de la SERIE DE TAYLOR, la ventaja que las derivadas de la función se reemplazan por relaciones lineales entre los valores funcionales. Así, para integrar la ecuación diferencial:

$$y' = f(x,y) \qquad\qquad y(x_0) = y_0$$

RUNGE — *1895* — propuso calcular el valor y_1 en el punto $x_1 = x_0 + h$ mediante la expresión:

$$\boxed{y_1 \simeq y_0 + hf\left(x_0 + \frac{h}{2}, y_0 + \frac{h}{2}f'\right)} \qquad (9.24)$$

En efecto, desarrollando en SERIE DE TAYLOR tenemos:

$$y_0 + hf\left(x_0 + \frac{h}{2}, y_0 + \frac{h}{2}f\right) = y_0 + h\left[f(x_0,y_0) + \frac{h}{2}f_x + \right.$$
$$\left. + \frac{h}{2}ff_y + + \frac{h^2}{8}f_{xx} + \frac{h^2}{4}ff_{xy} + \frac{h^2}{8}f^2f_{yy} + \cdots\right]$$

y esta expresión coincide con (9.22) hasta el término en h^2 si consideramos el cálculo de las derivadas sucesivas:

$$y' = f(x,y) \quad y'' = f_x + f_yf$$
$$y''' = f_{xx} + 2f_{xy}f + f_{yy}f^2 + f_xf_y + f_y^2f$$

[1] RUNGE, CARL (1856-1927): Matemático y físico alemán pionero en la elaboración de métodos para la *"matemática de la aproximación"*.

[2] KUTTA, MARTIN W. (1867-1944): Matemático alemán que en su Tesis de Doctorado en la Universidad de MUNICH, incluyó el ahora famoso método de RUNGE-KUTTA.

Figura 9.2: MÉTODO DE RUNGE-KUTTA

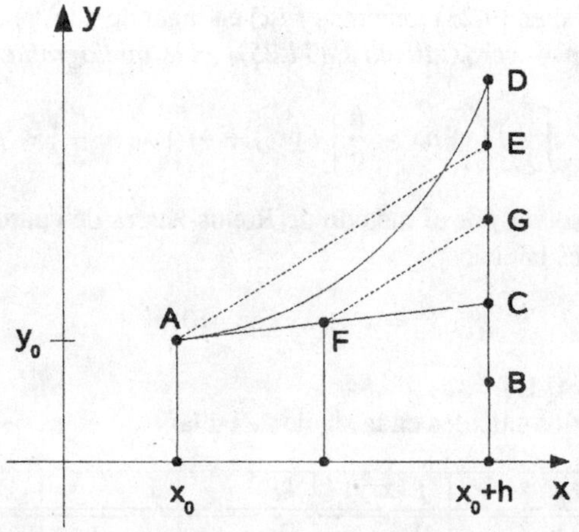

En la Fig. 9.2 se interpreta geométricamente la fórmula aproximada (9.24). Si la línea llena AD es la curva integral, $y'_0 = f(x_0, y_0)$ es la pendiente de la recta tangente $\overline{AC}$ y $hf(x_0, y_0) = \overline{BC}$. Siendo F el punto de coordenadas:

$$\left(x_0 + \frac{h}{2}; y_0 + \frac{h}{2} f_0\right)$$

la pendiente de la recta $\overline{FG}$ es:

$$f\left(x_0 + \frac{h}{2}; y_0 + \frac{h}{2} f_0\right)$$

Además:

$$hf\left(x_0 + \frac{h}{2}; y_0 + \frac{h}{2} f_0\right) = \overline{EB}$$

donde $\overline{AE} \parallel \overline{FG}$. Esto es, el método da como valor de y_1 la ordenada de E en lugar de la de D.

Mejor aproximación se tiene con la fórmula:

$$\boxed{y_1 = y_0 + \frac{1}{6}(k_1 + 2k_2 + 2k_3 + k_4) = y_0 + \frac{k}{6}} \qquad (9.25)$$

donde:

$$\begin{aligned} k_1 &= hf(x_0, y_0) \\ k_2 &= hf\left(x_0 + \frac{h}{2}; y_0 + \frac{1}{2}k_1\right) \\ k_3 &= hf\left(x_0 + \frac{h}{2}; y_0 + \frac{1}{2}k_2\right) \\ k_4 &= hf(x_0 + h; y_0 + k_3) \\ k &= k_1 + 2k_2 + 2k_3 + k_4 \end{aligned}$$

Desarrollando en SERIE DE TAYLOR se comprueba que (9.25) coincide con (9.22) hasta el término en h^4.

Obsérvese que si en (9.25) tomamos $f(x)$ en lugar de $f(x,y)$ obtenemos la clásica fórmula de SIMPSON — *ver [Cálculo 1, (11.25)] en la bibliografía.*

$$y_1 - y_0 = \int_{x_0}^{x_1} f(x)\, dx = \frac{h}{6}\left[f(x_0) + 4f\left(x_0 + \frac{h}{2}\right) + f(x_0 + h)\right]$$

Ejemplo 9.5: Resolver por el método de RUNGE-KUTTA de cuarto orden el siguiente problema de valores iniciales:

$$y' = x^2 + xy \text{ con } y(0) = 1$$

en $[0; 0{,}3]$ con $h = 0{,}1$.

Dispondremos los cálculos en la siguiente tabla:

i	x	y	$f(x,y)$	k_i	k	
1	0	1	0	0		
2	0,05	1	0,05250	0,00525		
3	0,05	1,00262	0,05263	0,00526		
4	0,1	1,00526	0,11053	0,01105	0,03207	
						$y_1 = 1{,}00535$
1	0,1	1,00535	0,11054	0,1105		
2	0,15	1,01088	0,17413	0,01741		
3	0,15	1,01406	0,17461	0,01746		
4	0,2	1,02281	0,24456	0,02446	0,10525	
						$y_2 = 1{,}02289$
1	0,2	1,02289	0,24458	0,02446		
2	0,25	1,03512	0,32128	0,03213		
3	0,25	1,03895	0,32224	0,03222		
4	0,03	1,05511	1,40653	0,04065	0,19381	
						$y_3 = 1{,}05519$

Los resultados obtenidos están afectados de un error de orden ah^5, pero como el coeficiente a no se conoce, lo usual es repetir el cálculo con un valor del paso $h_1 = 2h$. Sin embargo, existe un método conocido como de RUNGE-KUTTA-MERSON con el cual se puede controlar automáticamente la longitud del paso — *ver [Bib. 18, Mayers, p.p.16-27] en la bibliografía.*

□

9.5.3. Método de Predictor-Corrector

Los métodos numéricos que hemos visto en §9.5.1, 9.5.2 integran la ecuación diferencial en un intervalo, usando únicamente como valor de arranque el valor inicial de la función. Los métodos de *predictor-corrector* son métodos iterativos que usan valores previamente calculados como arranque y, en general, implican dos nuevos cálculos de $f(x,y)$ en cada caso. Se comienza con el valor y_0 en $x = x_0$, para el siguiente valor se usa una fórmula que no involucre $f(x_1, y_1)$. La exactitud de esta "*predicción*" se mejora usando una fórmula "*correctora*" que incorpora el valor aproximado predicho de $f(x_1, y_1)$. A menudo, para lograr la exactitud requerida, es preciso usar la fórmula correctora más de una vez.

Los diversos valores de arranque se calculan usando la Serie de Taylor o el método de Runge-Kutta. A fin de diferenciar valores predichos y corregidos de y usaremos los supraíndices * y ** respectivamente.

Si usamos como predictora la fórmula de Taylor con $n = 1$:

$$y_1^* = y_0 + hf(x_0, y_0) \tag{9.26}$$

y como correctora:

$$y_1^{**} = y_0 + \frac{1}{2}h\left[f(x_0, y_0) + f(x_1, y_1^*)\right] \tag{9.27}$$

vemos que el error en y_1^* es $O(h^2)$ y en y_1^{**} es $O(h^3)$ y no podemos estimar la magnitud de este último error. Pero podemos hacer que el error en (9.26) sea $O(h^3)$ incluyendo el siguiente término de la Serie de Taylor:

$$y_1^* = y_0 + hf_0 + \frac{1}{2}h^2 f_0'$$

donde:

$$f_0 \equiv f(x_0, y_0) \qquad\qquad f_0' \equiv \left.\frac{df}{dx}\right|_{x_0, y_0}$$

El valor de:

$$f_0' = \left.\frac{\partial f}{\partial x} + f\frac{\partial f}{\partial y}\right|_{x_0, y_0}$$

se aproxima con:

$$f_0' = \frac{1}{h}(f_0 - f_{-1}) + O(h)$$

por lo que el predictor resulta:

$$y_1^* = y_0 + \frac{1}{2}h(3f_0 - f_{-1}) \tag{9.28}$$

Entonces:

$$y_1^* = y_0 + \frac{1}{2}h\left[3f_0 - \left(f_0 - hf_0' + \frac{1}{2}h^2 f_0'' - \cdots\right)\right]$$

Si llamamos y_1 al valor exacto de y resulta:

$$y_1 - y_1^* = \frac{5}{12}h^3 f_0'' + O(h^4)$$

Procediendo de igual modo con la fórmula (9.27) tenemos:

$$y_1 - y_1^{**} = -\frac{1}{12}h^3 f_0'' + O(h^4)$$

Considerando estas dos últimas se puede aproximar:

$$y_1 \approxeq y_1^{**} - \frac{1}{6}(y_1^{**} - y_1^*)$$

por lo que $\frac{1}{6}\left(y_1^{\star\star} - y_1^{\star}\right)$ da la magnitud del error. Si los valores predicho y corregido concuerdan en tantos decimales como sea la exactitud requerida, se puede usar un paso mayor, seleccionando valores de $f(x, y)$ entre los ya determinados.

Los métodos de *predictor-corrector* se adecuan a computadoras personales ya que sólo exigen dos cálculos de $f(x, y)$ por paso y permiten una verificación directa de error por paso. Las desventajas para la computación automática consisten en que se precisa un método de arranque especial, se exige mucha memoria y los cambios de paso pueden ser muy engorrosos.

9.5.4. Método de Adams-Bashforth

En este método se aproxima la solución de la ecuación diferencial $y' = f(x, y)$ dada por:

$$y = y_0 + \int_{x_0}^{x} f[s, y(s)]\, ds \tag{9.29}$$

por un polinomio de interpolación de diversos puntos de la curva integral. Se usa para ello la fórmula de interpolación de Newton-Gregory descendente — *ver [Bib. 26, Sadosky Cap. 8]*:

$$f = f_0 + p\nabla f_0 + \frac{p(p+1)}{2}\nabla^2 f_0 + \frac{p(p+1)(p+2)}{6}\nabla^3 f_0 + \cdots \tag{9.30}$$

donde:

$$\begin{aligned} p &= \frac{x - x_0}{h} \\ \nabla f_0 &= f_0 - f_{-1} \\ \nabla^2 f_0 &= \nabla f_0 - \nabla f_{-1} = f_0 - 2f_{-1} + f_{-2} \\ &\vdots \end{aligned}$$

Integrando (9.30) de $p = 0$ a $p = 1$ resulta el valor predicho:

$$y_1^{\star} = y_0 + h\left(f_0 + \frac{1}{2}\nabla f_0 + \frac{5}{12}\nabla^2 f_0 + \frac{3}{8}\nabla^3 f_0 + \cdots\right) \tag{9.31}$$

Ahora se puede calcular $f_1^{\star} \equiv f\left(x_1, y_1^{\star}\right)$, así como las retrodiferencias $\nabla f_1^{\star}$, $\nabla f_2^{\star}$, $\cdots$. La fórmula correctora reemplaza $f(x, y)$ en (9.29) por:

$$f = f_1^{\star} + q\nabla f_1^{\star} + \frac{1}{2}q(q+1)\nabla^2 f_1^{\star} + \frac{1}{6}q(q+1)(q+2)\nabla^3 f_1^{\star} + \cdots$$

donde:

$$q = \frac{x - x_1}{h}$$

e integra desde $q = -1$ a $q = 0$. El valor corregido resulta:

$$y_1^{\star\star} = y_0 + h\left(f_1^{\star} - \frac{1}{2}\nabla f_1^{\star} - \frac{1}{12}\nabla^2 f_1^{\star} - \frac{1}{24}\nabla^3 f_1^{\star} - \cdots\right) \tag{9.32}$$

Las fórmulas (9.31) y (9.32) se llaman de Adams-Bashforth y en la práctica, se calculan tantos términos como sea posible según el número de retrodiferencias disponibles en $x = x_0$.

Ejemplo 9.6: Dada la ecuación diferencial:

$$\frac{dy}{dx} = x^2 + xy$$

y los valorcs dc arranquc:

$$y(-0{,}1) = 1{,}0047 \qquad y(0) = 1$$
$$y(0{,}1) = 1{,}0053 \qquad y(0{,}2) = 1{,}0229$$

calcular $y(0{,}3)$ y $y(0{,}4)$ por las fórmulas de ADAMS-BASHFORTH con cuatro decimales exactos.

Disponemos los cálculos en una tabla donde vamos calculando los valores de $f(x, y) = x^2 + xy$ para los valores de arranque fijados y las diferencias correspondientes. Los valores predichos los indicamos con un supraíndice * y los corregidos con **.

x	y	$f(x,y)$	∇f	$\nabla^2 f$	$\nabla^3 f$
−0,1	1,0047	−0,09047			
0	1	0	0,09047		
0,1	1,0053	0,11053	0,11053	0,02006	
0,2	1,0229	0,24458	0,13405	0,02352	0,00346
0,3	1,05517*	0,40655*	0,16197*	0,02792*	0,00440*
	1,05521**	0,40656**	0,16198**	0,02793**	0,00441**
0,4	1,10529*	0,60211*	0,19555*	0,03357*	0,00564*
	1,10534**	0,60213**	0,19557**	0,03359**	0,00566**

Obsérvese que los valores predichos y corregidos concuerdan hasta el cuarto decimal de modo que en cada paso, usamos la fórmula correctora una sola vez. La estimación del error cuando se desprecian diferencias cuartas y superiores es aproximadamente $0{,}07 - y^* - y^{**}$. Por consiguiente $y(0{,}3) = 1{,}0552$; $y(0{,}4) = 1{,}1053$.

□

9.6. Solución Numérica de Problemas de Valores de Contorno

Los métodos que hemos visto eran aplicables a problemas de valores iniciales en los cuales se da el valor de la solución al comienzo del intervalo de integración. En cambio, en el caso de problemas de valores de contorno, se fijan condiciones en los dos extremos del intervalo de integración. Los métodos más usuales para resolver este tipo de problemas son el MÉTODO DE DIFERENCIAS FINITAS y el de RITZ, que veremos a continuación.

9.6.1. Método de las Diferencias Finitas

El método consiste en subdividir el intervalo de integración mediante una partición $P = \{x_0 < x_1 < \cdots < x_n\}$ y aproximar las derivadas en estos puntos mediante expresiones en diferencias. Supongamos, para fijar ideas, que la ecuación diferencial es del tipo:

$$a_0(x)\,y'' + a_1(x)\,y' + a_2(x)\,y = b(x) \qquad (9.33)$$

donde $a_0(x)$, $a_1(x)$, $a_2(x)$ y $b(x)$ son funciones continuas de x y las condiciones de contorno son:

$$y(x_0) = \alpha \qquad\qquad y(x_n) = \beta \tag{9.34}$$

Sustituiremos y' e y'' por relaciones aproximadas tales como:

$$\begin{aligned} y'(x) &\approxeq \frac{y(x+h) - y(x-h)}{2h} \\ y''(x) &\approxeq \frac{y(x+h) - 2y(x) + y(x-h)}{h^2} \end{aligned} \tag{9.35}$$

o, si se desea mayor aproximación:

$$y'(x) \approxeq \frac{-y(x+2h) + 8y(x+h) - 8y(x-y) + y(x-2h)}{12h} \tag{9.36}$$

$$y''(x) \approxeq \frac{-y(x+2h) + 16y(x+h) - 30y(x) + 16y(x-h) - y(x-2h)}{12h^2} \tag{9.37}$$

Estas fórmulas se obtienen desarrollando en Serie de Taylor $y(x+h)$, $y(x-h)$, $y(x+2h)$, $\cdots$. Fácil es ver que los errores absolutos de (9.35) son menores que $\frac{h^2}{6}M_3$ y $\frac{h^2}{12}M_4$ donde M_3 y M_4 son cotas superiores de y''' y y^{IV}, respectivamente, en el intervalo de variación de x de semiamplitud h.

Sustituyendo la aproximación de primer orden (9.35) en la ecuación diferencial (9.33) se obtiene:

$$a_0(x)\frac{y(x+h) - 2y(x) + y(x-h)}{h^2} + \\ + a_1(x)\frac{y(x+h) - y(x-h)}{2h} + a_2(x)\,y(x) = b(x)$$

Ahora hacemos una partición del intervalo en partes iguales de longitud:

$$h = \frac{x_n - x_0}{n}$$

Si imponemos a la ecuación anterior la condición de verificarse en cada $x_i = x_0 + ih$ $(i = 1, 2, \ldots, n-1)$, tendremos un sistema de $n-1$ ecuaciones lineales en las $n-1$ incógnitas $y(x_1), y(x_2), \cdots, y(x_{n-1})$.

Ejemplo 9.7: Integrar la ecuación diferencial:

$$y'' - y = 0 \qquad\qquad y(0) = 0 \qquad\qquad y(1) = 1$$

Tomemos $h = \frac{1}{4}$ con lo cual el intervalo $[0, 1]$ queda dividido en cuatro partes iguales. Así, usando la aproximación de primer orden se obtiene:

$$16\,[y(x+h) - 2y(x) + y(x-h)] = y(x)$$

ecuación que debe verificarse en:

$$x = \frac{1}{4}, \frac{1}{2}, \frac{3}{4}$$

Entonces resulta:

$$\left.\begin{array}{rcl} 16\left[y\left(\frac{1}{2}\right)-2y\left(\frac{1}{4}\right)+y\left(0\right)\right] & = & y\left(\frac{1}{4}\right) \\ 16\left[y\left(\frac{3}{4}\right)-2y\left(\frac{1}{2}\right)+y\left(\frac{1}{4}\right)\right] & = & y\left(\frac{1}{2}\right) \\ 16\left[y\left(1\right)-2y\left(\frac{3}{4}\right)+y\left(\frac{1}{2}\right)\right] & = & y\left(\frac{3}{4}\right) \end{array}\right\}$$

sistema de 3 ecuaciones con 3 incógnitas cuya solución es:

$$y\left(\frac{1}{4}\right)=0{,}2151 \qquad y\left(\frac{1}{2}\right)=0{,}4437 \qquad y\left(\frac{3}{4}\right)=0{,}7000$$

Si se deseara mejor aproximación podría usarse una aproximación de segundo orden tal como (9.37), cuyo error absoluto es $< \frac{1}{90}h^4M_6$ donde M_6 es una cota superior de y^{VI} en el entorno de x de semiamplitud h.

□

9.6.2. Método de Rayleigh-Ritz

Este procedimiento consiste en sustituir la resolución del problema de valores de contorno por el problema equivalente de hallar la función que minimiza cierta integral. Esta minimización se lleva a cabo tomando exclusivamente polinomios o funciones trigonométricas que satisfagan las condiciones de contorno. Este tema es el enfoque que se sigue en una rama importante de la matemática, que se llama Cálculo de Variaciones. Por ello, este método está englobado dentro de los *"métodos variacionales"*.

Para ilustrarlo resolveremos el problema de vibraciones laterales de una barra elástica, empotrada en ambos extremos:

$$\frac{d^4y\left(x\right)}{dx^4}=k^4y\left(x\right)$$

con:

$$y\left(\pm 1\right)=0 \qquad \left.\frac{dy}{dx}\right|_{x=\pm 1}=0$$

Se puede demostrar — *ver [Bib. 26, Sadosky, Capítulo XI] en la bibliografía* — que la función $y\left(x\right)$ que satisface este problema de valores de contorno es la misma que satisface la condición:

$$I\left(y\right)=\int_{-1}^{1}\left[y''^2-k^4y^2\right]\,dx=\text{mínimo}$$

En este caso, podemos aproximar la función $y\left(x\right)$ mediante polinomios del tipo:

$$y_n\left(x\right)=\left(1-x^2\right)^2\left(\alpha_0+\alpha_1x^2+\cdots+\alpha_nx^{2n}\right)$$

que satisfacen las condiciones de contorno.

Si reemplazamos en la integral que hay que minimizar tenemos:

$$\begin{aligned} J_n &= \int_{-1}^{1}\left(y_n''^2-k_n^4y_n^2\right)\,dx \\ &= J_n\left(\alpha_0,\alpha_1,\ldots,\alpha_n\right) \end{aligned}$$

Los puntos estacionarios de este funcional J_n están dados por la solución del sistema de n ecuaciones lineales:

$$\frac{\partial J_n}{\partial \alpha_0} = \frac{\partial J_n}{\partial \alpha_1} = \frac{\partial J_n}{\partial \alpha_2} = \cdots = \frac{\partial J_n}{\partial \alpha_n} = 0$$

Si tomamos $n = 1$ resulta la solución:

$$y_1(x) = \left(1 - x^2\right)^2 \left(\alpha_0 + \alpha_1 x^2\right)$$

cuyos coeficientes están determinados por el sistema de ecuaciones:

$$\begin{cases} \alpha_0 \left(693 - 22k^4\right) + \alpha_1 \left(99 - 2k^4\right) = 0 \\ \alpha_0 \left(1287 - 26k^4\right) + \alpha_1 \left(3861 - 6k^4\right) = 0 \end{cases}$$

Para que este sistema homogéneo sea *compatible indeterminado*, el determinante de los coeficientes debe anularse y esa condición conduce a una ecuación de octavo grado en k, cuyas primeras raíces son:

$$k_1 = 2{,}3651 \qquad\qquad k_2 = 5{,}6487$$

Con la primer raíz obtenemos la solución:

$$u_1(x) = \left(1 - x^2\right)^2 \left(1 - 0{,}127x^2\right)$$

que constituye una muy buena aproximación ya que, como puede comprobarse fácilmente, esta ecuación se puede integrar exactamente mediante la sustitución $y = e^{rx}$.

9.7. Solución Numérica de Ecuaciones Diferenciales Parciales

Uno de los métodos más difundidos para resolver numéricamente ecuaciones diferenciales parciales es el de *"diferencias finitas"*. Este método consiste en subdividir la región de integración con una retícula apropiada y aproximar las derivadas mediante expresiones en las que aparece la función incógnita en un punto y en puntos próximos de la retícula. Otro enfoque usado modernamente, es el *"método de los elementos finitos"*, al que dedicaremos el próximo capítulo.

Sea la función incógnita $f(x, y)$ con incrementos $\Delta x = h$; $\Delta y = k$. Usaremos para sus derivadas las siguientes aproximaciones:

$$\begin{aligned} f_x(x,y) &\approxeq \frac{f(x+h,y) - f(x-h,y)}{2h} \\ f_y(x,y) &\approxeq \frac{f(x,y+k) - f(x,y-k)}{2k} \\ f_{xx}(x,y) &\approxeq \frac{f(x+h,y) - 2f(x,y) + f(x-h,y)}{h^2} \\ f_{yy}(x,y) &\approxeq \frac{f(x,y+k) - 2f(x,y) + f(x,y-k)}{k^2} \\ f_{xy}(x,y) &\approxeq \frac{f(x+h,y+k) - 2f(x-h,y+k)}{4hk} + \\ &+ \frac{-f(x+h,y-k) + f(x-h,y-k)}{4hk} \end{aligned} \tag{9.38}$$

Estas fórmulas aproximadas se llaman de *"diferencia central"* pero se pueden reemplazar por fórmulas de *"diferencia adelante"* donde todos los valores de f se dan en $x+h, y+k$ o bien de *"diferencia atrás"* tomando como argumentos $x-h, y-k$ y comparando con el punto x, y.

9.7.1. Ecuaciones elípticas

La ecuación elíptica general, como hemos visto en el capítulo 6 es de la forma:

$$Au_{xx} + Bu_{xy} + Cu_{yy} + Du_x + Eu_y + Fu = 0$$

donde $A = A(x,y)$; $B = B(x,y) \cdots$ siendo:

$$B^2 - 4AC < 0$$

en una región $\mathcal{R}$. Si bien para la solución analítica se requieren condiciones específicas de los coeficientes $A, B, \ldots$, para los métodos numéricos sólo se piden algunas condiciones de continuidad. Los valores de f pueden darse sobre la frontera C de la región $\mathcal{R}$ — *en general, una curva cerrada simple* — y éste es un PROBLEMA DE DIRICHLET. O bien se pueden fijar los valores de la derivada normal $\frac{\partial f}{\partial \vec{n}}$ a lo largo de C — PROBLEMA DE NEUMANN — o alguna condición mixta que implique los valores de f y $\frac{\partial f}{\partial \vec{n}}$ sobre C.

Ejemplo 9.8: Resolver por el método de diferencias finitas la ecuación diferencial de LAPLACE:

$$u_{xx} + y_{yy} = 0$$

en el cuadrado $0 < x < 4$; $0 < y < 4$ sujeta a las condiciones de contorno:

$$\begin{aligned}
u(x,y) &= x^2 + 2x & y &= 0 & 0 &\leqslant x \leqslant 4\\
u(x,y) &= -2y - y^2 & x &= 0 & 0 &\leqslant y \leqslant 4\\
u(x,y) &= x^2 + 2x - 24 & y &= 4 & 0 &\leqslant x \leqslant 4\\
u(x,y) &= 24 - y^2 - 2y & x &= 4 & 0 &\leqslant y \leqslant 4
\end{aligned}$$

Este problema de valores de contorno puede resolverse analíticamente, siendo su solución:

$$u(x,y) = (x+1)^2 - (y+1)^2$$

Para resolverlo numéricamente, subdividimos la región cuadrangular de la Fig. 9.3 mediante una retícula de espaciado $h = 1$; $k = 1$. Llamaremos *puntos malla* a aquellos puntos (x_i, y_j) con $0 \leqslant i \leqslant 4$; $0 \leqslant j \leqslant 4$ donde se cruzan las rectas que conforman la retícula. Las condiciones de contorno fijan los valores en los 4 bordes del cuadrado. Para los 9 puntos interiores usamos las ecuaciones (9.38) para determinar las ecuaciones:

$$u_{i+1,j} - 4u_{i,j} + u_{i-1,j} + u_{i,j+1} + u_{i,j-1} = 0 \tag{9.39}$$

Figura 9.3: PUNTOS MALLA

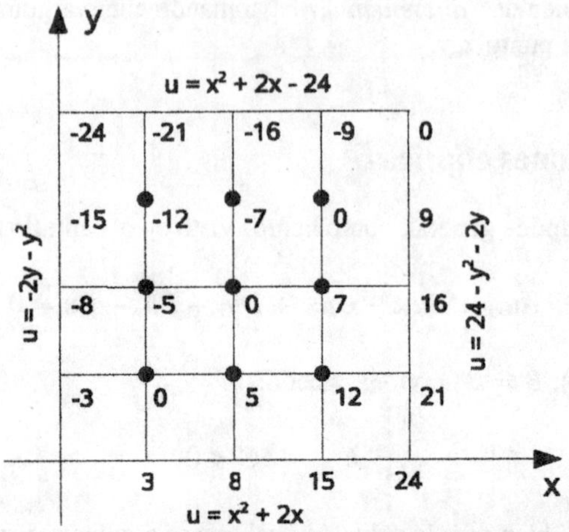

Retícula de espaciado $h = 1$; $k = 1$. Llamaremos *puntos malla* a aquellos puntos (x_i, y_j) con $0 \leqslant i \leqslant 4; 0 \leqslant j \leqslant 4$ donde se cruzan las rectas que conforman la retícula.

donde $u_{ij} = u(i, j)$. El sistema de 9 ecuaciones con 9 incógnitas resulta:

$$
\begin{aligned}
u_{2,1} - 4u_{1,1} + u_{1,2} &= 0 \\
u_{2,2} - 4u_{1,2} + u_{1,3} + u_{1,1} &= 8 \\
u_{2,3} - 4u_{1,3} + u_{1,2} &= 36 \\
u_{3,1} - 4u_{2,1} + u_{1,1} + u_{2,2} &= -8 \\
u_{3,2} - 4u_{2,2} + u_{1,2} + u_{2,3} + u_{2,1} &= 0 \\
u_{3,3} - 4u_{2,3} + u_{1,3} + u_{2,2} &= 16 \\
-4u_{3,1} + u_{2,1} + u_{3,2} &= -36 \\
-4u_{3,2} + u_{2,2} + u_{3,3} + u_{3,1} &= -16 \\
-4u_{3,3} + u_{2,3} + u_{3,2} &= 0
\end{aligned}
$$

Verificamos que este sistema no homogéneo tiene solución única y con el auxilio de un procedimiento de eliminación clásico obtenemos los valores que se indican en la Fig. 9.3.

Obsérvese que en este caso, la ecuación (9.39) se puede escribir así:

$$u_{ij} = \frac{1}{4}\left[u_{i+1,j} + u_{i,j+1} + u_{i-1,j} + u_{i,j-1}\right]$$

que indica que cada cada valor de u en un punto de malla es el promedio de los valores de u en los cuatro puntos malla adyacentes, como puede verificarse en la Fig. 9.3.

Si bien el método de diferencias finitas da sólo una *aproximación* a los valores de $u(x, y)$ en los puntos malla, se puede probar que, a medida que $h = k \to 0$, el error máximo tiende a cero.

□

Figura 9.4: Puntos Malla

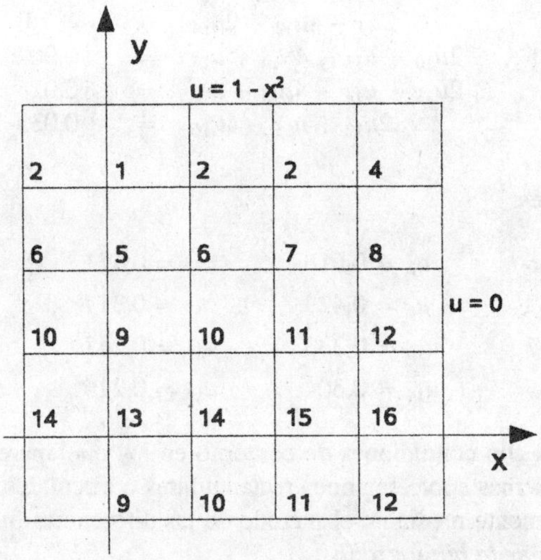

Retícula de espaciado $h = k = 0{,}25$.

Ejemplo 9.9: Resolver por el método de las diferencias finitas la Ecuación Diferencial de Poisson:

$$u_{xx} + y_{yy} = x^2 + y^2$$

en el cuadrado $|x| \leqslant 1$; $|y| \leqslant 1$ sujeta a las condiciones de contorno:

$$u = 0 \text{ en } x = \pm 1$$
$$u = 1 - x^2 \text{ en } y = \pm 1$$

El problema es simétrico respecto a los ejes x e y de modo que $u(i, j) = u(j, i)$ y basta con considerar el primer cuadrante. Tomamos una retícula con $h = k = 0{,}25$ como se indica en la Fig. 9.4. Los puntos de malla se han rotulado de modo de poner en evidencia la simetría del problema. Usando las ecuaciones (9.38) obtenemos la ecuación aproximada:

$$u_{i+1,j} + u_{i,j+1} + u_{i-1,j} - 4u_{i,j} = h^2\left[(ih)^2 + (jh)^2\right]$$

Dando valores a i, j obtenemos el sistema de 16 ecuaciones con 16 incógnitas:

$$\begin{aligned}
-4u_1 + 2u_2 + u_5 &= -0{,}965 \\
u_1 - 4u_2 + u_3 + u_6 &= -0{,}898 \\
u_2 - 4u_3 + u_4 + u_7 &= -0{,}699 \\
u_3 - 4u_4 + u_8 &= -0{,}367 \\
u_1 - 4u_5 + 2u_6 + u_9 &= 0{,}016 \\
u_2 + u_5 - 4u_6 + u_7 + u_{10} &= 0{,}019 \\
u_3 + u_6 - 4u_7 + u_8 + u_{11} &= 0{,}031 \\
u_4 + u_7 - 4u_8 + u_{12} &= 0{,}051 \\
u_5 - 4u_9 + 2u_{10} + u_{13} &= 0{,}004 \\
u_6 + u_9 - 4u_{10} + u_{11} + u_{14} &= 0{,}008
\end{aligned}$$

$$
\begin{aligned}
u_7 + u_{10} - 4u_{11} + u_{12} + u_{15} &= 0{,}019\\
u_8 + u_{11} - 4u_{12} + u_{16} &= 0{,}039\\
2u_9 - 4u_{13} + 2u_{14} &= 0\\
2u_{10} + u_{13} - 4u_{14} + u_{15} &= 0{,}004\\
2u_{11} + u_{14} - 4u_{15} + u_{16} &= 0{,}016\\
2u_{12} + u_{15} - 4u_{16} &= 0{,}035
\end{aligned}
$$

cuya solución es:

$$
\begin{array}{llll}
u_1 = 0{,}666 & u_2 = 0{,}616 & u_3 = 0{,}471 & u_4 = 0{,}249\\
u_5 = 0{,}469 & u_6 = 0{,}429 & u_7 = 0{,}317 & u_8 = 0{,}158\\
u_9 = 0{,}367 & u_{10} = 0{,}333 & u_{11} = 0{,}241 & u_{12} = 0{,}116\\
u_{13} = 0{,}335 & u_{14} = 0{,}304 & u_{15} = 0{,}219 & u_{16} = 0{,}104
\end{array}
$$

Los problemas con condiciones de contorno en los que aparecen derivadas de u, así como los problemas sobre regiones rectangulares o circulares, también se pueden resolver numéricamente mediante el método de las diferencias finitas — *ver libro de* SMITH *en [Bib. 29] de la bibliografía.*

□

9.7.2. Ecuaciones parabólicas

En este caso es $B^2 - 4AC = 0$ y un ejemplo típico es la ecuación del calor o de difusión.

Ejemplo 9.10: Resolver por el método de las diferencias finitas la ecuación del calor unidimensional:

$$u_{xx} = u_t \qquad 0 < x < \pi \qquad 0 < t < \infty$$

con las condiciones:

$$
\begin{aligned}
u(0,t) = u(\pi,t) = 0\\
u(x,0) = \operatorname{sen} x
\end{aligned}
$$

Este problema de valores de contorno puede resolverse analíticamente, siendo la solución $u(x,t) = \operatorname{sen} x e^{-t}$.

Para resolverlo numéricamente tomamos una retícula de espaciado $h = k$ donde $h = \Delta x$; $k = \Delta t$. Conocemos los valores de u en el borde de la región y para cada punto de malla interior usamos la ecuación en diferencias:

$$\frac{u(x+h,t) - 2u(x,t) + u(x-h,t)}{h^2} = \frac{u(x,t+k) - u(x,t)}{k} \tag{9.40}$$

Obsérvese que para aproximar u_t hemos tomado el *cociente de diferencias hacia adelante* pues sólo tenemos valores dados para $t = 0$. Con la ecuación (9.40) podemos calcular $u(x,k)$ para cada x en términos de los valores dados para $t = 0$. Con este valor calculamos $u(x, 2k)$ y así siguiendo. Este método se llama *método explícito* y da buen resultado siempre que el cociente:

$$\alpha = \frac{k}{h^2} < \frac{1}{2}$$

Esta restricción exige muchos pasos en el tiempo t para poder abarcar un intervalo grande con precisión.

Más práctico es usar un *método implícito*, el de CRANK-NICHOLSON. En este método se considera que el miembro de la derecha de (9.40) aproxima u_t en $\left(x, \frac{t+k}{2}\right)$ y el de la izquierda, u_{xx} también en $\left(x, \frac{t+k}{2}\right)$, se promedian las diferencias para t y $t+k$. El resultado es el siguiente:

$$\frac{1}{2}\left[\frac{u(x+h,t) - 2u(x,t) + u(x-h,t) + u(x+h,t+k)}{h^2} + \right.$$
$$\left. + \frac{-2u(x,t+k) + u(x-h,t+k)}{h^2}\right] = \frac{u(x,t+k) - u(x,t)}{k} \tag{9.41}$$

Al aplicar esta ecuación para $t = 0$ se obtiene un sistema de ecuaciones — *con matriz de coeficientes tridiagonal o sea todos los elementos nulos salvo los de la diagonal principal y los que estén inmediatamente a derecha a izquierda de la diagonal* — con incógnitas $u(x,k)$ donde $x = h, 2h, \ldots, \pi - h$. Una vez resueltas estas ecuaciones, el proceso se repite para obtener $u(x, 2k)$, etc. No existe valor crítico de α como en el método explícito.

Tomamos en este caso $h = k = \frac{\pi}{4}$ con lo que $\alpha = 1{,}27324$. Conocemos los valores $u(0,0) = u(\pi,0) = 0$; $u\left(\frac{\pi}{4},0\right) = u\left(\frac{3}{4}\pi,0\right) = \frac{\sqrt{2}}{2}$; $u\left(\frac{\pi}{2},0\right) = 1$.

La ecuación (9.41) da el sistema de tres ecuaciones con tres incógnitas:

$$\begin{aligned}
-4{,}546u_{h,k} + 1{,}273u_{2h,k} &= -0{,}887 \\
1{,}273u_{h,k} - 4{,}546u_{2h,k} + 1{,}273u_{3h,k} &= -1{,}254 \\
1{,}273u_{2h,k} - 4{,}546u_{3h,k} &= -0{,}887
\end{aligned}$$

cuya solución da:

$$u_{h,k} = u_{3h,k} = 0{,}323 \qquad u_{2h,k} = 0{,}457$$

Los valores exactos son 0,322 y 0,456. En cambio con el método explícito, e igual valor de α, obtenemos 0,180 y 0,254, respectivamente. Por supuesto, para obtener una precisión similar con este último método, habría que usar muchos más intervalos de tiempo.

□

9.7.3. Ecuaciones hiperbólicas

En este caso $B^2 - 4AC > 0$ y la ecuación típica es la de las ondas:

$$u_{tt} - c^2 u_{xx} = 0$$

Supongamos, para fijar ideas, que $0 \leqslant x \leqslant 1$; $0 < t < \infty$ y se dan valores de $u(x,0)$, $u_t(x,0)$, $u(0,t)$ y $u(1,t)$.

Para resolver numéricamente un problema de este tipo tomamos una retícula de espaciado $h = ck$, donde $h = \Delta x$; $k = \Delta t$. La ecuación en diferencias resulta ser:

$$\frac{u(x, t+k) - 2u(x, t) + u(x, t-k)}{k^2} =$$
$$= c^2 \frac{u(x+h, t) - 2u(x, t) + u(x-h, t)}{h^2}$$

de donde:

$$u(x, t+k) = u(x+h, t) + u(x-h, t) - u(x, t-k) \tag{9.42}$$

Esta última fórmula implica que basta conocer los valores de u en los puntos malla sobre dos líneas horizontales $t =$ cte. para calcular u en la siguiente línea superior.

Ejemplo 9.11: Resolver por el método de diferencias finitas la ecuación de las ondas:

$$u_{tt} - 4u_{xx} = 0 \qquad 0 < x < 1 \qquad 0 < t < \infty$$

siendo:

$$u(x, 0) = \operatorname{sen} \pi x$$
$$u_t(x, 0) = 0$$
$$u(0, t) = u(1, t) = 0$$

Sea $k = \frac{1}{8}$ con lo que $h = \frac{1}{4}$. Conocemos u para $t = 0$. Para $t = -k$ usamos el valor dado de u_t:

$$u_t(nh, 0) = 0 = \frac{u(nh, k) - u(nh, -k)}{2k}$$

Haciendo $x = nh$; $t = 0$ en (9.42) tenemos:

$$u(nh, k) = u((n+1)h, 0) + u((n-1)h, 0) - u(nh, -k)$$

Combinando ambas resulta:

$$u(nh, k) = \frac{1}{2}\left[u((n+1)h, 0) + u((n-1)h, 0)\right] \qquad n = 1, 2, 3$$

que en nuestros casos vale:

$$u\left(\frac{n}{4}, \frac{1}{8}\right) = \frac{1}{2}\left[u\left(\frac{n+1}{4}, 0\right) + u\left(\frac{n-1}{4}, 0\right)\right]$$

$$n = 1 \qquad u\left(\frac{1}{4}, \frac{1}{8}\right) = \frac{1}{2}\left[\operatorname{sen}\frac{\pi}{2} + \operatorname{sen} 0\right] = \frac{1}{2}$$

$$n = 2 \qquad u\left(\frac{1}{2}, \frac{1}{8}\right) = \frac{1}{2}\left[\operatorname{sen}\frac{3}{4}\pi + \operatorname{sen}\frac{\pi}{4}\right] = \frac{\sqrt{2}}{2}$$

$$n = 3 \qquad u\left(\frac{3}{4}, \frac{1}{8}\right) = \frac{1}{2}\left[\operatorname{sen}\pi + \operatorname{sen}\frac{\pi}{2}\right] = \frac{1}{2}$$

Como $u\left(0,\frac{1}{8}\right) = u\left(1,\frac{1}{8}\right) = 0$, entonces usando (9.42) podemos calcular:

$$\begin{aligned} u\left(\frac{1}{4},\frac{1}{4}\right) &= u\left(\frac{1}{2},\frac{1}{8}\right) + u\left(0,\frac{1}{8}\right) - u\left(\frac{1}{4},0\right) \\ &= \frac{\sqrt{2}}{2} + 0 - \frac{\sqrt{2}}{2} = 0 \\ u\left(\frac{1}{2},\frac{1}{4}\right) &= u\left(\frac{1}{4},\frac{1}{8}\right) + u\left(\frac{3}{4},\frac{1}{8}\right) - u\left(\frac{1}{2},0\right) \\ &= \frac{1}{2} + \frac{1}{2} - 1 = 0 \\ u\left(\frac{3}{4},\frac{1}{4}\right) &= u\left(1,\frac{1}{8}\right) + u\left(\frac{1}{2},\frac{1}{8}\right) - u\left(\frac{3}{4},0\right) \\ &= 0 + \frac{\sqrt{2}}{2} - \frac{\sqrt{2}}{2} = 0 \end{aligned}$$

El proceso puede repetirse para obtener $u(x,t)$ con t arbitrariamente grande. La concordancia con la solución exacta:

$$\begin{aligned} u(x,t) &= \frac{1}{2}\{\operatorname{sen}[\pi(x-2t)] + \operatorname{sen}[\pi(x+2t)]\} \\ &= \operatorname{sen}\pi x \cos 2\pi t \end{aligned}$$

es notable y ello se debe a la forma especial de la solución:

$$u(x,t) = \frac{1}{2}\left[f(x+ct) + f(x-ct)\right]$$

□

9.8. Problemas

1. Interpolar mediante un polinomio trigonométrico:

a)

$$f(x) = \frac{x^2(2\pi - x)}{\pi^3} \text{ en } 0 \leqslant x \leqslant 2\pi$$

$$x_k = \frac{2\pi k}{5} \quad k = 0, 1, 2, 3, 4$$

b)

$$f(x) = \frac{x \operatorname{sen} x}{\pi} \text{ en } 0 \leqslant x \leqslant 2\pi$$

$$x_k = \frac{2\pi k}{5} \quad k = 0, 1, 2, 3, 4$$

c)

$$f(x) = \frac{1}{1 + \operatorname{sen}^2 x} \text{ en } 0 \leqslant x \leqslant 2\pi$$

$$x_k = \frac{\pi k}{4} \quad k = 0, 1, 2, 3, 4, 5, 6, 7$$

2. Sea $x_k = \frac{2\pi k}{2n+1}$; $k = 0, 1, \ldots, 2n$. Sean m, p enteros; $0 \leqslant m \leqslant n$; $0 \leqslant p \leqslant n$. Probar las siguientes relaciones:

   a)
   $$\sum_{k=0}^{2n} \cos mx_k \cos px_k = 0 \qquad m \neq p$$

   b)
   $$\sum_{k=0}^{2n} \cos^2 mx_k = \frac{2n+1}{2} \quad (m \geqslant 1)$$

   c)
   $$\sum_{k=0}^{2n} \operatorname{sen} mx_k \operatorname{sen} px_k = 0 \qquad m \neq p$$

   d)
   $$\sum_{k=0}^{2n} \operatorname{sen}^2 mx_k = \frac{2n+1}{2} \qquad m \geqslant 1$$

   e)
   $$\sum_{k=0}^{2n} \cos mx_k \operatorname{sen} px_k = 0$$

   Sugerencia: Poner las funciones trigonométricas en términos de exponenciales complejas y calcular la suma de las series geométricas obtenidas.

3. Interpolar la función:
   $$f(x) = e^{\frac{ix^2}{2\pi}} \qquad 0 \leqslant x \leqslant 2\pi$$
   mediante un polinomio exponencial complejo y comparar con el valor exacto en $x = \frac{\pi}{2}$ y $x = \pi$.

4. Usar la factorización $6 = 3 \cdot 2$ para calcular la Transformada Rápida de Fourier $G(p)$ correspondiente a $g(k) = 3, 4, 8, 11, 7, 2$ con $k = 0, 1, 2, 3, 4, 5$; $n = 6$; $a = 3$; $b = 2$.

5. En la Transformada Discreta de Fourier $\mathscr{F}_n[g(k)]$, extender $g(k)$ a todos los enteros k para tener período n : $g(n) = g(0)$; $g(n+1) = g(1)$; $g(-1) = g(n-1)$; $\cdots$

   a) Probar que $G(p)$ tiene también período n y que para cada entero r:
   $$G(p) = \sum_{k=r}^{k=r+n-1} g(k)\, e^{-\frac{2\pi ikp}{n}}$$

b) Probar que $\mathscr{F}_n$ es un operador lineal:

$$\mathscr{F}_n[c_1 g_1 + c_2 g_2] = c_1 \mathscr{F}_n[g_1] + c_2 \mathscr{F}_n[g_2]$$

donde c_1 y c_2 son constantes complejas.

c) Probar que si s es un entero y $\mathscr{F}_n[g(k)] = G(p)$ entonces:

$$\mathscr{F}_n[g(k-s)] = e^{-\frac{2\pi i p s}{n}} G(p)$$

d) Definir la convolución de $g_1(k)$, $g_2(k)$, ambas periódicas de período n mediante la expresión:

$$g_1 * g_2 = \sum_{s=0}^{n-1} g_1(s)\, g_2(k-s) \qquad k = 0, \pm 1, \ldots$$

y probar que $g_1 * g_2$ también es periódica de período n y que:

$$\mathscr{F}_n[g_1 * g_2] = \mathscr{F}_n[g_1]\, \mathscr{F}_n[g_2]$$

Sugerencia: Calcular por definición:

$$\mathscr{F}_n[g_1 * g_2] = \sum_{k=0}^{n-1} \sum_{s=0}^{n-1} g_1(s)\, g_2(k-s)\, e^{-\frac{2\pi i k p}{n}}$$

intercambiar el orden de la suma, hacer $u = k-s$ en la suma respecto a k y usar los resultados de 5*a*.

6. Resolver por el Método de la Serie de Taylor los siguientes problemas de valores iniciales:

   a) $y' = -xy$ con $y(0) = 1$ en $[0;1]$.

   b) $y' = x^2 - y^2$ con $y(0) = 0$ en $[0;1]$.

7. Integrar con el método de Runge-Kutta la ecuación diferencial:

$$xy' - y(\ln xy - 1) = 0$$

con $y(2) = 1$ en $(2;4)$ y comparar con la solución exacta $xy = 2^{\frac{x}{2}}$.

8. Integrar con el método de Runge-Kutta la ecuación diferencial $x^3y' - y^2 - x^4 = 0$ con $y(1) = 0$ en $(1;2)$.

9. Usar el método de Runge-Kutta para integrar la ecuación diferencial de segundo orden $y'' = x^2 y$ con $y(0) = 0$ e $y'(0) = 1$ en el intervalo $[0;1]$.

10. Usar las fórmulas de Adams-Bashforth para continuar hasta $x = 0{,}4$ la solución correcta hasta el cuarto lugar decimal de la ecuación diferencial:

$$y' - y = \log(2 + x)$$

dados los valores de arranque:

x	$-0{,}2$	$-0{,}1$	0	$0{,}1$
y	$0{,}7684$	$0{,}8773$	1	$1{,}1379$

11. La función:

$$y(x) = x^2 + 2x + 2 - e^x$$

satisface la ecuación diferencial:

$$y' = y - x^2 \qquad\qquad y(0) = 1$$

Con los valores de arranque:

$$y(0{,}2) = 1{,}2186 \qquad y(0{,}4) = 1{,}4682 \qquad y(0{,}6)1{,}7379$$

continuar la integración hasta $x = 1$ correcta hasta el tercer lugar decimal y comparar con la solución exacta.

12. Integrar la ecuación diferencial de Airy:

$$y'' + \lambda xy = 0 \qquad\qquad y(0) = y(1) = 0$$

siendo λ un parámetro a determinar. Usar la aproximación (9.35) con $h = 0{,}25$.

13. Integrar por el método de Rayleigh-Ritz la ecuación diferencial:

$$y'' = y \qquad\qquad y(0) = 0 \qquad\qquad y(1) = 1$$

sabiendo que este problema es equivalente al cálculo de:

$$\int_0^1 \left(y'^2 + y^2\right) dx = \text{mínimo}$$

Usar polinomios de la forma:

$$y = x\left[1 + \alpha_1(x-1) + \alpha_2(x-1)^2 + \cdots + \alpha_n(x-1)^n\right]$$

y comparar con la solución exacta:

$$y = \frac{\text{sh}x}{\text{sh}1}$$

14. Calcular por el método de las diferencias finitas la solución de la ecuación:

$$u_{xx} = u_t$$
$$u(x,0) = \text{sen}^2 \pi x \text{ para } 0 \leqslant x \leqslant 1$$
$$u(0,t) = u(1,t) = 0 \text{ para } t > 0$$

15. Resolver la ecuación diferencial de Laplace:

$$u_{xx} + y_{yy} = 0$$

para $a \leqslant x \leqslant b$, $c \leqslant y \leqslant d$ con:

$$u(x,c) = f(x) \qquad\qquad u(x,d) = g(x)$$
$$u(a,y) = p(y) \qquad\qquad u(b,y) = q(y)$$

usando una retícula:

$$h = \frac{b-a}{n} \qquad\qquad k = \frac{d-c}{m} \qquad (n, m \in \mathbb{N})$$

16. Resolver el problema de valores de contorno:

$$u_{xx} + y_{yy} = 0$$

para $x^2 + y^2 \leqslant 1$ con:

$$\frac{\partial u}{\partial \overrightarrow{n}} = \operatorname{sen} \theta$$

usando coordenadas polares y tomando u en los puntos $(r, \theta), r = 0; \frac{1}{2}; 1; \theta = \frac{k\pi}{4}$ $(k = 0, 1, 2, 3, 4, 5, 6, 7, 8)$.

Sugerencia: Como la solución está determinada a menos de una constante aditiva, se puede escribir:

$$u(r, \theta) = u_0(r, \theta) + c$$

donde $u_0(r, \theta)$ es una solución escogida para que sea nula en el origen. Nótese que, por simetría, es:

$$u_0(r, \theta) = u_0(r, \pi) = 0$$
$$u_0(r, \theta) = -u_0(r, -\theta) = u_0(r, \pi - \theta)$$

17. Resolver el problema de valores de contorno:

$$u_{tt} - u_{xx} = 0 \quad 0 \leqslant x \leqslant 1 \quad 0 \leqslant t < \infty$$
$$u(0, t) = u(1, t) = 0$$
$$u(x, 0) = x - x^2$$
$$u_t(x, 0) = 0$$

tomando u en los puntos malla $(0{,}25i; 0{,}25j)$, siendo $i = 0, 1, 2, 3, 4$; $j = 0, 1, 2$.

18. Resolver el problema de valores de contorno:

$$u_{tt} - u_{xx} = 0 \quad 0 \leqslant x \leqslant 1 \quad 0 \leqslant t < \infty$$
$$u(0, t) = u(1, t) = 0$$
$$u(x, 0) = 0$$
$$u_t(x, 0) = \operatorname{sen} \pi x$$

tomando u en los puntos de malla $(0{,}25i; 0{,}25j)$ siendo $i = 0, 1, 2, 3, 4$; $j = 0, 1, 2$.

Capítulo 10

Método de los Elementos Finitos

> "Conciencia, experimento, función, construcción, tecnología, matemática: estos son los hermanos del arte de nuestra época."
>
> RODCHENKO, ALEXANDER

10.1. Introducción

El método de los elementos finitos es una técnica numérica para resolver en forma aproximada problemas de valores de contorno. Surgió como una alternativa al método de las diferencias finitas y lo motivaron razones físicas, por ejemplo en la industria de la aviación donde era preciso un análisis exacto de estructuras aéreas muy complejas. La disponibilidad de computadoras digitales cada vez más potentes desde la década del 50, favoreció el rápido desarrollo de métodos matriciales. El concepto básico del método de elementos finitos es que la estructura puede ser considerada como una reunión de elementos estructurales individuales. La idea original del método consiste en el uso de elementos *bi- y tri-dimensionales* para idealizar un continuo. En una estructura tal como una placa plana, el continuo debe ser artificialmente dividido en un número de elementos antes de aplicar un análisis matricial de la estructura. Estos elementos, que se denominan *"elementos finitos"*, son generalmente de forma triangular o rectangular.

En la realidad, estos elementos están conectados a lo largo de sus contornos comunes. Por lo tanto, es necesario exigir que se cumplan condiciones de continuidad tanto en los puntos nodales como a lo largo de las aristas de los elementos.

Gran parte del éxito del método de los elementos finitos, aún usando elementos triangulares de primer orden, reside en su alta flexibilidad geométrica. A diferencia de otros métodos numéricos, la técnica de elementos finitos no está restringida por las formas geométricas del problema. Por ejemplo, mediante elementos triangulares, puede tratarse cualquier región plana, cuyo contorno pueda aproximarse satisfactoriamente mediante una sucesión de segmentos de recta. Además, la red de elementos triangulares que modeliza la región del problema no es regular, ni en sentido geométrico ni topológico, siendo los triángulos de forma y dimensión variables y estando interconectados de modo que no observan necesariamente un patrón regular.

La solución aproximada de un problema físico mediante elementos finitos puede dividirse en seis etapas:

1. Subdivisión de la región del problema en elementos finitos dando origen a la red.

2. Definición de las fuentes y los valores de contorno impuestos al problema.

3. Obtención de la representación matricial de cada elemento.

4. Ensambladura de los elementos finitos mediante transformaciones matriciales e imposición de las condiciones de contorno.

5. Solución del sistema de ecuaciones algebraicas resultante.

6. Evaluación de los resultados.

Cabe observar que las etapas 2, 3 y 4 implican un trabajo numérico sistemático de características repetitivas y por ende, sumamente adecuado para su manipulación mediante una computadora digital. Existen en la bibliografía numerosas aplicaciones del método de los elementos finitos al cálculo de estructuras, en particular de flexiones de placas y láminas — *ver obra de* Akin *o bien de* Rockey *y* Evans *en [Bib. 4] y [Bib. 23] de la bibliografía.*

En cambio, las aplicaciones a la ingeniería eléctrica comienzan recién en 1968 — *ver obra de* Silvester *y* Ferrari *en [Bib. 28] de la bibliografía* — y en la teoría del campo electromagnético hay sorprendentemente pocas aplicaciones. Es por esa razón que hemos elegido para ilustrar el método algunos problemas de potenciales escalares bidimensionales.

10.2. Ecuación de Laplace

Como hemos visto en el Capítulo 6, numerosos problemas físicos se resuelven mediante la solución de la Ecuación de Laplace en dos dimensiones:

$$\frac{\partial^2 u}{\partial x^2} + \frac{\partial^2 u}{\partial y^2} = 0$$

o bien:

$$\nabla^2 u = 0 \tag{10.1}$$

Entre ellos, la búsqueda de la distribución del potencial eléctrico en el espacio entre dos conductores en una línea de transmisión coaxial o de la distribución del potencial electromagnético en la región del entrehierro de una máquina eléctrica. En esos casos, el principio físico de energía potencial mínima exige que la distribución de potencial en la línea de transmisión o en la ranura minimice la energía de campo almacenada por unidad de longitud. Esta energía vale:

$$W(u) = \frac{1}{2} \iint_{\mathcal{R}} |\nabla u|^2 \, dA \tag{10.2}$$

a menos de un factor constante, siendo $\mathcal{R}$ la región plana de integración. El principio de energía mínima es matemáticamente equivalente a la Ecuación de Laplace, en el sentido que una distribución de potencial que satisfaga (10.1) minimiza la energía y recíprocamente. El método de los elementos finitos aprovecha esta circunstancia introduciendo una expresión aproximada para la energía almacenada $W(u)$, suponiendo que el potencial u está dado por una combinación de funciones adecuadamente elegidas, con coeficientes indeterminados. La minimización de la energía determina los coeficientes y proporciona la distribución aproximada del potencial.

Figura 10.1: Línea rectangular coaxial

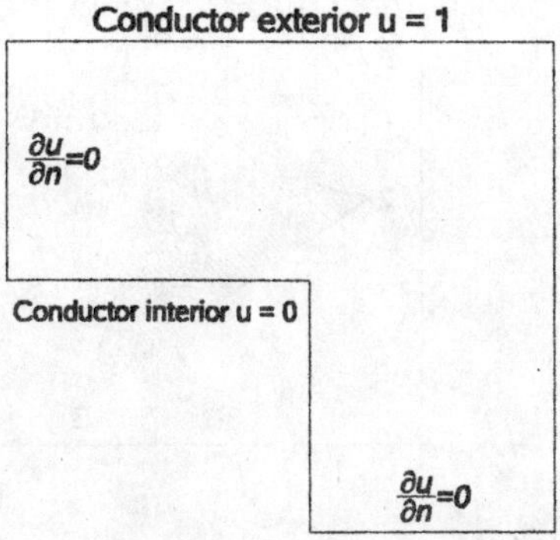

En la figura se ha representado un cuarto de la misma.

Supongamos, para fijar ideas, que tenemos una línea rectangular coaxial, un cuarto de la cual se representa en la Fig. 10.1, con las condiciones de contorno del problema.

Sea $u(x, y)$ la solución exacta del problema y sea $h(x, y)$ una función de clase C^2 con valor cero en todo punto del contorno. Así la combinación $u + \theta h$ donde θ es un escalar, tiene los mismos valores de contorno que los de u. La energía asociada con esta combinación vale:

$$W(u+\theta h) = W(u) + \iint_{\mathcal{R}} (\nabla u \cdot \nabla h)\, dA + \frac{\theta^2}{2} \iint_{\mathcal{R}} |\nabla h|^2\, dA \tag{10.3}$$

Usando la identidad de Green — *[Cálculo 2, §9.6]* — el segundo sumando se escribe:

$$\iint_{\mathcal{R}} (\nabla u \cdot \nabla h)\, dA = \oint_C h \frac{\partial u}{\partial n}\, ds - \iint_{\mathcal{R}} h \nabla^2 u\, dA$$

donde C es una curva de Jordan, suave a trozos, que constituye el contorno de la región $\mathcal{R}$.

Entonces de (10.3) tenemos:

$$\begin{aligned} W(u+\theta h) = W(u) + \theta^2 W(h) + \theta \oint_C h \frac{\partial u}{\partial n}\, ds + \\ - \theta \iint_{\mathcal{R}} h \nabla^2 u\, dA \end{aligned} \tag{10.4}$$

Las dos integrales del miembro de la derecha se anulan, la curvilínea pues tanto h como la derivada normal se anulan sobre C. Para la integral doble, es obvio que $\nabla^2 u = 0$ sobre $\mathcal{R}$. Por lo tanto:

$$W(u+\theta h) = W(u) + \theta^2 W(h) \tag{10.5}$$

El segundo sumando de (10.5) es siempre positivo por lo que $W(u)$ será el valor mínimo de la energía, alcanzado cuando $\theta = 0$ para cualquier función admisible h. El error cometido es del orden de θ^2 de modo que si θ es pequeño, el error en energía será mucho menor que el error en potencial.

Figura 10.2: Triángulo de vértices 1, 2, 3

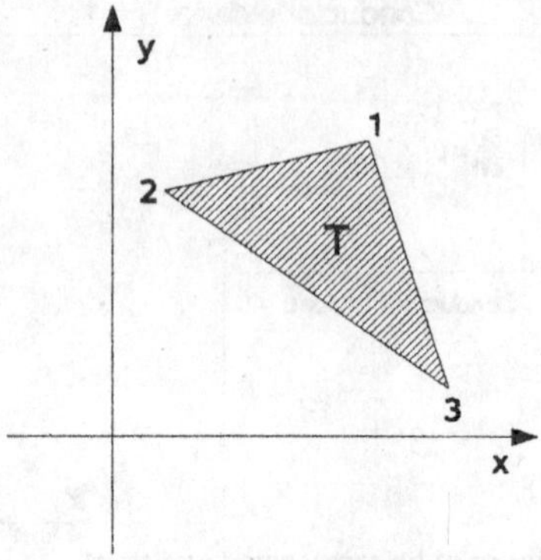

En la figura se ha representado el triángulo de vértices 1, 2, 3, cuyos potenciales valen U_1, U_2 y U_3 respectivamente.

10.3. Elementos Finitos de Primer Orden

Subdividimos la región de la Fig. 10.1 en elementos triangulares y vamos a aproximar el potencial dentro de cada elemento por una aproximación lineal tal como:

$$U = a + bx + cy \tag{10.6}$$

Esto implica que la solución aproximada es planar por segmentos — *facetada* — pero continua en todo punto. En efecto, como el potencial a lo largo de cualquier lado de un triángulo es la interpolación lineal entre los valores de ambos vértices, si dos triángulos comparten un par de vértices, el potencial será continuo a través de la frontera entre elementos finitos.

Si aplicamos la ecuación (10.5) a un triángulo de vértices 1, 2, 3 — *Fig. 10.2* — cuyos potenciales valgan U_1, U_2, U_3, respectivamente, obtenemos la ecuación matricial:

$$\begin{bmatrix} U_1 \\ U_2 \\ U_3 \end{bmatrix} = \begin{bmatrix} 1 & x_1 & y_1 \\ 1 & x_2 & y_2 \\ 1 & x_3 & y_3 \end{bmatrix} \begin{bmatrix} a \\ b \\ c \end{bmatrix} \tag{10.7}$$

Como el determinante de los coeficientes es el doble del área A del triángulo, podemos usar (10.7) para calcular a, b, c. Entonces:

$$U = \begin{bmatrix} 1 & x & y \end{bmatrix} \begin{bmatrix} 1 & x_1 & y_1 \\ 1 & x_2 & y_2 \\ 1 & x_3 & y_3 \end{bmatrix}^{1} \begin{bmatrix} U_1 \\ U_2 \\ U_3 \end{bmatrix} \tag{10.8}$$

Invirtiendo la matriz y efectuando los productos matriciales, vemos que la ecuación (10.8) se puede escribir:

$$U = \sum_{i=1}^{3} U_i \alpha_i (x, y) \tag{10.9}$$

donde las funciones α_i son funciones lineales de posición dadas por:

$$\alpha_1 = \frac{1}{2\Lambda} \left[(x_2 y_3 - x_3 y_2) + (y_2 - y_3) + (x_3 - x_2)\, y \right] \tag{10.10}$$

y α_2, α_3 se obtienen por intercambio cíclico de subíndices.

Con (10.10) vemos que las funciones α_i se anulan en todos los vértices excepto en uno de ellos, donde valen uno, esto es:

$$\alpha_i(x_j, y_j) = \begin{cases} 0 & , \text{si } i \neq j \\ 1 & , \text{si } i = j \end{cases}$$

La energía del elemento triangular puede calcularse mediante la integral doble (10.2), siendo:

$$\nabla U = \sum_{i=1}^{3} U_i \nabla \alpha_i$$

Así resulta la energía del elemento finito, que indicaremos $W^{(e)}$:

$$W^{(e)} = \frac{1}{2} \iint_T (\nabla U)^2 \, dx\, dy$$

$$= \frac{1}{2} \sum_{i=1}^{3} \sum_{j=1}^{3} U_i \left[\iint_T (\nabla \alpha_i \cdot \nabla \alpha_j) \, dx\, dy \right] U_j$$

Llamando $S^{(e)}$ a la matriz cuyos elementos son:

$$S_{ij}^{(e)} = \iint_T (\nabla \alpha_i \cdot \nabla \alpha_j) \, dx\, dy$$

tenemos la forma cuadrática matricial:

$$W^{(e)} = \frac{1}{2} U^t S^{(e)} U \tag{10.11}$$

donde U es el vector columna cuyos elementos son los valores de potencial en los vértices y el superíndice t indica *transpuesto*.

10.4. Ensamblaje de Aristas

Si ahora ensamblamos un número n de elementos finitos, la energía total será la suma de las energías calculadas en (10.11):

$$W = \sum_{i=1}^{n} W^{(e_i)} \tag{10.12}$$

Para proceder al adosaje de triángulos, bastará considerar el ensamblaje de un triángulo a un conjunto existente. Supongamos tener el triángulo $1-2-3$ al que le vamos a adjuntar el $4-5-6$ — *Fig.* 10.3. El vector de los valores de potencial en los seis vértices — *antes de adosarlos* — será:

$$U_{\text{dis}}^t = [\, U_1 \quad U_2 \quad U_3 \quad U_4 \quad U_5 \quad U_6 \,]_{\text{dis}}$$

donde el subíndice "dis" indica elementos disjuntos. Así, la energía total de la pareja de triángulos resulta:

$$W = \frac{1}{2} U_{\text{dis}}^t S_{\text{dis}} U_{\text{dis}} \tag{10.13}$$

Figura 10.3: Adosaje de triángulos

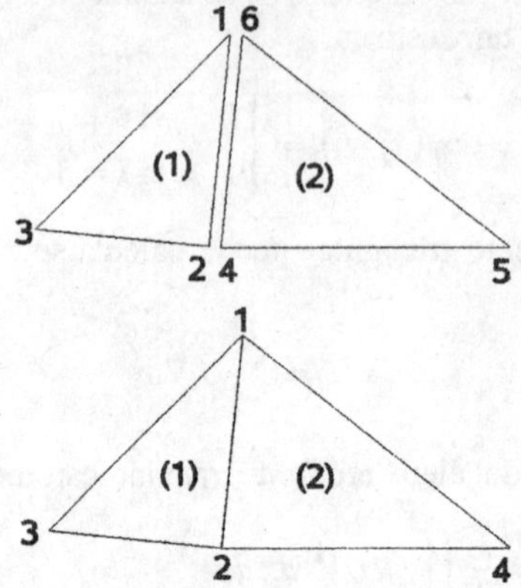

En la figura se ha representado el procedimiento mediante el cual se adosa el triángulo $1-2-3$ al $4-5-6$.

donde:

$$S_{\text{dis}} = \begin{bmatrix} S^{(1)} & \vdots & 0 \\ \dots & \vdots & \dots \\ 0 & \vdots & S^{(2)} \end{bmatrix} \tag{10.14}$$

y los bloques $S^{(1)}$ y $S^{(2)}$ se calculan tomando:

$$S^{(1)} = \begin{bmatrix} S_{11} & S_{12} & S_{13} \\ S_{21} & S_{22} & S_{23} \\ S_{31} & S_{32} & S_{33} \end{bmatrix} \qquad S^{(2)} = \begin{bmatrix} S_{44} & S_{45} & S_{46} \\ S_{54} & S_{55} & S_{56} \\ S_{64} & S_{65} & S_{66} \end{bmatrix} \tag{10.15}$$

La exigencia de continuidad del potencial a través de la frontera entre los elementos triangulares (1) y (2) solicita que los potenciales en los vértices 1 y 6 sean iguales, así como los de los vértices 2 y 4. Esta igualdad queda implícita en la numeración de nodos para la región cuadrilátera conexa de la Fig. 10.3. En forma general, esta igualdad se expresa como una matriz C que relaciona los potenciales de los elementos disjuntos con los potenciales del conjunto conexo:

$$U_{\text{dis}} = C U_{\text{con}} \tag{10.16}$$

Aplicada a este caso particular, la ecuación (10.16) se escribe:

$$\begin{bmatrix} U_1 \\ U_2 \\ U_3 \\ U_4 \\ U_5 \\ U_6 \end{bmatrix}_{\text{dis}} = \begin{bmatrix} 1 & 0 & 0 & 0 \\ 0 & 1 & 0 & 0 \\ 0 & 0 & 1 & 0 \\ 0 & 1 & 0 & 0 \\ 0 & 0 & 0 & 1 \\ 1 & 0 & 0 & 0 \end{bmatrix} \begin{bmatrix} U_1 \\ U_2 \\ U_3 \\ U_4 \end{bmatrix}_{\text{con}}$$

Sustituyendo (10.16) en (10.13), la energía resulta:

$$W = \frac{1}{2} U'_{\text{con}} S\, U_{\text{con}} \tag{10.17}$$

donde:

$$S = C^t S_{\mathrm{dis}} C$$

La matriz S en el caso de la Fig. 10.3, se calcula mediante la expresión:

$$S = \begin{bmatrix} S_{11}+S_{66} & S_{12}+S_{64} & S_{13} & S_{65} \\ S_{21}+S_{46} & S_{22}+S_{44} & S_{23} & S_{45} \\ S_{31} & S_{32} & S_{33} & 0 \\ S_{56} & S_{54} & 0 & S_{55} \end{bmatrix}$$

Una vez calculada la energía del modelo conexo de elementos finitos mediante (10.17), ahora resta minimizar dieha energía. Como (10.17) es cuadrática en los potenciales de los nodos, tiene un único mínimo que se obtiene haciendo:

$$\frac{\partial W}{\partial U_k} = 0$$

donde k indica el número de nodos en el modelo conexo.

Por supuesto que no se trata de un extremo libre sino condicionado por los valores de potencial especificados en ciertos segmentos de frontera. Supongamos que la numeración de nodos en el modelo conexo es tal que todos aquellos nodos cuyos potenciales pueden variar se numeran en primer término y todos aquellos con valores de potencial prefijados, se numeran al final. La condición de mínimo podría entonces desarrollarse con las matrices por bloques:

$$\frac{\partial W}{\partial U_k} = \frac{\partial}{\partial [U_l]_k} \left\{ \begin{bmatrix} U_l^t & U_p^t \end{bmatrix} \begin{bmatrix} S_{ll} & S_{lp} \\ S_{pl} & S_{pp} \end{bmatrix} \begin{bmatrix} U_l \\ U_p \end{bmatrix} \right\} = 0 \qquad (10.18)$$

donde los subíndices l y p indican potenciales *"libres"* y *"prefijados"*, respectivamente. Al derivar con respecto a los potenciales libres, los prefijados son constantes y la ecuación matricial resultante es:

$$\begin{bmatrix} S_{ll} & S_{lp} \end{bmatrix} \begin{bmatrix} U_l \\ U_p \end{bmatrix} = 0 \qquad (10.19)$$

de donde:

$$S_{ll} U_l = -S_{lp} U_p$$

La matriz S_{ll} es cuadrada y, en general, no singular. Por lo que podemos despejar:

$$U = \begin{bmatrix} -S_{ll}^{-1} S_{lp} U_p \\ U_p \end{bmatrix} \qquad (10.20)$$

Si bien la solución aproximada resulta ser un conjunto de valores de potenciales en los nodos es importante hacer notar que la solución obtenida con el método de los elementos finitos vale con precisión en cualquier punto, no sólo en los vértices de los triángulos. Y esa es una de las ventajas, a más de su versatilidad geométrica, sobre el método de diferencias finitas, que sólo proporciona valores en ciertos puntos escogidos discretamente.

Los valores del potencial dentro de cada triángulo están prescriptos por la ecuación (10.6). Como el potencial en cada arista de los elementos triangulares se toma como la interpolación lineal de sus valores en los vértices nodales, la gráfica de líneas equipotenciales está constituida por la unión de segmentos rectos, tal como puede apreciarse en la Fig. 10.4, que muestra la solución del problema de la Ecuación de Laplace en la

Figura 10.4: Ecuación de Laplace en una línea rectangular coaxial

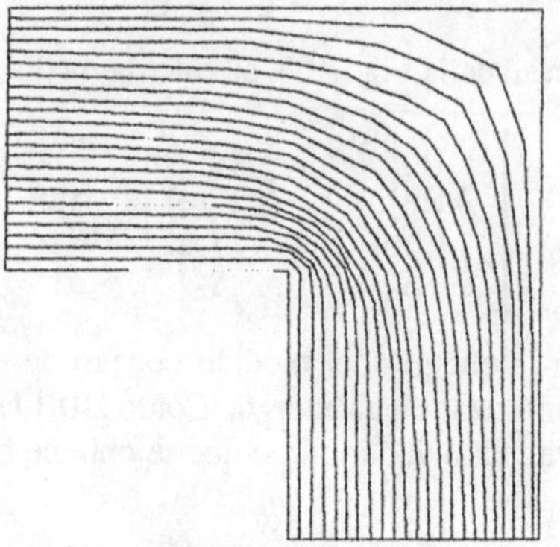

En la figura se ha representado la gráfica de líneas equipotenciales correspondientes a la solución de la Ecuación de Laplace en la línea rectangular coaxial de la Fig. 10.1.

línea rectangular coaxial de la Fig. 10.1. Cabe observar que en este caso las condiciones de contorno de Dirichlet — *que exigen que el potencial tome valores prefijados* — se cumplen exactamente pues los valores del potencial en los nodos del contorno se toman explícitamente en (10.18). En cambio, la condición de contorno homogénea de Neumann — *derivada normal nula* — sólo se cumple en un cierto sentido de valor medio, lo que hace que la integral curvilínea de (10.4) se anule, por lo que el procedimiento seguido en este caso es un compromiso entre el error cometido a lo largo del contorno de Neumann y el aumento de exactitud en la región $\mathcal{R}$.

10.5. Ecuación de Poisson

Cuando existen fuentes distribuidas en el campo, la Ecuación de Laplace homogénea ya no es aplicable, pues aparece un término que toma en cuenta las distribuciones de fuente. Sin embargo, el modelo de discretización por elementos finitos triangulares que hemos visto para la Ecuación de Laplace, sigue siendo válido.

Para ejemplificar el procedimiento, supongamos el rotor de una máquina eléctrica, cuya ranura se representa en la Fig. 10.5. Sea $\vec{A}$ el potencial vectorial magnético y $\vec{J}$ la densidad de corriente. Si suponemos la ranura y el conductor infinitamente largos, entonces $\vec{A}$ y $\vec{J}$ sólo poseen componentes longitudinales y los valores escalares $A = |\vec{A}|$; $J = |\vec{J}|$ satisfacen la Ecuación Diferencial de Poisson:

$$\nabla^2 A = -\mu_0 J \tag{10.21}$$

donde μ_0 es la permeabilidad magnética absoluta del vacío.

El problema variacional equivalente a resolver la ecuación de Poisson (10.21) consiste en minimizar el funcional de la energía:

$$F(u) = \frac{1}{2} \iint_{\mathcal{R}} |\nabla u|^2 \, dx\, dy - \mu_0 \iint_{\mathcal{R}} uJ \, dx\, dy \tag{10.22}$$

Para probar que este funcional alcanza un mínimo que corresponde a la solución de (10.21), supongamos que la solución es $\vec{A}$ y sea v una función diferenciable que se

Figura 10.5: Ranura del rotor de una máquina eléctrica

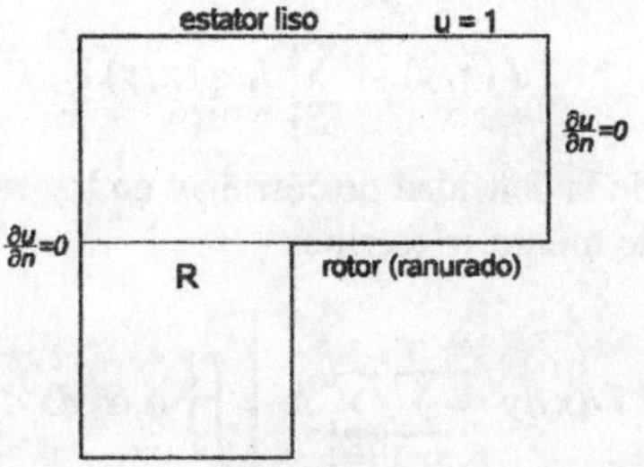

$\overrightarrow{A}$ es el potencial vectorial magnético y $\overrightarrow{J}$ la densidad de corriente.

anula en todo punto del contorno donde A está prefijada. Si calculamos:

$$F(A+\theta v) = F(A) + \theta \iint_{\mathcal{R}} (\nabla A \cdot \nabla v)\, dx\, dy +$$

$$- \theta\mu_0 \iint_{\mathcal{R}} vJ\, dx\, dy + \frac{1}{2}\theta^2 \iint_{\mathcal{R}} |\nabla v|^2\, dx\, dy$$

Usamos el Teorema de Green para calcular:

$$\iint_{\mathcal{R}} (\nabla A \cdot \nabla v)\, dx\, dy = \oint_{\partial\mathcal{R}} v\frac{\partial A}{\partial n}\, ds - \iint_{\mathcal{R}} v\nabla^2 A\, dx\, dy$$

La integral curvilínea se anula pues v o la derivada normal de $\overrightarrow{A}$ es nula en todo punto del contorno. Además, usando (10.21) resulta:

$$-\iint_{\mathcal{R}} v\nabla^2 A\, dx\, dy = \mu_0 \iint_{\mathcal{R}} vJ\, dx\, dy$$

Así tenemos:

$$F(A+\theta v) = F(A) + \frac{1}{2}\theta^2 \iint_{\mathcal{R}} |\nabla v|^2\, dx\, dy \qquad (10.23)$$

Como la integral del segundo miembro es positiva, es evidente que la funcional F alcanzará un mínimo para $\theta = 0$, siendo el error en (10.23) del orden de θ^2.

La energía se calcula mediante la expresión:

$$W = \frac{1}{2} \iint_{\mathcal{R}} |\nabla A|^2\, dx\, dy$$

o bien:

$$W = \frac{1}{2}\mu_0 \iint_{\mathcal{R}} AJ\, dx\, dy$$

El modelo de elementos finitos para la Ecuación de Poisson se construye de manera similar al de Laplace. Se triangula la región $\mathcal{R}$ de la Fig. 10.5 y la discretización conduce, en la parte del primer sumando de (10.22), exactamente a la misma fórmula

(10.17). Con respecto al segundo sumando, la densidad de corriente $J(x,y)$ se toma como combinación lineal:

$$J(x,y) = \sum_{i=1}^{3} J_i \alpha_i(x,y)$$

donde J_i son los valores de la densidad de corriente en los vértices.

Entonces la integral de fuente se escribe:

$$\iint_{\mathcal{R}} AJ\,dx\,dy = \sum_{i=1}^{3}\sum_{j=1}^{3} A_i \left[\iint_{\mathcal{R}_{ij}} \alpha_i\alpha_j\,dx\,dy\right] J_j$$

Para simplificar la notación, llamaremos a la matriz cuadrada de orden 3 de cada elemento finito:

$$T_{ij}^{(e)} = \iint_{\mathcal{R}_{ij}} \alpha_i\alpha_j\,dx\,dy$$

con lo que:

$$\iint_{\mathcal{R}} AJ\,dx\,dy = A^t T^{(e)} J$$

Sobre el conjunto disjunto de elementos triangulares, el funcional de (10.22) vale:

$$F(A) = \frac{1}{2} A^t_{\text{dis}} S_{\text{dis}} A_{\text{dis}} - \mu_0 A^t_{\text{dis}} T_{\text{dis}} J_{\text{dis}}$$

Aplicando la condición de continuidad de potencial, resulta una condición similar a (10.16) y así:

$$F(A) = \frac{1}{2} A^t S A - \mu_0 A^t C^t T_{\text{dis}} J_{\text{dis}}$$

Minimizar $F(A)$ respecto a cada uno de los potenciales de vértice no restringidos equivale a hacer:

$$\frac{\partial F}{\partial A_k} = 0$$

de donde obtenemos la ecuación matricial:

$$S' A = \mu_0 C^t T_{\text{dis}} J_{\text{dis}} \tag{10.24}$$

En general, no es necesario que las densidades de fuente sean continuas a través de la frontera entre elementos, por lo que no cabe aplicar transformaciones adicionales al segundo miembro. La matriz S' de (10.24) es rectangular, tiene tantas filas como nodos irrestrictos haya en el modelo y tantas columnas como nodos haya en total.

El vector de los potenciales de nodo se selecciona de modo que incluya los potenciales libres en la parte superior y los prefijados en la inferior. Con ello, también la matriz S' se secciona quedando:

$$\begin{bmatrix} S_{ll} & S_{lp} \end{bmatrix} \begin{bmatrix} A_l \\ A_p \end{bmatrix} = \mu_0 C^t T_{\text{dis}} J_{\text{dis}}$$

donde los subíndices l y p indican *"libre"* y *"prefijado"*, como antes. Resolviendo esta ecuación matricial obtenemos:

$$S_{ll} A_l = \mu_0 C^t T_{\text{dis}} J_{\text{dis}} - S_{lp} A_p$$

Figura 10.6: Solución de la Ecuación de Poisson

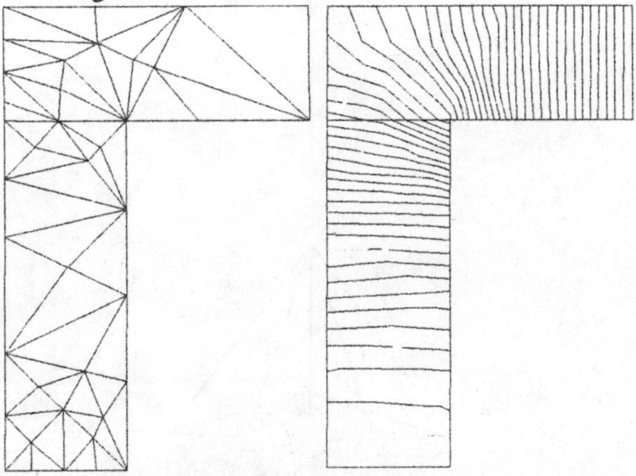

En la figura puede verse una solución de la Ecuación de Poisson con una triangulación simple.

En la Fig. 10.6 puede verse una solución de la Ecuación de Poisson con una triangulación simple.

Al igual que en el caso de la Ecuación de Laplace, las condiciones de Dirichlet se cumplen exactamente mientras que las de Neumann sólo se satisfacen en promedio y no localmente, como puede apreciarse en la Fig. 10.6.

10.6. Generación Automática de Red de Elementos Finitos

Una de las primeras dificultades con que se tropieza al querer resolver un problema aplicando el método de los elementos finitos es la preparación de los datos. La definición de la red mediante la que se discretiza la región es particularmente laboriosa, debiendo describirse y tipificar un gran número de elementos y en algunos casos, cuidar que la numeración asignada a los nodos de la red no genere anchos de banda muy grandes.

Por esta razón, abundan en la literatura específica algoritmos para la generación automática y dibujo de la red de elementos finitos. En general, estos algoritmos proporcionan una numeración de los elementos que da un ancho de banda óptimo o *cuasi-óptimo*. Y permiten discretizar mediante elementos triangulares, regiones planas de forma muy general, partiendo de una red generatriz que subdivide la región en zonas de contorno poligonal. Un método muy rápido, que aún no ha sido implementado extensivamente, es el algoritmo de George y Liu (1980).

10.7. Método de Galerkin

Hasta ahora hemos usado un método variacional para establecer las ecuaciones matriciales de elementos finitos. Una técnica alternativa es el Método de Galerkin, que vamos a considerar en este parágrafo.

Sea un problema de valores de contorno para $u(x, y)$ en una región bidimensional

Figura 10.7: Método de Galerkin.

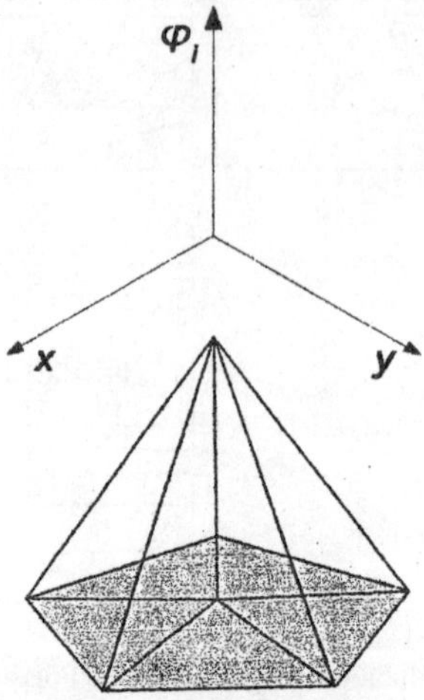

Se triangula la región $\mathcal{R}$ en $\mathcal{R}_k$ triángulos y se utilizan funciones φ_i lineales continuas a trozos.

$\mathcal{R}$. Supongamos que la solución u se pueda escribir como una combinación lineal de funciones $\varphi_i(x,y)$ que satisfagan las condiciones de contorno:

$$u = \sum_{i=1}^{n} c_i \varphi_i(x,y) \tag{10.25}$$

donde c_i son constantes. Se trata de ajustar las constantes c_i de modo de satisfacer la ecuación diferencial con un pequeño error. En cada x habrá un error residual $E(x)$ y pediremos que $E(x)$ sea ortogonal a las funciones φ_i con lo cual obtendremos n ecuaciones que podemos resolver para determinar los valores de $c_1, c_2, \cdots, c_n$, de la solución aproximada (10.25).

Para ello triangulamos la región $\mathcal{R}$ en $\mathcal{R}_k$ triángulos — $k = 1, 2, \cdots, N$ — y usaremos funciones $\varphi_i(x,y)$ lineales continuas a trozos, con lo que la solución del problema quedará aproximada por una función lineal continua a trozos:

$$\sum c_j \varphi_i(x,y)$$

Si numeramos los vértices de la red mediante el índice $i = 1, 2, \ldots, m$ y después hacemos φ_i igual a 1 en el *i-ésimo* vértice y a 0 en todos los demás — *Fig.* 10.7 — entonces las funciones $\varphi_1, \varphi_2, \ldots, \varphi_m$ son linealmente independientes en $\mathcal{R}$ y forman una base para todas las funciones lineales continuas a trozos $u(x,y)$. Así cada función $u(x,y)$ tendrá una representación única como:

$$c_1\varphi_1(x,y) + \cdots + c_m\varphi_m(x,y)$$

Aplicaremos este método a un problema típico de Dirichlet con la ecuación de Laplace pero antes, calcularemos algunas cantidades que nos serán necesarias.

Consideremos el triángulo $\overset{\triangle}{ABC}$ de la Fig. 10.8, cuyos vértices están en sentido horario. Sea φ_A una función lineal en este triángulo tal que $\varphi_A = 1$ en A; $\varphi_A = 0$ en B y C. Entonces $\nabla\varphi_A$ es ortogonal al lado $\bar{BC}$ y como φ_A cambia en 1 al avanzar una distancia h, la altura del lado $\bar{BC}$, $\nabla\varphi_A$ tiene magnitud $\frac{1}{h}$. Así:

Figura 10.8:
Triángulo $\overset{\triangle}{ABC}$

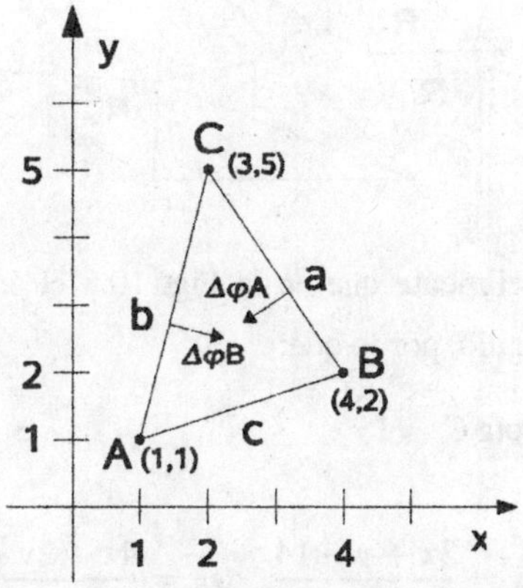

Los vértices del $\overset{\triangle}{ABC}$ están en sentido horario; φ_A es una función lineal en este triángulo tal que $\varphi_A = 1$ en A; $\varphi_A = 0$ en B y C.

$$\nabla\varphi_A = \frac{1}{ah}\hat{k} \wedge \overrightarrow{BC}$$

pero $ah = 2S$, donde S es el área del triángulo $\overset{\triangle}{ABC}$. Entonces:

$$\nabla\varphi_A = \frac{1}{2S}\hat{k} \wedge \overrightarrow{BC} \tag{10.26}$$

Si φ_B es la función lineal que vale $\varphi_B = 1$ en B y $\varphi_B = 0$ en A y en C, resulta:

$$\nabla\varphi_B = \frac{1}{2S}\hat{k} \wedge \overrightarrow{CA}$$

de modo que:

$$\begin{aligned} \nabla\varphi_A \cdot \nabla\varphi_B &= \frac{1}{4S^2}\left(\hat{k} \wedge \overrightarrow{BC}\right) \cdot \left(\hat{k} \wedge \overrightarrow{CA}\right) \\ &= \frac{1}{4S^2}\overrightarrow{BC} \cdot \overrightarrow{CA} \end{aligned} \tag{10.27}$$

Pero:

$$\overrightarrow{BC} \cdot \overrightarrow{CA} = -ab\cos C \qquad\qquad S = \frac{1}{2}ab\,\mathrm{sen}\,C$$

de donde:

$$\nabla\varphi_A \cdot \nabla\varphi_B = -\frac{1}{2S}\,\mathrm{cotg}\,C \tag{10.28}$$

Siendo este producto escalar constante sobre el triángulo de referencia de la Fig. 10.8 tenemos:

$$\begin{aligned} \iint\limits_{\overset{\triangle}{ABC}} \nabla\varphi_A \cdot \nabla\varphi_B\,dx\,dy &= S\,\nabla\varphi_A \cdot \nabla\varphi_B \\ &= -\frac{1}{2}\,\mathrm{cotg}\,C \end{aligned} \tag{10.29}$$

Figura 10.9: Problema de Dirichlet en una región poligonal

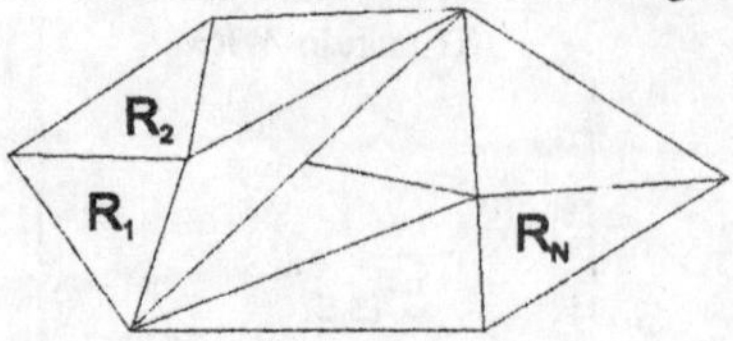

Puede verificarse fácilmente que en la Fig. 10.8 el ángulo $C = A = 45°$ y el triángulo $\overset{\triangle}{ABC}$ es rectángulo, por lo que:

$$\cot C = 1 \qquad\qquad S = 5$$

y además:

$$\varphi_A = \frac{3x + y - 14}{-10} \qquad \varphi_B = \frac{4x - 2y - 2}{10}$$

$$\nabla\varphi_A \cdot \nabla\varphi_B = \left(-\frac{3}{10}\hat{\imath} - \frac{1}{10}\hat{\jmath}\right) \cdot \left(\frac{4}{10}\hat{\imath} - \frac{2}{10}\hat{\jmath}\right) = -\frac{1}{10}$$

lo que verifica la ecuación (10.29).

Asimismo, de (10.26) resulta $\nabla\varphi_A \cdot \nabla\varphi_A = 4a^2 S^2$, y por lo tanto:

$$\iint\limits_{\overset{\triangle}{ABC}} \nabla\varphi_A \cdot \nabla\varphi_A \, dx\, dy = \frac{a^2}{4S} \tag{10.30}$$

10.8. Solución de un Problema de Dirichlet

Sea el problema de Dirichlet:

$$\nabla^2 u = 0$$

en una región poligonal $\mathcal{R}$ como la de la Fig. 10.9, siendo:

$$u = g\,(x, y)$$

en la frontera $\partial\mathcal{R}$ de la región.

Como las condiciones de contorno no son homogéneas, buscaremos una solución aproximada de la forma:

$$u = u_0\,(x, y) + \sum_{j=1}^{n} c_j \varphi_j\,(x, y) \tag{10.31}$$

donde φ_j corresponde a los n vértices interiores — *por ende* $\varphi_j = 0$ *en el contorno* — y $u_0\,(x, y)$ es igual a $g\,(x, y)$ en el contorno de $\mathcal{R}$. Si bien esta función se puede calcular exactamente, es más fácil tomar:

$$u_0\,(x, y) = \sum_{j=n+1}^{m} g_j \varphi_j\,(x, y) \tag{10.32}$$

donde los vértices del contorno están numerados de $n+1$ a m y g_j es el valor de $g(x,y)$ en el vértice *j-ésimo*.

La forma de Galerkin para este caso — *ver libro de* Ciarlet *[Bib. 7, pp. 1-20] en la bibliografía* — es la siguiente:

$$\iint_{\mathcal{R}} (\nabla u \cdot \nabla w)\, dx\, dy = 0 \tag{10.33}$$

donde $w(x,y)$ vale 0 sobre el contorno de $\mathcal{R}$.

Tomaremos $w = \varphi_1(x,y), \ldots, \varphi_n(x,y)$ respectivamente. Esto conduce a las ecuaciones:

$$\iint_{\mathcal{R}} \left[\sum_{j=1}^{n} (c_j \nabla\varphi_i \cdot \nabla\varphi_j) + \sum_{j=n+1}^{m} (g_i \nabla\varphi_i \cdot \nabla\varphi_j) \right] dx\, dy = 0 \qquad i = 1, 2, \ldots, n \tag{10.34}$$

Si introducimos la notación:

$$a_{ij} = \iint_{\mathcal{R}} \nabla\varphi_i \cdot \nabla\varphi_j\, dx\, dy$$

$$b_i = -\sum_{j=n+1}^{m} \iint_{\mathcal{R}} g_j \nabla\varphi_i \cdot \nabla\varphi_j\, dx\, dy$$

tenemos que (10.34) se escribe:

$$\sum_{j=1}^{n} a_{ij} c_j = b_i \qquad (i = 1, 2, \ldots, n) \tag{10.35}$$

Por otra parte, podemos poner:

$$a_{ij} = \sum_{k=1}^{N} d_{ijk}$$
$$d_{ijk} = \iint_{\mathcal{R}_k} \nabla\varphi_i \cdot \nabla\varphi_j\, dx\, dy \tag{10.36}$$

de modo que $d_{ijk} = 0$ excepto cuando los índices i, j corresponden a vértices del triángulo $\mathcal{R}_k$. Cuando los índices corresponden a dichos vértices, las d_{ijk} se calculan mediante las expresiones (10.29) y (10.30).

Análogamente, podemos poner:

$$-b_i = \sum_{j=n+1}^{m} e_{ij}$$

$$e_{ij} = \iint_{\mathcal{R}_k} g_j \nabla\varphi_i \cdot \nabla\varphi_j\, dx\, dy$$

Figura 10.10: Ecuación de LAPLACE en una región poligonal

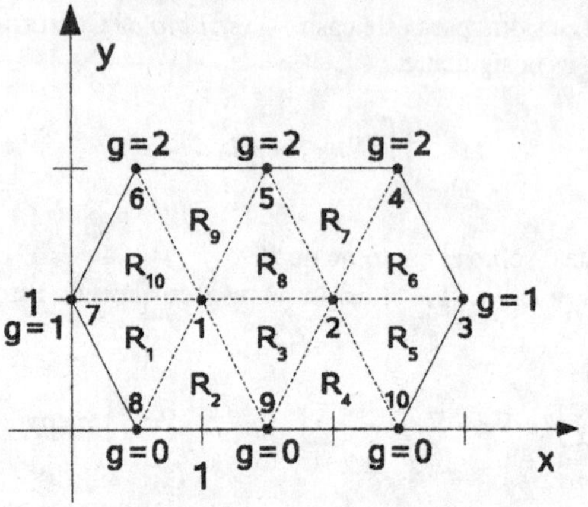

Los valores de g en los vértices de los triángulos del contorno están fijados y se supone que g varía linealmente entre vértices sucesivos.

también:

$$\begin{aligned} e_{ij} &= \sum_{k=1}^{m} f_{ijk} \\ f_{ijk} &= \iint_{\mathcal{R}_k} g_j \nabla\varphi_i \cdot \nabla\varphi_j \, dx\, dy \end{aligned} \tag{10.37}$$

Es fácil ver que:

$$f_{ijk} = g_j d_{ijk} \tag{10.38}$$

Ejemplo 10.1: Sea la ECUACIÓN DE LAPLACE:

$$\begin{aligned} \nabla^2 u = 0 \quad (x, y) \in \mathcal{R} \subset \mathbb{R}^2 \\ u = g(x, y) \text{ sobre } \partial\mathcal{R} \end{aligned}$$

donde $\mathcal{R}$ es la región poligonal indicada en la Fig. 10.10.

Los valores de g en los vértices de los triángulos del contorno están fijados y se supone que g varía linealmente entre vértices sucesivos.

La numeración de los vértices es tal que $i = 1, 2$ para los vértices interiores e $i = 3, 4, \ldots, 10$ para los vértices del contorno. Según (10.31), la solución aproximada será de la forma:

$$u = u_0(x, y) + c_1\varphi_1(x, y) + c_2\varphi_2(x, y)$$

donde:

$$u_0(x, y) = \sum_{j=3}^{10} g_j\varphi_j(x, y)$$

Los coeficientes c_1 y c_2 son las soluciones de las ecuaciones lineales (10.35), o sea:

$$\begin{cases} a_{11}c_1 + a_{12}c_2 = b_1 \\ a_{21}c_1 + a_{22}c_2 = b_2 \end{cases}$$

estando a_{ij} y b_i calculados mediante (10.36) y (10.37).

Para calcular d_{ijk} observemos que el área de cada triángulo $\mathcal{R}_k$ vale $\frac{1}{2}\sqrt{\frac{3}{4}} = \frac{\sqrt{3}}{4}$ y cada ángulo vale $\frac{\pi}{3}$. Por lo tanto, en (10.29) resulta:

$$d_{ijk} = -\frac{1}{2}\operatorname{cotg}\frac{\pi}{3} = -\frac{1}{2\sqrt{3}} \qquad (i \neq j)$$

Análogamente, de (10.30) tenemos:

$$d_{ijk} = \frac{1}{\sqrt{3}}$$

si los vértices i y j pertenecen al triángulo $\mathcal{R}_k$. Así calculamos:

$$d_{11k} = \begin{cases} \frac{1}{\sqrt{3}} & \text{, si } k = 1, 2, 3, 8, 9, 10 \\ 0 & \text{, en todo otro caso} \end{cases}$$

$$d_{12k} = \begin{cases} -\frac{1}{2\sqrt{3}} & \text{, si } k = 3, 8 \\ 0 & \text{, en todo otro caso} \end{cases}$$

$$d_{22k} = \begin{cases} \frac{1}{\sqrt{3}} & \text{, si } k = 3, 4, 5, 6, 7, 8 \\ 0 & \text{, en todo otro caso} \end{cases}$$

Por consiguiente:

$$a_{11} = a_{22} = \sum_{k=1}^{10} d_{11k} = 2\sqrt{3}$$

$$a_{12} = a_{21} = \sum_{k=1}^{10} d_{12k} = -\frac{\sqrt{3}}{3}$$

Es fácil calcular $d_{ijk} = -\frac{1}{2\sqrt{3}}$ para las siguientes ternas con $i = 1, 2$; $j > 2$:

$$\begin{array}{ccccc} (1,5,8) & (1,5,9) & (1,6,9) & (1,6,10) & (1,7,1) \\ (1,7,10) & (1,8,1) & (1,8,2) & (1,9,2) & (1,9,3) \\ (2,3,5) & (2,3,6) & (2,4,6) & (2,4,7) & (2,5,7) \\ (2,9,3) & (2,9,4) & (2,10,4) & (2,10,5) & \end{array}$$

Toda otra combinación da $d_{ijk} = 0$.
Por (10.38) obtenemos f_{ijk} de d_{ijk} multiplicando por g_j y el resultado es:

$$f_{ijk} = \begin{cases} 2d_{ijk} & j = 4, 5, 6 \\ d_{ijk} & j = 3, 7 \\ 0 & j = 8, 9, 10 \end{cases}$$

Entonces:

$$\begin{aligned} -b_1 &= \sum_{j=3}^{10} e_{1j} = \sum_{j=3}^{10}\sum_{k=1}^{10} f_{ijk} = 2\sum_{j=4}^{6}\sum_{k=1}^{10} d_{ijk} + \sum_{j=3}^{4}\sum_{k=1}^{10} d_{1jk} \\ &= 2\left(d_{1,5,8} + d_{1,5,9} + d_{1,6,9} + d_{1,6,10}\right) + d_{1,7,1} + d_{1,7,10} \\ &= 10\left(-\frac{1}{2\sqrt{3}}\right) = -\frac{5}{\sqrt{3}} = -\frac{5\sqrt{3}}{3} \end{aligned}$$

De modo análogo calculamos $b_2 = \frac{5\sqrt{3}}{3}$. Resolviendo el sistema de ecuaciones:

$$\begin{cases} 6c_1 - c_2 = 5 \\ -c_1 + 6c_2 = 5 \end{cases}$$

obtenemos $c_1 = 1$; $c_2 = 1$ con lo que la solución aproximada resulta:

$$\begin{aligned} u = {} & \varphi_1(x,y) + \varphi_2(x,y) + \varphi_3(x,y) + \\ & + 2[\varphi_4(x,y) + \varphi_5(x,y) + \varphi_6(x,y)] + \varphi_7(x,y) \end{aligned}$$

por lo que u vale 1 en los puntos internos 1 y 2.

Nota: Este problema de Dirichlet se puede resolver también con el método de diferencias finitas y conduce al mismo resultado. La solución exacta es $u = \frac{2\sqrt{3}}{3}y$, con lo que nuestra solución aproximada coincide con el valor exacto. Sin embargo, en muchos problemas de geometría más complicada, el método de los elementos finitos es más adecuado que el de diferencias finitas.

Asimismo, en este ejemplo los integrandos eran constantes. Cuando así no sucede, por ejemplo en la ecuación de Poisson $\nabla^2 u = f(x,y)$, las integrales que aparecen se pueden calcular exactamente o bien usando algún método aproximado que sustituya el integrando por una función lineal a trozos.

□

10.9. Elementos Finitos de Orden Superior

Al considerar las funciones $\varphi_i(x,y)$ en el método de elementos finitos es posible mejorar la precisión de la aproximación tomando, en lugar de funciones lineales a trozos, funciones cuadráticas a trozos, cúbicas a trozos y así siguiendo.

Ilustraremos el procedimiento considerando una aproximación cuadrática a trozos. El polinomio de 2° grado en x, y tiene la forma:

$$P(x,y) = ax^2 + bxy + cy^2 + dx + ey + f \qquad (10.39)$$

Existe un *único* polinomio polinomio cuadrático con valores en seis puntos $(x_i; y_i)$; $i = 1, 2, \ldots, 6$ siempre que los puntos no estén sobre una sección cónica — *elipse, hipérbola, parábola* — o, como en los casos degenerados, dos rectas paralelas que se intersequen. En efecto, las condiciones:

$$P(x_i; y_i) = k_i \qquad (i = 1, 2, \ldots, 6) \qquad (10.40)$$

dan un sistema de seis ecuaciones lineales para determinar los coeficientes a, b, c, d, e, f. El determinante Δ de este sistema no puede ser nulo pues si lo fuera, el sistema homogéneo $P(x_i; y_i) = 0$ ($i = 1, 2, \ldots, 6$) tendría solución no trivial y determinaría una sección cónica $P(x,y) = 0$, que pasaría por los seis puntos dados. Como $\Delta \neq 0$ entonces las ecuaciones no homogéneas (10.40) tienen solución única.

Por ejemplo, podemos escoger $P(x,y)$ con valores en los vértices y puntos medios de los lados de un triángulo, como en la Fig. 10.11.

Si el problema se refiere a una región plana $\mathcal{R}$ que podemos suponer triangulizada con valores en los vértices y en los puntos medios de los lados de cada triángulo, entonces podemos escoger para cada triángulo $\mathcal{R}_k$ un polinomio cuadrático $P_k(x,y)$ con los

Figura 10.11: ELEMENTOS FINITOS DE ORDEN SUPERIOR

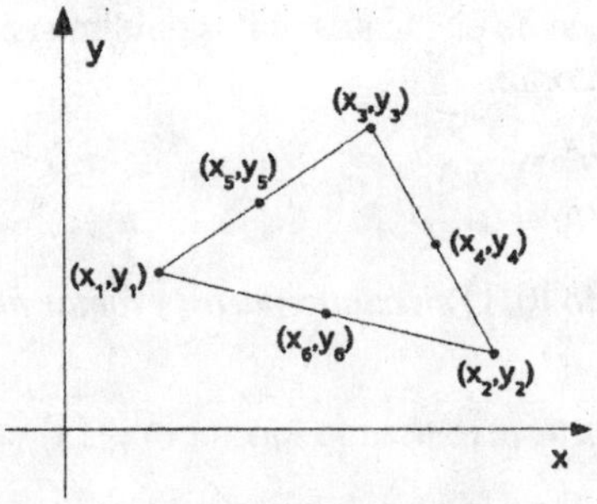

Podemos escoger $P(x, y)$ con valores en los vértices y puntos medios de los lados del triángulo.

valores dados en los seis puntos escogidos de $\mathcal{R}_k$. La función cuadrática resultante será continua en $\mathcal{R}$ ya que si $\mathcal{R}_k$ y $\mathcal{R}_m$ tienen un lado común, entonces $P_k(x, y) = P_m(x, y)$ a lo largo del lado. Esto resulta pues la función $P_k(x, y) - P_m(x, y)$ vale 0 en los tres puntos de interpolación del borde y por lo tanto, se anula sobre el borde.

Al igual que en el caso de aproximaciones lineales a trozos, obtenemos una base $\varphi_1(x, y), \cdots, \varphi_n(x, y)$ para estas funciones cuadráticas a trozos en $\mathcal{R}$ numerando los puntos de interpolación de 1 a n y eligiendo $\varphi_i(x, y)$ igual a 1 en el *i-ésimo* punto y 0 en todos los demás.

Por ejemplo, si tomamos como $\mathcal{R}_k$ el triángulo de la Fig. 10.11 resulta $\varphi_i(x, y) = 0$ en $\mathcal{R}_k$ si i no es uno de los puntos $(x_i; y_i)$; $i = 1, 2, \ldots, 6$. Si el punto i es el vértice $(x_1; y_1)$ es fácil ver que la forma del polinomio cuadrático en x, y que vale 1 en $(x_1; y_1)$ y 0 en los demás vértices y en los puntos medios de los lados del triángulo tiene la forma:

$$\varphi_i(x, y) = \frac{1}{4S_k^2} \begin{vmatrix} x - x_2 & y - y_2 \\ x_3 - x_2 & y_3 - y_2 \end{vmatrix} \begin{vmatrix} 2x - x_1 - x_2 & 2y - y_1 - y_2 \\ x_3 - x_2 & y_3 - y_2 \end{vmatrix} \tag{10.41}$$

donde S_k es el área del triángulo $\mathcal{R}_k$.

Si, en cambio, el punto i fuera el punto medio $(x_4; y_4)$ entonces:

$$\varphi_i(x, y) = -\frac{1}{S_k^2} \begin{vmatrix} x - x_1 & y - y_1 \\ x_2 - x_1 & y_2 - y_1 \end{vmatrix} \begin{vmatrix} x - x_1 & y - y_1 \\ x_3 - x_1 & y_3 - y_1 \end{vmatrix}$$

Con estas expresiones podemos calcular $\nabla\varphi_i(x, y) \cdot \nabla\varphi_j(x, y)$ en los distintos casos y proceder al igual que en la interpolación lineal a trozos.

En algunos casos puede resultar conveniente usar una descomposición de la región plana $\mathcal{R}$ en cuadrados o rectángulos y existen buenos algoritmos para analizar ese tipo de elementos finitos — *ver libro de* CIARLET *en [Bib. 7] de la bibliografía.*

Asimismo, algunos problemas reales exigen el uso de tres coordenadas. En esos problemas tridimensionales, se usan elementos finitos tetraédricos pero es obvio que el manejo por computadora de una discretización tridimensional, exige mayor tiempo de procesador central y más lugar de memoria que uno bidimensional. Ello no obstante, el desarrollo del método en tres dimensiones sigue las mismas líneas que el de dos dimensiones.

10.10. Problemas

1. Resolver por el método de elementos finitos unidimensional el siguiente problema de valores de contorno:

$$u'' = \sqrt{x} \qquad 0 \leqslant x \leqslant 1$$
$$u(0) = 0 \qquad u'(1) = 0$$

Subdividir el intervalo $[0, 1]$ *en cuatro partes y tomar funciones* $\varphi_i(x)$ *lineales a trozos.*

2. Resolver el PROBLEMA 1, pero usando funciones $\varphi_i(x)$ cúbicas a trozos.

3. Verificar que la solución exacta del PROBLEMA 1 es:

$$u(x) = \frac{4}{15}\sqrt{x^5} - \frac{2}{3}x$$

y comparar los resultados obtenidos con la aproximación lineal y con la cúbica.

4. Usar el método de elementos finitos para resolver el problema de valores de contorno:

$$u'' = 16e^x \quad 0 \leqslant x \leqslant 1$$
$$u(0) = u(1) = 0$$

tomando:

$$u = c_0\varphi_0(x) + \cdots + c_4\varphi_4(x)$$

con funciones φ_i lineales a trozos.

5. Usar el método de elementos finitos para resolver el problema:

$$u'' - xu = 1 \qquad 0 \leqslant x \leqslant 1$$
$$u'(0) = 0 \qquad u(1) = 0$$

Sugerencia: Demostrar que si $f(x), g(x) \in C[a, b]$; $g(x) \geqslant 0$ sobre el $[a, b]$, entonces:

$$u'' - g(x)u = f(x) \qquad a \leqslant x \leqslant b$$
$$u'(a) = 0 \qquad u(b) = 0$$

si y sólo si el funcional:

$$F(v) = \int_a^b \frac{1}{2}v'^2(x) + \frac{1}{2}g(x)v^2(x) + f(x)v(x)\,dx$$
$$v \in \mathcal{D} = \{v \in C^2[a, b] : v \text{ verifica las condiciones de contorno}\}$$

tiene un mínimo en $u(x)$.

6. Sea la sucesión $x_1 < x_2 < \cdots < x_n$. Sean $\varphi_i(x)$; $i = 1, 2, \ldots, n$ funciones continuas en el intervalo $x_1 \leqslant x \leqslant x_n$ tales que φ_i toma el valor 1 en x_i y el valor 0 en todos los demás x_j, siendo φ_i lineales entre puntos sucesivos x_j, x_{j+1}. Probar que $\{\varphi_i(x), \ldots, \varphi_n(x)\}$ son linealmente independientes en el intervalo.

7. Resolver el siguiente PROBLEMA DE DIRICHLET:

$$\nabla^2 u = 0\ \forall (x, y) \in \mathcal{R}$$
$$u(x, y) = g(x, y)\ \forall (x, y) \in \partial\mathcal{R}$$

en la región $\mathcal{R}$ de la Fig. 10.12, suponiendo que g varía linealmente entre vértices.

Figura 10.12: PROBLEMA DE DIRICHLET

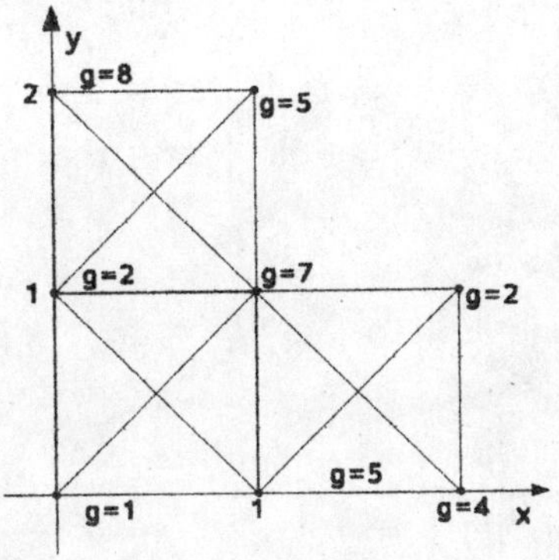

Se supone que g varía linealmente entre vértices.

8. Probar la fórmula (10.27).

9. Verificar que la ecuación (10.41) define una función cuadrática de x e y que es igual a 1 en el vértice $(x_1; y_1)$ e igual a 0 en los demás vértices así como en los puntos medios de los lados del triángulo.

10. Obtener la solución aproximada de la ECUACIÓN DE POISSON:

$$\frac{\partial^2 u}{\partial x^2} + \frac{\partial^2 u}{\partial y^2} = 1$$

en el cuadrado $-1 \leqslant x \leqslant 1$; $-1 \leqslant y \leqslant 1$ sujeta a la condición $u = 0$ sobre el contorno, por métodos variacionales.

Sugerencia: Este problema equivale a minimizar la integral:

$$I[u] = \iint_{\mathcal{R}} \frac{1}{2} \left[\left(\frac{\partial u}{\partial x} \right)^2 + \left(\frac{\partial u}{\partial y} \right)^2 + 2u \right] dx\, dy$$

sujeta a $u = 0$ sobre el contorno.

Capítulo 11

Probabilidad y Estadística

"Es notable que la teoría de la probabilidad, que se inició con las consideraciones del juego, se haya elevado a los objetos más importantes de la sabiduría humana."

PIERRE SIMÓN, MARQUÉS DE LAPLACE

11.1. Introducción

Hasta ahora, las técnicas matemáticas que hemos considerado han sido aplicadas a problemas de tipo *"determinista"*, esto es, problemas que pueden enunciarse con un lenguaje preciso para los que puede obtenerse toda la información requerida en la búsqueda de soluciones explícitas. Sin embargo, en muchas situaciones reales, nos vemos enfrentados a otro tipo de problemas para los cuales no se dispone de todo el conocimiento apropiado y son de categoría *"estocástica"* o *"aleatoria"*. Por ejemplo, todo proceso de manufactura y producción es de esencia aleatoria puesto que lo son todas las cuestiones de confiabilidad y de repetibilidad.

Para tratar estos problemas estocásticos, se utilizan técnicas estadísticas cuyo objetivo primordial es hacer inferencias con respecto a una población a partir de la información contenida en una muestra. La ESTADÍSTICA es una teoría de la información que trata de su cuantificación, del diseño de experimentos para la recopilación de datos que minimicen el costo de una cantidad específica de información y, por último, del uso de esa información para hacer inferencias. La metodología para hacer inferencias se apoya en la teoría de la probabilidad, que parte de una población conocida para analizar el resultado de un solo experimento: la muestra. La teoría estadística usa la teoría de la probabilidad para calcular la probabilidad de una muestra observada y con estos elementos, hace inferencias con respecto a las características de una población desconocida. Por lo tanto, la probabilidad es la base de la teoría estadística.

Cabe aclarar que la ausencia de *"certeza"* en los problemas de índole aleatoria, hace que se desconfíe de los resultados estadísticos. No obstante, al decir que un evento es aleatorio, no se implica que su comportamiento carezca de estructura. Por otra parte, algunos términos que se usan imprecisamente en el lenguaje cotidiano poseen significados específicos cuando se los aplica en sentido estadístico, pero en razón del uso extenso de la teoría estadística en procesos tecnológicos, en economía, en ciencias sociales, en medicina, en biología y en las ciencias físicas, los términos empleados, así como los métodos en sí, pueden abarcar una amplia gama. Prueba de ello son los distintos significados del concepto de probabilidad que encontraremos en lo que sigue. Aunque cada significado tiene un uso distinto, todos conducen a los mismos resultados.

11.2. Revisión de Temas de la Teoría de Conjuntos

Para hacer una presentación ordenada del concepto de probabilidad y su aplicación en diferentes situaciones, es preciso conocer la notación y las operaciones que se efectúan con conjuntos.

Un *"conjunto"* es una colección de objetos determinada por alguna propiedad común que todos ellos poseen. Los objetos que constituyen el conjunto, son sus *"elementos"*. El número de elementos distintos de un conjunto puede ser finito o no serlo y nada significa la posición en que aparece un elemento en un conjunto o si está repetido.

Indicaremos los conjuntos con letras mayúsculas $A, B, C, \ldots$ y sus elementos con letras minúsculas. Por ejemplo, si el conjunto A posee tres elementos a_1, a_2, a_3 se indicará:

$$A = \{a_1, a_2, a_3\}$$

Gráficamente, se usa un diagrama de VENN[1], como el de la FIG. 11.1 (*a*), para indicar el conjunto.

Un conjunto A_2 es un *"subconjunto"* de A_1 si cada elemento de A_2 pertenece también a A_1 y se indica: $A_2 \subset A_1$. También se puede decir que A_1 contiene a A_2 y se escribe: $A_1 \supset A_2$ — *ver* FIG. 11.1 (*b*). En consecuencia, todo conjunto es un subconjunto de sí mismo y dos conjuntos son iguales si cada uno contiene al otro.

El "CONJUNTO UNIVERSAL" U contiene todos los conjuntos mencionados como subconjuntos. El "CONJUNTO VACÍO" $\varnothing$ es el conjunto que no tiene elementos. Entonces para todo conjunto A tenemos:

El *"complemento"* de un conjunto A es el conjunto de los elementos que pertenecen a U pero no pertenecen a A. Se indica como $\complement A$ o bien A' — *ver* FIG. 11.1 (*d*). Es inmediato que:

$$\complement A = U - A \qquad\qquad \complement(\complement A) = A$$

La *"intersección"* del conjunto A_1 con el conjunto A_2 denotada $A_1 \cap A_2$ es el conjunto de todos los elementos que están tanto en A_1 como en A_2 — *Ver* FIG. 11.1 (*e*). Nótese que $A_1 \cap A_2 = A_2 \cap A_1$. Si $A_1 \cap A_2 = \varnothing$ los conjuntos A_1 y A_2 se dicen *"disjuntos"*.

La *"unión"* del conjunto A_1 con el conjunto A_2 es el conjunto de todos los elementos que pertenecen a A_1 o a A_2 o bien a ambos. Se indica $A_1 \cup A_2$ — *Ver* FIG. 11.1 (*f*). Nótese que $A_1 \cup A_2 = A_2 \cup A_1$.

Fácilmente se comprueba que valen las leyes asociativas para la unión y la intersección de conjuntos:

$$A_1 \cup (A_2 \cup A_3) = (A_1 \cup A_2) \cup A_3$$
$$A_1 \cap (A_2 \cap A_3) = (A_1 \cap A_2) \cap A_3$$

[1] VENN, JOHN (1834-1923): Fue un matemático y lógico británico. Se destacó por sus investigaciones en lógica inductiva. Es especialmente conocido por su método de representación gráfica de proposiciones — *según su cualidad y cantidad* — y silogismos. Los DIAGRAMAS DE VENN permiten, además, una comprobación de la verdad o falsedad de un silogismo. Posteriormente fueron utilizados para mostrar visualmente las operaciones más elementales de la teoría de conjuntos. Entre sus obras destacan SYMBOLIC LOGIC (1881), THE LOGIC OF CHANCE (1866) y THE PRINCIPLES OF EMPIRICAL LOGIC (1889). Falleció a la edad de 88 años en CAMBRIDGE.

Figura 11.1:

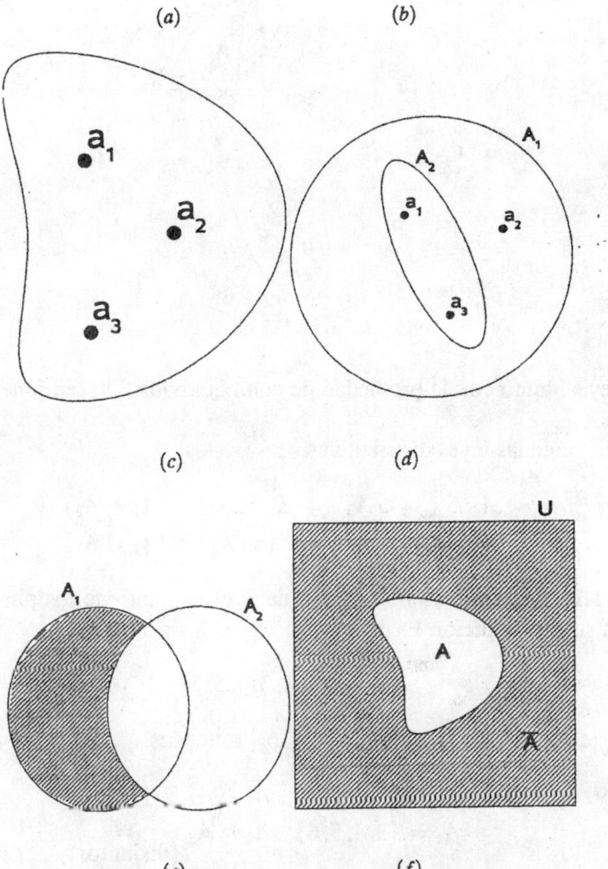

Figura (a): Se ha representado un diagrama de Venn.

Figura (b): Se ha representado un subconjunto.

Figura (c): Se ha representado el conjunto $A_1 - A_2$.

Figura (d): Complemento de un conjunto.

Figura (e): Intersección de conjuntos.

Figura (f): Unión de conjuntos.

Figura 11.2: EJEMPLO (11.1) DEL DADO

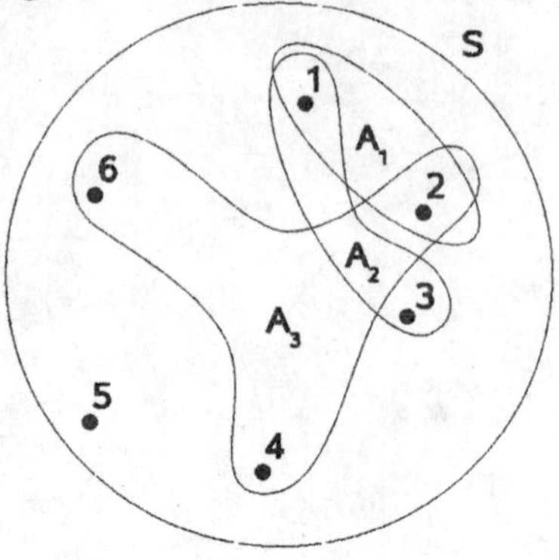

Estas leyes, junto con la propiedad de conmutatividad, hacen innecesarios los paréntesis.

También valen las leyes distributivas:

$$A_1 \cap (A_2 \cup A_3) = (A_1 \cap A_2) \cup (A_1 \cap A_3)$$
$$A_1 \cup (A_2 \cap A_3) = (A_1 \cup A_2) \cap (A_1 \cup A_3)$$

Ejemplo 11.1: Sea un dado perfecto y sea S el conjunto de los puntos que pueden aparecer en su cara superior. Es decir:

$$S = \{1, 2, 3, 4, 5, 6\}$$

Sean $A_1 = \{1, 2\}$; $A_2 = \{1, 3\}$; $A_3 = \{2, 4, 6\}$. Entonces:

$$A_1 \cup A_2 = \{1, 2, 3\} \qquad A_1 \cap A_2 = \{1\}$$
$$\complement A_1 = \{3, 4, 5, 6\} \quad A_2 \cap A_3 \underset{\text{(disjuntos)}}{=} \varnothing$$
$$A_1 \cap A_3 = \{2\}$$

□

11.3. Revisión de Temas del Análisis Combinatorio

El ANÁLISIS COMBINATORIO resulta sumamente útil cuando se trata de contar el total de puntos muestrales en un conjunto muestral S para calcular la probabilidad de un evento.

Supongamos un conjunto de n objetos distintos, de entre los cuales queremos elegir r objetos. Si el orden de selección importa tenemos las "*permutaciones*":

Definición: El número de maneras que hay de elegir r objetos de entre n objetos distintos, importando el orden de selección, es el número de permutaciones de n objetos tomados r a un tiempo. Se indica P_r^n.

La primera selección en los n objetos, se puede hacer de n maneras distintas, la segunda en $n - 1$ formas diferentes, etc.

Para elegir el r-ésimo objeto de la permutación se tendrán $[n-(r-1)]$ objetos para elegir. Por ello:

$$\begin{aligned} P_r^n &= n(n-1)(n-2)\cdots(n-r+1) \qquad\qquad 1 \leqslant r \leqslant n \\ &= n(n-1)\cdots(n-r+1)\,\frac{(n-r)!}{(n-r)!} \end{aligned}$$

$$\boxed{P_r^n = \frac{n!}{(n-r)!}} \tag{11.1}$$

Ejemplo 11.2: Una cerradura de combinación se abre eligiendo cuatro dígitos en sucesión. Los dígitos se fijan girando el tambor en sentido horario y antihorario alternadamente. Hallar el número total de combinaciones posibles si se conviene en no usar un mismo dígito dos veces.

Solución: El número total de combinaciones de la cerradura será el número de maneras en las que pueden arreglarse $r = 4$ de los posibles $n = 10$ dígitos. Entonces:

$$P_4^{10} = \frac{10!}{6!} = 10 \cdot 9 \cdot 8 \cdot 7 = 5040$$

□

Ejemplo 11.3: Sea una operación de montaje en una cierta fábrica que consta de cinco pasos, que pueden llevarse a cabo en cualquier sucesión. Si el productor desea comparar experimentalmente el tiempo que demanda cada sucesión, ¿cuántas sucesiones diferentes deberá considerar?

Solución: El número de sucesiones diferentes de los $n = 5$ pasos que se pueden formar tomando $r = 5$ a la vez será:

$$P_5^5 = \frac{5!}{(5-5)!} = \frac{5!}{0!} = 120$$

Nota: Algunos autores llaman *"variaciones"* a las permutaciones de n elementos tomados de a r y reservan el nombre de permutación para el caso $n = r$, como en el Ejemplo 11.3.

En muchas situaciones sólo importa el contenido de la selección y no el orden. En ese caso tenemos las *"combinaciones"*.

Definición: El número de maneras que hay de elegir r objetos de entre n objetos distintos, si el orden de la selección no interesa, es el número de combinaciones de n objetos tomados r a la vez. Se indica C_r^n.

Existen $P_r^n = r!$ maneras de disponer de r objetos. Si no interesa el orden, esos $r!$ arreglos son equivalentes y entonces:

$$C_r^n = \frac{P_n^r}{r!} = \frac{n!}{r!\,(n-r)!}$$

En esta última expresión se reconoce el número combinatorio:

$$\binom{n}{r} = \frac{n!}{r!\,(n-r)!}$$

donde $n \geqslant r$, que es el coeficiente de t^r en el desarrollo binomial de $(1+t)^n$. Así resulta:

$$\boxed{C_r^n = \binom{n}{r}} \tag{11.2}$$

La definición de las combinaciones puede extenderse fijando que $C_r^n = 0$ si $r < 0$ o bien $r > n$.

Algunas propiedades útiles y fáciles de comprobar de los números combinatorios son las siguientes:

$$\binom{n}{n} = 1 \qquad \binom{n}{0} = 1 \qquad \binom{n}{n-r} = \binom{n}{r}$$

Ejemplo 11.4: Hallar el número de composiciones diferentes de una comisión de 6 personas a elegir en un grupo de 7 profesores y 4 alumnos si:

1. La comisión debe tener 2 alumnos;
2. La comisión debe tener por lo menos 2 alumnos;

En el caso 1 calcular cuántas comisiones distintas pueden constituirse si sus miembros eligen un presidente titular y un suplente.

Solución: En el caso 1, si la comisión debe tener 2 alumnos, los restantes 4 miembros serán profesores y el número total de composiciones se obtiene calculando:

$$C_4^7 C_2^4 = \frac{7!}{4!\,3!}\,\frac{4!}{2!\,2!} = 210$$

En el caso 2 la comisión podrá estar integrada por 4 profesores y 2 alumnos o bien 3 profesores y 3 alumnos o bien 2 profesores y 4 alumnos. El número total de composiciones diferentes será la suma de estas posibilidades:

$$C_4^7 C_2^4 + C_3^7 C_3^4 + C_2^7 C_4^4 = 210 + 140 + 21 = 371$$

Si tomamos la comisión integrada por 4 profesores y 2 alumnos como esta elección puede hacerse de $P_2^6 = 30$ maneras, el número total de comisiones distintas será:

$$210 \times 30 = 6300$$

□

Por último, si levantamos la restricción de que los n objetos sean distintos entre sí podemos tener "*permutaciones con repetición*" y "*combinaciones con repetición*".

Definición: Se llaman permutaciones con repetición a las permutaciones de n objetos entre los cuales hay varios iguales entra sí.

Si en las $n!$ permutaciones de n objetos, se reemplazaran r_1 de estos objetos por uno mismo, coincidirán aquellas permutaciones que sólo diferían en las posiciones de los objetos reemplazados y así se forman grupos de permutaciones iguales. Como el número de elementos de cada grupo es igual a $r_1!$, el número de permutaciones distintas que pueden formarse con n objetos, entre los cuales hay r_1 iguales es:

$$P_n^{r_1} = \frac{n!}{r_1!}$$

Más generalmente, el número de permutaciones que pueden formarse con n objetos, entre los cuales hay r_1 iguales entre sí, otros r_2 iguales entre sí, etc. — $(r_1 + r_2 + \cdots + r_m = n)$ — es:

$$\boxed{P_n^{r_1,r_2,\cdots,r_m} = \frac{n!}{r_1!\,r_2!\,\cdots\,r_m!}} \tag{11.3}$$

Ejemplo 11.5: ¿De cuántas maneras puede obtenerse un total de 9 puntos al lanzar un dado 5 veces?

Solución: Como el orden en que se hacen las 5 tiradas es irrelevante, las maneras posibles de totalizar 9 puntos son las siguientes:

$$\{2,2,2,2,1\} \qquad P_5^{4,1} = \frac{5!}{4!\,1!} = 5$$

$$\{3,2,2,1,1\} \qquad P_5^{1,2,2} = \frac{5!}{1!\,2!\,2!} = 30$$

$$\{3,3,1,1,1\} \qquad P_5^{2,3} = \frac{5!}{2!\,3!} = 10$$

$$\{4,2,1,1,1\} \qquad P_5^{1,1,3} = \frac{5!}{1!\,1!\,3!} = 20$$

$$\{5,1,1,1,1\} \qquad P_5^{1,4} = \frac{5!}{1!\,4!} = 5$$

Entonces, resultan $5 + 30 + 10 + 20 + 5 = 70$ las tiradas en que se obtienen 9 puntos en total al tirar un dado 5 veces — *o 5 dados una vez.*

□

Finalmente consideremos cuántas combinaciones de r objetos elegidos de entre n objetos, si se permiten las repeticiones. Por ejemplo, si una urna contiene bolillas blancas y negras de la cual escogemos 3 bolillas cada vez, *volviendo a colocar* la bolilla después de cada extracción, entonces las combinaciones posibles — *sin tener en cuenta el orden* — son BBB, BBN, BNN, NNN, o sea 4. En general, si $n = 2$ vemos que hay $r+1$ combinaciones — *cada una según el número de B.* Si $n = 3$ — *blanca B, negra N y roja R* — hay $r+1$ selecciones para el número de rojas; para 0 rojas hay $r+1$ selecciones de combinaciones B, N; para 1 roja hay r selecciones de combinaciones B, N y así sucesivamente. Por lo tanto, obtenemos:

$$(r+1) + r + (r-1) + \cdots + 1 = \frac{(r+1)\,(r+2)}{2}$$

combinaciones.

Por inducción llegamos a que el número de combinaciones de r objetos con repetición, elegidos entre n objetos es:

$$\boxed{\frac{(r+1)\,(r+2)\cdots(r+n-1)}{1 \times 2 \times \cdots \times (n-1)} = \binom{r+n-1}{n-1}} \tag{11.4}$$

11.4. Sobre la Definición de Probabilidad

En el lenguaje cotidiano, el término *"probabilidad"* se usa para indicar en forma vaga la posibilidad de ocurrencia de un evento futuro. Esta interpretación práctica del

Figura 11.3: ESCALA DE PROBABILIDADES

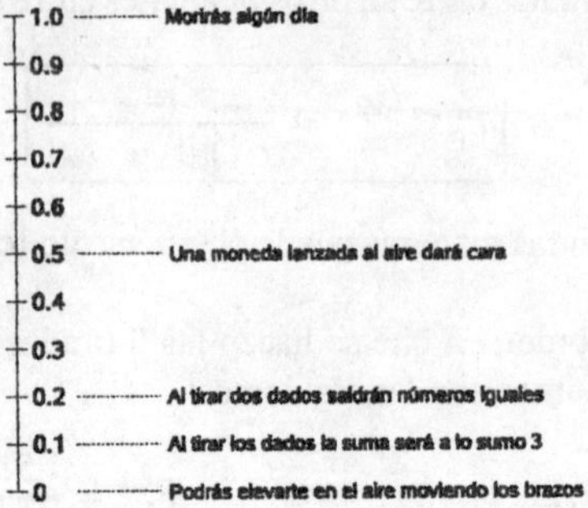

término es la que formuló LAPLACE[2] entre 1812 y 1814:

$$\text{Probabilidad } P = \frac{\text{n° de casos favorables}}{\text{n° total de casos}} \tag{11.5}$$

Cabe acotar que esta definición pragmática de probabilidad sólo es aplicable cuando los números a que hace referencia son finitos y cuando todas las contingencias son igualmente posibles. Con estas hipótesis se pueden resolver problemas muy simples, tales como los que siguen:

Ejemplo 11.6: Se arrojan dos dados simétricos y homogéneos. ¿Cuál es la probabilidad de que salgan dos números iguales en ambas caras superiores?

Solución: Como cada uno de los seis números de un dado se puede combinar con los seis números del otro dado, resultan 36 casos posibles, diferenciando la tirada $(6,1)$ de la $(1,6)$ p. ej. Los casos favorables son $(1,1)$, $(2,2)$, $(3,3)$, $(4,4)$, $(5,5)$ y $(6,6)$, en total seis. Así:

$$P = \frac{6}{36} = \frac{1}{6}$$

□

Ejemplo 11.7: ¿Cuál es la probabilidad de que al tirar dos dados, la suma sea 3 como máximo?

Solución: Los casos favorables son $(1,1)$, $(1,2)$, $(2,1)$. Entonces:

$$P = \frac{3}{36} = \frac{1}{12}$$

□

Gráficamente podemos representar la escala de probabilidades como en la FIG. 11.3.

Es preciso aclarar que asignarle un valor numérico a la probabilidad de que se produzca un determinado evento, no significa que podamos usar la evidencia del pasado para inferir el futuro. Si tiramos al aire una moneda y sale cara cien veces seguidas, consideraremos este evento como extraordinario. La probabilidad de que ocurra un hecho futuro podría obtenerse teóricamente sumando las probabilidades de todas las

[2] En ese lapso de tiempo, LAPLACE publica sus obras: "THÉORIE ANALYTIQUE DES PROBABILITÉS" y "ESSAI PHILOSOPHIQUE SUR LES PROBABILITÉS", donde establece la definición (11.5) sin formular sobre la misma ninguna crítica tanto en su aspecto lógico como en la limitación de su aplicación.

causas posibles, si las conociéramos con precisión. Pero no es éste el caso común, al contrario, lo más frecuente es que carezcamos de parte de los datos. Por ello podemos afirmar que ningún ingeniero, calculista de estructuras, estimador de presupuestos, etc, trabaja con certidumbres. Siempre maneja probabilidades.

11.5. Axiomática del Cálculo de Probabilidades

Obviamente, la definición (11.5) de LAPLACE de la probabilidad, resulta cuestionable cuando se la quiere aplicar a otros campos que no sean los juegos de azar. Así PLANCK, a comienzos de este siglo, sienta las bases de una mecánica probabilística, la MECÁNICA CUÁNTICA. También VON MISES en 1920 hace una revisión de la definición clásica basándose en la idea de *frecuencia relativa*. Pero no es hasta 1933 en que KOLMOGOROV desarrolla la axiomática del CÁLCULO DE PROBABILIDADES cuando se resuelve completamente el problema, lo que permite su aplicación a áreas tan variadas como física, economía, biología, psicología, teoría de la información, teoría de la decisión, etc.

El procedimiento a seguir para fundamentar axiomáticamente el concepto de probabilidad consiste en establecer un conjunto de axiomas a partir de los cuales es posible deducir todas las propiedades fundamentales. Dichos axiomas son:

1. La probabilidad es un número real no negativo.

2. La probabilidad del suceso cierto es igual a la unidad.

3. La probabilidad del suceso suma de sucesos excluyentes es la suma de las probabilidades de cada uno de ellos.

Gráficamente, podemos interpretar estos axiomas considerando el conjunto universal como la colección de todos los resultados posibles de un experimento. Este espacio se llama *"espacio muestral"* y se indica con E. Los resultados posibles son los *"puntos de muestreo"*. Un subconjunto del espacio muestral que consista de todos los puntos de E que poseen una determinada propiedad, será un *"evento"*. Los *"eventos simples"* corresponden a un solo punto de E y los *"eventos compuestos"* son uniones de dos o más eventos simples. Un punto de E es *"favorable"* a un evento si el resultado trae aparejada la ocurrencia del evento. Dos o más eventos se dicen *"mutuamente excluyentes"* si un resultado favorable a uno es necesariamente desfavorable a los otros y los conjuntos correspondientes son disjuntos.

Sean A_1 y A_2 subconjuntos del espacio muestral E — FIG. 11.4. Definimos como probabilidad $P(A_i)$ a todo número real no negativo que es posible asignar al espacio muestral E y cada uno de sus subconjuntos, tal que se cumpla:

1. $P(A_i) \geqslant 0$
2. $P(E) = 1$
3. Si $A_1 \cap A_2 = \varnothing \Rightarrow P(A_1 \cup A_2) = P(A_1) + P(A_2)$

El último axioma puede generalizarse a n subconjuntos mutuamente excluyentes del siguiente modo:

$$P\left(\bigcup_{i=1}^{n} A_i\right) = \sum_{i=1}^{n} P(A_i) \tag{11.6}$$

Figura 11.4: EVENTOS EXCLUYENTES

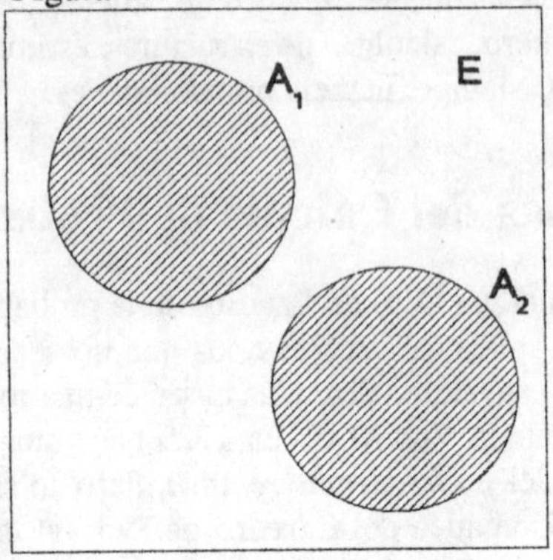

A este resultado se lo llama LEY ADITIVA DE LA PROBABILIDAD y se enuncia: La probabilidad de un conjunto de eventos mutuamente excluyentes es la suma de sus probabilidades individuales.

En base a estos tres axiomas vamos a demostrar las siguientes propiedades:

I: *La probabilidad es un número real comprendido entre* 0 *y* 1.

En efecto, sea $\overline{A}$ el conjunto complementario de A con respecto a E. Como $A \cup \overline{A} = E$, resulta por el axioma 2.:

$$P\left(A \cup \overline{A}\right) = 1$$

Por otra parte $A \cap \overline{A} = \varnothing$. Entonces podemos aplicar el axioma 3. con lo que:

$$P\left(A \cup \overline{A}\right) = P(E) = P(A) + P\left(\overline{A}\right) = 1$$

Como por el axioma 1., $P(A) \geqslant 0$ resulta:

$$\boxed{0 \leqslant P(A) \leqslant 1} \tag{11.7}$$

II: *Dados dos eventos no excluyentes, la probabilidad de que ocurra al menos uno de ellos es la suma de las probabilidades individuales menos la probabilidad de que ambos se presenten simultáneamente.*

En efecto, si $A_1 \cap A_2 \neq \varnothing$, como:

$$A_1 \cup A_2 = A_1 \cup \left(\overline{A_1} \cap A_2\right)$$

$$A_2 = (A_1 \cap A_2) \cup \left(\overline{A_1} \cap A_2\right)$$

resulta en virtud del axioma 3.:

$$\begin{cases} P(A_1 \cup A_2) = P(A_1) + P\left(\overline{A_1} \cap A_2\right) \\ P(A_2) = P(A_1 \cap A_2) + P\left(\overline{A_1} \cap A_2\right) \end{cases}$$

Restando miembro a miembro obtenemos:

$$P(A_1 \cup A_2) - P(A_2) = P(A_1) - P(A_1 \cap A_2)$$

Figura 11.5: EVENTOS NO EXCLUYENTES

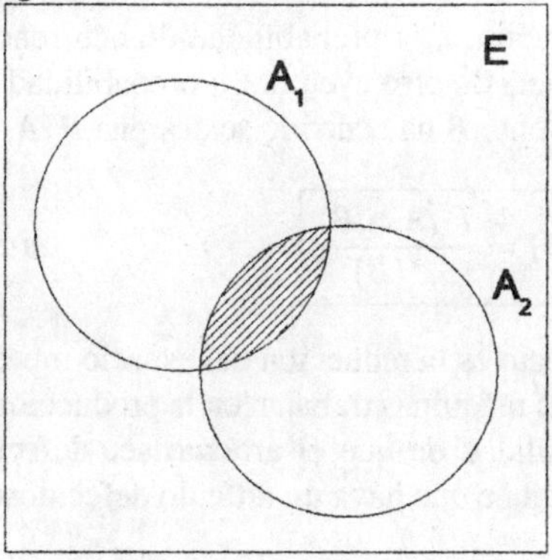

de donde:

$$\boxed{P(A_1 \cup A_2) = P(A_1) + P(A_2) - P(A_1 \cap A_2)} \qquad (11.8)$$

Obviamente, si los conjuntos son disjuntos, la ecuación (11.8) se reduce al axioma 3. pues $A_1 \cap A_2 = \varnothing \Rightarrow P(\varnothing) = 0$.

Ejemplo 11.8: Un proceso de manufacturas produce piezas que pueden resultar defectuosas por las siguientes características:

1. Evento A_1: demasiado larga.
2. Evento A_2: demasiado corta.
3. Evento A_3: demasiado ancha.
4. Evento A_4: demasiado angosta.

siendo $A_1 \cap A_2 = \varnothing$; $A_3 \cap A_4 = \varnothing$. Las probabilidades asociadas son:

$$\begin{array}{rr} P(A_1) = 0{,}035 & P(A_2) = 0{,}020 \\ P(A_3) = 0{,}025 & P(A_4) = 0{,}030 \\ P(A_1 \cap A_3) = 0{,}005 & P(A_1 \cap A_4) = 0{,}004 \\ P(A_2 \cap A_3) = 0{,}003 & P(A_2 \cap A_4) = 0{,}002 \end{array}$$

Hallar la probabilidad de tener al menos una de estas fallas en una pieza elegida al azar.

Solución: Generalizando (11.8) al caso de cuatro eventos tenemos:

$$\begin{aligned} P(A_1 \cup A_2 \cup A_3 \cup A_4) &= \\ &= P(A_1) + P(A_2) + P(A_3) + P(A_4) - P(A_1 \cap A_3) + \\ &- P(A_1 \cap A_4) - P(A_2 \cap A_3) - P(A_2 \cap A_4) \\ &= (0{,}035 + 0{,}020 + 0{,}025 + 0{,}030) + \\ &- (0{,}005 + 0{,}004 + 0{,}003 + 0{,}002) \\ &= 0{,}110 - 0{,}014 \\ &= 0{,}096 \end{aligned}$$

□

11.6. Probabilidad Condicional

En numerosas aplicaciones, la probabilidad de ocurrencia de un evento está condicionada por la ocurrencia de otro evento. La probabilidad de que ocurra el evento A cuando se sabe que el evento B ha ocurrido se designa $P(A/B)$ y se define como:

$$\boxed{P(A/B) = \frac{P(A \cap B)}{P(B)}} \qquad \text{si } P(B) > 0 \tag{11.9}$$

Obsérvese que el efecto es la reducción del espacio muestral B.

Por ejemplo, si varias máquinas trabajan en la producción total de un cierto artículo y si $P(D)$ es la probabilidad de que el artículo sea defectuoso, entonces $P(D/M_i)$ representa la probabilidad de que haya un artículo defectuoso producido por la i-ésima máquina M_i.

La ecuación (11.9) se satisface si $B = E$ — *espacio muestral* — y por otra parte, también se puede calcular:

$$P(B/A) = \frac{P(A \cap B)}{P(A)}$$

siempre que $P(A) > 0$.

A veces se puede encontrar la probabilidad $P(A/B)$ directamente y usar después la ecuación (11.9) para calcular $P(A \cap B)$:

$$P(A \cap B) = P(B)\,P(A/B) \tag{11.10}$$

Esta ecuación se llama *"forma de producto"* de la probabilidad condicional.

Definición: Dos eventos A y B se dicen *independientes* si se cumple que:

$$P(A/B) = P(A)$$

En este caso, de (11.9) resulta:

$$\boxed{P(A \cap B) = P(A)\,P(B)} \tag{11.11}$$

Definición: Esta es la LEY DE MULTIPLICACIÓN DE LA PROBABILIDAD y se expresa: *Si dos eventos son independientes, la probabilidad de que ocurran ambos es el producto de las probabilidades de ocurrencia de cada uno de ellos por separado.*

Ejemplo 11.9: En una prensa se vulcaniza una pieza de goma que luego se somete a inspección. Los porcentajes habituales de rechazo son:

1. A: 7 % por dureza excesiva.
2. B: 4 % por blandura excesiva.
3. C: 10 % por fallas de estructura.

Además se sabe que entre las piezas excesivamente blandas, el 25 % tiene fallas de estructura; en cambio, en las duras sólo el 6 % presenta fallas de estructura. el costo medio por pieza es de \$205. Si las piezas buenas se venden con una ganancia de \$45 por unidad, las duras o blandas con una rebaja del 10 % sobre el precio de venta y las que poseen fallas estructurales se tiran, ¿cuál es la ganancia media por pieza?

Figura 11.6: Relación entre los eventos A, B y C

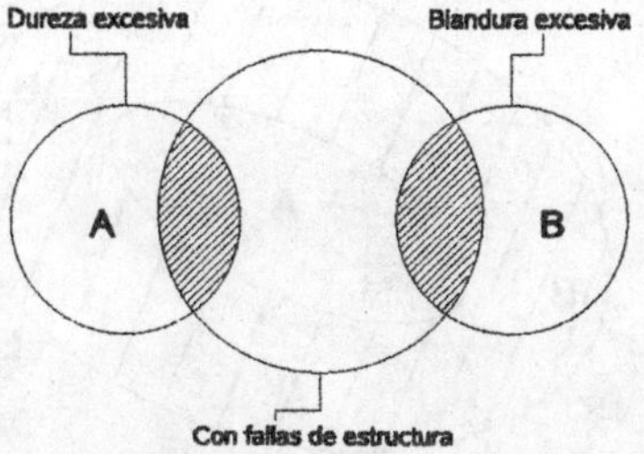

En la figura se representan las relaciones entre los eventos A, B y C.

Figura 11.7:

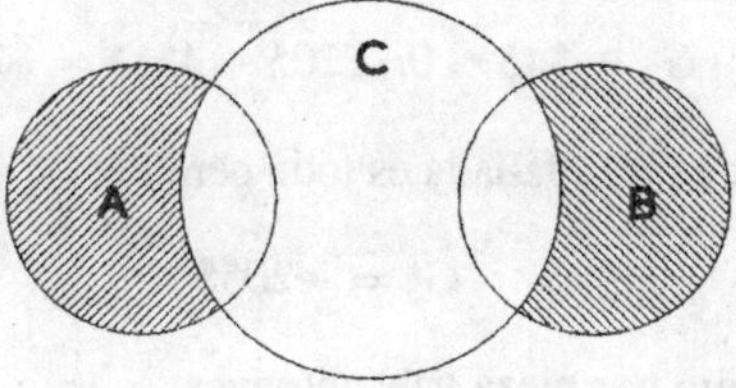

En la figura se representa la probabilidad de que una pieza sea blanda o dura, pero sin fallas estructurales.

Solución: Como los eventos no son excluyentes, el porcentaje de piezas falladas sc calcula:

$$P(A \cup B \cup C \cup D) = P(A) + P(B) + P(C) - P(A \cap C) - P(B \cap C)$$

Para evaluar $P(A \cap C)$ y $P(B \cap C)$ usamos la forma de producto de la ley (11.9):

$$\begin{aligned} P(A \cap C) &= P(A)\,P(C/A) = 0{,}07 \times 0{,}06 \\ &= 0{,}07 \times 0{,}06 = 0{,}0042 \\ P(B \cap C) + P(B)\,P(C/B) &= 0{,}04 \times 0{,}25 = 0{,}01 \end{aligned}$$

Entonces:

$$\begin{aligned} P(A \cup B \cup C) &= 0{,}07 + 0{,}04 + 0{,}10 - 0{,}0042 - 0{,}01 \\ &\simeq 0{,}1958 = 19{,}58\,\% \end{aligned}$$

La probabilidad de que una pieza sea blanda o dura, pero sin fallas estructurales, está dada, como se ve en la Fig. 11.7.:

$$\begin{aligned} P\left[\left(\overline{C} \cap A\right) \cup \left(\overline{C} \cap B\right)\right] &= P(A) + P(B) - P(A \cap C) - P(B \cap C) \\ &= 0{,}07 + 0{,}04 - 0{,}0042 - 0{,}01 \\ &= 0{,}0958 = 9{,}58\,\% \end{aligned}$$

El porcentaje de piezas buenas es $100 - 19{,}58 = 80{,}42\,\%$. Obviamente:

$$80{,}42\,\% + 9{,}58\,\% + 10\,\% = 100\,\%$$

Figura 11.8: PROBABILIDAD TOTAL

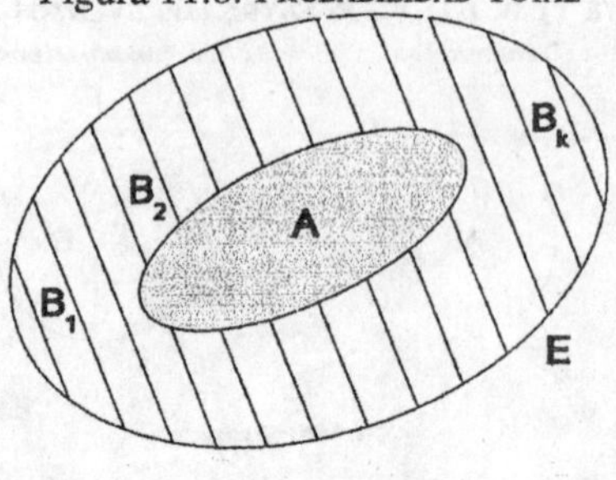

La ganancia por cada pieza buena es $G_1 = \$45$.
La ganancia por cada pieza dura o blanda no falladas G_2:

$$G_2 = \$45 - 0{,}1\,(205 + 45)\,\$ = \$20$$

La ganancia por cada pieza fallada es toda pérdida:

$$G_3 = -205\$$$

La ganancia promedio por pieza vale entonces:

$$\overline{G} = 0{,}8042\,(45) + 0{,}0958\,(20) - 0{,}10\,(205) = \$17{,}60$$

□

Ejemplo 11.10: ¿Cuál es la probabilidad de que al extraer un naipe de sendos mazos de cartas de poker, ambas sean de corazón?

Solución: Ambos eventos son independientes y como las probabilidades individuales valen $\frac{13}{52}$ resulta, aplicando (11.10):

$$P\,(A \cap B) = \frac{13}{52}\,\frac{13}{52} = \frac{1}{16}$$

□

11.7. Probabilidad Total

En algunos casos es útil analizar un problema de cálculo de probabilidades considerando un cierto número de alternativas que juntas abarcan todos los casos. Esto equivale a descomponer el espacio muestral E en eventos B_1, B_2, …, B_k que no se superponen de modo que:

$$E = B_1 \cup B_2 \cup \cdots \cup B_k$$

con

$$B_i \cap B_j = \varnothing \;(i \neq j)$$

como se muestra en la FIG. 11.8.

Dado un evento A, podemos escribirlo:

$$A = (A \cap B_1) \cup (A \cap B_2) \cup \cdots \cup (A \cap B_k)$$

y aplicando repetidamente el axioma 3. tendremos:

$$P(A) = \sum_{i=1}^{k} P(A \cap B_i)$$

La probabilidad $P(A \cap B_i)$ se calcula con la forma (11.10) y entonces resulta la "*regla de la probabilidad total*":

$$\boxed{P(A) = \sum_{i=1}^{k} P(B_i)\, P(A/B_i)} \qquad (11.12)$$

siempre que $A \subset \bigcup_{i=1}^{n} B_i$; $B_i \cap B_j = \varnothing$ si $i \neq j$.

Ejemplo 11.11: En una industria funcionan 12 tornos automáticos que producen una determinada pieza. Cinco de ellos producen sólo un 2 % de piezas defectuosas mientras que los siete restantes producen el 3,5 % de piezas defectuosas. Si se toma la producción en conjunto, ¿qué probabilidad hay que al extraer una pieza al azar sea defectuosa?

Solución: Consideremos el espacio muestral de la producción dividido en los conjuntos B_1 (2 % defectuosas) y B_2 (3,5 % defectuosas) y sea A el evento pieza elegida defectuosa. Entonces por (11.12):

$$P(A) = P(B_1)\, P(A/B_1) + P(B_2)\, P(A/B_2)$$

donde:

$$P(B_1) = \frac{5}{12} \qquad\qquad P(B_2) = \frac{7}{12}$$

$$P(A/B_1) = 0{,}02 \qquad\qquad P(A/B_2) = 0{,}035$$

Entonces:

$$P(A) = \frac{5}{12}(0{,}02) + \frac{7}{12}(0{,}035) = 0{,}029$$

o sea, la probabilidad es de 2,9 %.

□

11.8. Teorema de Bayes

Cuando un conjunto de eventos B_i $(i = 1, \ldots, n)$ y un evento A cumplen las condiciones especificadas en la regla de la probabilidad total, a veces resulta de interés calcular las probabilidades de los eventos B_i en el supuesto de que ha ocurrido A. Este problema fue resuelto por el REVERENDO THOMAS BAYES mediante el siguiente teorema que lleva su nombre:

Teorema: (BAYES): Si la realización de un suceso A depende de que ocurra uno de los acontecimientos excluyentes B_1, B_2, ..., B_n y se sabe que A se ha producido, la probabilidad de que el evento B_i se haya cumplido conjuntamente con el A, está dada por la expresión:

$$\boxed{P(B_i/A) = \frac{P(A/B_i)\, P(B_i)}{\sum_{i=1}^{n} P(A/B_i)\, P(B_i)}} \qquad (11.13)$$

Demostración: Por (11.10) tenemos:

$$P(B_i \cap A) = P(B_i/A)\,P(A) = P(A/B_i)\,P(B_i)$$

de donde:

$$P(B_i/A) = \frac{P(A/B_i)\,P(B_i)}{P(A)}$$

Ahora bien, como $P(A)$ está dada por (11.12) resulta:

$$P(B_i/A) = \frac{P(A/B_i)\,P(B_i)}{\sum_{i=1}^{n} P(A/B_i)\,P(B_i)}$$

siempre que $A \subset \bigcup_{i=1}^{n} B_i$; $B_i \cap B_j = \varnothing$ si $i \neq j$. □

Nota: La situación en que se aplica con mayor frecuencia es cuando los eventos B_i que se producen acompañando al A forman una partición y pueden considerarse *"causas"* del evento A. Este teorema permite entonces calcular la *"probabilidad de las causas"*.

En ese caso las $P(B_i)$ se denominan probabilidades a priori *antes* de conocer la ocurrencia de A. Las $P(A/B_i)$ se denominan probabilidades *"condicionales"* del evento A cuando obra la causa B_i y las $P(B_i/A)$ son las probabilidades *"a posteriori"* de los B_i *después* de conocer la ocurrencia de A.

Es conveniente, cuando se usa el Teorema de Bayes, adoptar el siguiente esquema de cálculo:

	Probabilidad			
Causa	A priori $P(B_i)$	Condicional $P(A/B_i)$	Conjunta $P(A \cap B_i)$	A posteriori $P(B_i/A)$
	(1)	(2)	(3) = (1) (2)	(4) = (3) / $\sum$ (3)
B_1				
$\sum$	1		$P(A)$	1

Ejemplo 11.12: Sean tres máquinas M_1, M_2 y M_3 que producen un mismo artículo. La experiencia indica 4 % de artículos defectuosos en la producción de la máquina M_1, 3,5 % en M_2 y 2,5 % en M_3. Por día, M_1 produce el 20 % de la producción total, M_2 el 30 % y M_3 el resto. Si se selecciona un artículo al azar y resulta defectuoso, hallar la probabilidad de que haya sido producido por la máquina de mayor producción.

Solución: Sea D el artículo defectuoso y con los datos del problema formamos el cuadro de cálculo como sigue:

	Probabilidad			
Causa	A priori $P(M_i)$	Condicional $P(D/M_i)$	Conjunta $P(D \cap M_i)$	A posteriori $P(M_i/D)$
	(1)	(2)	(3) = (1) (2)	(4) = (3) / $\sum$ (3)
M_1	0,2	0,040	0,0080	0,258
M_2	0,3	0,035	0,0105	0,339
M_3	0,5	0,025	0,0125	0,403
$\sum$	1		0,0310	

La probabilidad de que la pieza defectuosa haya sido producida por la máquina de mayor producción M_3 es del 40 %.

□

Figura 11.9: Distribución Unimodal

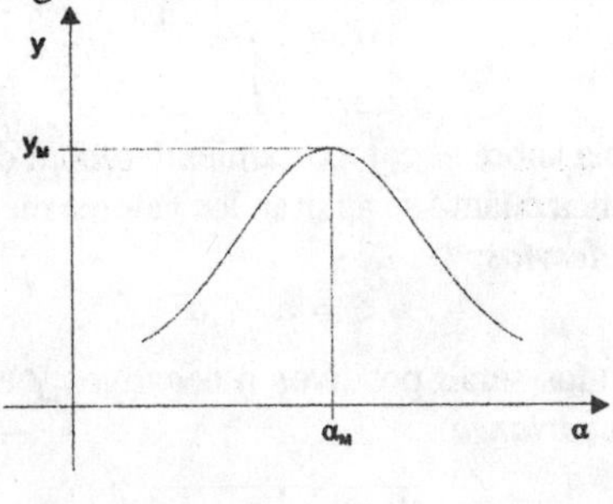

11.9. Series de Frecuencias

La mayoría de los problemas aleatorios que se presentan en la práctica exigen en alguna etapa la recolección de datos y el muestreo es esencial cuando se han de efectuar estimaciones de probabilidades. En general, el estadístico que debe manejar los datos, no es el responsable de la recolección de los mismos y debe, por lo tanto, estar preparado para manejarlos tal como se los presentan.

Sea un conjunto de *"individuos" — moléculas de un gas, hombres, piezas de un motor, etc.* — al que llamaremos *"población"* y consideremos un *"atributo"* común a todos los individuos de la población. Supondremos que el atributo es cuantitativo o medible y en ese sentido, lo consideraremos como una *"variable cierta" — determinada por mediciones*. Sea α la variable cierta y $\alpha_1, \alpha_2, \ldots, \alpha_n$ sus valores. Al medir, se pueden presentar y_1 individuos con el valor $\alpha_1, \ldots, y_n$ con α_n. Así formamos la *"tabla de frecuencias absolutas"* y_i $(i = 1, 2, \ldots, n)$:

α	α_1	α_2	$\cdots$	α_n
y	y_1	y_2	$\cdots$	y_n

El cociente $\frac{1}{N} y_i = f_i$ se llama *"frecuencia relativa"*, donde $N = \sum_{i=1}^{n} y_i$. El conjunto de datos presentados en la tabla es una *"serie de frecuencias"*. Obviamente, las frecuencias relativas cumplen la condición:

$$\sum_{i=1}^{n} f_i = 1$$

Si representamos gráficamente y vs. α y unimos suavemente los puntos como en la Fig. 11.9, vemos que al valor $\alpha = \alpha_M$ le corresponde la frecuencia máxima y_M o *modo* de la curva. En este caso, la curva es "*unimodal*" y cabe asumir que corresponde a una población homogénea. Si la curva presenta más de un máximo, se denomina "*multimodal*" y corresponde a una población heterogénea, aunque en algunos casos pueden presentarse varios máximos aún con poblaciones homogéneas. Por ejemplo, si se considera el atributo α como la "*edad de muerte*" e y el "*número de defunciones*", es obvio que a los 40 años podrá haber un máximo por afecciones cardíacas, a los 60 años otro por enfermedades circulatorias, etc.

Otros parámetros que caracterizan la serie de frecuencias son los siguientes: llamaremos *valor medio* o *media* a:

$$\overline{\alpha} = \frac{1}{N} \sum_{i=1}^{n} \alpha_i y_i$$

esto es:

$$\overline{\alpha} = \sum_{i=1}^{n} \alpha_i f_i \tag{11.14}$$

La media nos informa sobre el comportamiento global de la población respecto del atributo, pero no nos indica cuánto se apartan los valores medidos de la media. Por ello, conviene introducir los *desvíos*:

$$x_i = \alpha_i - \overline{\alpha_i} \tag{11.15}$$

Ahora bien, los desvíos serán positivos o negativos y entonces se toman sus cuadrados introduciendo la *varianza*:

$$\sigma^2 = \sum_{i=1}^{n} x_i^2 f_i \tag{11.16}$$

Su raíz cuadrada es la *dispersión* o *desvío standard*:

$$\sigma = \sqrt{\sum_{i=1}^{n} x_i^2 f_i} \tag{11.17}$$

A mayor dispersión corresponde una mayor variación de los datos medidos en el conjunto y a menor dispersión, menor variación.

Otro parámetro útil es la *mediana* m_e que se define como el valor de la variable cierta que separa la serie de datos en dos grupos de igual número de individuos. La mediana y el modo no dependen de los valores de la variable cierta, sino de la cantidad u ordenamiento de los mismos. Si el número de valores es impar, entonces m_e es el valor central. Si es par, m_e se calcula como la semisuma de los dos valores centrales.

La media, la mediana y el modo son llamadas *medidas de posición*. Otras medidas de posición son los *cuartiles*, *deciles* y *percentiles*, que dividen la población en 4, 10 y 100 partes, respectivamente, de modo tal que esas partes contienen igual número de individuos. Para calcular estas medidas, se suelen acumular las frecuencias, sumando a cada frecuencia absoluta, todas las anteriores, con lo que se obtienen las *frecuencias acumuladas*, que indicaremos F_i.

Si el número de individuos de la población es muy grande, se suele dividir el intervalo total de la variable cierta en subintervalos iguales llamados *clases*. La variable observada toma todos los valores posibles que van desde el límite inferior incluido hasta el límite superior excluido, pero para el cálculo se toma como valor representativo de cada clase su centro, que se indica c_i.

Ejemplo 11.13: En una construcción trabajan 50 obreros que durante un mes han realizado horas extras repartidas en clases de 10 horas de amplitud según el siguiente cuadro:

Cantidad de horas extra (por mes y por obrero)	Número de obreros
10 – 20	5
20 – 30	12
30 – 40	16
40 – 50	9
50 – 60	8

Figura 11.10: Histograma

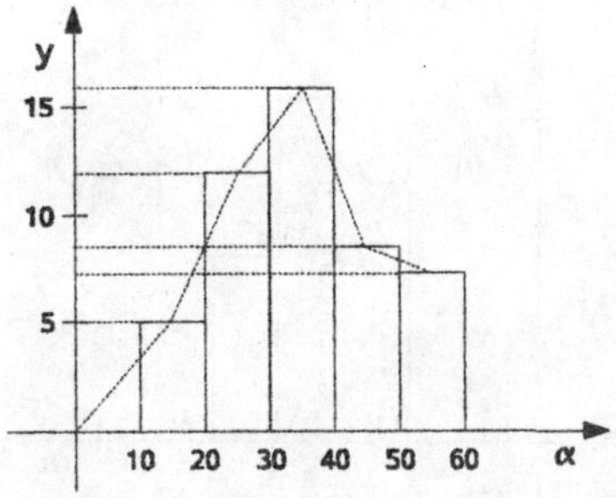

Figura 11.11: Frecuencias Acumuladas

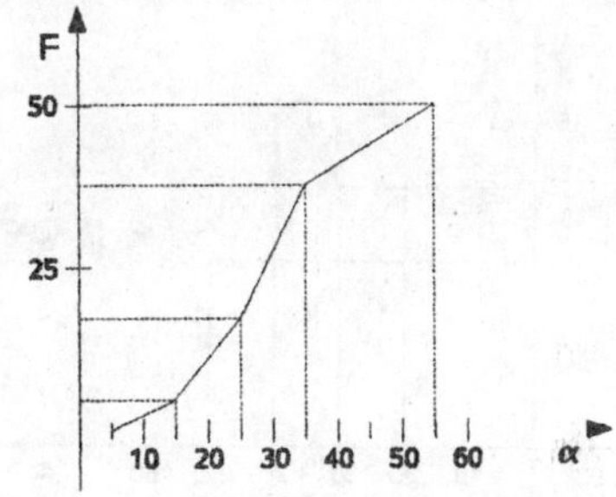

Disponemos la información en la siguiente tabla:

i	α_i	c_i	y_i	F_i	f_i	$c_i f_i$	x_i	x_i^2	$x_i^2 f_i$
1	10 – 20	15	5	5	0,10	1,5	−20,6	424,36	42,44
2	20 – 30	25	12	17	0,24	6,0	−10,6	112,36	26,97
3	30 – 40	35	16	33	0,33	11,2	−0,6	0,36	0,12
4	40 – 50	45	9	42	0,18	8,1	9,4	88,36	15,90
5	50 – 60	55	8	50	0,16	8,8	19,6	376,36	60,22
Totales						35,6			145,65

$$\overline{\alpha} = 35,6 \qquad \sigma^2 = 145,65 \qquad \sigma \simeq 12,07$$

□

La representación gráfica se efectúa mediante un *histograma*, que está formado por rectángulos cuya base es el intervalo de clase y cuya altura es igual a la frecuencia absoluta y_i — *ver* Fig. 11.10.

La poligonal que en el histograma une los puntos medios de la base superior se llama *polígono de frecuencias*. Se indica con línea punteada en la Fig. 11.10.

Si representamos las frecuencias acumuladas F_i en términos de α obtenemos el gráfico 11.11.

11.9.1. Cálculo de la mediana

La mediana se determina gráficamente en forma aproximada como la abscisa que corresponde a la ordenada igual a $\frac{N}{2}$ en el gráfico de frecuencias acumuladas. En nues-

Figura 11.12: Modo

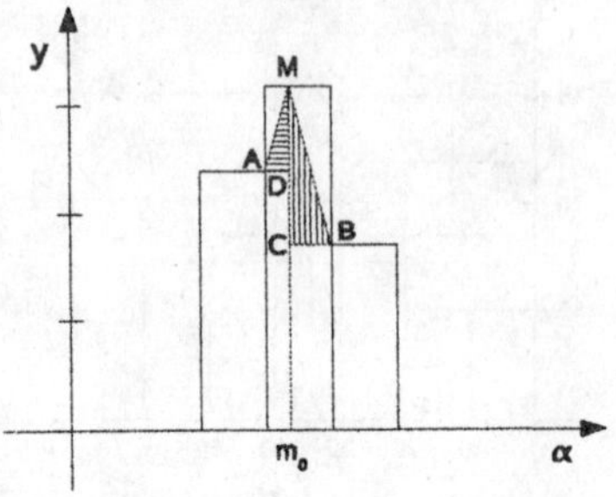

Figura 11.13: Determinación del Modo

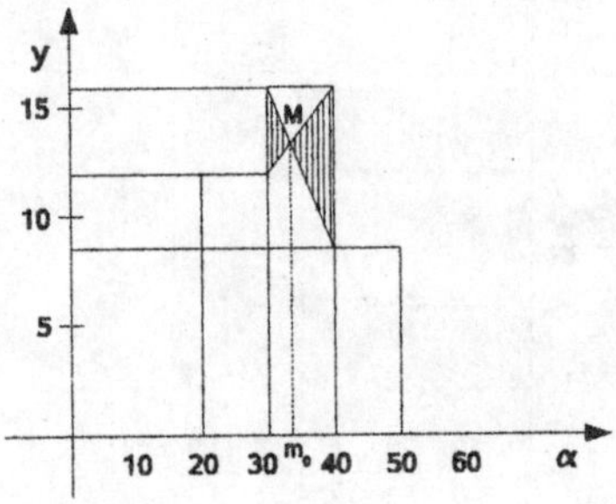

tro caso resulta:

$$m_e = 32 \text{ horas extra}$$

11.9.2. Cálculo del modo

Supongamos que m_0 es el indicado en la Fig. 11.12. El punto M es un máximo, esto es, si en lugar del histograma tuviéramos una curva continua, M sería el máximo de la misma. Para que ello se cumpla deben ser los ángulos:

$$A\overset{\angle}{M}D = C\overset{\angle}{M}B$$

Entonces los triángulos son semejantes:

$$A\overset{\triangle}{M}D \simeq C\overset{\triangle}{M}B$$

y se cumple:

$$\frac{AD}{CB} = \frac{MD}{MC}$$

Gráficamente podemos hallar el valor del modo entonces usando la construcción de la Fig. 11.13, esto es, buscando la intersección de las líneas punteadas en el intervalo modal de máxima frecuencia. La razón de ello estriba en que la semejanza de triángulos en la Fig. 11.12 equivale a la semejanza de los triángulos rayados de la Fig. 11.13. Así resulta:

$$m_0 = 34 \text{ horas extra}$$

11.9.3. Cálculo de cuartiles, deciles y percentiles

La mediana resuelve el problema de dividir los términos de la serie, ordenados según su valor, en dos mitades. Si lo que interesa es dividir en cuatro grupos, los puntos de división se llaman *cuartiles*. Esto es, el primer cuartil, que indicaremos con Q_1 es un valor tal que supera la cuarta parte de los valores de la serie y es superado por las tres cuartas partes restantes. El segundo cuartil Q_2 coincide con la mediana m_e. El tercer cuartil Q_3 supera las tres cuartas partes de los términos y es superado por la cuarta parte restante.

Gráficamente, los cuartiles se determinan mediante el polígono de frecuencias acumuladas. Así, Q_1 y Q_3 serán las abscisas correspondientes a las ordenadas $\frac{N}{4}$ y $\frac{3}{4}N$, respectivamente.

Los deciles y percentiles se definen de manera análoga; los deciles dividen la población ordenada en 10 partes y los percentiles, en 100 partes. Si indicamos con D_i $(i = 1, 2, \ldots, 10)$ los deciles, es obvio que D_5 y P_{50} coinciden con la mediana m_e.

11.10. Variable Aleatoria Discreta

Como hemos visto, el objetivo del Cálculo de Probabilidades es analizar fenómenos que se producen al azar, llamados *fenómenos aleatorios*.

Cuando se lleva a cabo una experiencia aleatoria se obtiene una cantidad que lleva asociada una probabilidad de ocurrencia y recibe el nombre de *variable aleatoria*. Las variables aleatorias pueden tomar valores discretos o continuos.

Toda variable aleatoria discreta queda definida por una tabla del tipo:

α	α_1	α_2	α_3	$\cdots$	α_n
P	P_1	P_2	P_3	$\cdots$	P_n

Los pares ordenados (α, P) dan la *distribución* de la variable aleatoria. Los ejemplos vistos hasta ahora en que cada variable llevaba asociada una frecuencia, corresponden al caso de *variables ciertas*. En cambio, las que introducimos ahora llevan asociadas una probabilidad y por ello se llaman variables aleatorias. Con variables aleatorias *"se calcula"* antes de la experiencia — *a priori* — con variables ciertas *"se cuenta"* una vez realizada la experiencia — *a posteriori*.

Al considerar variables aleatorias discretas surge la pregunta: ¿Cuál es la probabilidad de que la variable α tome un valor menor o igual a α_k? Para dar la respuesta a esta pregunta introduciremos la *función de distribución* o función de probabilidades acumuladas:

$$\boxed{\Phi(\alpha_k) = P(\alpha \leqslant \alpha_k) = \sum_{i=1}^{k} P_i} \qquad k \leqslant n \qquad (11.18)$$

Ejemplo 11.14: Se arrojan 3 monedas. ¿Cuál es el número de caras que salen? Los sucesos que pueden presentarse y sus probabilidades son:

Figura 11.14: Ejemplo 11.14

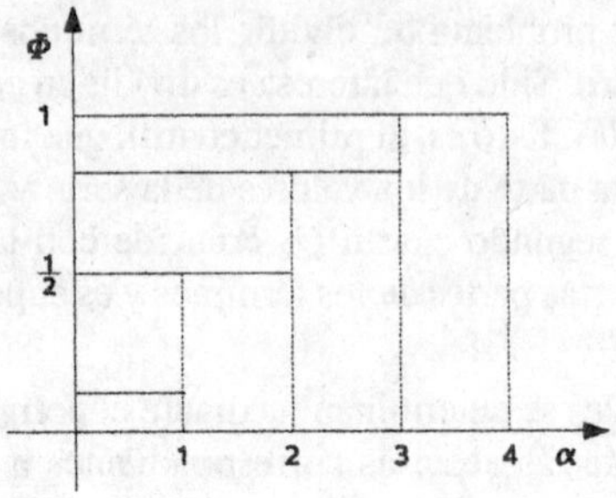

α	0	1	2	3
P	$\frac{1}{8}$	$\frac{3}{8}$	$\frac{3}{8}$	$\frac{1}{8}$
Φ	$\frac{1}{8}$	$\frac{1}{2}$	$\frac{7}{8}$	1

La gráfica correspondiente es la de la Fig. 11.14.

□

Así como con variables ciertas se trabajaba con el valor medio y la varianza, que se calculaban a partir de la serie de frecuencias, se definen dos parámetros para caracterizar las variables aleatorias: la esperanza matemática y la varianza.

Se llama esperanza matemática a:

$$E(\alpha) = \sum_{i=1}^{n} \alpha_i P_i \tag{11.19}$$

Ejemplo 11.15: Al arrojar dos dados, se desea saber cuál es la suma de los puntos de las caras superiores y cuál es la esperanza.

α	2	3	4	5	6	7	8	9	10	11	12
P	$\frac{1}{36}$	$\frac{1}{18}$	$\frac{1}{12}$	$\frac{1}{9}$	$\frac{5}{36}$	$\frac{1}{6}$	$\frac{5}{36}$	$\frac{1}{9}$	$\frac{1}{12}$	$\frac{1}{18}$	$\frac{1}{36}$

$$E(\alpha) = 2\,\frac{1}{36} + 3\,\frac{1}{18} + 4\,\frac{1}{12} + 5\,\frac{1}{9} + 6\,\frac{5}{36} + 7\,\frac{1}{6} +$$
$$+ 8\,\frac{5}{36} + 9\,\frac{1}{9} + 10\,\frac{1}{12} + 11\,\frac{1}{18} + 12\,\frac{1}{36} = 7$$

□

Nota: En este caso $E(\alpha)$ coincide con uno de los resultados posibles, que es además el más probable. Pero no siempre sucede así.

Se llama *varianza* y se indica:

$$\sigma_\alpha^2 = \sum_{i=1}^{n} [\alpha_i - E(\alpha)]^2 P_i$$

Si introducimos los *desvíos* respecto de $E(\alpha)$ y los indicamos con:

$$x_i = \alpha_i - E(\alpha) \tag{11.20}$$

entonces resulta:

$$\boxed{\sigma_x^2 = \sum_{i=1}^{n} x_i^2 P_i} \tag{11.21}$$

Al valor:

$$\sigma_x = \sqrt{\sum_{i=1}^{n} x_i^2 P_i}$$

se lo llama *dispersión*.

Ejemplo 11.16: Se arroja un dado. El número de puntos de su cara superior es una variable aleatoria definida por:

α	1	2	3	4	5	6
P	$\frac{1}{6}$	$\frac{1}{6}$	$\frac{1}{6}$	$\frac{1}{6}$	$\frac{1}{6}$	$\frac{1}{6}$

Calcular la varianza y la dispersión:

$$\sigma_\alpha^2 = \sum_{i=1}^{6} [\alpha_i - E(\alpha)]^2 P_i$$

Como:

$$E(\alpha) = 1\,\frac{1}{6} + 2\,\frac{1}{6} + 3\,\frac{1}{6} + 4\,\frac{1}{6} + 5\,\frac{1}{6} + 6\,\frac{1}{6} = 3{,}5$$

resulta:

$$\begin{aligned}\sigma_\alpha^2 &= (1-3{,}5)^2\,\frac{1}{6} + (2-3{,}5)^2\,\frac{1}{6} + (3-3{,}5)^2\,\frac{1}{6} + \\ &+ (4-3{,}5)^2\,\frac{1}{6} + (5-3{,}5)^2\,\frac{1}{6} + (6-3{,}5)^2\,\frac{1}{6} \\ &= 2{,}917\end{aligned}$$

de donde:

$$\sigma_\alpha = 1{,}70$$

□

11.11. Distribuciones Probabilísticas Discretas

11.11.1. La distribución binomial

Sea un conjunto de n eventos independientes y equiprobables, cada uno de los cuales tiene dos resultados posibles, que llamaremos *"éxito"* y *"fracaso"*. Si la probabilidad de éxito para un solo evento es p, entonces la probabilidad correspondiente de fracaso será $q = 1 - p$. Esta distribución se llama *binomial* o de BERNOULLI.

Supongamos que en n pruebas se obtienen r éxitos donde $0 \leqslant r \leqslant n$. Indicaremos la probabilidad de que el evento A, de probabilidad elemental p, se presente r veces, con $P(n, p, r)$. La probabilidad de obtener un arreglo particular de los r éxitos y $(n - r)$ fracasos es $p^r q^{n-r}$. Como hay $\binom{n}{r} = \frac{n!}{r!(n-r)!}$ maneras diferentes de que ocurran estos r éxitos, la probabilidad será:

$$\boxed{P(n, p, r) = \binom{n}{r} p^r q^{n-r}} \tag{11.22}$$

Este es precisamente el término general en el desarrollo binomial:

$$(p+q)^n = \sum_{r=0}^{n} \binom{n}{r} p^r q^{n-r}$$

Como $q = 1 - p$, tenemos:

$$\sum_{r=0}^{n} P(n, p, r) = 1$$

tal como lo exige el AXIOMA 2 del §11.5.

La distribución binomial tiene muchas aplicaciones ya que aparece en el muestreo de artículos defectuosos en un control de calidad industrial, en el muestreo de preferencias del consumidor o poblaciones de votantes, etc.

Ejemplo 11.17: Supongamos que en un lote de 300 fusibles eléctricos hay 5 % de defectuosos. Se pide calcular:

a) La probabilidad de encontrar al menos un fusible defectuoso en una muestra aleatoria de 5 fusibles.

b) La probabilidad de encontrar al menos 3 fusibles defectuosos en una muestra de 20 fusibles.

Solución: Como $p = 0{,}05$ es $q = 0{,}95$ y la probabilidad de que salga al menos uno defectuoso en el caso *a)* será la contraria de que no salga ninguno defectuoso, esto es:

$$\begin{aligned} P &= 1 - P(n, p, 0) = 1 - P(5; 0{,}05; 0) \\ &= 1 - \binom{5}{0} (0{,}95)^5 = 1 - 0{,}774 \\ &= 0{,}226 \end{aligned}$$

En cambio, en el caso *b)* tendremos que la probabilidad de que salgan 3 o más fusibles defectuosos es la contraria de que salga 0, 1 o 2 defectuosos, esto es:

$$\begin{aligned} P &= 1 - P(n,p,0) - P(n,p,1) - P(n,p,2) \\ &= 1 - P(20;0{,}05;0) - P(20;0{,}05;1) - P(20;0{,}05;2) \\ &= 1 - \sum_{j=0}^{2} P(20;0{,}05;j) \end{aligned}$$

Las probabilidades binomiales de la forma:

$$\sum_{\alpha=0}^{n} P(\alpha)$$

están tabuladas — *ver* Tabla 1 *del libro de* Mendenhall *en [Bib. 19] de la bibliografía* — y ello significa una economía en los cálculos. Así leemos:

$$P = 1 - 0{,}925 = 0{,}075$$

La probabilidad resultante es muy pequeña y esto condice con el 5 % de fusibles defectuosos. Si fuera mayor, habría que revisar esta hipótesis.

□

11.11.2. La distribución de Poisson

Poisson estudió como caso límite del esquema de Bernoulli los casos en que el número n de pruebas es muy grande y la probabilidad p es muy pequeña, de manera que el producto $\lambda = np$ se mantiene acotado y no nulo.

La distribución de Poisson se aplica en la desintegración de átomos radiactivos en física atómica, el intercambio celular de cromosomas en biología, el número de llamados por unidad de tiempo en una central telefónica, el número de suicidios en una gran ciudad, etc.

Para hallar su forma analítica, comencemos por calcular $P(n,p,r)$ reemplazando $P = \frac{\lambda}{n}$. Así obtenemos:

$$\begin{aligned} P\left(n, \frac{\lambda}{p}, r\right) &= \frac{n(n-1)\cdots(n-r+1)}{r!}\left(\frac{\lambda}{n}\right)^{r}\left(1-\frac{\lambda}{n}\right)^{n-r} \\ &= \frac{n^{r}\left(1-\frac{1}{n}\right)\cdots\left(1-\frac{r-1}{n}\right)}{r!}\frac{\lambda^{r}}{n^{r}}\left(1-\frac{\lambda}{n}\right)^{n-r} \\ &= \left[\frac{\left(1-\frac{1}{n}\right)\cdots\left(1-\frac{r-1}{n}\right)}{\left(1-\frac{\lambda}{n}\right)^{r}}\right]\frac{\lambda^{r}}{r!}\left(1-\frac{\lambda}{n}\right)^{n} \end{aligned}$$

Si ahora tomamos:

$$\lim_{n\to\infty} P\left(n, \frac{\lambda}{n}, r\right)$$

el término entre corchetes tiende a 1 y el:

$$\lim_{n\to\infty}\left(1-\frac{\lambda}{n}\right)^{n} = e^{\lambda}$$

De este modo tenemos la distribución de Poisson:

$$\boxed{P(\lambda, r) = \frac{\lambda^r}{r!} e^{-\lambda}} \tag{11.23}$$

Esta distribución se conoce como la *"distribución de eventos raros en el espacio y en el tiempo"*.

Ejemplo 11.18: Se sabe que ciertos artículos producidos masivamente tienen una tasa de falla del 1 %. Si se los empaca en cajas de 120 artículos, ¿cuál es la proporción de cajas que podrá esperarse no contengan artículos defectuosos y cuál es la proporción de cajas que podrá presumirse contengan dos o más artículos defectuosos?

Como $\lambda = 120\,(0{,}01) = 1{,}2$, la probabilidad de que no haya ninguno defectuoso vale:

$$P(1{,}2; 0) = e^{-1{,}2} = 0{,}3012$$

y la probabilidad de que haya dos o más defectuosos es:

$$1 - \left(e^{-1{,}2} + 1{,}2e^{-1{,}2}\right) = 1 - 2{,}2e^{-1{,}2} = 0{,}3374$$

□

11.12. Momentos

Si interpretamos las probabilidades P_i en la expresión (11.19) de la esperanza matemática como masas de partículas en las posiciones α_i, entonces la esperanza matemática es el *primer momento* respecto a $\alpha = 0$ de las masas. La fórmula para partículas — *ver* [Cálculo 1, 12.21] *en la bibliografía*:

$$\sum_{i=1}^{n} m_i x_i = M x_G$$

donde $M = m_1 + \cdots + m_n$ indica que la esperanza matemática es el *"centro de gravedad"* de las partículas, con masa total igual a 1. Análogamente, podemos definir la *esperanza matemática de una función de variable aleatoria* como:

$$E\,[f(\alpha)] = \sum_{i=1}^{n} f(\alpha_i)\, P_i \tag{11.24}$$

o bien usando los desvíos:

$$E\,[f(x)] = \sum_{i=1}^{n} f(x_i)\, P_i \tag{11.25}$$

Si tomamos $f(\alpha) = \alpha^m$ en (11.24) y $f(x) = x^m$ en (11.25) tenemos:

$$E\,[\alpha^m] = \sum_{i=1}^{n} \alpha_i^m P_i = M_m \tag{11.26}$$

$$E\,[x^m] = \sum_{i=1}^{n} x_i^m P_i = \mu_m \tag{11.27}$$

Los M_m se llaman *momentos de orden m* de la variable aleatoria y los μ_m se llaman *momentos centrados de orden m* de la variable aleatoria. Para $m = 0$ resulta:

$$M_0 = \sum_{i=1}^{n} P_i = 1$$

$$\mu_0 = \sum_{i=1}^{n} P_i = 1$$

en virtud del Axioma 1 §11.5.

Para $m = 1$ resulta:

$$M_1 = \sum_{i=1}^{n} \alpha_i P_i = E(\alpha)$$

$$\mu_1 = \sum_{i=1}^{n} x_i P_i = 0$$

Para $m = 2$ resulta:

$$M_2 = \sum_{i=1}^{n} \alpha_i^2 P_i = E(\alpha^2)$$

$$\mu_1 = \sum_{i=1}^{n} x_i^2 P_i = \sigma^2$$

Ejemplo 11.19: Hallar los momentos de primer y segundo orden para:

a) Distribución binomial.

b) Distribución de Poisson.

Solución: En el caso *a*) tendremos según (11.22):

$$\begin{aligned}
M_1 = E(r) &= \sum_{r=0}^{n} rP(n, p, r) = \sum_{r=0}^{n} r \binom{n}{r} p^r q^{n-r} \\
&= \sum_{r=0}^{n} r \frac{n!}{r!\,(n-r)!} p^r q^{n-r} \\
&= np \sum_{r=1}^{n} \frac{(n-1)!}{(r-1)!\,(n-r)!} p^{r-1} q^{n-r} \\
&= np\,(p+q)^{n-1}
\end{aligned}$$

pero como $p + q = 1$ resulta:

$$M_1 = E(\alpha) = np$$

Para calcular M_2 tenemos:

$$\begin{aligned}
M_2 = E(r^2) &= \sum_{r=0}^{n} r^2 P(n, p, r) \\
&= \sum_{r=0}^{n} r^2 \frac{n!}{r!\,(n-r)!} p^r q^{n-r}
\end{aligned}$$

poniendo $r^2 = r(r-1) + r$ podemos escribir:

$$\begin{aligned} M_2 &= E(r) + \sum_{r=0}^{n} r(r-1)\frac{n!}{r!\,(n-r!)}p^r q^{n-r} \\ &= np + n(n-1)\,p^2\,(p+q)^{n-2} \end{aligned}$$

Entonces:

$$M_2 = np + n(n-1)\,p^2$$

Finalmente, el cálculo de $\mu_2 = \sigma^2$ se simplifica teniendo en cuenta que:

$$\begin{aligned} \sigma^2 &= \sum_{i=1}^{n}[r_i - E(r)]^2 P_i \\ &= \sum_{i=1}^{n}\left[E^2(r) + r_i^2 - 2E(r)\,r_i\right]P_i \\ &= E^2(r)\sum_{i=1}^{n}P_i + \sum_{i=1}^{n}r_i^2 P_i - 2E(r)\sum_{i=1}^{n}r_i P_i \\ &= E^2(r) + E\left(r^2\right) - 2E^2(r) \\ &= E\left(r^2\right) - E^2(r) = M_2 - M_1^2 \end{aligned}$$

Vale decir que:

$$\mu_2 = np + n(n-1)\,p^2 - n^2p^2 = npq$$

en el caso *b*) será, según (11.23):

$$\begin{aligned} M_1 = E(r) &= \sum_{r=0}^{n} rP(\lambda, r) = \sum_{r=0}^{n} r\frac{\lambda^r}{r!}e^{-\lambda} \\ &= \lambda e^{-\lambda}\sum_{r=0}^{n}\frac{\lambda^{r-1}}{(r-1)!} \end{aligned}$$

Esta sumatoria, cuando $n \to \infty$, es el desarrollo en serie de e^{λ}. Por lo tanto:

$$M_1 = \lambda$$

Para calcular el momento de segundo orden calculamos:

$$\begin{aligned} M_2 = E\left(r^2\right) &= \sum_{r=0}^{n} r^2 P(\lambda, r) \\ &= \sum_{r=0}^{n} r^2\frac{\lambda^r}{r!}e^{-\lambda} \end{aligned}$$

Haciendo nuevamente $r^2 = r(r-1) + r$, y operando, se obtiene:

$$M_2 = E(r) + \lambda^2 = \lambda + \lambda^2$$

Finalmente, como $\sigma^2 = M_2 - M_1^2$ resulta:

$$\mu_2 = \sigma^2 = \lambda$$

□

11.13. Variable Aleatoria Continua

Hasta ahora hemos estudiado variables aleatorias que sólo pueden tomar valores discretos, pero en la práctica se presentan numerosos problemas en los que la variable aleatoria varía en forma continua. Cuando se trata con variables aleatorias discretas, se calcula la probabilidad de que la variable aleatoria tome el valor α_k. En el caso continuo interesa, en cambio, calcular la probabilidad de que la variable tome algún valor comprendido entre α y $\alpha + d\alpha$ ya que la probabilidad de que tome el valor α es cero, cualquiera sea α.

Sobre esta base es factible pensar que el valor de esa probabilidad dependerá de la longitud y posición del intervalo considerado. Por ello, se caracterizan las variables aleatorias continuas y su correspondiente ley de distribución de la siguiente forma:

a) Se especifica el intervalo en el cual está definida la variable:

$$a \leqslant \alpha \leqslant b$$

b) Se defina la *función de distribución* por analogía con el caso discreto:

$$\Phi(\alpha) = \int_a^\alpha \varphi(z)\, dz \tag{11.28}$$

donde $\varphi(\alpha)$ es la denominada *densidad de probabilidad.* $\Phi(\alpha)$ da la probabilidad de que la variable tome valores comprendidos entre a y α.

Indicando la variable aleatoria genéricamente con X, esta fórmula expresa:

$$\Phi(\alpha) = P(a \leqslant X \leqslant \alpha)$$

Asimismo resulta:

$$\Phi(a) = 0 \qquad\qquad \Phi(b) = 1$$

Si se toma el extremo inferior del intervalo en $-\infty$, la probabilidad de que la variable aleatoria tome valores menores o iguales que α resulta:

$$\Phi(\alpha) = \int_{-\infty}^\alpha \varphi(z)\, dz = P(X \leqslant \alpha)$$

En consecuencia deberá cumplirse:

$$\Phi(\infty) = \int_{-\infty}^\infty \varphi(z)\, dz = 1$$

Si la función $\varphi(\alpha)$ es continua, por el Teorema Fundamental del Cálculo tenemos:

$$\frac{d\Phi(\alpha)}{d\alpha} = \varphi(\alpha)$$

o sea:

$$d\Phi(\alpha) = \varphi(\alpha)\, d\alpha$$

Es decir, $\varphi(\alpha)\, d\alpha$ da la probabilidad de que la variable aleatoria continua tome valores comprendidos entre α y $\alpha + d\alpha$ y corresponde a la probabilidad p_k de la variable aleatoria discreta.

Figura 11.15: Densidad de Probabilidad

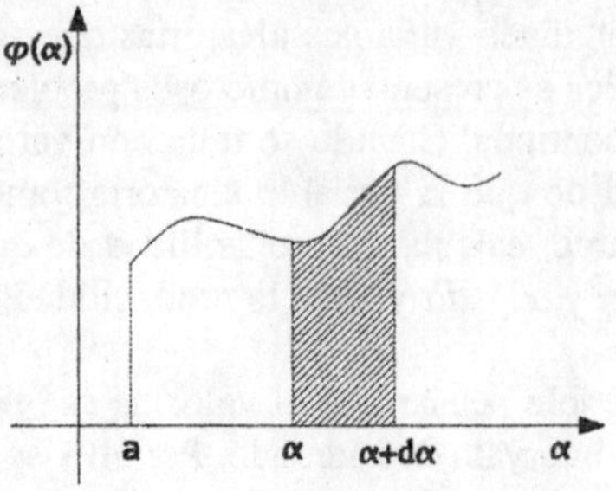

Obsérvese que la probabilidad elemental está dada por el producto $\varphi(\alpha)\ d\alpha$ de donde surge la denominación dada a $\varphi(\alpha)$: densidad de probabilidad. En la Fig. 11.15, el área sombreada da el valor de $\varphi(\alpha)\ d\alpha$.

Las definiciones dadas para variables aleatorias discretas se generalizan para el caso de variables continuas. Así se tiene, por ejemplo, que la *esperanza matemática* de una variable aleatoria continua está dada por:

$$E(\alpha) = \int_{-\infty}^{\infty} \alpha\varphi(\alpha)\ d\alpha \tag{11.29}$$

Los *momentos absolutos de orden m* están dados por la expresión:

$$M_m = \int_{-\infty}^{\infty} \alpha^m \varphi(\alpha)\ d\alpha \tag{11.30}$$

Y los *momentos centrados de orden m* son:

$$\mu_m = \int_{-\infty}^{\infty} x^m \varphi(x)\ dx \tag{11.31}$$

donde con x se indica el desvío $x = \alpha - E(\alpha)$.

11.14. La Distribución Normal

En el Cálculo de Probabilidades tiene una gran importancia la llamada *función de densidad de probabilidad normal o de* Gauss, que está dada por:

$$\varphi(\alpha) = \frac{1}{\sigma\sqrt{2\pi}} e^{-\frac{(\alpha-\overline{\alpha})^2}{2\sigma^2}} \tag{11.32}$$

donde α y $\overline{\alpha}$ son parámetros que vamos a determinar.

La función de distribución normal será:

$$\Phi(\alpha) = \frac{1}{\sigma\sqrt{2\pi}} \int_{-\infty}^{\alpha} e^{-\frac{(u-\overline{\alpha})^2}{2\sigma^2}}\ du$$

y deberá verificar $\Phi(\infty) = 1$. en efecto:

$$\Phi(\infty) = \frac{1}{\sigma\sqrt{2\pi}} \int_{-\infty}^{\infty} e^{-\frac{(\alpha-\overline{\alpha})^2}{2\sigma^2}}\ d\alpha$$

Haciendo $\alpha - \overline{\alpha} = \sigma\sqrt{2}z$ resulta:

$$\Phi(\infty) = \frac{1}{\sqrt{\pi}} \int_{-\infty}^{\infty} e^{-z^2}\, dz$$

que es la integral de Gauss-Poisson y vale $\sqrt{\pi}$ — *Ver cap.* 4 Problema 10.

Luego:

$$\Phi(\infty) = 1$$

La esperanza matemática para la ley normal será:

$$E(\alpha) = \frac{1}{\sigma\sqrt{2\pi}} \int_{-\infty}^{\infty} \alpha e^{-\frac{(\alpha-\overline{\alpha})^2}{2\sigma^2}}\, d\alpha$$

Haciendo el mismo cambio de variables que en el cálculo de $\Phi(\infty)$ resulta:

$$E(\alpha) = \frac{\overline{\alpha}}{\sqrt{\pi}} \int_{-\infty}^{\infty} e^{-z^2}\, dz + \sqrt{\frac{2}{\pi}}\sigma \int_{-\infty}^{\infty} ze^{-z^2}\, dz = \overline{\alpha}$$

Luego el parámetro $\overline{\alpha}$ que aparece en la función $\varphi(\alpha)$ es la esperanza matemática de la variable. Si se usa como variable el desvío, ambas funciones quedan expresadas por:

$$\varphi(x) = \frac{1}{\sigma\sqrt{2\pi}} e^{-\frac{x^2}{2\sigma^2}}$$

$$\Phi(x) = \frac{1}{\sigma\sqrt{2\pi}} \int_{-\infty}^{x} e^{-\frac{u^2}{2\sigma^2}}\, du$$

Entonces resulta que para m impar los momentos centrados son todos nulos ya que el integrando es una función impar. Para los momentos de orden par, en cambio:

$$\mu_{2m} = \frac{1}{\sigma\sqrt{2\pi}} \int_{-\infty}^{\infty} x^{2m} e^{-\frac{x^2}{2\sigma^2}}\, dx$$

Haciendo el cambio de variables $\frac{x^2}{2\sigma^2} = z$ se obtiene:

$$\mu_{2m} = \frac{2^m}{\sqrt{\pi}} \sigma^{2m} \int_0^{\infty} z^{m-\frac{1}{2}} e^{-z}\, dz$$

Pero recordando la expresión de la Función Gamma — *ver* §4.5:

$$\Gamma(n) = \int_0^{\infty} t^{n-1} e^{-t}\, dt$$

tenemos:

$$\mu_{2m} = \frac{2^m}{\sqrt{\pi}} \sigma^{2m} \Gamma\left(m + \frac{1}{2}\right)$$

$m = 0$ $\qquad \mu_0 = \frac{1}{\sqrt{\pi}} \Gamma\left(\frac{1}{2}\right) = \frac{1}{\sqrt{\pi}}\sqrt{\pi} = 1$

$m = 1$ $\qquad \mu_2 = \frac{2\sigma^2}{\sqrt{\pi}} \Gamma\left(\frac{3}{2}\right) = \frac{2\sigma^2}{\sqrt{\pi}} \frac{\sqrt{\pi}}{2} = \sigma^2$

Figura 11.16: Densidad de Probabilidad Normal

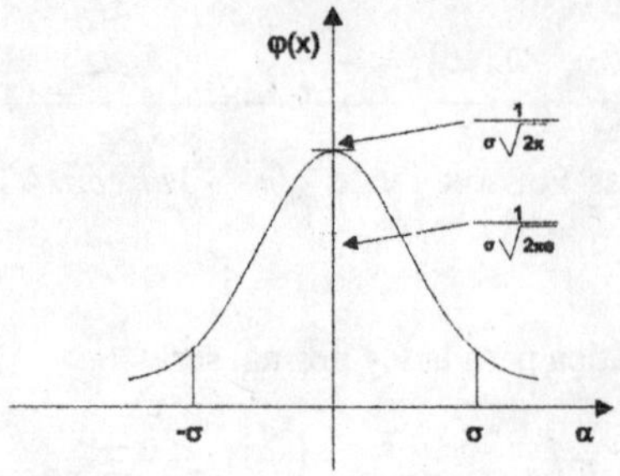

Luego el parámetro σ que aparece en la expresión de (11.32) es la dispersión de la variable. Para $m = 2$ resulta: $\mu_4 = 3\sigma^4$. La relación:

$$\frac{\mu_4}{\mu_2} = 3\sigma^2$$

caracteriza a las distribuciones normales.

La Fig. 11.16 da la gráfica de la función de densidad de probabilidad normal para cuyo trazado es útil considerar que:

1. En $x = 0$, $\alpha = \overline{\alpha}$ resulta:

$$\varphi(0) = \frac{1}{\sigma\sqrt{2\pi}}$$

o sea que a mayor dispersión, menor es la densidad de probabilidad de la esperanza.

2. La función es par.

3. $\lim\limits_{x\to\pm\infty} \varphi(x) = 0$

4.

$$\varphi'(x) = \frac{-x}{\sigma^3\sqrt{2\pi}} e^{-\frac{x^2}{2\sigma^2}} = -\frac{x}{\sigma^2}\varphi(x) \qquad \varphi'(0) = 0$$

luego existe un punto crítico en $x = 0$ o sea en $\alpha = \overline{\alpha}$ y este punto es un máximo de coordenadas:

$$\left(0, \frac{1}{\sigma\sqrt{2\pi}}\right)$$

puesto que:

$$\varphi''(x) = -\frac{\varphi(x)}{\sigma^2} + \frac{x^2}{\sigma}\varphi(x) = \frac{\varphi(x)}{\sigma^2}\left(\frac{x^2}{\sigma^2} - 1\right)$$

$$\varphi''(0) = -\frac{\varphi(0)}{\sigma^2} < 0$$

Como es $\varphi''(x < \pm\sigma) < 0$; $\varphi''(x > \pm\sigma) > 0$ la función $\varphi(x)$ tiene dos puntos de inflexión de coordenadas:

$$\left(\pm\sigma, \frac{1}{\sigma\sqrt{2\pi e}}\right)$$

Figura 11.17: FUNCIÓN $f(x)$

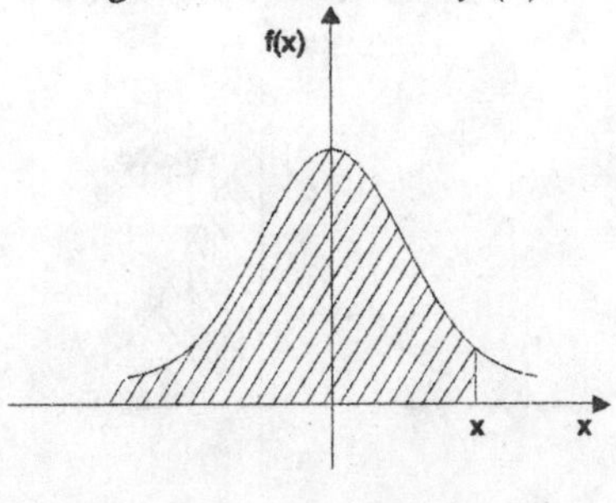

11.15. Aplicaciones de la Distribución Normal

Los cálculos en los que interviene la ley normal se ven facilitados por la existencia de tablas que dan los valores que toman las integrales para distintos valores de la variable.

En las tablas se encuentra la denominada *función normal reducida*, siendo las expresiones para la densidad de probabilidad $f(x)$ y la función de distribución $F(x)$ las siguientes:

$$f(x) = \frac{1}{\sqrt{2\pi}} e^{-\frac{t^2}{2}} \qquad\qquad F(x) = \frac{1}{\sqrt{2\pi}} \int_{-\infty}^{x} e^{-\frac{t^2}{2}}\, dt$$

La primera da la ordenada para cada x y la segunda la probabilidad de que el desvío tome valores menores o iguales a x, o sea el área sombreada en la FIG. 11.17.

Para poder usar las tablas es necesario entonces saber cómo calcular $\varphi(x)$ y $\Phi(x)$ conocidas $f(x)$ y $F(x)$.

Si en las fórmulas anteriores hacemos $x = \sigma t$ resulta:

$$\varphi(t) = \frac{1}{\sigma\sqrt{2\pi}} e^{-\frac{t^2}{2}} = \frac{1}{\sigma} f(t)$$

o sea:

$$\boxed{\varphi(x) = \frac{1}{\sigma} f(x)} \tag{11.33}$$

Haciendo $u = \sigma t$ en la expresión de $\Phi(x)$ tenemos:

$$\Phi(x) = \frac{1}{\sigma\sqrt{2\pi}} \int_{-\infty}^{\frac{x}{\sigma}} e^{-\frac{t^2}{2}} \sigma\, dt$$
$$= \frac{1}{\sqrt{2\pi}} \int_{-\infty}^{\frac{x}{\sigma}} e^{-\frac{t^2}{2}}\, dt$$

es decir:

$$\Phi(x) = F\left(\frac{x}{\sigma}\right) \tag{11.34}$$

Otras tablas dan la probabilidad para desvíos entre cero y x — FIG. 11.19 o *también la probabilidad de que el* desvío sea mayor o igual que x — *Ver* FIG. 11.19.

De la comparación de las FIGURAS 11.18 y 11.19 y teniendo en cuenta la simetría de la función de GAUSS es evidente que las tablas pueden ser usadas indistintamente ya que, en última instancia, el problema se reduce a una suma o resta de áreas de acuerdo con lo que se pida y la tabla de que se disponga.

Figura 11.18: FUNCIÓN $f(x)$

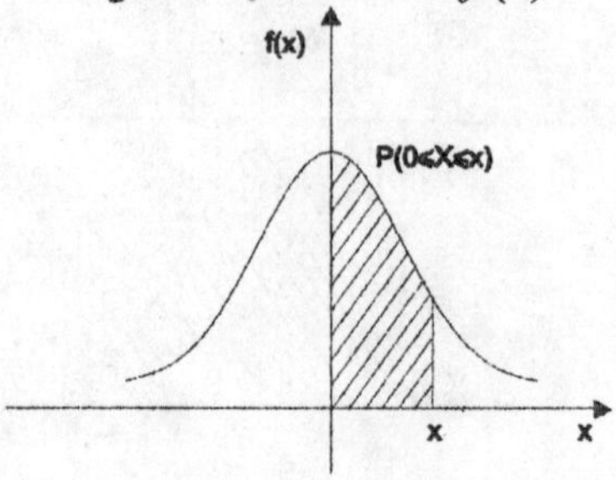

Figura 11.19: FUNCIÓN $f(x)$

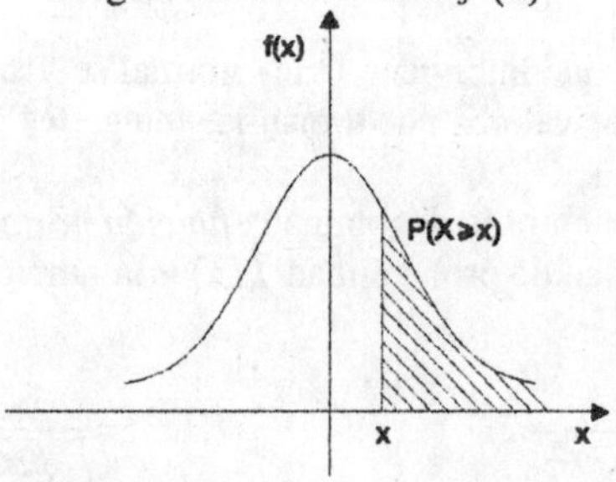

Probabilidad para desvíos entre cero y x.

Ejemplo 11.20: Suponiendo que tenemos una variable aleatoria standard, hallar las siguientes probabilidades usando la tabla:

a) $P(x \leqslant 1) = 0{,}8413$ — *el 84 % de la probabilidad está comprendida entre* $-\infty$ *y* 1.

b)

$$\begin{aligned} P(-2 \leqslant x \leqslant 2) &= P(x \leqslant 2) - P(x > 2) \\ &= P(x \leqslant 2) - [1 - P(x \leqslant 2)] \\ &= 2P(x \leqslant 2) - 1 = 0{,}9544 \end{aligned}$$

c) $P(0{,}3 \leqslant x \leqslant 3{,}2) = P(x \leqslant 3{,}2) - P(x \leqslant 0{,}3) = 0{,}3814$

d)

$$\begin{aligned} P(-0{,}3 \leqslant x \leqslant 3{,}2) &= P(x \leqslant 3{,}2) - [1 - P(x \leqslant 0{,}3)] \\ &= P(x \leqslant 3{,}2) + P(x \leqslant 0{,}3) - 1 \\ &= 0{,}6172 \end{aligned}$$

e)

$$\begin{aligned} P(|x| > 0{,}3) &= P(x > 0{,}3) + P(x < -0{,}3) \\ &= 2P(x > 0{,}3) = 0{,}7642 \end{aligned}$$

□

Ejemplo 11.21: Una variable aleatoria tiene esperanza matemática $\overline{\alpha}$ y dispersión σ. Calcular:

a) $P(|x| \leqslant \sigma)$

b) $P(|x| \leqslant 2\sigma)$

c) $P(|x| \leqslant 3\sigma)$

Solución: Usando (11.34) pasamos de la variable $x = \alpha - \overline{\alpha}$ a la variable standard deseada:

$$z = \frac{x}{\sigma} = \frac{\alpha - \overline{\alpha}}{\sigma}$$

Entonces hay que calcular:

a) $P(|z| \leqslant 1) = 2P(z \leqslant 1) - 1 = 0{,}6826$

b) $P(|z| \leqslant 2) = 0{,}9544$

c) $P(|z| \leqslant 3) = 0{,}9974$

□

Nota: Este cálculo conduce a la siguiente regla empírica: Para una distribución de mediciones aproximadamente normal —*forma de campana*— el intervalo:

$\overline{\alpha} \pm \sigma$ contiene aproximadamente 68 % de las mediciones.

$\overline{\alpha} \pm 2\sigma$ contiene aproximadamente 95 % de las mediciones.

$\overline{\alpha} \pm 3\sigma$ contiene casi todas las mediciones.

La experiencia estadística indica que en la mayoría de las aplicaciones prácticas se puede esperar que las variables aleatorias involucradas se distribuyan aproximadamente según una ley normal. Teóricamente, se comprueba que la distribución normal constituye un caso límite ideal que se presenta en las aplicaciones con un grado de aproximación aceptable. No obstante, a veces es posible mejorar esa aproximación introduciendo otras distribuciones que son útiles en el análisis de problemas determinados —*ver libro de* NÚÑEZ *o de* MENDENHALL *en [Bib. 19] y [Bib. 20] de la bibliografía.*

Ejemplo 11.22: El tiempo T de llegada a clase de un alumno, medido en minutos después de las 19 horas, se distribuye aproximadamente como una variable aleatoria normal con media cero y dispersión 2,5. Suponiendo que la aproximación es válida, ¿cuál es la probabilidad de que ese alumno llegue entre las 18,55 y 19,05?

Solución: De acuerdo con lo que establece el problema, las horas del reloj indicadas corresponden respectivamente a valores de T comprendidos entre -5 y 5. La probabilidad pedida es entonces $P(-5 \leqslant T \leqslant 5)$. Para poder usar la TABLA A.6 primero se debe estandarizar la variable. Se pasa entonces de T a:

$$z = \frac{T - 0}{2{,}5}$$

y se busca la probabilidad $P(-2 \leqslant z \leqslant 2)$. De la TABLA obtenemos:

$$P(-2 \leqslant z \leqslant 2) = 2P(x \leqslant 2) - 1 = 0{,}9544$$

Luego podemos decir que el alumno llega entre las 18,55 y las 19,05 el 95 % de las veces aproximadamente.

□

11.16. Problemas

1. Mediante diagramas de VENN, probar que para cualquier par de conjuntos A y B valen las LEYES DE DE MORGAN:

$$\overline{A \cup B} = \overline{A} \cap \overline{B}$$

$$\overline{A \cap B} = \overline{A} \cup \overline{B}$$

2. De una encuesta realizada a 60 estudiantes universitarios surge que 9 viven a más de 10Km de la universidad, 36 son estudiantes de licenciatura y 3 son estudiantes de licenciatura que viven a más de 10Km. Se pide hallar:

   a) Número de estudiantes de licenciatura que viven a más de 10Km.

   b) Número de estudiantes de licenciatura que viven a menos de 10Km.

3. Una operación de montaje en una fábrica abarca tres pasos que se pueden realizar en cualquier orden. ¿De cuántas maneras puede efectuarse el montaje?

4. Una marca de automóviles presenta cinco modelos distintos, con cuatro tipos de motores, dos tipos de transmisión y ocho colores.

   a) ¿Cuántos tendría que adquirir un distribuidor si quiere disponer de un automóvil por cada combinación modelo-motor-transmisión?

   b) ¿Cuántos coches tendría que tener en existencia un centro de distribución si almacena coches de todos los colores posibles para cada combinación de 4*a*.

5. ¿Cuántos números telefónicos de siete dígitos se pueden formar si el primer dígito no puede ser cero?

6. Se eligen al azar cuatro estudiantes de un grupo formado por tres estudiantes no graduados y cinco estudiantes graduados para formar una comisión. Hallar la probabilidad de que:

   a) Haya dos estudiantes no graduados en la comisión.

   b) Haya por lo menos dos estudiantes no graduados.

7. En un juego de lotería hay 100 billetes de los cuales 50 tienen premio. ¿Cuál es la probabilidad de que una persona que adquiere 10 billetes obtenga algún premio?

8. En una muestra de 100 arandelas hay 10 defectuosas. Si se eligen 5 arandelas de esta muestra al azar. ¿Cuál es la probabilidad de que haya 2 defectuosas entre ellas?

9. Problema del caballero de Mere — *resuelto por* Pascal y Fermat:

> "Si se apuesta a que aparezca un seis por lo menos al arrojar un dado cuatro veces, a la larga se gana. Si se apuesta a que aparezca un doble seis por lo menos una vez al arrojar 24 dos dados, a la larga se pierde. Sin embargo 4 es $\frac{2}{3}$ del número de posibilidades de un dado y 24 es también $\frac{2}{3}$ del número de posibilidades con dos dados. ¿Por qué ambas apuestas no ofrecen igual ventaja?"

La experiencia del caballero de Mere le indicaba que para poder ganar a la larga, debía apostar a que debían aparecer dos seis por lo menos una vez en 25 tiradas con dos dados. Justificarlo.

10. Un productor tiene almacenados 9 motores diferentes, dos de los cuales fueron suministrados por un proveedor. Se deben distribuir los motores en 3 líneas de producción con 3 motores en cada línea. Suponiendo que esta distribución es aleatoria, hallar la probabilidad de que los dos motores del proveedor especificado sean asignados a la primer línea.

11. Un fabricante observa que la probabilidad de producir una pieza defectuosa en lunes es 0,002; en martes 0,003; en miércoles 0,004; en jueves 0,005 y en viernes 0,008. Si se producen iguales cantidades cada día, ¿cuál es la probabilidad de que una pieza, escogida al azar, salga defectuosa?

12. Una prueba médica tiene una efectividad del 95 % para descubrir la presencia de una enfermedad. Se realiza la prueba con los habitantes de una población entre los cuales hay 5 % de enfermos. Se desea saber qué porcentaje de individuos con resultado positivo de la prueba, estarán efectivamente afectados de la enfermedad.

13. Si hay un robo en una noche, la probabilidad de que suene la alarma es 0,99. Si no hay robo la probabilidad de que suene es 0,005. La probabilidad de que haya un robo en una noche determinada es del 0,1 %. ¿Cuál es la probabilidad de que haya habido un robo si suena la alarma?

14. En una planta productora de tubos fluorescentes, se ha encontrado que el equipo vacío funciona irregularmente, en promedio, 20 minutos por jornada de 8 horas. Cuando esto sucede el porcentaje de defectuosos se eleva del 3 % habitual al 12 %. Del almacén se extrae un tubo al azar, se examina y resulta defectuoso. ¿Cuál es la probabilidad de que ese tubo haya sido fabricado en un momento en que el equipo funcionaba irregularmente?

15. La figura 11.20 muestra un circuito con 5 componentes, todas independientes. Se sabe que la probabilidad de falla que tiene cada una de ellas es:

$$P_1 = P_2 = \frac{1}{5} \qquad P_3 = \frac{1}{3} \qquad P_4 = P_5 = \frac{1}{5}$$

¿Cuál es la probabilidad de que el circuito esté en funcionamiento?

16. Probar que el valor medio de una variable cierta minimiza la varianza.

Figura 11.20: Circuito del Problema 15

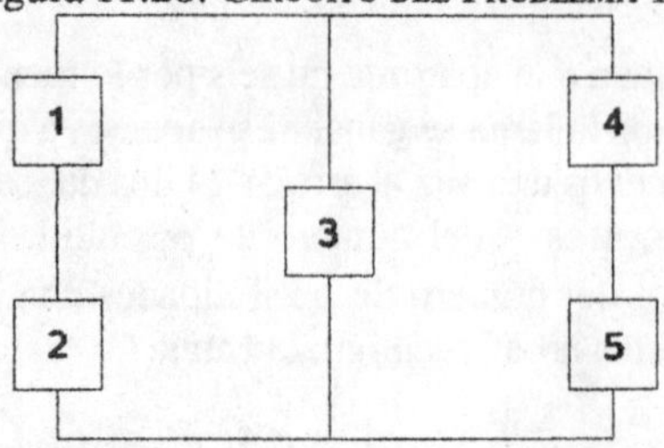

La figura muestra un circuito con 5 componentes, todas independientes.

17. En cierto lugar se han medido las siguientes temperaturas medias mensuales. Suponiendo que los meses son de igual duración calcular la temperatura media para el año, la varianza y la dispersión:

$$9{,}1°C \quad 8{,}7°C \quad 11{,}2°C \quad 11{,}6°C \quad 15{,}7°C \quad 20{,}4°C$$
$$20{,}2°C \quad 21{,}0°C \quad 18{,}4°C \quad 12{,}5°C \quad 9{,}2°C \quad 8{,}6°C$$

18. Se han tomado 266 trozos de cable al azar en la línea de producción de una fábrica. Cada trozo de cable es sometido a una prueba de rotura y se determina la carga de ruptura de cada trozo. Los resultados han sido los siguientes:

Carga *(toneladas)*	< 9,0	9,0 – 9,2	9,2 – 9,4	9,4 – 9,6
N° trozos de cable	0	1	8	26
Carga *(toneladas)*	9,6 – 9,8	9,8 – 10	10 – 10,2	10,2 – 10,4
N° trozos de cable	35	40	54	37
Carga *(toneladas)*	10,4 – 10,6	10,6 – 10,8	10,8 – 11	> 11
N° trozos de cable	26	19	18	2

a) Trazar un histrograma.

b) Dibujar el polígono de frecuencias.

c) Graficar la curva de frecuencias acumuladas.

d) Calcular el valor medio, la mediana, modo, varianza y dispersión.

19. Sea la siguiente distribución de los sueldos semanales de 65 empleados de una empresa:

U$	50 – 59,99	60 – 69,99	70 – 79,99	80 – 89,99
Frecuencia	8	10	16	14
U$	90 – 99,99	100 – 109,99	110 – 119,99	
Frecuencia	10	5	2	

Calcular:

a) Los cuartiles.

b) Los deciles.

c) Los centiles C_1; C_{50}; C_{99}.

20. ¿cuál es la esperanza de sacar un *"rey"* en 11 extracciones de un mazo de cartas españolas — 40 *cartas en total* — si se repone cada vez la carta que se extrae? Calcular también la varianza.

21. La cooperadora de una escuela organiza una rifa con 100 números y un único premio de $100.000. Definir la variable aleatoria *"ganancia"* y hallar la ganancia esperada si se compran:

    a) Diez números.

    b) Cien números.

22. Se arroja 15 veces un dado. ¿Cuál es el número esperado de ases? ¿Cuántas veces debe arrojarse el dado para que el número esperado de ases sea cinco?

23. Se sabe que en una gran ciudad mueren, término medio, 2 personas por día en accidentes de tránsito. ¿Cuál es la probabilidad de que r personas mueran en un día cualquiera — *siendo* $r = 0, 1, 2, 3, 4, 5$?

24. La probabilidad de que en un establecimiento industrial el consumo de agua sea normal es $\frac{3}{4}$. Hallar la probabilidad de que en el lapso de 6 días haya $0, 1, 2, \ldots, 6$ días de consumo normal de agua.

25. El 10 % de las herramientas producidas por una fábrica son defectuosas. Calcular la probabilidad de que en una muestra elegida al azar, exactamente 2 sean defectuosas:

    a) Mediante la distribución binomial.

    b) Mediante la distribución de Poisson.

26. Se ha determinado que las lámparas de larga duración producidas por un fabricante tienen una vida media de 1700 horas y que la desviación standard asociada es de 320 horas. Las lámparas standard que también produce este fabricante tiene vida media de 1400 horas y desviación standard de 240 horas. Si en cada caso se supone que la vida sigue una distribución normal y se elige una lámpara al azar de cada tipo, hallar:

    a) La probabilidad de que la lámpara standard no cumpla la garantía del fabricante de *"más de un millar de horas de luz"*.

    b) La probabilidad de que la lámpara standard dure más que la vida esperada de larga vida.

    c) La probabilidad de que la lámpara de larga duración dure 500 horas más que la vida esperada de la standard.

27. En un test de aptitud para la matemática cuyos puntajes se distribuyen normalmente con $\overline{\alpha} = 50$; $\sigma = 8$ puntos, un alumno obtuvo 40 puntos y en un test de aptitud para dibujo, también con distribución normal, y $\overline{\alpha} = 58$; $\sigma = 6$ puntos, el mismo alumno obtuvo 46 puntos. ¿En cuál de ambas pruebas mostró mayor aptitud?

28. Usando la Tabla A.6 determinar el puntaje z que corresponde a:

a) El 90 % inferior, central y superior de los casos.

b) El 99 % inferior, central y superior de los casos.

29. Dividir la abscisa de distribución normal en cinco intervalos de igual longitud, respondiendo:

a) ¿Qué porcentaje de individuos se ubicará en cada uno de ellos?

b) Si el número de casos es 5000, ¿Cuántos se ubicarán dentro de cada grupo?

30. Un profesor ha examinado 500 estudiantes. El rendimiento de los alumnos se distribuyó normalmente con $\overline{\alpha} = 72$; $\sigma = 10$ puntos. El profesor quiere dividirlos en 5 grupos según su aptitud determinando *A*, *B*, *C*, *D*, *E* de modo que haya 10 % en *A*; 30 % en *B*; 40 % en *C*; 15 % en *D* y 5 % en *E*. Determinar el puntaje más próximo — *absoluto* — que separa los grupos.

Apéndice A

Tablas

A.1. Valores Aproximados de los ceros de las funciones de Bessel

	$n=0$	$n=1$	$n=2$	$n=3$	$n=4$	$n=5$
	2,4048	3,8317	5,1356	6,3802	7,5883	8,7715
	5,5201	7,0156	8,4172	9,7610	11,0647	12,3386
	8,6537	10,1735	11,6198	13,0152	14,3725	15,7002
$J_n(x)=0$	11,7915	13,3237	14,7960	16,2235	17,6160	18,9801
	14,9309	16,4706	17,9598	19,4094	20,8269	22,2178
	18,0711	19,6159	21,1170	22,5827	24,0190	25,4303
	0,8936	2,1971	3,3842	4,5270	5,6452	6,7472
	3,9577	5,4297	6,7938	8,0976	9,3616	10,5972
$Y_n(x)=0$	7,0861	8,5960	10,0235	11,3965	12,7301	14,0338
	10,2223	11,7492	13,2100	14,6231	15,9996	17,3471
	13,3611	14,8974	16,3790	17,8185	19,2244	20,6029
	16,5009	18,0434	19,5390	20,9973	22,4248	23,8265

Nota: En todos los casos las raíces mayores sucesivas difieren aproximadamente en π.

A.2. Transformadas de Laplace

N°	$F(t)$ para $t \geqslant 0$	$f(s) = \int_0^\infty F(t)\, e^{-st}\, dt$	s (real)
1	1	$\frac{1}{2}$	$s > 0$

N°	$F(t)$ para $t \geqslant 0$	$f(s) = \int_0^\infty F(t)\, e^{-st}\, dt$	s (real)
2	e^{at}	$\dfrac{1}{s-a}$	$s > a$
3	t^n $(n > -1)$	$\begin{cases} \dfrac{n!}{s^{n+1}} & (n = 0, 1, \ldots) \\ \dfrac{\Gamma(n+1)}{s^{n+1}} & (\text{Cualquier } n > -1) \end{cases}$	$s > 0$
4	$t^n e^{at}$ $(n > -1)$	$\begin{cases} \dfrac{n!}{(s-a)^{n+1}} & (n = 0, 1, \ldots) \\ \dfrac{\Gamma(n+1)}{(s-a)^{n+1}} & (\text{Cualquier } n > -1) \end{cases}$	$s > a$
5	$\operatorname{ch} at$	$\dfrac{s}{s^2 - a^2}$	$s > \|a\|$
6	$\operatorname{sh} at$	$\dfrac{a}{s^2 - a^2}$	$s > \|a\|$
7	$\cos at$	$\dfrac{s}{s^2 + a^2}$	$s > 0$
8	$\operatorname{sen} at$	$\dfrac{a}{s^2 + a^2}$	$s > 0$
9	$t \cos at$	$\dfrac{s^2 - a^2}{(s^2 + a^2)^2}$	$s > 0$

N°	$F(t)$ para $t \geqslant 0$	$f(s) = \int_0^\infty F(t)\, e^{-st}\, dt$	s (real)
10	$t \operatorname{sen} at$	$\dfrac{2as}{(s^2+a^2)^2}$	$s > 0$
11	$\operatorname{sen} at \operatorname{sen} bt$	$\dfrac{2abs}{\left[s^2+(a+b)^2\right]\left[s^2+(a-b)^2\right]}$	$s > 0$
12	$e^{at} \operatorname{sen}(bt+c)$	$\dfrac{(s-a)\operatorname{sen} c + b\cos c}{(s-a)^2+b^2}$	$s > a$
13	$e^{at} \operatorname{sen} bt$	$\dfrac{b}{(s-a)^2+b^2}$	$s > a$
14	$e^{at} \cos bt$	$\dfrac{s-a}{(s-a)^2+b^2}$	$s > a$
15	$\delta(t)$	1	$s > 0$
16	$\delta(t-a)$	$e^{-as} \quad (a > 0)$	$s > 0$
17	$U(t-a)$	$\dfrac{e^{-as}}{s} \quad (a > 0)$	$s > 0$
18	$r^{[t/a]}$	$\dfrac{(1-e^{-as})}{s(1-re^{-as})} \quad (a > 0)$	$s > 0$

N°	$F(t)$ para $t \geqslant 0$	$f(s) = \int_0^\infty F(t)\, e^{-st}\, dt$	s (real)
19	$(-1)^{[t/a]}$	$\frac{1}{2}\,\mathrm{th}\left(\frac{as}{2}\right)$ onda cuadrada $(a > 0)$	$s > 0$

Nota: a, b y c son constantes reales.

A.3. Transformadas de Fourier

N°	$f(t)$ ($f(t)$=0 fuera del intervalo dado)	$\varphi(\omega) = \int_{-\infty}^{\infty} F(t)\, e^{-i\omega t}\, dt$
1	$1 \quad (c_1 < t < c_2)$	$\frac{e^{-i\omega c_1} - e^{-i\omega c_2}}{i\omega}$
2	$1 \quad (-c < t < c)$	$\frac{2 \operatorname{sen} c\omega}{\omega}$
3	$e^{at} \quad (t > 0 \quad ; \quad \operatorname{Re} a < 0)$	$\frac{1}{i\omega - a}$
4	$e^{at} \quad (t > c \quad ; \quad \operatorname{Re} a < 0)$	$\frac{e^{(a-i\omega)c}}{i\omega - a}$
5	$e^{a\|t\|} \quad (\operatorname{Re} a < 0)$	$\frac{-2a}{\omega^2 + a^2}$

N°	$f(t)$ ($f(t)=0$ fuera del intervalo dado)	$\varphi(\omega) = \int_{-\infty}^{\infty} F(t)\, e^{-i\omega t}\, dt$
6	$t \quad (0 < t < c)$	$\dfrac{1 - e^{-i\omega c}(1 + i\omega c)}{-\omega^2}$
7	$e^{-at^2} \quad (a > 0)$	$\sqrt{\dfrac{\pi}{a}} e^{-\omega^2/4a}$
8	$e^{ibt} \quad (-c < t < c)$	$\dfrac{2 \operatorname{sen} c(\omega - b)}{\omega - b}$
9	$t^k e^{at} \quad (k = 1, 2, \ldots;\ t > 0;\ \operatorname{Re} a < 0)$	$\dfrac{k!}{(i\omega - a)^{k+1}}$
10	$\dfrac{1}{a^2 + t^2} \quad (\operatorname{Re} a < 0)$	$-\dfrac{\pi}{a} e^{a\lvert\omega\rvert}$
11	$\dfrac{1}{(a^2 + t^2)^2} \quad (\operatorname{Re} a < 0)$	$\dfrac{i\omega\pi}{2a} e^{a\lvert\omega\rvert}$
12*	$\delta(t)$	1
13*	$\delta(t - c)$	$e^{-ic\omega}$
14*	$\delta^{(n)}(t)$	$(i\omega)^n$

N°	$f(t)$ ($f(t)$=0 fuera del intervalo dado)	$\varphi(\omega) = \int_{-\infty}^{\infty} F(t)\, e^{-i\omega t}\, dt$
15*	$\delta^{(n)}(t-c)$	$e^{-i\omega c}(i\omega)^n$
16*	1	$2\pi\delta(\omega)$
17*	t	$2\pi i\delta'(\omega)$
18*	t^n	$2\pi i^n \delta^{(n)}(\omega)$
19*	$U(t)$	$\frac{1}{i\omega} + \pi\delta(\omega)$

Nota: Los números con * indican funciones generalizadas, c : cte. real.

A.4. Transformadas de Fourier Coseno

N°	$f(t)$	$F_c(\omega) = \int_0^\infty f(t) \cos \omega t \, dt \quad (\omega > 0)$
1	$\frac{1}{\sqrt{t}}$	$\sqrt{\frac{\pi}{2\omega}}$
2	$\frac{1}{a^2 + t^2}$	$\frac{\pi}{2a} e^{-a\omega} \quad (a > 0)$
3	$\frac{1}{a^2 - t^2}$	$\frac{\pi}{2a} \operatorname{sen} a\omega \quad (a > 0)$
4	e^{-kt}	$\frac{k}{\omega^2 + k^2} \quad (a > 0)$
5	te^{-kt}	$\frac{k^2 - \omega^2}{(k^2 + \omega^2)^2} \quad (k > 0)$
6	e^{-kt^2}	$\frac{1}{2} \sqrt{\frac{\pi}{k}} e^{-\omega/4k} \quad (k > 0)$
7	$\delta(t - a)$	$\cos a\omega \quad (a > 0)$
8	$U(t) - U(a)$	$\frac{\operatorname{sen} a\omega}{\omega} \quad (a > 0)$

A.5. Transformadas de Fourier Seno

N°	$f(t)$	$F_s(\omega) = \int_0^{\infty} f(t)\,\text{sen}\,\omega t\, dt \quad (\omega > 0)$
1	$\frac{1}{t}$	$\frac{\pi}{2}$
2	$\frac{1}{\sqrt{t}}$	$\sqrt{\frac{\pi}{2\omega}}$
3	$\frac{1}{t(t^2+a^2)}$	$\frac{\pi}{2a^2}\left(1-e^{-a\omega}\right) \quad (a>0)$
4	$\frac{t}{a^2-t^2}$	$-\frac{\pi}{2}\cos a\omega \quad (a>0)$
5	e^{-kt}	$\frac{\omega}{\omega^2+k^2} \quad (k>0)$
6	$\frac{e^{-kt}}{t}$	$\text{arc tg}\,\frac{\omega}{k} \quad (k>0)$
7	$\frac{e^{-kt^2}}{t}$	$\frac{\pi}{2}\text{erf}\left(\frac{\omega}{2\sqrt{k}}\right) \quad (k>0)$
8	$\delta(t-a)$	$\text{sen}\, a\omega \quad (a>0)$

N°	$f(t)$	$F_s(\omega) = \int_0^\infty f(t) \operatorname{sen} \omega t \, dt \quad (\omega > 0)$
9	$U(t) - U(t-a)$	$\dfrac{1 - \cos a\omega}{\omega} \quad (a > 0)$

A.6. Tabla de Distribución Normal

Áreas bajo la distribución de probabilidad normal estándar: $N(0, 1)$

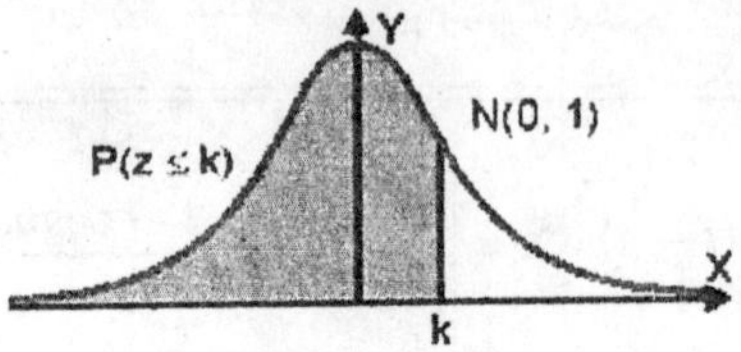

z	0	0,01	0,02	0,03	0,04	0,05	0,06	0,07	0,08	0,09
0,0	0,5000	0,5040	0,5080	0,5120	0,5160	0,5199	0,5239	0,5279	0,5319	0,5359
0,1	**0,5398**	**0,5438**	**0,5478**	**0,5517**	**0,5557**	**0,5596**	**0,5636**	**0,5675**	**0,5714**	**0,5753**
0,2	0,5793	0,5832	0,5871	0,5910	0,5948	0,5987	0,6026	0,6064	0,6103	0,6141
0,3	**0,6179**	**0,6217**	**0,6255**	**0,6293**	**0,6331**	**0,6368**	**0,6406**	**0,6443**	**0,6480**	**0,6517**
0,4	0,6554	0,6591	0,6628	0,6664	0,6700	0,6736	0,6772	0,6808	0,6844	0,6879
0,5	**0,6915**	**0,6950**	**0,6985**	**0,7019**	**0,7054**	**0,7088**	**0,7123**	**0,7157**	**0,7190**	**0,7224**
0,6	0,7257	0,7291	0,7324	0,7357	0,7389	0,7422	0,7454	0,7486	0,7517	0,7549
0,7	**0,7580**	**0,7611**	**0,7642**	**0,7673**	**0,7704**	**0,7734**	**0,7764**	**0,7794**	**0,7823**	**0,7852**
0,8	0,7881	0,7910	0,7939	0,7967	0,7995	0,8023	0,8051	0,8078	0,8106	0,8133
0,9	**0,8159**	**0,8186**	**0,8212**	**0,8238**	**0,8264**	**0,8289**	**0,8315**	**0,8340**	**0,8365**	**0,8389**
1,0	0,8413	0,8438	0,8461	0,8485	0,8508	0,8531	0,8554	0,8577	0,8599	0,8621
1,1	**0,8643**	**0,8665**	**0,8686**	**0,8708**	**0,8729**	**0,8749**	**0,8770**	**0,8790**	**0,8810**	**0,8830**
1,2	0,8849	0,8869	0,8888	0,8907	0,8925	0,8944	0,8962	0,8980	0,8997	0,9015
1,3	**0,9032**	**0,9049**	**0,9066**	**0,9082**	**0,9099**	**0,9115**	**0,9131**	**0,9147**	**0,9162**	**0,9177**
1,4	0,9192	0,9207	0,9222	0,9236	0,9251	0,9265	0,9279	0,9292	0,9306	0,9319
1,5	**0,9332**	**0,9345**	**0,9357**	**0,9370**	**0,9382**	**0,9394**	**0,9406**	**0,9418**	**0,9429**	**0,9441**
1,6	0,9452	0,9463	0,9474	0,9484	0,9495	0,9505	0,9515	0,9525	0,9535	0,9545
1,7	**0,9554**	**0,9564**	**0,9573**	**0,9582**	**0,9591**	**0,9599**	**0,9608**	**0,9616**	**0,9625**	**0,9633**
1,8	0,9641	0,9649	0,9656	0,9664	0,9671	0,9678	0,9676	0,9693	0,9699	0,9706
1,9	**0,9713**	**0,9719**	**0,9726**	**0,9732**	**0,9738**	**0,9744**	**0,9750**	**0,9756**	**0,9761**	**0,9767**
2,0	0,9772	0,9778	0,9783	0,9788	0,9793	0,9798	0,9803	0,9808	0,9812	0,9817
2,1	**0,9821**	**0,9826**	**0,9830**	**0,9834**	**0,9838**	**0,9842**	**0,9846**	**0,9850**	**0,9854**	**0,9857**
2,2	0,9861	0,9864	0,9868	0,9871	0,9875	0,9878	0,9881	0,9884	0,9887	0,9890
2,3	**0,9893**	**0,9896**	**0,9898**	**0,9901**	**0,9904**	**0,9906**	**0,9909**	**0,9911**	**0,9913**	**0,9916**
2,4	0,9918	0,9920	0,9922	0,9925	0,9927	0,9929	0,9931	0,9932	0,9934	0,9936
2,5	**0,9938**	**0,9940**	**0,9941**	**0,9943**	**0,9945**	**0,9946**	**0,9948**	**0,9949**	**0,9951**	**0,9952**
2,6	0,9953	0,9955	0,9956	0,9957	0,9959	0,9960	0,9961	0,9962	0,9963	0,9964
2,7	**0,9965**	**0,9966**	**0,9967**	**0,9968**	**0,9969**	**0,9970**	**0,9971**	**0,9972**	**0,9973**	**0,9974**
2,8	0,9974	0,9975	0,9976	0,9977	0,9977	0,9978	0,9979	0,9979	0,9980	0,9981
2,9	**0,9981**	**0,9982**	**0,9982**	**0,9983**	**0,9984**	**0,9984**	**0,9985**	**0,9985**	**0,9986**	**0,9986**
3,0	0,9987	0,9987	0,9987	0,9988	0,9988	0,9989	0,9989	0,9989	0,9990	0,9990
3,1	**0,9990**	**0,9991**	**0,9991**	**0,9991**	**0,9992**	**0,9992**	**0,9992**	**0,9992**	**0,9993**	**0,9993**
3,2	0,9993	0,9993	0,9994	0,9994	0,9994	0,9994	0,9994	0,9995	0,9995	0,9995
3,3	**0,9995**	**0,9995**	**0,9995**	**0,9996**	**0,9996**	**0,9996**	**0,9996**	**0,9996**	**0,9996**	**0,9997**
3,4	0,9997	0,9997	0,9997	0,9997	0,9997	0,9997	0,9997	0,9997	0,9997	0,9998
3,5	**0,9998**	**0,9998**	**0,9998**	**0,9998**	**0,9998**	**0,9998**	**0,9998**	**0,9998**	**0,9998**	**0,9998**

z	0	0,01	0,02	0,03	0,04	0,05	0,06	0,07	0,08	0,09
3,6	0,9998	0,9998	0,9999	0,9999	0,9999	0,9999	0,9999	0,9999	0,9999	0,9999
3,7	**0,9999**	**0,9999**	**0,9999**	**0,9999**	**0,9999**	**0,9999**	**0,9999**	**0,9999**	**0,9999**	**0,9999**
3,8	0,9999	0,9999	0,9999	0,9999	0,9999	0,9999	0,9999	0,9999	0,9999	0,9999
3,9	**1,0000**	**1,0000**	**1,0000**	**1,0000**	**1,0000**	**1,0000**	**1,0000**	**1,0000**	**1,0000**	**1,0000**
4,0	1,0000	1,0000	1,0000	1,0000	1,0000	1,0000	1,0000	1,0000	1,0000	1,0000

Bibliografía

[Cálculo 1] Por la autora, "*Cálculo 1*", Nueva Librería, abril de 2006 *(Segunda Edición)*.

[Cálculo 2] Por la autora, "*Cálculo 2*", Nueva Librería, agosto de 2004 *(Segunda Edición)*.

[EDO] Spinadel Vera W. de y Emilio O. Roxin, EUDEBA, 1976.

[Bib. 4] Akin J.E. "*Finite Element Analysis for Undergraduates*", Academic Press, 1986.

[Bib. 5] Birkhoff Garret y Rota Gian-Carlo, "*Ordinary Differential Equations*", Ginn & Company, 1962.

[Bib. 6] Churchill R. V., "*Introduction to Complex Variables and Applications*". Mc Graw-Hill, New York, 1948.

[Bib. 7] Ciarlet P. G., "*Numerical Analysis on the Finite Element Method*". Les Presses de L'Université de Montreal, 1976.

[Bib. 8] Coddington E. A., "*An Introduction to Ordinary Differential Equations*", Prentice-Hall, Englewood Cliffs, N.J., 1961

[Bib. 9] Cruz José B. y Valkenburg M. E., "*Señales en Circuitos Lineales*", CECSA, 1978.

[Bib. 10] Derrick William R., "*Variable Compleja con Aplicaciones*", Grupo Editorial Iberoamérica, 1987.

[Bib. 11] George A. y Lui J. W. H., "*A Minimal Storage implementation of the Minimum Degree Algorithm*", Society for Industrial and Applied Mathematics Journal on Numerical Analysis, vol 17, n° 2, pp 282-299, 1980.

[Bib. 12] Goursat E., "*A course in Mathematical Analysis*", vol. I, traducido por E. R. Hedrick en 1959, Dover Publ. inc., New York.

[Bib. 13] Hochstadt H., "*Special Functions of Mathematical Physics*", New York, Holt, Rinehart y Winston, 1961.

[Bib. 14] Jahnke E. y Emde F., "*Tables of Functions*", Leipzig, B.G. Teubner, 1938.

[Bib. 15] Kamke E., "*Differential gleichungen reeler Funktionen*", Akademische Verlagsgesellschaft, Leipzig, 1930.

[Bib. 16] KAPLAN WILFRED, *"Advanced Calculus"*, Addison-Wesley, 1973.

[Bib. 17] KAPLAN WILFRED, *"Matemáticas avanzadas para estudiantes de Ingeniería"*, Addison-Wesley, 1986.

[Bib. 18] MAYERS D. F., *"Methods of Runge-Kutta type. Numerical solution of Ordinary and Partial Differential Equations"*, Pergamon, Oxford, 1962.

[Bib. 19] MENDENHALL W., SCHEAFFER R. L. y WACKERLY D.D., *"Estadística Matemática con aplicaciones"*, Grupo Editorial Iberoamérica, 1986.

[Bib. 20] NÚÑEZ J. A., NÚÑEZ A. L. y ARGÜELLO L.R., *"Probabilidades y elementos de Estadística"*, Nueva Librería, 1983.

[Bib. 21] POINCARÉ H., *"Dernières Pensées"*, Bibliothèque Philos. scient. Paris, Ernest Flammarion, 1913.

[Bib. 22] RAYLEIGH J. W., *"Teoría del Sonido"*, 1940.

[Bib. 23] ROCKEY D. C., EVANS H. R., GRIFFITHS D. W. y NETHERCOT D.A., *"The Finite Element Method"*, Editorial Granada, 1982.

[Bib. 24] ROSS SHEPLEY L., *"Differential Equations"*, Blaisdell Publ. comp., 1965.

[Bib. 25] ROXIN E. O. y SPINADEL VERA W. DE, *"Ecuaciones Diferenciales Ordinarias"*, Editorial EUDEBA, 1976.

[Bib. 26] SADOSKY MANUEL, *"Cálculo Numérico y Gráfico"*, Librería del Colegio, 1952.

[Bib. 27] SCHWARTZ LAURENT, *"Théorie des Distributions"*, tomos I y II, Publicaciones del Instiuto de Matemática de la Universidad de Estrasburgo, 1950-1951.

[Bib. 28] SILVESTER P. P. y FERRARI R. L., *"Elementos finitos para Ingeniería Eléctrica"*, Editorial Limusa, 1989.

[Bib. 29] G. D., *"Numerical Solution of Partial Differential Equations"*, Oxford Univ. Press, Londres, 1969.

[Bib. 30] SNEDDON IAN N., *"Fourier Transforms"*, Mc Graw-Hill, 1951.

[Bib. 31] SNEDDON I., *"Special Functions of Mathematical Physics and Chemistry"*, Nueva York Interscience, 1961.

[Bib. 32] SPIEGEL MURRAY R., *"Mathematical Handbook of Formulas and Tables"*, Serie SCHAUM, Mc Graw-Hill, 1968.

[Bib. 33] SPINADEL ERICO, *"Circuitos Eléctricos y Magnéticos"*, Ed. Nueva Librería, 1982.

[Bib. 34] TITCHMARSH, E.C., *"The Theory of Functions"*, Oxford University Press, 1949.

[Bib. 35] TIJONOV A. y SAMARSKY A., *"Ecuaciones de la Física Matemática"*, Editorial Mir, 1980.

[Bib. 36] WEINBERGER HANS F., *"Partial Differential Equations"*, Blaisdell Publ. Company, 1965.

[Bib. 37] ZYGMUND A., *"Trigonometric Series"*, Cambridge Univ. Press, 1959.

Índice alfabético

Nueva Librería SRL dio término a la presente tirada
en sus propios talleres gráficos, sitos en Estados Unidos 301
(1101) Ciudad Autónoma de Buenos Aires, Argentina.